KB041972

해양력이 역사에 미치는 영향 2

MILITARY CLASSIC

The Influence of Sea Power upon History 1660~1783

알프레드 세이어 마한 지음
김주식 옮김

해양력이 역사에 미치는 영향 2

책세상

일러두기

1. 이 책에 사용된 맞춤법과 외래어 표기는 1989년 3월 1일부터 시행된 〈한글 맞춤법 규정〉과 〈문교부 편수자료〉에 따랐다.
2. 번역의 텍스트로는 《The Influence of Sea Power upon History 1660~1783》(Little, Brown, and Company, 1932)를 사용했다. 볼륨의 방대함으로 인해 두 권으로 나누었고, 페이지는 연속 표기했다.
3. 각권의 각주는 마한의 원주이다.
4. 서명, 잡지명, 선박 이름은 이탤릭 체로 표기했다.
5. 인명과 지명의 원어표기는 최초 1회에 한해 병기했다.

차 례

해양력이 역사에 미치는 영향 1

의 정책 / 프랑스의 1660년도 상황 / 스페인의 상황 / 네덜란드 연방의 상황 / 네덜란드의 통상과 식민지 / 네덜란드 정부의 특징 / 네덜란드의 당파 / 영국의 1660년도 상황 / 프랑스, 영국, 네덜란드함정의 특징 / 다른 유럽 국가들의 상황 / 유럽의 지도자로서 루이 14세 / 루이 14세의 정책 / 콜베르의 행정 / 제2차 영국 – 네덜란드전쟁(1665) / 로스토프트 해전(1665) / 화공선과 어뢰정의 비교 / 함정 집단의 진형 / 범선의 전투 진형 / 4일 해전(1666) / 양국 함대의 군사적 이점 / 함대 지휘관에 대한 논의 / 템스 강을 침입한 데 뢰이터 제독(1667) / 브레다 평화 조약(1667) / 통상파괴의 군사적 가치

제3장

네덜란드 연방 대 영불동맹의 전쟁(1672~74), 유럽 연합군 대 프랑스의 최후 전쟁(1674~78), 솔배이 해전, 텍셀 해전, 스트롬볼리 해전

루이 14세의 스페인령 네덜란드 침략 / 네덜란드 연방의 정책 / 영국, 네덜란드, 스웨덴의 3국동맹 / 루이 14세의 분노 / 루이에게 이집트 정복을 건의한 라이프니츠 / 라이프니츠의 청원서 / 루이 14세와 찰스 2세의 협상 / 영·불 두 국왕의 네덜란드에 대한 선전포고 / 전쟁의 군사적 특징 / 네덜란드 해군의 전략 / 데 뢰이터 제독의 전술적 결합 / 네덜란드 해군행정의 비효율성 / 솔배이 해전(1672) / 전술에 대한 평가 / 해전이 전쟁 경과에 미친 영향 / 네덜란드 영토에서 프랑스군의 지상 전투지 / 네덜란드 재상 데 위트의 살해와 오랑주 공의 계승, 유럽의 불안 / 쇼네펠트 해전(1673) / 텍셀 해전(1673) / 전쟁에 미친 영향 / 프랑스함대의 애매한 행동 / 해군연합의 일반적인 비효율성 / 군인으로서 데 뢰이터의 성격 / 프랑스에 대한 동맹 / 영국과 네덜란드의 평화 / 스페인에 대한 시칠리아의 반란 / 스트롬볼리 해전(1676) / 해군전술에 대한 클러크의 해설 / 데 뢰이터의 전사 / 프랑스에 대한 영국의 적대 행위 / 네덜란드 연방의 고난 / 네이메헨 평화 조약(1678) / 네덜란드와 프랑스에 대한 전쟁의 영향 / 데스트레 제독에 대한 촌평

제4장

영국 혁명, 아우크스부르크 동맹전쟁(1688~97), 비치 헤드 해전, 라 오그 해전

루이 14세의 침략 전쟁 / 프랑스, 영국, 네덜란드 해군의 상황 / 제임스 2세의 즉위 / 아우크스부르크 동맹의 결성 / 독일제국에 대한 루이 14세의 선전포고 / 윌리엄과 메리의 즉위, 루이 14세의 네덜란드에 대한 선전포고 / 제임스 2세의 아일랜드 상륙 / 프랑스 해군의 운용 실수 / 윌리엄 3세의 아일랜드 상륙 / 비치 헤드 해전(1690) / 군인으로서 투르빌의 자질 / 보인 강 전투

제7장

영국과 스페인의 전쟁(1739), 오스트리아 왕위계승전쟁(1740), 영국에 대한 프랑스와 스페인의 연합(1744), 매슈스 해전, 앤슨 해전, 호크 해전, 엑스 라 샤펠 평화조약(1748)

1739~83년에 일어난 전쟁들의 특징 / 프랑스 정부의 해양력 무시 / 프랑스, 영국, 스페인이 보유한 식민지 / 인도에서 뒤플레와 라 부르도네 / 경쟁 중인 해군들의 상황 / 버논과 앤슨의 원정 / 오스트리아 왕위계승전쟁 발발 / 오스트리아에 대한 영국의 연합 / 지중해의 해군 문제 / 전쟁에 미친 해양력의 영향 / 툴롱 해전(1744) / 영국함대의 패배 원인 / 해전 이후의 군법회의 / 영국 해군의 비효율적인 전투 / 벨기에와 네덜란드에 대한 프랑스의 침공 / 앤슨과 호크의 해전 / 레탕뒤에르의 방어 성공 / 동인도제도에 대한 뒤플레와 라 부르도네의 계획 / 인도 문제에 미친 해양력의 영향 / 라 부르도네의 마드라스 점령 / 엑스 라 샤펠 평화조약(1748) / 마드라스와 루이스버그의 교환 / 전쟁의 결과 / 전쟁 결과에 대한 해양력의 영향

차 례

해양력이 역사에 미치는 영향 2

지도와 해전도 목록

제8장

7년전쟁(1756~63), 영국의 압도적인 세력 그리고 아메리카 · 유럽 · 동인도제도 · 서인도제도에서 해상 정복, 빙 제독의 미노르카 해전, 호크와 콩플랑, 동인도제도의 포우콕 해전과 다셰 해전

엑스 라 샤펠 평화조약

오스트리아 왕위계승전쟁의 주요 참전국들은 원했던 평화조약이 서둘러서 체결되었기 때문에 미해결 상태로 남아 있는 많은 문제들을 완전하게 정리하는 것을 소홀히 했던 것처럼 보인다. 특히 영국과 스페인 사이의 전쟁을 초래한 문제에 대해서는 더욱 그러했다. 이 전쟁에 참여한 국가들은 토론이 전쟁을 더 연장시키지 않을까 염려하여 미래 분쟁의 불씨를 안고 있는 문제들을 건드리기를 두려워했던 것처럼 보인다. 영국이 스페인에 대하여 1739년에 요구한 것은, 양보하거나 억지로라도 관철하는 입장이 아니라, 그렇게 하지 않으면 네덜란드의 몰락이 불가피하기 때문에 평화조약을 맺었던 것이다. 어떠한 추적도 받지 않은 채 서인도제도에서 자유롭게 항해할 수 있는 권리는 다른 비슷한 문제들과 함께 결정되지 않은 채 남았다. 그뿐만 아니라 캐나다의 오하이오 계곡과 노바 스코샤 반도 내륙의 영국과 프랑스의 식민지 경계도 이전에 그러했듯이 막연한 상태로 남았다. 평화가 오래 지속되지 않으리라는 것은 명백한 사실이었다. 그리고 그 평화조약에 의해 영국은 네덜란드를 구하기는 했지만, 바다의 지배를 양보해버렸다. 전쟁으로 잠시 가려졌던 대륙분쟁의 진정한 성격은 소위 평화조약이라고 부르는 것에 의해 명확하게 되었다. 공식적으로는 진정되었지만, 분쟁은 전 세계에서 계속하여 발생했다.

뒤플레의 침략 전쟁

인도에서 더 이상 공개적으로 영국을 공격할 수 없게 된 뒤플레는 이미 설명한 바 있는 정책노선에 의해 영국의 세력을 약화시키려 했다. 주변 제후들의 분쟁에 능숙하게 끼어드는 한편 자신의 세력을 확장하면서, 그는 1751년에 인도의 최남단에 이르기까지 빠른 속도로 정치적 통제력을 갖게 되었는데, 그것은 거의 프랑스 본토의 면적과 맞먹는 것이었다. 그는 이제 태수의 직함을 갖게 되었으며, 바로 그 때부터 제후들 사이에서 중요한 자리를 차지했다. "그의 눈에는 단순히 상업적인 정책이 망상에 불과한 것처럼 보였다. 정복과 포기 사이에 중간 노선이라는 것은 있을 수 없었다." 그 해에 프랑스의 세력은 북동쪽으로 대단히 확대되어 오리사Orissa의 모든 해안을 장악했고, 뒤플레로 하여금 인도 영토의 3분의 1을 통치할 수 있도록 해주었다. 자신의 승리를 축하하고 원주민들에게 감명을 주기 위해 그는 하나의 도시를 건설하고 그곳에 자신의 성공을 알리는 기둥을 세웠다.

인도에서 소환된 뒤플레

그러나 그의 행위는 회사의 중역들에게 불안감을 안겨주었다. 그들은 그가 요청한 증원군을 보내주는 대신에 평화조약을 맺으라고 권유했다. 그리고 그 무렵에 26세에 불과하던 로버트 클라이브가 재능을 발휘하기 시작했다. 이와는 반대로 뒤플레와 그의 동맹국들의 성공은 점차 빛을 잃어갔다. 영국은 프랑스에 저항하는 지방민들을 클라이브의 지휘하에 지원했다. 본국 회사는 뒤플레의 정치적인 계획에 거의 아무런 관심조차 표명하지 않았으며, 그 대신 이익 배당금이 적어지는 데 대해서만 짜증을 냈다. 그리하여 어려운 문제들을 해결하기 위해 런던에서 협상이 시작되었고, 뒤플레는 본국으로 소환되었다.

뒤플레 정책의 포기

영국 정부가 그의 송환을 평화협상의 절대조건으로 삼았다고 알려져 있다. 1754년 그가 귀국길에 오른 지 이틀 후, 그의 후임자는 영국 관리와 계약을 맺었는데, 그 내용은 뒤플레의 정책을 완전히 포기하고, 양국 회사가 모두 인도 내정에 간섭하지 않으며, 전쟁 동안에 카르나티크에서 얻은 모든 획득물을 무굴제국으로 되돌려보낸다는 것이었다. 면적이나 인구 면에서 일종의 제국이라고 할 수 있는 것을 프랑스가 그처럼 양보한 이유는 무엇이었을까? 프랑스 역사가들이 그 양도를 불명예스러운 것으로 낙인찍은 이유는 무엇이었을까? 또 프랑스군이 그렇게도 간절하게 바라던 증원군을 영국 해군이 도중에서 차단해버렸음에도 불구하고 어떻게 그 국가가 유지될 수 있었을까?

북아메리카의 동요

북아메리카에서는 평화가 선포된 이후 새로운 불안감이 등장하고 있었다. 그 불안감은 양국의 식민주의자들과 지방 당국이 상황을 예리한 감각으로 또한 마음속으로부터 느낀 결과였다. 아메리카인들은 특유의 불굴의 투지로 자기 주장을 고집했다. 프랭클린Franklin은 이에 대해 다음과 같이 기록했다. "프랑스가 캐나다를 통치하고 있는 한, 우리 13개 식민지에는 평안함이란 없다." 프랑스와 영국은 어느 국가에도 속하지 않은 중앙 지역을 서로 자국의 영역이라고 주장했는데, 그 지역은 정확하게 오늘날의 오하이오 계곡이었다. 만약 영국이 그곳을 차지하게 되면, 캐나다는 루이지애나로부터 군사적으로 분리되고 말 것이다. 반면에 프랑스가 그곳을 차지하게 되면, 프랑스 땅으로 인정받고 있는 캐나다와 루이지애나의 양쪽 끝이 연결됨으로써 앨리게니Alleghany 산맥과 해안 지방 사이에 있는 영국 식민통치자들은 갇혀버리게 될 것이다. 프랑스인보다 훨씬 더 멀리 내다보았던 당시 탁월한 미국 지도자들은 결과를 아주 명백하게 예상할 수 있었다. 만약 프랑스 정부와 국민이 당시 주장했던 북부와 서부 지역을 효과적으로 유지할 확고한 의지와 재능을 갖고 있었더라면, 미국뿐만 아니라 전 세계에 대해서 미쳤을 결과는 고찰할 필요가 있다. 그곳에 있는 프랑스인들이 전투가 임박했으며, 그리고 해군이 숫자와 세력 면에서 대단히 열세에 놓여 있어 아주 불리한 상황에서 캐나다가 전투해야 한다는 점을 잘 알고 있었던 반면에, 본국 정부는 식민지의 가치에 대해 그리고 그 식민지를 위해 싸우지 않으면 안 된다는 사실에 대해 거의 아무것도 모르고 있었다. 또한 정치적인 활기가 부족했고 자신의 이익을 보호하려는 조치를 취하는 데 익숙하지 않았던 프랑스 이주자들은 본국 정부의 무관심을 바꾸어보려고 시도하지도 않았다. 프랑스 통치의 세습적이고 중앙집중적인 제도가 식민지 거주자들로 하여금 항상 본국에 신경을 쓰도록 가르쳤으며, 따라서 본국이 그들을 돌보는 데 실패했던 것이다. 당시 캐나다 총독들은 결점과 부족한 점을 보충하기 위해 최선을 다했고 아주 사려가 깊고 유능한 군인처럼 행동했다. 그들의 행위가 영국 총독들보다 더 일관성이 있고 계획적이었을 가능성은 부인할 수 없다. 그러나 양국 모두 본국 정부의 부주의했던 탓으로 앞을 내다보는 영국 식민지 거주자들의 능력을 대신할 수 있을 만한 어떤 일도 발생하지 않았다. 격정의 기미가 처음 나타난 그 당시 영국과 프랑스 양국 정치가들의 목표와 목적에 대한 양국 역사가들의 서로 엇갈린 진술을 읽는 것은 재미있으면서도 이상한 생각을 하게끔 만든다. 단순하게 진실을 말하자면 감당할 수 없는 것처럼 알려져 있는 분쟁이 발발 직전에 있었으며 또한 양국이 기꺼이 그것을 피하려고 했던 것처럼 보인다는 것이다. 영국 식민지 거주자들이 원하지 않았기 때문에 그 지방의 경계가 확정될 수 없었는지도 모른다.

브래덕의 원정(1755)

프랑스 총독들은 분쟁 가능성이 있는 지역마다 가능하면 부대를 주둔시켰다. 그리고 워싱턴이라는 이름이 역사상 처음으로 등장한 곳도 이러한 부대 주둔을 둘러싼 1754년도 분쟁이었다. 또 다른 문제들이 노바 스코샤에서 발생했는데, 양국의 본국 정부도 그때서야 자각하기 시작했다. 브래덕Braddock의 불운으로 끝난 1755년의 탐험대는 지금의 피츠버그Pittsburg인 뒤켄 요새로 향했는데, 이곳은 1년 전에 워싱턴이 항복한 곳이었다. 그 해 후반기에 영국과 프랑스의 식민지 거주자들 사이에 또 다른 분쟁이 조지 호수 부근에서 발생했다. 브래덕의 탐험대가 먼저 출발했지만, 프랑스 정부도 또한 가만히 바라보고만 있지 않았다. 같은 해 5월에 대부분 무장한 보급품 수송함[91]으로 구성된 프랑스 전대가 3천 명의 병사와 신임 총독 드 보드레이 De Vaudreuil를 싣고 브레스트를 출항하여 캐나다로 향했다. 보스카웬 제독은 이들보다 앞서 출발하여 세인트 로렌스 강 입구에서 그들

---

91) 이 함정은 원래 갑판에 함포를 비치한 수송함을 의미하지만 좀더 많은 수용시설을 제공하기 위해 항해 중에는 대부분 포를 설치하지 않았다. 부대가 상륙한 후에야 포를 설치했던 것이다.

을 기다리고 있었다. 아직 공식적으로 전쟁이 시작된 상태가 아니었으며, 프랑스는 자국 식민지에 수비군을 파견할 권리를 가지고 있었다. 그러나 보스카웬이 받은 명령은 그들을 저지하는 것이었다. 프랑스 전대는 안개 때문에 흩어져 길을 잃고 갈팡질팡했다. 그러다가 그중 두 척이 영국함대에 발견되어 1755년 6월 8일에 나포되었다. 이러한 소식이 유럽에 알려지자마자 런던 주재 프랑스 대사가 소환되었지만, 그렇다고 곧바로 전쟁이 선포된 것은 아니었다.

평화시 영국의 프랑스 함선 나포사건

7월에 에드워드 호크 경은 어션트Ushant와 피니스테르 곶 사이를 순항하면서 프랑스 전열함을 보는 대로 나포하라는 명령을 받고 파견되었다. 8월에는 군함, 사략선, 상선을 가리지 않고 모든 종류의 프랑스 선박을 나포하여 영국 항구로 보내라는 명령이 추가로 시달되었다. 그 해가 다 가기 전에 6백만 달러의 가치를 지닌 화물을 실은 300척의 무역선이 나포되었고, 6천 명의 프랑스 선원들이 영국에 투옥되었다. 이 숫자는 10척의 전열함에 배치하기에 충분한 인원이었다. 이 모든 일들은 명목상의 평화기간에 발생했다. 전쟁은 6개월 후에야 선포되었다.

프랑스의 포트 마혼 원정(1756)

프랑스는 이 모든 조치를 감수하는 것처럼 보였지만, 자신들이 당하고 있는 고통을 일격에 반격하기 위해 시간을 벌면서 신중하게 준비하고 있었다. 소규모 전대들과 파견대들이 계속하여 서인도제도와 캐나다로 파견되는 동안, 브레스트의 조선소에서는 준비가 분주하게 진행되었고 또한 영국해협의 해안에 병력이 집결하고 있었다. 영국은 침략의 위협을 감지하고 있었고 특히 영국 국민들은 민감했다. 그러나 영국 정부는 대단히 허약했기 때문에 전쟁의 부담을 지기에 적합하지 않았으며, 실질적인 위험에 대해 갈피를 잡지 못했다. 게다가 항상 전쟁 초기에 그러했던 것처럼, 어쩔 줄 몰라했다. 그 이유는 영국이 자국의 통상을 보호하는 것 외에도 방어해야 할 곳들이 너무 많았으며 또한 전 세계에 흩어져 있는 무역선에 태울 선원 수가 부족했기 때문이다. 따라서 영국은 먼저 지중해를 무시했다. 한편, 프랑스는 영국해협에서 요란하게 시위를 하면서 툴롱에서 전열함 12척을 조용히 준비하고 있었다. 라 갈리소니에르la Galissonière가 지휘하는 이 전열함들은 1756년 4월 10일에 리슐리외 공작 휘하의 만 5천 명 병사와 150척의 수송선을 호위하여 출항했다. 1주일 후에 그 지상군은 미노르카에 무사히 상륙하여 포트 마혼을 포위했고, 그 동안에 함대는 그 항구 앞에서 봉쇄망을 펼쳤다.

실제로 이것은 완벽한 기습이었다. 영국 정부는 낌새를 알아채기는 했지만, 그 대응행동은 너무 늦었다. 영국은 수비대를 보충하지 못했다. 실제로 겨우 3천 명밖에 안 되는 수비대의 장교 중 35명이 부재중이었고, 심지어 총독과 연대장들도 부재중이었다.

포트 마혼을 구출하기 위한 빙의 출동

프랑스함대가 툴롱을 출항하기 겨우 3일 전에 빙 제독은 10척의 전열함을 거느리고 포츠머스 항을 출항했다. 그가 6주일 후에 포트 마혼 부근에 도착했을 때, 함대는 13척의 전열함으로 증강되어 있었고,

그 함선에는 4천 명의 병사가 타고 있었다. 그러나 때는 이미 늦었다. 그 요새는 1주일 전에 프랑스에 의해 실질적으로 함락되었던 것이다. 영국함대가 시야에 들어오자 프랑스의 라 갈라소니에르 제독은 바다로 나와 영국함대가 항구에 접근하는 것을 방해했다.

빙의 포트 마혼 해전(1756)

그 후에 일어난 해전이 역사적으로 조명을 받게 된 것은 전적으로 그 해전에서 발생한 비극적인 사건 때문이었다. 매슈스의 툴롱 해전과는 달리 이 해전은 비록 범선시대에만 적합하지만 약간의 전술적인 교훈을 남기고 있다. 그러나 해전 자체는 그 이전에 일어난 해전들과 특별한 연관성이 있는데, 그것은 매슈스에 대한 군법회의의 처벌이 불운한 빙에게 영향을 주었기 때문이다. 전투가 진행되는 중에 그는 매슈스 제독이 전열을 이탈했다는 점을 계속 언급하면서 그 자신이 취한 행위를 정당하다고 주장했다. 간단히 말해서, 5월 20일 아침에 서로의 함대가 맞닥뜨리자, 양국 함대는 좌현으로 돛을 펴고 몇 차례 기동을 한 다음 동풍을 받으면서 선수를 남쪽으로 향했다. 따라서 프랑스함대는 영국함대와 항구 사이에서 풍하의 위치에 놓이게 되었다. 빙 제독은 일렬로 바람을 받으며 앞으로 돌진했고, 프랑스함대는 그 자리에 남아 있었다. 영국함대가 접전하라는 신호를 보냈을 때, 양 함대는 평행을 이루지 못하고 30~40도 정도의 각도를 이루었다(〈그림12〉. A, A). 빙의 설명에 의하면, 자신이 의도했던 것은 함대를 일렬로 만들어 반대편에 있는 프랑스함정을 공격하는 것이었다. 그러나 그러한 공격법은 어떠한 상황에서도 실행하기가 무척 어려웠는데, 이 경우에는 후위함정 사이의 간격이 선두함정 사이의 간격보다

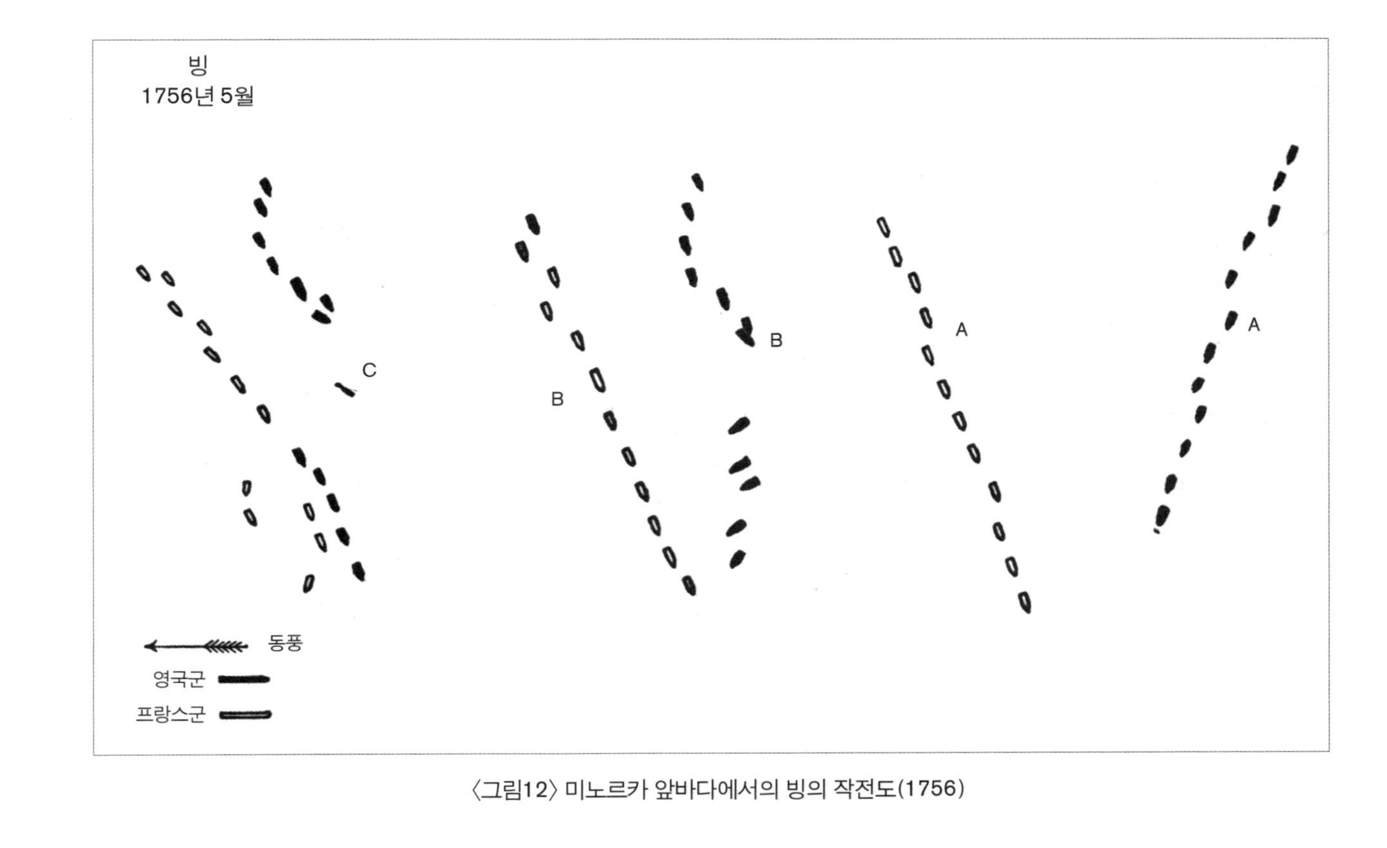

〈그림12〉 미노르카 앞바다에서의 빙의 작전도(1756)

훨씬 더 벌어져 있어서 특히 더 그랬다. 따라서 그의 함대 전체가 동시에 전투에 돌입할 수는 없었다. 신호가 올랐을 때, 선두함정들은 그 신호에 따라 프랑스함정 쪽으로 돌진했는데, 양측 사이의 함수가 너무 가까이 있어서(B, B) 프랑스 포격에 의해 대단히 큰 피해를 입었다. 그들은 프랑스함대로부터 세 차례에 걸친 현측 일제사격으로 종사縱射당하여 돛대가 심하게 파손되었다. 선두의 여섯 번째 영국함정은 포탄에 명중하여 앞 돛대를 잃었으며, 이어서 함수가 풍하 쪽으로 돌아버리자 그 자리에 정지하게 되어 후위함정과 겹쳐지게 되었다. 그러자 전투 중이던 빙은 모빌Mobile 해전에서 앞 함정이 정지하는 바람에 자신의 전열에 혼란이 생겼을 때 취했던 패러것의 행동을 본받으려고 했다. 그러나 기함 함장의 항의에 따라 매슈스가 받은 형벌을 상기한 그는 자신의 행동을 중지시키면서 다음과 같이 말했다. "가디너Gardiner 함장, 귀관이 알다시피 전투대형을 형성하라는 신호가 올랐는데, 본관은 루이저Louisa 호나 트라이던트Trident 호의 앞에 위치하고 있소(순서대로라면 그 함정들이 그의 앞에 있어야 했다). 귀관은 함대의 제독인 내가 단독함과 교전할 때처럼 돌진하기를 바라지는 않을 것이오. 본관은 자신의 병력을 이용해서 일시에 공격하도록 하지 않아 피해를 입은 매슈스 같은 불운을 피하고 싶소." 이리하여 전투는 결정적인 결과를 얻지 못하고 말았다. 영국함대의 선두는 후미와 분리되어 적의 공격을 정면으로 받게 되었다(C). 프랑스의 한 당국자는 라 갈리소니에르가 적의 선두를 풍상 쪽에서 공격하여 박살내버리지 않았다는 이유로 그를 비난했다. 한편, 그가 명령을 내렸지만 조범장치가 피해를 입어 그렇게 할 수 없었다고 말하는 사람도 있었다. 그러나 후자는 그럴듯해 보이지 않는다. 왜냐하면 프랑스 전대의 피해가 중간돛의 활대를 잃어버린 것뿐이었는데 비해 영국군은 아주 심한 피해를 입었기 때문이다.

프랑스 해군정책의 특징

진정한 이유는 이 해전에 대한 한 프랑스 권위자의 설명에서 찾아볼 수 있다. 라 갈리소니에르는 자신의 함대를 위험에 노출시키면서 영국함대에 타격을 주는 것보다는 포트 마혼에 대한 지상공격을 지원하는 것이 더 좋다고 생각했다. "프랑스 해군은 실제로 훨씬 더 비현실적이었지만, 몇 척의 함정을 나포하는 것보다 더 화려한 영광을 가져다 줄 정복활동을 하고자 했다. 그렇게 하면, 전쟁의 진정한 목적에 더 가깝게 접근할 수 있을 것으로 생각했다."[92] 이러한 결론이 옳았는가의 여부는 해전의 진정한 목적을 보는 관점에 달려 있다. 만약에 하나나 그 이상의 해상진지를 확보하는 것이 목적이라면, 해군은 특별한 목적을 위한 육군의 한 종속부대에 지나지 않게 되며, 따라서 육군의 행동에 따라야 한다. 그러나 진정한 목적이 적의 해군보다 우위를 차지해서 바다를 지배하는 것이라면, 모든 경우에 진정한 공격목표는 적의 함대나 함정이 되어야 한다. 이러한 견해는 모로그가 해상에는 유지해야 할 전쟁터도 없고 승리해야 할 장소도 없다고 썼을 때 나온 것이다. 만약에 해전이 어떤 주둔지를 위한 전투라면, 함대의 행동도 그 주둔지의 방어와 그곳에 대한 공격에 종속되어야 한다. 만약에 공격목적이 적의 나머지 소유지들과의 교통선을 차단해서 통상 분야에서 적의 부의 원천을 근절시켜버리거나 주둔지를 폐쇄하여 적의 해상세력을 없애버리는 것이라면, 공격목표는 적의 조직화된 해

92) Ramatuelle, *Tactique Navale.*

상 군사력, 즉 해군이 되어야 한다. 어떠한 이유에서든 영국이 이 전쟁 말기에 미노르카를 회복할 수 있을 만큼 해상을 통제할 수 있었던 것은 후자를 선택한 때문이었다. 반면에 프랑스가 해군의 위신을 떨어뜨리게 된 것은 전자를 선택했기 때문이었다. 미노르카의 경우를 생각해보자. 만약 라 갈리소니에르가 패배했더라면, 리슐리외와 그의 만 5천 명 병사들은 마치 1718년에 스페인인들이 시칠리아에 갇혔던 것처럼 프랑스의 보호에서 멀어져 미노르카에 갇혔을 것이다. 그러므로 프랑스 해군은 그 섬을 확실하게 점령해버렸다. 그러나 그러한 행위는 프랑스 재상과 여론에 별로 깊은 인상을 주지 못했는데, 이에 대해 프랑스의 한 해군장교는 다음과 같이 말하고 있다. "믿을 수 없을 수도 있지만, 해군장관은 마혼 앞바다에서의 영광스러운 일이 있은 후 계몽된 애국심에 심취한 나머지 이 승리를 계기로 프랑스 해군을 건설하려고 노력하지 않고 오히려 항구에 있던 함정과 조범장치를 매각할 수 있는 기회라고 생각했다. 우리는 이러한 정치가들의 비겁한 행위 덕분에 통탄스러운 결과를 보게 될 것이다."[93] 영광도 승리도 없었던 것은 너무도 자명한 일이었다. 그러나 프랑스 사령관이 마혼에 대한 집념을 버리고 4~5척의 적함을 나포하거나 침몰시킬 수 있는 좋은 기회를 살렸더라면, 해군에 대한 프랑스 국민의 열정을 솟아나게 할 수 있었을 것이다. 그러나 불행하게도 이 열정은 너무나 늦게 1760년에야 나타났다. 이 전쟁의 나머지 기간 동안에 프랑스함대는 동인도제도를 제외하고는 일반적인 추적만을 펼치는 작전을 전개했다.

그러나 프랑스함대가 지시받았던 행동은 프랑스 정부의 전반적인

---

93) Lapeyrouse-Bonfils, *Hist. de la Maarine.*

정책과 모순되지 않았다. 다음과 같은 클러크의 말이 아마도 맞을지도 모른다. 그는 미노르카 앞바다의 전투에서 단순하게 우연이라고 보기에는 너무나 분명한 전술——규모나 목적 면에서 아주 방어적이던 전술[94]——이 드러났다고 말했다. 프랑스 사령관은 풍하의 위치를 차지함으로써 마혼을 엄호했을 뿐만 아니라 아주 좋은 방어위치를 차지했기 때문에 적으로 하여금 모든 위험을 무릅쓰고 공격하지 않을 수 없게 만들었다. 클러크가 지휘한 프랑스의 선도함들은 적을 거칠게 공격한 후 기민하게 철수해버림으로써(C), 적으로 하여금 공격하지 않을 수 없게 만들었던 충분한 근거를 제시한 것처럼 보인다. 이와 똑같은 정책은 그로부터 20년 후에 일어난 미국전쟁에서 되풀이하여 사용되었고, 역시 상당한 성공을 거두었다. 비록 프랑스측이 공식적으로 인정하지는 않았지만, 신중한 행동, 경제성, 그리고 방어적인 전쟁 등이 프랑스 당국자들의 고정된 목적으로 남아 있었다고 결론지을 수 있을 것 같다. 이것은 확실히 프랑스 해군의 그리벨Grivel 제독이 제시한 판단력에 기초를 두고 있다고 할 수 있다.

> 두 해양 세력이 싸우게 될 때, 적은 수의 함정을 가진 세력은 항상 승리가 의심스러운 접전을 피해야 한다. 그 세력은 임무를 수행하는데 필요한 위험만을 감수해야 하며 기동으로 전투를 피해야 한다. 만약 최악의 경우에 전투를 할 수밖에 없다면, 그것이 자신에게 유리한 상황인지를 확인해야 한다. 태도를 정하는 것은 적의 세력에 따라 결정되어야 한다. 되풀이할 필요도 없이, 우세한 세력과 싸우는가 아니면 열세한 세력과 싸우는 것인가에 따라 프랑스는 수단과 목

94) Clerk, *Naval Tactics*.

적에서 아주 다른 두 전략——대전쟁Great War이나 순항전Cru-ising War——중에서 한 가지를 취할 수 있다.

높은 계급의 장교가 행한 공식발언은 존중되어야 하는데 특히 그것이 강대국이나 호전적인 국가에 의해 지속적으로 실시되는 정책을 표현하는 경우에는 더욱 그러하다. 그러나 그 이름에 걸맞는 해양력이 그렇게 확고부동하게 보장될 수 있는지 여부는 의심스럽다. 논리적으로 볼 때, 그것은 동등한 세력 간의 전투에서 자신의 피해가 적의 피해보다 더 크기 때문에 만족스러운 결과를 얻기 어렵다는 입장에서 비롯되었다. 프랑스의 정책을 지지했던 라마튀엘Ramatuelle은 다음과 같이 말했다. "사실, 함정 몇 척의 상실이 영국에 어떠한 결과를 미쳤을까?" 그러나 논쟁의 필연적인 다음 단계는 적과 맞붙지 않는 편이 더 좋다는 것이었다. 또 다른 프랑스인[95]은 적의 병력과 부딪치게 된 것을 프랑스함정의 불운으로 간주해야 하며, 만약 서로 마주치더라도 가능하면 명예롭게 전투를 피하는 것이 그 함정의 임무라고 말했다. 함정은 적과 싸우는 것보다 훨씬 더 중요한 숨은 목적을 가지고 있었다. 그러한 추세는 해전을 담당하고 있는 장교들의 정신과 분위기에 수년 동안 계속하여 영향력을 미쳤다. 그리하여 전에 함대를 지휘한 적이 있는 용감한 드 그라스 백작도 그러한 영향력 아래서 1782년에 기회가 충분히 있었는데도 로드니 휘하의 영국군을 격파하는 데 실패했던 것이다. 그 해 4월 9일에 윈드워드 제도Windward Islands 사이에서 영국함대의 추격을 받던 중, 주력함대가 도미니카에 있는 영국함대의 함정 16척이 우연히 풍하의 위치에 놓이게 되었다.

95) Jurien de la Gravière, Guerres Maritimes.

이러한 상황이 계속되던 3시간 동안, 분산되어 있는 영국함정들보다 자신의 함대가 훨씬 우세한 상황이었는데도 불구하고 드 그라스는 선두전대로 하여금 장거리 포격을 하도록 한 것을 제외하고는 그들을 그냥 내버려두었다. 그리고 그의 이러한 행동은 법정에 의해 정당하다고 인정받았다. 그 법정에 참가한 고위계급의 많은 장교들은 "사령관으로부터 신중하게 행동하라는 지시를 받았기 때문에 비밀 순항계획에 따를 수밖에 없었음을 인정했다." 3일 후에 그는 자신이 공격하지 않고 내버려두었던 함대에 의해 크게 패배했으며, 그 때문에 비밀순항 계획은 그와 함께 물거품이 되어버렸다.

빙의 지브롤터로의 귀환과 군사재판에 따른 처형

9월 20일의 전투가 끝난 후 미노르카로 회항한 빙 제독은 작전회의를 소집하여 더 이상 아무것도 할 수 없으며 또한 영국함대가 지브롤터로 가서 적의 공격으로부터 방어해야 한다는 것 등을 결정했다. 빙은 지브롤터에서 호크에게 지휘권을 넘기고 재판을 받기 위해 본국으로 소환되었다. 군법회의에서 그는 비겁했다거나 불충실했다는 혐의는 완전히 벗었지만, 프랑스함대를 격파하고 또한 마혼의 수비대를 구원하기 위해 최선을 다하지 않았다는 이유로 유죄 판결을 받았다. 그런데 이러한 범죄에 대해서는 사형 외에 다른 벌을 내릴 수 없었으므로 그는 사형을 선고받았다. 국왕이 그의 사면을 거부했으므로 빙 제독은 총살당했다.

영국과 프랑스의 공식적인 선전포고

미노르카에 대한 원정은 명목상의 평화가 지속되던 동안에 시작되었다. 빙 제독의 전투가 있기 3일 전인 5월 17일에 영국은 전쟁을 선포했고, 프랑스도 6월 20일 이에 응답했다. 28일에 포트 마혼이 항복했고, 미노르카도 프랑스의 수중으로 들어갔다.

전쟁의 해양적 특징에 대한 영국의 인식

영국과 프랑스 양국이 일으킨 전쟁의 본질과 그 전쟁이 발발한 장소는 분쟁의 무대를 명확하게 나타내주기에 충분하다. 이제 우리는 바야흐로 대해전으로 설명되고 양국 식민지와 외국 영토에 아주 큰 변화를 가져다준 전쟁이 발발할 순간에 있다. 양국 중에서 영국만이 그러한 점을 인식하고 있었다. 프랑스는 앞으로 설명할 원인들 때문에 다시 바다를 등지고 말았다. 프랑스함대가 해상에 출현하는 일은 아주 드물었다. 바다에 대한 통제력을 잃고 식민지를 하나씩 넘겨주다가 마침내는 인도에 대한 모든 희망을 넘겨주고 말았다. 전쟁 후기에 프랑스는 스페인을 동맹국으로 끌어들였지만, 그것은 그 나라를 외형상으로 황폐화시키는 결과만을 초래했을 뿐이다. 반면에 영국은 바다에 의해 방어되고 힘을 축적할 수 있었기 때문에 가는 곳마다 승리를 거두었다. 국내가 안정되고 번영하게 된 영국은 그 자금으로 프랑스의 적에게 돈을 대주었다. 7년전쟁이 끝날 무렵 영국은 대영제국이 되었던 것이다.

프랑스가 동맹국의 지원을 받지 않은 채 바다에서 영국과 싸워 성공할 수 있었다고는 확신하기 어렵다. 1756년에 프랑스 해군은 63척의 전열함을 보유하고 있었는데, 그 중 45척의 상태는 양호했지만 장비나 포가 부족했다. 스페인은 46척의 전열함을 보유하고 있었다. 그러나 그 전후의 행위를 생각해볼 때, 스페인 해군이 그러한 숫자에 어울리는 가치를 갖고 있었는지 의심스럽다. 당시에 영국은 130척의 전열함을 보유하고 있었다. 4년 후에는 120척의 영국함정이 취역하고 있는 중이었다. 한 국가가 땅이나 바다에서 그 당시의 프랑스만큼 현격한 열세를 보일 때, 그 나라는 성공하기를 바랄 수 없다.

대륙전쟁에 대한 프랑스의 몰두

그럼에도 불구하고 프랑스는 초기에 유리한 위치를 차지했다. 프랑스는 코르시카를 확보하고 같은 해 11월에 미노르카를 정복할 수 있었다. 제노아 공국은 그 섬의 모든 요새화된 항구들을 프랑스에 넘겨주었다. 프랑스는 툴롱과 코르시카, 그리고 포트 마혼을 소유함으로써 이제 지중해에서 튼튼한 교두보를 갖게 되었다. 캐나다에서는 몽칼름Montcalm의 지휘하에 수행된 1756년의 작전이 수적인 열세에도 불구하고 성공을 거두었다. 동시에 인도에서는 토착민 왕자가 영국령 캘커타를 탈환함으로써 프랑스에 일종의 기회를 제공했다.

또 하나의 사건도 프랑스에 해상에서 입장을 강화할 수 있는 구실을 제공했다. 네덜란드 연방은 영국과 동맹을 맺지 않고 중립국으로 남아 있겠다고 프랑스에 약속했다. 그러자 영국은 "프랑스의 모든 항구를 봉쇄상태에 놓이게 하고, 그 항구에 있는 모든 선박들을 합법적인 전리품으로 나포하겠다"고 선언함으로써 보복했다. 중립국의 권리를 그렇게 위협하는 것은 그 중립국이 반기 드는 것을 두려워하지 않는 나라만이 취할 수 있는 태도였다. 세력 면에서 본다면, 영국을 특징짓는 그러한 공격성을 프랑스가 스페인과 다른 국가들로 하여금 영국에 대항하도록 만들기 위해 이용할 수도 있었을 것이다.

프랑스는 영국에 대항하여 세력을 집중하는 대신에 또 다른 대륙 전쟁을 시작했는데, 이번에는 엉뚱한 새로운 동맹국을 끌어들였다. 오스트리아의 여제는 프랑스 국왕의 종교적 관습과 프리드리히 대왕의 자신에 대한 야유로 화가 난 프랑스 왕비의 협조로 프랑스를 대프러시아전을 위한 오스트리아 동맹국으로 만드는 데 성공했다. 이 동맹에는 러시아와 스웨덴, 그리고 폴란드가 더 추가되었다. 오스트리아 여제는 프로테스탄트 국왕으로부터 실레지아를 빼앗기 위해 두 로마카톨릭 국가가 힘을 합해야 한다고 주장하면서, 프랑스가 전부터 바라고 있던 네덜란드에 있는 자국 소유지의 일부를 프랑스에게 기꺼이 내주겠다고 말했다.

7년전쟁(1756~63)의 시작

자신에 대항하여 동맹이 결성된 것을 안 프리드리히 대왕은 그 동맹이 더 발전하기를 기다리지 않고 그 대신 군대를 움직여 폴란드 국왕이 통치하고 있던 작센Saxony을 침공했다. 7년전쟁은 1756년 10월의 이러한 군사적 움직임으로 시작되었다. 이 전쟁은 범위가 달랐지만 오스트리아 왕위계승전쟁처럼 분쟁 당사국 중 몇 나라를 원래의 방향과는 다른 쪽으로 끌고 갔다. 이미 영국해협을 사이에 두고 인접국인 영국과 대규모 전쟁을 하고 있던 프랑스는 이렇게 하여 오랫동안 현명한 정책을 펼쳐온 오스트리아 제국을 견고하게 만든다는 목적으로 불필요하게 또 전쟁에 참여하게 되었다. 한편 영국은 자국의 참된 이익이 어디에 있는가를 명확하게 인식하고 있었다. 영국은 대륙전쟁을 부수적인 전쟁으로 만들면서 바다와 식민지에 모든 노력을 쏟았다. 동시에 영국은 자기 왕국의 방어를 위해 전쟁을 하고 있는 프리드리히 대왕을 돈과 진심에서 우러나는 동정심을 가지고 지원했다. 이 지원은 프랑스의 노력을 견제하고 갈라놓았다. 이리하여 영국은 단 하나의 전쟁만을 수행하게 되었다.

영국 수상이 된 피트

같은 해에 전쟁의 지휘권은 허약한 내각으로부터 대담하고 열정적인 윌리엄 피트의 손으로 넘어갔다. 그는 전쟁의 목적을 실제로 거의 달성한 1761년까지 수상이라는 지위를 유지하고 있었다.

북아메리카에서의 작전

캐나다에 대한 공격에서 두 가지의 주요 노선이 채택되었다. 하나는 샹플랭Champlain 호수를 경유하는 노선이었으며, 다른 하나는 세인트 로렌스를 경유하는 노선이었다. 전자는 완전히 내륙의 노선으로서 우리의 주제와는 전혀 관계가 없기 때문에 1759년에 퀘벡이 함락되어 영국에 완전히 개방될 때까지는 주목할 필요가 없다. 1757년 루이스버그에 대한 공격시도는 실패했다. 영국 제독이 그곳에서 발견한 16척의 전열함과 전투를 하고 싶어하지 않았기 때문이었다. 그 제독은 15척의 전열함을 지휘하고 있었는데, 자신의 함대가 장갑 면에서 열세했다고 생각했다. 그의 결정이 옳건 그르건 간에 그 결정에 대해 분개한 사람들이 영국에 많았다는 것은 영국과 프랑스의 행동 기초가 되는 정책의 차이를 보여주고 있다.

루이스버그의 함락(1758)

그 다음해에 용감한 보스카웬 제독이 만 2천 명의 병사를 이끌고 파견되었다. 다행히도 항구에는 5척의 적함밖에 없었다. 병사들이 상륙하는 동안, 함대는 자국군 공격부대를 적의 방해로부터 엄호하고 포위망 안에 들어 있는 적의 유일한 보급로를 차단했다. 1758년에 그 섬이 함락되자 세인트 로렌스 강을 경유하여 캐나다의 심장부에 이르는 길을 개통하게 되었고, 또한 영국함대와 육군에게 새로운 기지를 제공해주었다.

퀘벡 전투(1759)와 몬트리올의 함락(1760)

그 다음해에 울프Wolfe 휘하의 원정대가 퀘벡으로 파견되었다. 그의 모든 작전은 함대를 기반으로 한 것이었는데, 함대는 그의 육군을 목표지점까지 수송해줄 뿐 아니라 강을 오르락내리락하면서 필요한 견제작전을 해주었다. 결전으로 이끌어줄 상륙작전은 함정으로부터 직접 실시되었다. 2년 전에 기술과 결단력을 가지고 샹플랭 호수를 경유한 공격을 봉쇄했던 몽칼름은 증원이 긴급하게 필요하다는 편지를 본국으로 보냈다. 그러나 그 요청은 육군대신에 의해 거부당했다. 그는 여러 가지의 다른 이유들도 있지만, 무엇보다도 영국이 그 증원군을 도중에서 방해할 가능성이 대단히 크고 또한 프랑스군을 많이 파견하면 할수록 영국군도 더 많이 파견될 가능성이 있다고 거부 이유를 밝혔다. 한 마디로 말하면, 캐나다를 보유하는 것은 어디까지나 얼마나 해양력에 의존할 수 있는가에 달려 있었다.

퀘벡을 공격할 때 강을 이용할 것이라는 견해 때문에 몽칼름은 샹플랭을 경유하는 노선의 방어를 소홀히 할 수밖에 없었다. 그럼에도 불구하고 영국군은 그 해에 호수의 기슭 이상으로는 전진하지 않았다. 그러므로 그들의 작전은 퀘벡에 어떠한 영향도 주지 못했다.

1760년에 영국군은 한쪽 끝에는 루이스버그가, 다른 한쪽 끝에는 퀘벡이 위치한 세인트 로렌스 강의 수로를 보유함으로써 이곳에 안착하는 것처럼 보였다. 하지만 프랑스 총독이었던 드 보드레이는 여전히 몬트리올을 보유하고 있었으며, 식민지 거주자들은 여전히 프랑스에서 도와주기를 바라고 있었다. 퀘벡에 있는 영국 수비대는 캐나다 병력보다 수적으로 열세였음에도 불구하고 경솔하게 도시에서 나와 들판에서 적과 마주치게 되었다. 그곳에서 패배하여 적에게 쫓기게 된 영국군은 적들과 함께 엉망으로 섞여 퀘벡으로 들어갔다. 며칠 후에 영국군 전대가 도착하여, 결국 그 지역은 구조될 수 있었다. 영국의 한 연대기작가는 이렇게 말하고 있다. "이리하여 적은 바다에서의 열세가 어떤 것인가를 알게 되었다. 만약 프랑스 전대가 영국보다 먼저 그 강을 거슬러 올라왔더라면, 퀘벡은 아마 함락되었을 것이다." 이제 완전히 차단된 몬트리올에 남아 있던 프랑스 전대는 영국의 세 부대, 즉 이미 와 있던 부대와 샹플랭 호수를 경유하여 접근한 부대, 그리고 퀘벡과 오스위고Oswego로부터 온 부대에 의해 포위되었다. 1760년 9월 8일에 그 도시가 항복하자 프랑스는 더 이상 캐나다 땅을 소유할 수 없게 되었다.

대륙전쟁에 대한 해양력의 영향

피트가 세력을 잡게 된 후 처음에는 사소한 반전이 있었을 뿐, 세계의 다른 여러 지역에서도 비슷한 행운이 영국군에 계속 따라주었다. 그러나 대륙에서는 그렇지 않았다. 대륙에서는 병술에 능하고 영웅적인 프리드리히 대왕이 프랑스, 오스트리아, 그리고 러시아를 맞아 아주 힘겨운 싸움을 하고 있었다. 그 전쟁에서 프리드리히 대왕이 겪은 군사적, 그리고 정치적 단결의 어려움 등에 대한 연구는 우리의 주제와는 관계가 없다. 해양력은 그 전투에 직접적으로는 어떤 영향력도 미치지 않았다. 그러나 간접적으로는 다음의 두 형태로 영향을 주었다. 첫째, 영국은 자국의 막대한 부와 신용에 의해 프리드리히에게 보조금을 줌으로써 그의 능력을 한층 잘 발휘할 수 있게 했다. 둘째, 영국은 프랑스 식민지와 본국의 해안을 공격해서 프랑스를 곤란에 빠지게 했고, 통상을 파괴함으로써 프랑스 해군에 투자할 자금을 줄이지 않을 수 없게 만들었다. 해양력이 계속하여 묶여 있게 된 데 자극을 받은 프랑스는 통치자들의 무지와 망설임에도 불구하고 그들에게 반대되는 어떤 일을 계획하게 되었다. 훨씬 열세에 있는 세력을 가지고 전 세계에서 활동하는 것이 불가능했기 때문에, 하나의 목표에 세력을 집중하기로 한 것은 옳은 결정이었다. 그리하여 선택된 목표는 영국 본토였고, 그곳의 해안을 침공하기로 했다. 이 결정은 영국 국민들을 공포로 밀어넣었고, 몇 년 동안 프랑스 해안과 영국해협 일대를 해군의 작전해역으로 만드는 결과를 가져왔다. 이 해군 작전들에 대해 논하기에 앞서서 영국으로 하여금 해양력을 압도적으로 사용할 수 있게 한 전반적인 계획을 요약해보는 것이 좋겠다.

영국 해군의 전반적인 작전 계획

이미 설명한 북아메리카에서의 작전 외에 이 계획은 다음 네 가지로 구성되어 있었다.

(1) 프랑스 대서양 연안의 항구들, 특히 브레스트를 감시해서 대함대든 소전대든 전투를 하지 않고서는 빠져나갈 수 없게 한다.

(2) 대서양과 영국해협의 해안에 대한 공격은 유격전대를 이용하여 실행하고, 때때로 그 뒤를 이어 소규모 지상병력을 상륙시킨다. 적이 예견할 수 없는 방향으로 수행되는 이러한 공격은 적으로 하여금 많은 지점에 항상 병력을 배치하게 함으로써 프러시아 대왕을 향한 지상군의 군사행동을 감소시킨다는 목적을 갖고 있었다. 군사노선이 그러했지만, 프리드리히 대왕에게 유리한 결과가 실제로 야기되었는지는 의심스럽다. 7년전쟁의 전반적인 추세에 별로 영향을 미치지 않았기 때문에 이 작전에 대해서는 특별히 언급할 것이 없다.

(3) 프랑스의 툴롱 함대가 대서양 주변을 돌아다니는 것을 막기 위해 지중해와 지브롤터 근처에 1개 함대를 유지한다. 프랑스와 미노르카 사이의 교통선을 저지하기 위한 어떠한 시도도 진지하게 이루어진 것 같지는 않다. 독립적으로 지휘되고 있었지만, 지중해 함대의 행동은 대서양 함대를 보조하는 역할을 했다.

(4) 해외원정부대를 서인도제도와 아프리카 해안에 있는 프랑스 식민지로 파견한다. 그리고 동인도제도의 해상통제를 확보하기 위해 그곳에 1개 전대를 유지한다. 그것은 인도 반도에 있는 영국군을 지원하고 프랑스의 교통로를 차단하기 위한 것이었다. 멀리 떨어진 해역에서의 이러한 작전들은 중단되지 않고 계속되었는데, 프랑스 해군을 격파함으로써 영국 침공의 위험이 없어진 이후에도 그 활동과 규모가 더욱 더 확대되었다. 그리고 1762년에 스페인이 무분별하게 전쟁에 가담하게 되었을 때에는 영국에 훨씬 풍부한 노획물들을 가져다 줄 수 있게 되었다.

이 전쟁 중에 최초로 체계적으로 수행된 브레스트 소재의 적 함대에 대한 물샐틈없는 봉쇄는 공격작전보다는 방어작전으로 간주될 수 있을 것이다. 기회가 주어지면 전투를 한다는 의도를 확실히 가지고 있기는 했지만, 주요 목적은 어디까지나 적의 수중에 있는 공격적인 무기를 무력화하는 것이었다. 무기의 파괴는 이차적인 목적이었다. 이것이 사실이라는 것은 1759년에 어쩔 수 없이 봉쇄함대가 자리를 비우게 되어 프랑스함대가 탈출하게 되자 영국 전역을 휩쓸었던 두려움과 분노의 폭발을 통해 알 수 있다. 이 당시와 그 이후의 전쟁에서 행해진 봉쇄의 효과 때문에 함대의 외관이 아무리 훌륭하고 수적으로 대등한 병력을 갖고 있다고 하더라도, 프랑스는 실질적으로 함정을 다루는 분야에서 항상 열세에 놓이게 되었다. 브레스트 항구의 위치는 강한 서풍이 불어올 때면 봉쇄당한 함대가 빠져나오는 것을 불가능하게 만들지만, 동시에 봉쇄함대도 위험에 빠뜨린다. 그러므로 영국의 봉쇄함대는 그러한 바람이 불 때마다 토베이나 플리머스로 돌아갔다가 동풍이 불기 시작하면 프랑스의 움직이기 힘든 대함대가 빠져나가기 전에 원래의 위치로 돌아오곤 했다.

1758년 후반기에 대륙작전에서 실패하여 좌절하고 있던 프랑스는 자국 해안에 대한 영국군의 산발적인 상륙으로 굴욕과 고통을 당했다. 그러므로 프랑스는 자국의 재원으로는 대륙과 바다 두 방향에서 전쟁을 계속 수행할 수 없다고 판단하여 영국을 직접 공격하기로 결정했다. 프랑스의 통상이 거의 전멸해버린 반면에 적의 통상은 계속 번창하고 있었다. 피트 수상이 권력을 잡은 후, 영국의 통상이 통합되고 또한 전쟁에 의해 더욱 번영하게 되었다는 점은 런던 상인들의 자랑거리였다.[96] 이렇게 번창하고 있는 통상은 또한 지상전의 핵심이기도 했는데, 그 돈으로 그들은 프랑스의 적을 도울 수 있었던 것이다.

프랑스 재상 슈와죌의 영국 침공계획

이때 능동적인 성격을 보유한 슈와죌Choiseul이 루이 15세의 명을 받고 새로운 수상으로 권력을 장악하게 되었다. 1759년 초기부터 대서양과 영국해협에 있는 항구들에서 준비가 착착 진행되고 있었다. 병력을 수송하기 위한 평저선flat-boat이 아브르Havre, 덩케르크, 브레스트, 로슈포르에서 건조되고 있었다. 이 조함사업은 영국 침공을 위해 5만 명의 병사를 그리고 스코틀랜드 침공을 위해 만 2천 명의 병사를 승선시키려는 의도로 진행되었다. 결국, 이러한 노력 끝에 두 전대가 상당한 전력을 갖추고 준비를 마쳤는데, 하나는 툴롱에서 다른 하나는 브레스트에서 각각 대기하고 있었다. 두 전대가 브레스트에서 합류하는 것은 대모험의 첫 단계였다.

툴롱 함대의 출동(1759)

그러나 지브롤터가 영국의 수중에 있었고 또한 영국 해군이 우세했으므로 프랑스의 이러한 계획은 이 첫 단계에서 좌절되고 말았다. 그런데 강직하고 확신에 찬 피트 수상이 1757년에 스페인에게 감시대를 넘겨주겠다고 제안한 것은 믿기 어렵다. 그 감시대는 미노르카를 회복하는 데 도와준 대가로 얻은 것이었으며, 영국은 이곳으로부터 대서양과 지중해 사이의 해로를 내려다볼 수 있었다. 영국으로서는 다행스럽게도 스페인이 이 제안을 거부했다. 1759년에 보스카웬 제독은 영국의 지중해 함대를 지휘하고 있었다. 툴롱 수로에서 프랑스의 프리깃 함을 공격하다가 그의 함정 몇 척이 심하게 손상되자, 그

96) Mahon, *History of England.*

는 전 함대를 이끌고 지브롤터로 회항했다. 그러나 그는 적 함대의 동정을 감시하기 위해 곳곳에 프리깃 함을 배치하는 신중성을 보였으며, 적함이 접근할 때에는 함포를 발사하여 자신에게 알리는 신호를 미리 정해두었다. 보스카웬이 회항했을 뿐만 아니라 마침 상부로부터 명령도 시달되었기 때문에, 프랑스의 드 라 클뤼De La Clue 사령관은 8월 5일에 12척의 전열함을 이끌고 툴롱을 출항했다. 그리고 17일에 그는 지브롤터 해협에 위치하게 되었는데, 때마침 강한 동풍이 불어 대서양으로 쉽게 나갈 수 있었다. 모든 것이 순조롭게 보였다. 심한 안개와 어스름한 땅거미 덕분에 프랑스함대가 영국의 육상 감시를 피할 수 있었지만, 그러나 양국 함대는 서로의 모습을 볼 수 있는 위치에 있었다. 영국의 프리깃 함 한 척이 가까운 거리에서 불쑥 나타났다. 그 함정은 프랑스함대를 보자마자 자기의 적임을 깨닫고, 육지 쪽으로 방향을 바꾸더니 신호포를 발사하기 시작했다. 프랑스 쪽에서 추격했지만 소용없었다. 이제 프랑스함대로서는 피하는 도리밖에 없었다. 틀림없이 시행될 적의 추격으로부터 벗어나기를 바라면서, 프랑스 사령관은 철저한 등화관제 상태로 대서양으로 나아가기 위해 서북서쪽 침로를 취했다. 그러나 부주의나 충성심 부족——프랑스의 한 해군장교가 그것을 암시한 바 있다——때문에 12척 중 5척이 북쪽으로 항진하여 그 다음날 아침에 카디스 항구에 도착하면서 사령관으로부터 멀어져버렸다. 새벽이 되자 사령관은 자신의 병력이 줄어든 것을 알고 당황했다.

보스카웬 함대와의 불행한 조우

8시경에 몇 개의 돛이 수평선상에 모습을 드러냈는데, 사령관은 그

것이 지난밤에 사라진 자기 예하 함정이기를 기대했다. 그러나 그것은 보스카웬 함대의 함정이었다. 14척의 전열함으로 구성된 보스카웬의 함대는 프랑스함대를 전속력으로 추격해 온 것이었다.

클뤼 함대의 패배

프랑스함대는 돛을 활짝 편 채 일자대형을 형성하고 도주했지만, 함대의 속력이 영국함대보다 느렸다. 추격하는 부대가 결정적으로 우세한 경우의 모든 추격전에서는 선두의 빠른 함정이 후미에 있는 저속전대의 지원거리 내에 유지될 수 있도록 명령이 내려지는 것이 원칙이었다. 이 원칙은 후미의 함정이 접근하기 전에 선두의 함정이 홀로 적에게 압도당하는 일이 없도록 하기 위한 것으로, 영국함대는 이러한 원칙을 잘 이해하고 있었다. 그때가 이러한 행동을 하기에 적합한 시기였고 보스카웬은 그 원칙을 지켰다. 반면에 프랑스의 후미함정은 레탕뒤에르가 자신의 수송선을 구했을 때처럼 용감하게 싸웠다. 이 프랑스함정은 2시에 영국의 선두함에 추격을 당하고 곧이어 다른 4척의 함정에 의해 포위당했다. 프랑스 함장은 5시간 동안 필사적으로 저항했는데, 그것은 자기 자신을 구하기 위해서가 아니라 다른 함정들이 피할 수 있는 시간을 벌도록 적을 잡아두기 위해서였다. 프랑스함대는 그의 노력에 의해 그날 근접전을 피할 수 있었다. 만약 접전을 벌였더라면, 프랑스함정들이 모두 나포되는 결과가 초래되었을 것이다. 그처럼 영웅적인 저항을 했던 프랑스 함장이 자신의 깃발을 내리고 항복했을 때, 그 함정은 세 개의 중간돛대가 없어졌으며 곧이어 세로돛대도 넘어졌고, 선체에 물이 가득 차 있어서 물 위에 떠있기조차 어려운 상태에 있었다. 사브랑Sabran이라는 이름의 이 함장은 정말 기억해둘 만하다. 그는 이렇게 멋진 저항을 하는 도중에 11군데의 부상을 당했지만, 훌륭한 저항활동으로 적의 추격을 지연시키는 후미함정의 역할을 완벽하게 해냈던 것이다. 그날 밤에 프랑스함정 2척이 서쪽으로 방향을 바꾸어 도피했다. 나머지 4척은 전처럼 계속 도주했다. 그러나 그 다음날 더 이상 도피할 수 없다고 생각한 프랑스 사령관은 포르투갈 해안 쪽으로 항진하여 라고스와 세인트 빈센트 곶 사이에 멈추었다. 이를 추격한 영국 제독은 포르투갈의 중립성을 무시하고 공격하여 2척을 나포하고 2척을 불태워버렸다. 이러한 모욕적인 행위에 대해 영국은 포르투갈에 대해 어떠한 공식적인 사과도 하지 않았다. 포르투갈은 지나치게 영국에 의존하고 있어서 이것을 심각하게 문제 삼을 수가 없었다. 피트는 이 문제에 대해 포르투갈에 있는 영국 대사에게 편지를 보내어 포르투갈 정부의 감정을 무마하는 동안 나포한 함정을 포기하거나 전공을 세운 훌륭한 제독을 비난하는 일을 해서는 안 된다고 말했다.[97]

영국 침공의 결정적인 좌절과 스코틀랜드 침공계획

카디스로 들어간 5척의 함정이 브레스트 앞바다를 순항하고 있던 에드워드 호크 경의 신경을 거슬리고 있었지만, 툴롱 함대의 파괴와 분산은 프랑스의 영국 침공을 중단시켜버렸다. 자신의 주목적을 저지당한 슈와죌은 스코틀랜드의 침공에 여전히 집착하고 있었다. 해군장교임에도 불구하고 계급이 원수였던 콩플랑이 지휘하고 있던 브레스트의 프랑스함대는 20척의 전열함과 프리깃 함으로 구성되어

97) Mahon, *History of England.*

있었다. 승선해야 할 병력은 만 5천~2만 명이었다. 그 함대의 본래 목적은 소규모 함정과 5척의 전열함으로 수송선을 호위하는 것이었다. 콩플랑은 전 함대가 함께 움직여야 한다고 주장했다. 해군대신은 콩플랑 원수가 적의 진행을 견제할 수 있을 정도로 노련한 전술가라고 생각하지 않았으며, 따라서 적과의 결정적인 접전을 하지 않고서 클라이드 근처의 목적지까지 수송선단을 안전하게 도착시킬 수 있을 것으로 확신할 수도 없었다. 그러므로 전면적인 전투가 일어날 것이라고 믿었던 그는 수송병력을 실은 함선이 항해에 나서기 전에 전투하는 것이 더 나을 것이라고 생각했다. 만약 그 전투가 절망적이라 해도 수송병력은 희생되지 않을 것이고, 또한 결정적으로 승리한다면 교통로가 청소될 수 있기 때문이었다. 수송선들은 브레스트가 아니라 루아르 강 입구의 남쪽에서 멀리 떨어진 항구에 집결했다. 이리하여 프랑스함대는 적과 싸울 기대와 목적을 가지고 출항하게 되었다. 그러나 그 목적과 항해에 나서기 전에 제독이 제시했던 정교한 전투지침서[98]에 맞게 함대의 진로를 맞추는 것은 쉬운 일이 아니었다.

브레스트 함대의 출동

11월 5,6일경에 서쪽에서 무서운 돌풍이 불어왔다. 3일 동안 이 돌풍에 시달린 다음 호크는 방향을 돌려 토베이로 향했고, 그곳에서 함대를 즉시 출항할 수 있도록 준비시키면서 바람의 방향이 바뀌기를 기다렸다. 이 돌풍은 프랑스함대가 브레스트 항 안으로 돌아가도록 만든 한편, 서인도제도로부터 올 것으로 예상되던 봉파르Bompart

---

98) 이 전투지침서에 대해서는 Troude, *Bataillis Navales*를 참조하라.

휘하의 소규모 전대에게는 호크가 없는 틈을 타 항구 안으로 들어갈 수 있는 기회도 제공해주었다. 콩플랑은 봉파르의 승무원들을 인원이 다 차지 못한 자신의 함정들에 배치하는 등 활발하게 준비를 하고서 14일에 동풍을 받으며 출항했다. 그는 자신이 호크를 쫓아냈다고 믿고 남쪽에서 준비를 하고 있었다. 그러나 호크는 이미 12일에 토베이를 출항했다. 그는 다시 그 항구로 돌아갔다가 14일에 재출항했는데, 바로 그날 콩플랑도 브레스트를 출항했다. 곧 자신의 봉쇄 위치에 도착한 그는 적이 남쪽에서 동쪽으로 항해하자 키브롱 만으로 향하고 있는 중이라고 쉽게 결론짓고, 바람의 도움을 받아 같은 목적지로 선회했다. 19일 오후 11시에 프랑스 사령관은 자신의 위치가 벨Belle 섬 서쪽으로부터 남서쪽으로 70마일 지점에 있다고 판단했다.[99] 바람이 서쪽으로부터 갑자기 밀려오자 그는 돛을 조금만 편 채 버텨보았지만, 바람이 계속 강해졌기 때문에 서북서쪽으로 밀릴 수밖에 없었다. 새벽에 몇 척의 함정들을 볼 수 있었는데, 그것들은 키브롱을 봉쇄하고 있던 더프 준장이 지휘하는 영국 전대로 판명되었다. 추격하라는 신호가 올랐다. 영국 전대는 도망가면서 두 개로 분리되었다. 하나는 바람을 등지고 도망갔으며, 다른 하나는 남쪽으로 뱃머리를 돌렸다. 프랑스함정의 대부분은 전자를 추적하기 위해 해안 쪽으로 침로를 잡았으며, 단지 한 척만이 후자를 추격했다. 잠시 후에 프랑스의 후미함정들은 풍상 쪽으로 항해하라는 신호를 받았다. 그 깃발은 프랑스함대의 기함에도 게양되어 있었다. 영국함대의 정찰용 프리깃함이 영국함대 사령관에게 적 함대가 풍하 쪽으로 항해하고 있다는 사실을 알린 것은 바로 그 시각이었음에 틀림없다. 부지런한 성격의

99) 〈그림14〉를 참조.

호크는 콩플랑에게 다가갔는데, 콩플랑은 후에 자신의 공식보고서에서 적 함대의 세력이 자신의 것보다 우세하거나 대등하리라고는 생각하지 못했다고 기술했다. 이제 콩플랑은 후미전대에게 남동쪽으로 추격하고 있는 함정을 지원할 수 있도록 방향을 바꾸라고 명령했다.

호크의 프랑스함대와의 조우와 격파(1759)

프랑스의 함정은 21척이었지만, 풍상측의 영국함대는 잠시 동안에 23척의 전열함으로 증가되었는데, 그 중 3척은 3층 갑판을 가진 함정이었던 것으로 알려지고 있다. 콩플랑은 영국함대를 추격하던 함정들을 불러모아 전투준비를 했다. 그는 앞일을 전혀 예상하지 못한 상황에서 앞으로의 방침을 정해야 했다. 이제 서북서쪽으로부터 강풍이 불어오고 있었으며, 또한 다른 모든 상황으로 미루어보아 날씨가 거칠어질 것 같았다. 프랑스함대는 해안가로부터 별로 멀지 않은 곳에 있었으며, 적 함대는 숫자 면에서 상당히 우세했다. 왜냐하면 호크가 23척의 전열함을 가지고 있었고 더프가 50문의 함포를 탑재한 4척의 포함을 갖고 있었기 때문이었다. 따라서 콩플랑은 영국함대로부터 벗어나기로 결심하고 자신의 함대를 키브롱 만으로 인도했다. 그는 날씨가 좋지 않고 게다가 여울과 사주가 많이 있다고 알려져 있는 곳으로 감히 호크가 추격하지 못할 것으로 믿고서 그처럼 기동을 했던 것이다. 그곳은 암초가 곳곳에 흩어져 있어서 항해사들이 두려워하기 때문에 대단한 용기가 없이는 항해할 수 없는 곳이었다. 게다가 함대가 기동하기에는 공간이 너무 좁았기 때문에 44척의 대형 함정들이 교전을 준비하고 있어서 큰 혼란이 발생할 지경이었다. 콩플랑은 자신이 먼저 그곳으로 들어가 만의 서쪽 해안 근처까지 접근하고서 적이 추격해오면 해안과 자신 사이에 밀어 넣어버리겠다고 장담했다. 그러나 그의 예상은 하나도 맞지 않았다. 퇴각하면서 그는 함대의 선두에 위치했다. 그는 자신이 직접 선두에 선다면 원하는 대로 함대를 지휘할 수 있다고 생각했겠지만, 도주하는 맨 선두에 기함이 위치하는 것은 명성에 먹칠할 수 있는 잘못된 일이었다. 호크는 한순간도 자신 앞에 펼쳐져 있는 위험에 전혀 동요되지 않았다. 그는 숙련된 뱃사람으로서의 자기 능력의 한계를 잘 알고 있었고 용감할 뿐만 아니라 냉정하고 의지가 강했기 때문에 위험을 과대평가하거나 과소평가하지도 않고 올바르게 직시하고 있었다. 그가 한 행동에 대한 이유를 정확히 알 수는 없지만, 그는 앞서 항진한 프랑스함대가 부분적으로나마 도선사 역할을 해주었고, 자신보다 앞서 프랑스함정이 여울에 얹힐 것임을 분명하게 알고 있었음에 틀림없다. 그는 봉쇄작전에서 힘든 시련을 겪어냈기 때문에, 자기 휘하의 장교들이 경험과 기질 면에서 프랑스 장교들보다 우수하다고 믿었다. 그는 양국 모두 적 함대가 안전하게 우방국 항구로 들어가지 못하도록 요구한다는 사실을 알고 있었다. 이러한 이유로 인해 그는 아주 극적인 해전으로 만들어버린 이러한 조건하에서 위험을 무릅쓰고 프랑스함대를 추격했던 것이다. 그러나 그는 프랑스함대를 빠져나가도록 허용했다는 이유로 영국에서 초상화가 불태워지는 봉변을 당했다. 함대의 선두에 나선 콩플랑이 카디날Cardinals 암초——키브롱 만 입구 최남단에 있는 암초——주변을 돌고 있을 때, 영국 선두함들은 프랑스 후미함들과 전투를 벌이게 되었다. 이것이 대추격을 혼전으로 끝나게 만든 또 하나의 원인이었다. 이 혼전은 강한 돌풍과 거친 해상의 날씨, 해안에 가까운 위치라는 악조건에서 저돌적인 속력으로 돛을 적게 올린 채 전개되었다. 영국함정보다 많은 74문의 함포를 장비한 프랑스함정 한

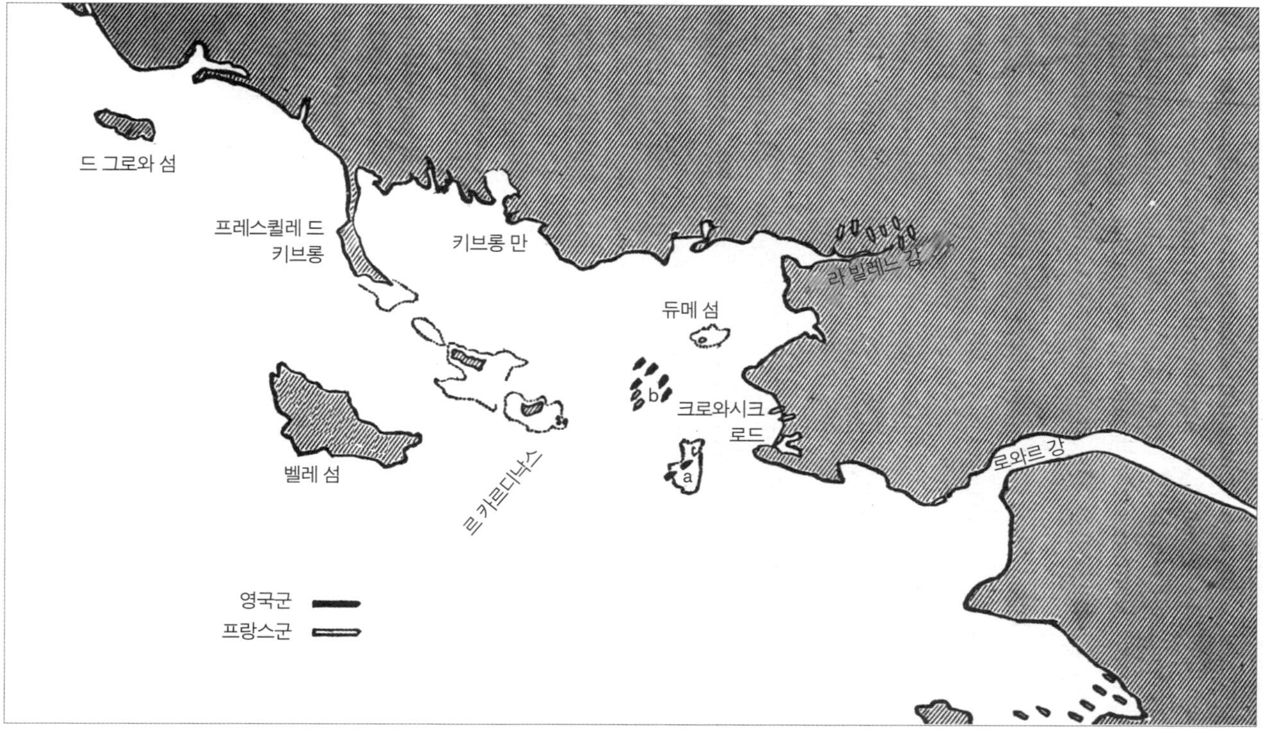

〈그림13〉 호크와 콩플랑의 작전도(1759)

척이 과감히 하갑판의 포문을 열려고 했다. 그러나 포문을 열자마자 바닷물이 밀려들어와 20명의 장병만 남기고 갑판에 있던 모든 것을 쓸어가버렸다. 다른 한 척은 호크의 기함이 발사한 포탄에 맞아 침몰했다. 다른 두 척——그 중 한 척은 사령관기를 달고 있었다——은 항복의 표시로 국기를 내렸다. 나머지 함정들은 뿔뿔이 흩어졌다. 7척은 북쪽과 동쪽으로 도피하여 비렌Vilaine이라는 조그만 강 입구에 투묘했다가 두 차례의 밀물을 이용하여 강 안쪽으로 들어갔다. 당시까지 함정이 이렇게 강 안쪽으로 들어가는 데 성공한 예는 한 번도 없었다. 나머지 7척은 로슈포르의 남쪽과 동쪽으로 피했다. 선체가 많이 파손된 함정 한 척은 해안 쪽으로 항해하다가 루아르 강 입구에서 실종되었다. 라 오그에서 불타버린 투르빌의 기함과 같은 로열 선이라는 이름을 가진 기함은 밤이 되자 루아르 강 북쪽에 약간 떨어진 곳에 있는 크루아직Croisic 앞에 정박하여 안전하게 밤을 보냈다. 그 다음날 아침, 제독은 자기 함정 한 척만 그곳에 있다는 것을 알았는데, 이것은 기함을 영국에게 나포당하지 않도록 하기 위해 해안 가까이로 항해한 결과였다. 이러한 조치는 프랑스인에 의해 비난받았지만, 호크가 프랑스 기함을 절대로 놓치려 하지 않았기 때문에 이 비난은 불필요한 것이었다. 프랑스의 대함대는 전멸해버렸다. 왜냐하면 나포되거나 파괴되지 않은 14척의 함정이 두 부대로 나뉘었는데, 비렌에 있던 함정만이 한 번에 두 척씩 15개월 내지 2년 후에야 비로소 영국의 손으로부터 벗어나는 데 성공했기 때문이다. 이에 반해 영국은 두 척만 잃었는데, 그 함정들은 여울에 얹혀(a) 아주 심하게 파손되었다. 영국함대가 전투 중에 입은 피해는 거의 없었다. 밤이 되자 호크는 자신의 함대와 빼앗은 프랑스함정들을 〈그림13〉의 b 지점에 정박시켰다.

찰스 3세의 스페인 왕위계승전쟁

브레스트 함대가 파괴되면서 영국 본토에 대한 침공가능성은 모두 사라져버렸다. 1759년 11월 20일의 해전은 트라팔가르 해전과 비슷했다. 비렌과 로슈포르에 정박해 있는 함정에 대해 봉쇄가 부분적으로 이루어지고 있기는 했지만, 영국함대는 프랑스 식민지에 대해 그리고 나중에는 스페인 식민지에 대해서조차 전보다 훨씬 대규모로 작전을 할 수 있었다. 이 해전이 일어나고 또 퀘벡이 함락된 바로 그 해에 서인도제도의 과달루페와 아프리카 서안의 고레Goree가 함락되었으며, 또한 프랑스의 다셰D'Aché 준장과 영국의 포우콕 제독 사이에 승리를 결정지을 수 없는 전투가 세 차례 일어난 후, 프랑스 해군은 동인도 해상을 포기했다. 이러한 포기는 필연적으로 인도에서의 프랑스 세력의 몰락을 가져왔는데, 프랑스는 이곳에서 두 번 다시 재기하지 못했다. 그 해에 스페인 국왕이 사망하고, 그의 동생이 찰스 3세의 칭호를 가지고 뒤를 이었다. 찰스는 영국 제독이 스페인 육군에 있던 나폴리 병사들을 철수시킬 시간적 여유를 주었을 당시 나폴리 국왕이었다. 그는 이때의 굴욕을 절대 잊지 않았으며, 스페인 국왕이 되어서도 영국에 대한 나쁜 감정을 버리지 못했다. 그가 이러한 감정을 가지고 있었기 때문에 프랑스와 스페인은 훨씬 쉽게 결속할 수 있었다. 찰스의 첫번째 조치는 영국과 프랑스 사이의 화해를 제의하는 것이었다. 그러나 피트는 이것을 거부했다. 프랑스를 영국의 큰 적으로 생각하고, 해양과 식민지가 힘과 부의 원천이라고 생각하고 있던 피트는 영국이 당시 프랑스를 압도하고 있기 때문에 당시뿐만 아니라 장래에도 프랑스를 아주 약화시켜서 프랑스의 파멸을 딛고 영국을 강대국으로 건설하려는 생각을 갖고 있었던 것이다.

조지 2세의 사망

나중에 찰스는 다른 조건을 내세웠다. 그러나 오스트리아 여왕에게 애착을 가지고 있던 루이 왕후의 영향으로 협상국에서 프러시아를 제외하려는 움직임이 지배적이었는데, 영국은 예외를 허용하지 않았다. 실제로 피트는 아직 평화조약을 맺을 준비가 되어 있지 않았다. 1년 후인 1760년 10월 25일에 조지 2세가 사망하자 피트의 영향력은 줄어들기 시작했다. 왜냐하면 새로운 국왕이 전쟁을 싫어했기 때문이다. 1759년과 1760년 사이에 프리드리히 대왕은 그에게 반대하는 강대국들과 자신의 작은 왕국의 국고를 고갈시키는 전쟁을 계속했다. 한때 그는 자신의 계획이 너무나 절망적으로 보이자 자살할 준비까지 하고 있었다. 그러나 전쟁이 계속되자 프랑스는 자국의 전쟁 방향을 영국과 바다에서 대륙으로 돌리게 되었다.

인도에서 클라이브의 활동

프랑스와 스페인 연합군에 대한 영국 해양력의 승리로 지난 전쟁을 화려하게 장식했던 위대한 식민지 원정의 시기가 빠른 속도로 다가오고 있었다. 우선 동인도제도에서 영국 해양력의 영향에 대해 전반적으로 설명할 필요가 있다.

뒤플레가 소환을 당하면서 그 정책을 완전히 포기한 덕분에 양국의 동인도회사가 동일한 조건에 놓이게 되었다는 점에 대해서는 이미 언급한 적이 있다. 그러나 1754년 조약의 조항은 완전히 이행되고 있지 않았다. 뒤플레의 2인자로 용감하고 유능한 육군이었던 뷔시Bussy 후작은 전적으로 자신의 정책과 야망에 따라 데칸Deccan에 머물고 있었다. 이곳은 인도 반도의 남쪽 중심부에 위치한 넓은 지역으로 전에 뒤플레가 다스렸던 곳이었다. 1756년에 영국과 벵갈에 있는 원주민 태수 사이에 분쟁이 발생했다. 그 원주민 태수가 사망하자 그 뒤를 이은 19살의 젊은이가 캘커타를 공격했다. 그곳은 사소한 저항 후에 6월에 함락되었고, 캘커타 감옥사건[100]으로 알려진 유명한 비극적인 사건이 일어난 후에 그곳에 있던 영국인들도 굴복했다. 그 소식은 8월에 마드라스에 전해졌고, 그리하여 이미 앞에서 언급한 바 있는 클라이브가 장기간 지체한 끝에 왓슨Watson 제독의 함대와 더불어 출항했다. 그 함대는 12월에 강으로 들어섰고, 1월에 캘커타에 모습을 드러냈다. 그리고 영국은 이전에 프랑스에 그곳을 넘겨주었던 것만큼이나 쉽게 다시 그곳을 차지했다. 태수는 매우 화가 나서 영국군 진영으로 쳐들어갔다. 가는 도중에 그는 샹데르나고르에 있는 프랑스군에게 도움을 요청했다. 이미 프랑스와 영국이 전쟁을 하고 있다는 것이 알려져 있기는 했지만, 프랑스의 동인도회사는 1744년의 경험에도 불구하고 자기 회사와 영국 사이에 평화가 유지되기를 바라고 있었다. 그래서 태수의 원조 요청을 거부하고, 다른 회사에 중립을 지키자는 제안을 했다. 클라이브는 진군하여 인도군들을 물리쳤다. 태수는 즉시 평화조약을 청하면서 처음에 캘커타를 공격한 사실 때문에 모든 조건을 받아들인다는 조건으로 영국과의 동맹을 요청했다. 약간의 검토 후 그의 제안은 받아들여졌다. 그러자 클라이브와 왓슨은 샹데르나고르로 방향을 바꾸었고, 그곳에 있는 프랑스 정착민들의 항복을 요구했다.

100) 1756년 이곳에 수감된 영국인 포로 146명이 밤새 23명으로 줄어들었던 사건.

플라시 전투(1757)

이러한 상황이 벌어지리라고는 생각지도 못했던 태수는 노여워했으며, 데칸에 있는 프랑스의 뷔시와 내통하게 되었다. 클라이브는 우유부단하고 연약한 성격의 태수가 벌이는 여러 가지의 음모를 아주 잘 알고 있었다. 그는 이러한 사람의 통치 아래서는 교역이나 평화가 정착될 수 있는 희망이 없다고 판단하여 그를 퇴위시키려고 음모를 꾸몄는데, 그것들을 여기에서 자세하게 설명할 필요는 없을 것이다. 그 결과 다시 전쟁이 일어났고, 3천 명의 병력(그 중 영국인은 3분의 1이었다)을 지휘한 클라이브는 만 5천 명의 기병과 3만 5천 명의 보병을 거느린 태수와 맞붙게 되었다. 대포의 차이도 엄청났다. 이러한 차이에도 불구하고 그는 1757년 6월 23일의 플라시Plassey 전투에서 승리를 거두었다. 바로 이날부터 인도에서의 대영제국이 시작되었다고 할 수 있다. 태수가 물러나고 태수에 맞서서 싸웠던 영국 출신의 인물이 영국의 지원을 받아 그 자리에 올랐다. 이리하여 벵갈이 영국의 통제권 안으로 들어오게 되었는데, 그것은 영국이 거둔 최초의 결실이었다. 프랑스의 한 역사가는 이렇게 말하고 있다. "클라이브는 뒤플레의 정책을 이해하고 그대로 적용했다."

이것은 사실이었다. 그러나 그렇다고 해도 영국이 바다를 지배하지 못했더라면 그렇게 형성된 기초는 계속해서 유지될 수도 건설될 수도 없었을 것이다. 몇몇 유럽인들이 용기 있게 선두에 서서 정복하기 위해 땅을 분할하고 서로간에 동맹을 맺음으로써 재산을 늘리고 수적 열세를 극복하여 수많은 원주민들 사이에서 자신의 소유를 지킬 수 있는 상황이 인도에서 전개되었던 것이다. 그러나 같은 종족끼리 다투지 않아야 했던 유럽인들 중 일부는 다투는 것을 마다하지 않았다. 클라이브가 벵갈에서 활동하고 있던 바로 그 시기에 뷔시는 오리사를 침공하여 영국 공장들을 차지하고 마드라스와 캘커타 사이에 있는 해안지방 중 많은 곳을 통치했다. 그 동안에 동인도회사에 속해 있으면서 일등급이라고는 할 수 없는 9척의 군함으로 구성된 프랑스 전대가 천2백 명의 정규군――당시 인도에서 작전을 했던 유럽인 병사로는 대단히 많은 수였다――을 싣고 퐁디셰리로 항진했다. 해안에 있는 영국 해군은 수적으로는 열세였지만, 그 세력은 그곳에 접근하고 있는 프랑스 전대와 비슷했다. 그러나 인도의 미래가 여전히 불확실한 상태였다고 말할 수는 없는데, 그러한 사실을 최초의 작전이 보여주었다.

인도 문제에 결정적인 영향을 준 해양력

프랑스 전대는 1758년 4월 26일에 퐁디셰리에서 남쪽으로 떨어져 있는 코로만델 해안에 모습을 드러냈고, 28일에 세인트 데이비드 요새라고 불리던 영국 기지 앞에 정박했다. 두 척의 함정은 정박하지 않고 자신이 통치할 곳을 즉시 가보고 싶어했던 신임 총독 랄리 백작을 싣고 계속하여 퐁디셰리로 항해했다. 그러는 동안에 영국의 포우콕 제독은 적이 오고 있다는 소식을 듣고, 그곳을 향해 출항했다. 신임 총독을 실은 프랑스함정 두 척이 모습을 감추기 전인 29일에 포우콕이 모습을 드러냈다. 그러자 닻을 내리고 있던 프랑스함정들은 즉시 닻을 올리고 돛을 우현으로 편 채 북동쪽을 향해 출항했다(〈그림14〉). 남동풍이 부는 상황에서 랄리 총독을 호송하는 프리깃 함(a)과 함정을 불러들이는 신호기가 올랐다. 그러나 두 함정은 총독의 명령으로 그것을 무시하고 계속 항해했는데, 그 행동이 주요 원인이 되지는 않았겠지만 인도에서 프랑스의 해전이 실패로 끝남으로써 랄리와 다셰 사이의 감정은 악화되었다.

포우콕과 다셰 사이의 해군 작전(1758~59)

프랑스와 같이 우현으로 돛을 편 영국함정들은 풍상 쪽에서 진형을 형성하고 항상 자신들이 사용하던 방식으로 공격하여 여느 때와 같은 결과를 얻었다. 7척의 영국함정들은 프랑스함정 8척과 싸웠으며, 그리고 제독의 함정을 포함한 4척의 선두함들은 훌륭하게 전투를 벌였다. 가장 후미에 있던 3척은 자신들의 실수였는지 모르지만 뒤늦게 전투에 참가했는데, 그것은 그러한 공격을 할 때마다 항상 일어났던 현상이었다. 영국함정의 선두와 후미가 이렇게 벌어져 있는 것을 본 프랑스 사령관은 그들을 분리시킬 계획을 세우고 전부 풍상 쪽으로 집결하라는 신호를 보냈다. 그러나 성격이 급한 그는 부하들의 대답을 기다리지 않고 자신의 배를 돌렸으며, 후미함정들도 연속적으로 그의 뒤를 따랐다. 그 동안에 선두함정들은 정지해 있었다. 프랑스 사령관이 이러한 행동을 한 이유를 알고 있던 영국 제독은 프랑스 저술가들이 평가한 것보다 더 높게 다셰를 평가했다. 그는 이때의 함정의 기동에 대해 다음과 같이 묘사하고 있다.

> 오후 4시 30분에 프랑스의 전선 중 후미에 있던 함정들이 기함에 아주 가깝게 접근했다. 우리의 후미함정 3척은 근접전을 하라는 신호를 받았다. 그 직후에 다셰는 전선을 이탈하여 풍상 쪽으로 나아갔다. 그의 바로 후방에 위치하고 있던 함정은 전투 내내 영국 기함 야머스호를 주시하고 있다가, 자기편 사령관이 움직이자 바로 영국 기함으로 접근하여 포격을 가한 후, 바람 부는 쪽으로 빠져나갔다. 잠시 후

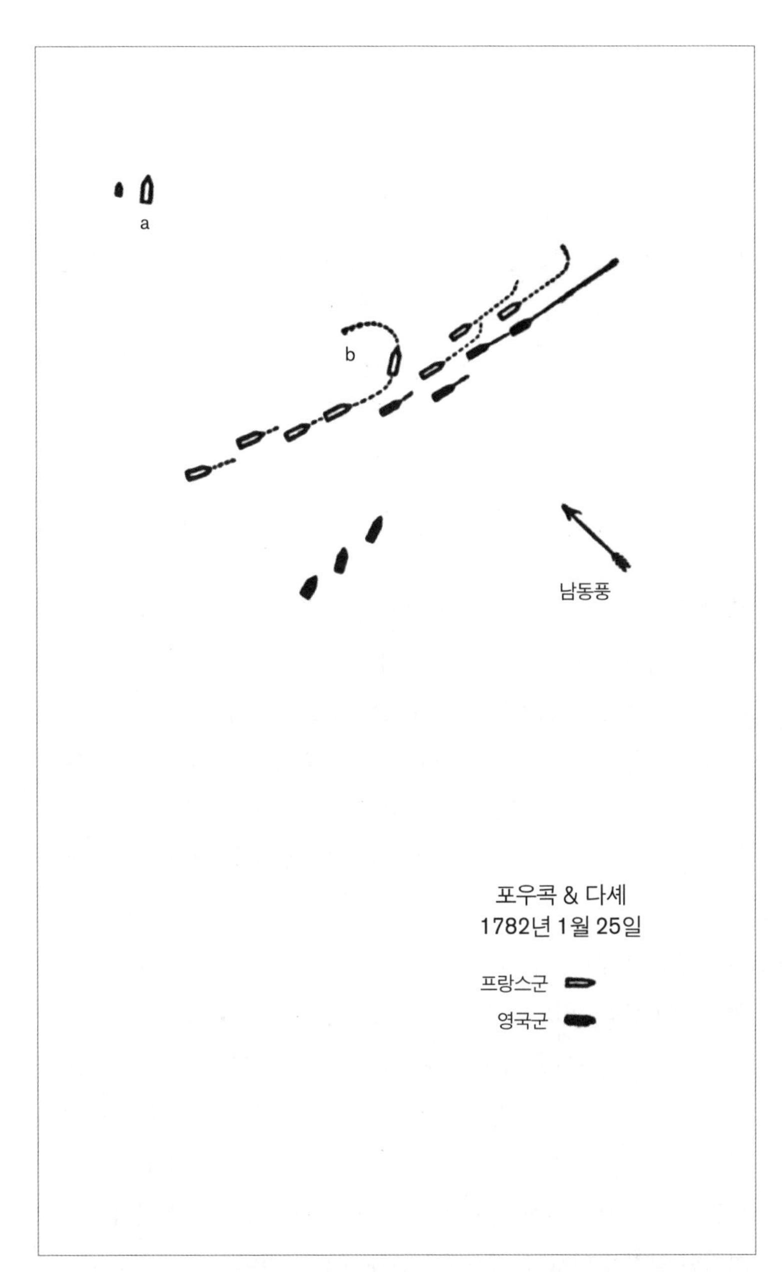

〈그림14〉 포우콕과 다셰의 기동도(1758)

에 프랑스 선두함정들도 역시 그 뒤를 따랐다.

프랑스측의 설명과 별로 모순되지 않는 이 설명에 의하면, 프랑스 함정이 일렬로 기동을 했기 때문에 가운데 위치하게 된 영국 기함은 상당한 피해를 입었다. 이제 프랑스함정들은 총독을 싣고서 상당한 거리를 두고 떨어진 곳에 있는 두 척의 함정 쪽으로 항진했다. 하지만 전투에 참가했던 영국함정들은 피해가 커서 그들을 추격할 수 없었다. 이 해전 때문에 영국은 세인트 데이비드 요새를 프랑스로부터 구원하는 데 실패했으며, 그곳은 6월 2일에 프랑스에 항복하고 말았다.

이 곳이 함락된 후, 양국의 전대는 기지에서 재정비를 한 다음 다시 그 위치에 나타났다. 두 번째의 해전은 8월에 일어났는데, 첫번째 해전과 거의 같은 양상이었다. 프랑스 기함에서 일련의 불운한 사고가 일어나자, 사령관은 전투를 하지 않고 철수하기로 결심했다. 그러나 프랑스의 한 저술가는 다셰가 그렇게 행동할 수밖에 없었던 또 다른 이유들을 다음과 같이 설명했다. "지나치게 신중했던 사령관은 전투를 더 이상 계속하지 않도록 명령했는데, 그 이유는 거의 대부분의 필수품들을 공급할 수 없는 지역에서 혹시 함정이 피해를 입으면 수리하기가 어렵다는 점이었다." 해군의 효율성 측면에서 절대로 필요한 용품들이 부족했던 것은 프랑스의 해상작전을 항상 특징짓고 있는 치명적인 경향이었던 동시에 아주 중요하고 불길한 조짐이기도 했다.

퐁디셰리로 돌아온 다셰는 피해를 입은 돛대와 삭구를 수리할 수 있지만 식료품이 부족하며 선체에 뱃밥 보수작업이 필요하다는 점을 알게 되었다. 처음에 그는 10월 15일까지 해안에 머물러 있으라고 명령했지만 결국 함정이 더 이상 그곳에 머물러 있으면 안 된다는 참모회의의 의견을 따랐다. 그 이유는 3차 해전이 벌어질 경우 퐁디셰리에서 식료품도 삭구도 더 이상 공급받을 수 없었기 때문이다. 그러므로 그는 랄리 총독의 항의를 무시하고 9월 2일에 프랑스 섬을 향해 출항했다. 다셰의 숨은 동기는 총독에 대한 적대감으로 알려져 있는데, 그는 계속하여 총독과 다투었던 것이다. 전대의 도움을 거부당한 랄리는 마드라스로 가지 못하고 그 대신 자신의 병력을 내륙으로 돌렸다.

인도의 프랑스 해군기지 부재

프랑스 섬에 도착하자마자 다셰는 다시 무능하고 근시안적인 특성을 지닌 해군정책이 프랑스에 전반적으로 대두하고 있음을 알았다. 그의 도착은 그곳에서 환영받지 못했는데, 그것은 마치 인도를 떠날 때 랄리에게서 받은 대우와 같았다. 그 섬은 당시에 모든 것이 매우 부족한 상황이었다. 사령관은 본국으로부터 증원된 세 척의 전열함을 포함한 해군이 필수품을 모두 고갈시키고 있다는 이유로 즉각 떠나달라는 요청을 받았다. 따라서 서둘러 수리작업이 진행되었으며, 또한 11월에 수척의 함정이 당시 네덜란드 식민지였던 희망봉으로 식료품을 구하기 위해 출항했다. 그러나 이렇게 확보된 식료품이 즉시 소비되었기 때문에 전대의 출항압력이 다시 대두되었다. 함정들 역시 식민지 이상으로 위태로웠다. 따라서 사령관은 병사들에게 식료품과 보급품의 부족상황을 언급할 수밖에 없었다. 인도로 돌아가기 전에 그는 해군대신에게 편지를 썼다. "굶주림으로부터 장병을 구하기 위해 떠날 준비를 하고 있으며, 만약 보급품을 받지 못하면 인원이나 장비가 모두 비참한 상태에 놓이기 때문에 우리 전대에 어떤 기대도 하시면 안 됩니다."

프랑스 해군의 전투 포기

이러한 상황에서 다셰는 1759년에 그곳을 출항하여 9월에 코로만델 섬 앞에 도착했다. 그가 없는 동안, 랄리는 두 달간의 우기에 마드라스를 점령했다. 그 시기에는 해안에서 작전을 벌이는 것이 용이하지 않았기 때문에 양국 전대가 모두 모습을 보이지 않았던 것이다. 우기가 끝나자 영국 전대가 그곳에 먼저 돌아왔다. 그런데 그곳을 점령하기 위한 포위공략을 영국과 프랑스 중 어느 쪽이 시작했는지에 대해서는 의견이 분분하다. 어쨌든 다셰가 돌아옴으로써 프랑스는 함정의 수나 크기 면에서 훨씬 우세하게 되었다. 그러나 함대끼리 마주치게 되자, 영국의 포우콕은 9척의 배를 가지고 프랑스의 11척을 주저하지 않고 공격했다. 1759년 9월 10일에 벌어진 이 해전은 앞서 벌어진 두 차례의 해전만큼이나 막상막하였다. 그러나 다셰는 한동안 열심히 싸우다가 퇴각했다. 이 점에 대해 캠벨은《제독들의 생애*Lives of Admirals*》에서 익살맞지만 매우 진지하게 언급을 하고 있다. "포우콕은 프랑스함정을 다시는 사용할 수 없을 정도로 파괴했으며 또한 프랑스의 많은 장병을 죽였다. 그러나 양국 제독이 보여준 유일한 재주는 18개월 동안 전투를 치르면서 양쪽 모두 단 한 척의 배도 잃지 않았다는 점이었다."

인도에서 프랑스의 최후 패배

그러나 승리의 열매는 함대가 좀더 약한 쪽으로 넘어갔다. 왜냐하면 다셰가 퐁디셰리로 돌아간 후 그 다음달 1일에 프랑스 섬을 향해 출항하여 인도를 완전히 포기했기 때문이다. 그 다음부터 결과는 확실해졌다. 영국은 본국으로부터 계속해서 증원군을 받은 반면에 프랑스는 그렇지 못했다. 랄리와 싸운 영국인들의 능력이 프랑스군보다 더 뛰어났다. 곳곳이 차례로 영국으로 넘어갔으며, 마침내 퐁디셰리도 해상이 차단되고 육상에서도 포위당한 상황에서 더 이상 버티지 못하고 1761년에 영국에 항복하고 말았다. 퐁디셰리와 다른 소유지들은 평화가 도래한 후 다시 프랑스로 넘어갔지만, 그 이전까지는 영국의 점령지는 능력 있고 용감한 쉬프랑의 공격을 받을 때조차도 흔들리지 않았다. 더욱 희망적인 시기에 용감한 다셰가 겪었던 것과 같은 큰 시련을 쉬프랑은 20년 후에 다시 겪었던 것이다.

프랑스 해군의 몰락 이유

프랑스는 멀리 떨어진 지역에서 해양력을 행사하는 데 실패함으로써 인도와 캐나다를 잃게 되었다. 스페인은 해군이 약한 데다가 소유지도 여기저기 흩어져 있어서 이때 전쟁에 개입할 수 있었으리라고는 상상하기 어려웠다. 그러나 스페인은 전쟁에 참여했다. 프랑스의 해양력 소모는 누가 보아도 확연한 사실로 나타났는데, 그것은 한 역사가의 다음과 같은 표현에 의해 충분히 입증되고 있다. "프랑스의 자원은 고갈되었다. 1761년에 겨우 몇 척의 함정만이 프랑스의 항구 밖으로 출항했지만, 그 함정들은 모두 나포되었다. 스페인과 동맹을 맺는 것도 너무 때가 늦었다. 1762년에 때때로 출항했던 배들은 나포당하여 아직 프랑스 수중에 남아 있던 식민지를 구할 수 없었다."[101] 1758년 초에 다른 프랑스인은 다음과 같이 기록했다. "자금의 부족, 영국 순양함에 의한 통상 압박, 훌륭한 선박의 부족, 보급품 부족, 이

101) Troude, *Batailles Navals de la France.*

러한 것들은 프랑스 내각으로 하여금 대군의 양성이나 전략의 수립, 그리고 소규모의 전쟁만을 수행할 뿐 대규모 전쟁을 대비한 합리적 전쟁체제로 바꾸기 위한 노력을 할 수 없게 만들었다. 그러한 소규모 전쟁으로서는 국가의 주요 목표를 이룰 수 없었다. 심지어 그 당시에 4척의 전열함이 적을 피하여 루이스버그에 도착한 것이 아주 운이 좋은 사건으로 여겨질 정도였다. …… 1759년에 서인도의 선단이 다행히 도착한 사실에 대해 상인들은 기뻐함과 동시에 놀랐다. 우리는 영국 전대들이 바다를 휩쓸고 다니는 상황에서 그러한 행운이 얼마나 드문 것인가를 잘 알고 있다."[102]

이것은 클뤼와 콩플랑의 사건이 일어나기 이전의 일이었다. 상선 나포로 시작된 프랑스의 통상파괴는 식민지가 줄어들자 절정에 달했다. 그러므로 장차 전쟁이 발발할 경우 서로를 원조해주기로 동의했을 뿐만 아니라 만약 평화가 도래하지 않는다면 1년 이내에 스페인으로 하여금 영국에 선전포고하도록 정해져 있는 비밀조항을 포함했던 양국 가문간의 조약이 "양국 정부의 명예로운 지혜였다"는 것은 지금 인정하기가 어렵다. 스페인 정부뿐만 아니라 프랑스 정부도 친족을 그러한 나쁜 계약에 끌어들였다는 점에서 용서하기 어렵다. 그러나 그것은 프랑스 해군을 재건하고 중립국들의 동맹을 촉진하기 위한 바람에서 이루어졌다. 스페인을 비롯하여 많은 중립국들이 영국에 대해 불만을 가지고 있었다. 영국의 한 역사가는 이렇게 고백하고 있다. "프랑스와의 전쟁기간 중에 영국 순양함들은 스페인 국기에 대해 경의를 표하지 않았다."[103] 또 다른 역사가는 이렇게 말하고 있

102) Lapeyrouse-Bonfils.

103) Mahon, *History of England.*

다. "1758년 한 해 동안 프랑스 식민지의 풍부한 산물과 군수품, 그리고 해군 물자를 가득 실은 중립국의 선박 176척이 영국의 수중으로 넘어왔다."[104] 20년 후에 발트 해 국가들로 하여금 바다에 대한 영국의 주장을 겨냥하여 "무장중립"을 선언하도록 만든 원인들이 이미 나타나기 시작했다. 당시 무제한의 해양력을 보유하고 있던 영국은 다른 나라의 권리에 대해 깊은 존경심을 표하는 일은 드물었다. 바다에 경쟁국이 없었기 때문에 영국은 중립국 선박에 실린 적대국의 재산을 강탈하기 쉬웠다. 따라서 이 중립국 선박들은 걸핏하면 억류당했을 뿐만 아니라 귀중한 무역도 잃게 되었다. 이것은 전쟁 초기에 프랑스 항구를 지상에서 봉쇄한 것과 같았다. 물론 중립국들은 이러한 고통을 견딜 수 없었겠지만 1761년에 무장저항을 선택한 것은 잘못이었다. 그런데도 불구하고 스페인은 거의 모든 것을 전쟁에 거는 모험을 했다. 당시 영국은 예비함 외에 취역 중인 전열함을 120척 보유했으며, 5년간 끊임없이 일어난 해전에 의해 단련되고 승리해서 사기가 오른 7만 명의 병력을 그 함정에 배치했다. 1758년에 전열함 77척을 소유하고 있던 프랑스 해군은 1759년에 27척을 영국에게 전리품으로 빼앗겼을 뿐만 아니라 8척이 파괴되었고, 그 밖에도 많은 프리깃 함들을 잃은 상태였다. 사실 앞에서 이미 보았듯이, 프랑스 저술가들조차 프랑스 해군은 뿌리도 가지도 다 말라버린 상태라고 고백할 정도였다. 스페인 해군은 50척의 함정을 보유했다. 그러나 그 전후의 시기에 따라 다소 차이가 있기는 하지만, 함정 승무원들이 훨씬 허약한 것은 틀림없는 사실이었다.

104) Campbell, *Lives of admirals.*

프랑스와 스페인의 동맹

스페인은 때때로 돌출행동을 하기는 했지만 중립국을 표방함으로써 큰 이익을 보았다. 재정과 무역을 재개할 수 있었으며 또한 국내의 자원도 복구할 수 있었던 것이다. 하지만 스페인에게는 좀더 오랫동안 중립을 지키는 것이 필요했음에도 불구하고 영국에 대한 원한과 동족 감정에 영향을 받은 국왕은 슈와죌의 농간에 넘어가 1761년 8월 15일에 프랑스 국왕과 대 영국조약을 체결했다. 나폴리의 왕도 이 계약에 참여했는데, 그 내용은 양국이 전력을 다하여 서로의 영토를 보장한다는 것이었다. 이 조약은 그 자체로서는 매우 중요한 것이었다. 거기에는 비밀조항도 포함되어 있었는데, 그것은 만약 프랑스와 영국의 평화조약이 맺어지지 않으면 1762년 5월 1일에 스페인이 영국에 대해 선전포고를 해야 한다는 것이었다. 이러한 종류의 협상은 완전히 비밀로 유지하기가 대단히 어렵다. 그러므로 피트는 스페인이 적대국으로 되어가고 있다는 사실을 미리 알 수 있었다.

스페인에 대한 영국의 선전포고

여느 때와 마찬가지로 피트는 단호한 결의로 선전포고를 함으로써 스페인의 기선을 제압하기로 결심했다. 그러나 새 국왕이 개최한 회의에서 그를 반대하는 세력이 대단히 강한 영향력을 발휘했다. 내각을 움직이는 데 실패한 그는 1761년 10월 5일에 사직했다. 그의 예측은 곧바로 입증되었다. 스페인은 전쟁에 필요한 정금을 실은 보물선이 아메리카로부터 도착할 때까지 영국에 호의를 보이기 위해 열심이었다. 9월 21일에 갈레온 선단이 무사히 카디스에 닻을 내렸다. 11월 2일에 영국 대사는 정부에 "서인도제도로부터 막대한 양의 수화물을 실은 두 척의 배가 안전하게 도착하여 스페인령 아메리카에서 온 것으로 보이는 많은 보물이 지금 스페인에 보관되어 있습니다"라고 보고했다. 또한 이 보고서에는 스페인 대신들의 언행이 놀랄 정도로 변했으며, 무례한 말들을 사용하고 있다는 내용도 포함되어 있었다.[105] 스페인의 불만과 요구사항들이 단호하게 주장되었고, 분쟁이 아주 빠르게 진행되었기 때문에 평화를 원했던 영국의 새 수상도 그 해 말에 대사를 소환했으며, 결국 1762년 1월 4일에 선전포고를 했다. 이리하여 영국은 피트의 정책을 받아들이게 되었지만, 그가 노리고 있던 목표를 달성할 수는 없었다.

그러나 영국측 행동이 지연되었음에도 불구하고 양국 사이의 세력과 준비 면에서 근본적인 불균형은 바뀌지 않았다. 피트에 의해 수립된 계획들은 그의 후임자에 의해 대부분 채택되었고, 영국 해군의 준비는 허용되는 범위 내에서 신속하게 진행되었다. 3월 5일에 동인도제도에서 돌아와 있던 포우콕은 포츠머스를 출항하여 아바나를 공격하기 위한 수송선 함대를 호위하고 나섰다. 서인도제도에서 그곳 부대에 의해 증강된 그의 부대는 전열함 19척과 소규모 선박들, 그리고 만 명의 병력으로 구성되었다.

신속한 프랑스와 스페인 식민지 점령

그보다 앞선 1월에 로드니의 지휘를 받는 서인도 함대는 육상부대와 함께 마르티니크를 점령했다. 그곳은 프랑스령 서인도제도 가운데 가장 중요한 곳이었고 또한 광범위한 사략행위를 하는 항구로 사

105) Mahon, *History of England.*

용되었던 곳이기도 했다. 이 전쟁 중에 마르티니크의 중요한 항구인 포트 로열을 중심으로 활동하던 순양함들에 의해 서인도제도에서 천 4백 척의 영국 상선이 나포되었다고 전해진다. 영국이 이 필수적인 기지를 함락시킴으로써 사략선 제도도 그와 운명을 같이하게 되었다. 마르티니크는 2월 12일에 함락되었다. 그리고 상업적 · 군사적으로 중요한 이 기지를 상실한 후 보다 작은 섬들인 그레나다Grenada, 산타 루시아Sta. Lucia, 세인트 빈센트 섬을 잃었다. 이 섬들을 얻게 됨으로써 앤티가Antigua, 세인트 키츠St. Kitts, 네비스Nevis의 영국 식민지들과 그 섬과 무역을 하는 선박들은 적의 공격으로부터 안전하게 되고 영국의 통상이 대폭적으로 증가했으며, 모든 소앤틸리스Lesser Antilles 제도나 윈드워드 제도가 영국의 영토로 되었다.

포우콕 제독은 세인트 니콜라스 곶 앞에서 5월 27일에 서인도제도의 증원군과 합류했다. 그리고 시간이 많이 지났기 때문에 그는 쿠바의 남쪽을 돌아가는 통상 항로 대신에 옛 바하마 해협으로 함대를 항진시켰다. 이러한 기동은 수로에 대한 연구가 부족하던 그 당시에는 대단한 업적으로 생각되었는데, 그들은 아무런 사고 없이 그곳을 통과했다. 정찰선과 수심측정선이 앞장서고, 프리깃 함은 그 뒤를 따랐다. 주정과 슬루프 선은 얕은 여울에 닻을 내리고서 밤낮으로 조심스럽게 신호를 보내 다른 배들이 안전하게 항해하도록 했다. 날씨가 좋았으므로 함대는 일주일 만에 그곳을 통과하여 아바나 앞에 모습을 드러냈다. 작전에 대해서는 자세하게 언급하지 않겠다. 40일 동안의 포위 후에 모로 요새Moro Castle는 7월 30일에 함락되었고, 아바나는 8월 10일에 항복했다. 스페인 사람들은 그 도시와 항구뿐만 아니라 12척의 전열함, 스페인 국왕의 3백만 파운드의 돈과 상품을 잃었다. 아바나라는 도시의 중요성을 단지 그 크기와 넓고 풍요롭던 지역 중심지로서의 위치만으로 평가해서는 안 된다. 그곳은 당시 멕시코 만에서 유럽으로 가는 보물선과 그 밖의 선박이 항해할 수 있는 유일한 항로를 지배하는 항구이기도 했다. 일단 아바나가 적의 손으로 넘어가면 그 보물선을 카르타헤나에 집결시켜 그곳으로부터 무역풍을 거슬러가며 항해하지 않으면 안 되었다. 그것은 대단히 어려운 항해였다. 따라서 선박들은 이제 영국 순양함에게 나포될 위험이 있는 해역에서 오랜 시간 항해해야만 했다. 지협을 공격하지 않았지만 스페인은 대단히 큰 타격을 받았다. 이 중요한 성과는 자신의 해양력으로 바다를 지배하는 데 자신감을 가진 국가만이 이룰 수 있었다. 그러므로 좋은 결과는 항상 해양력의 덕택으로 돌려야만 한다. 그리고 그 해양력은 전투와 열병으로 지쳐 있는 병사들을 보충해주기 위해 4천 명의 아메리카 병사를 때맞추어 호송한 또 하나의 중요한 실례를 보여주었다. 아바나가 함락되었을 때 두 발로 제대로 서서 싸울 수 있는 사람은 2천5백 명밖에 되지 않았다고 한다.

이렇게 하여 영국의 해양력이 멀리까지 그 힘을 발휘하면서 서인도제도에서 활발하게 활동했던 동안, 포르투갈과 극동에서는 그보다 더 좋은 결과를 얻고 있었다. 처음에 동맹을 맺었던 프랑스와 스페인의 국왕들은 자기들이 "바다의 폭군"이라고 부르는 영국에 대항하기 위해 포르투갈을 자기들의 동맹에 끌어들이려 했다. 그들은 포르투갈을 끌어들이기 위해 영국의 무역독점이 국가의 금을 얼마나 고갈시켰는가를 상기시켰으며, 보스카웬 함대에 의해 포르투갈의 중립성이 얼마나 침해당했는가를 되돌아보게 했다.

프랑스와 스페인의 포르투갈 침공

그 당시의 포르투갈 수상은 이러한 사실을 너무나 잘 알고 있었을 뿐만 아니라 그것을 뼈저리게 느끼기도 했다. 그러나 그 동맹의 참가를 권유하는 데에는 포르투갈이 유지할 수 있는 허약한 중립을 계속 허용하지 않으리라는 확실한 의지가 내포되어 있었다. 포르투갈 수상은 자기 나라가 더 두려워하는 것은 스페인 육군보다 영국으로부터 가해지는 압력이라고 판단했고, 그것은 옳았다. 스페인과 프랑스는 선전포고를 하고 포르투갈로 쳐들어갔다.

영국군의 연합군 격퇴

프랑스와 스페인 연합군의 침공은 한동안 성공했다. 그러나 "바다의 폭군"이었던 영국이 포르투갈의 요청에 따라 함대를 파견하고 또한 8천 명의 병사를 리스본에 상륙시키면서부터 상황이 반전되었다. 영국군들은 국경에서 스페인군을 물리쳤을 뿐만 아니라, 스페인 본토로까지 밀고 들어갔다.

모든 전장에서의 스페인의 심각한 패배

이러한 중요한 사건들이 발생한 그때에 스페인의 보유지였던 마닐라가 공격을 받았다. 병력이 이미 충분했으나 사태의 진전으로 미루어볼 때, 더 많은 병력이 필요하다고 해도 영국 본토로부터 함정과 병력을 추가로 지원받는 것은 불가능했다. 인도에서의 승리와 해양통제에 의해 모든 체제의 안전이 완전히 확보되었기 때문에, 인도 주재 관리들 스스로 이러한 식민지를 얻기 위한 원정에 나설 수 있었던 것이다. 1762년 8월에 출항하여 19일에 말라카에 도착한 원정군은 중립을 지키고 있던 그 항구를 포위하는 데 필요한 모든 물자를 공급받았다. 네덜란드는 영국의 이러한 전진이 불쾌했지만, 감히 그들의 요구를 거부하지는 못했다. 완전히 함대에만 의존한 그 원정은 10월에 필리핀 군도 전체의 항복과 4백만 달러의 소득을 얻었다. 거의 동시에 함대는 뱃전에 3백만 달러를 싣고 있던 아카풀코 갈레온을 나포했고, 대서양에 있던 영국의 한 전대는 리마Lima에서 4백만 달러 상당의 은을 싣고 스페인으로 가던 보물선을 강탈했다.

> 스페인제국은 그러한 타격을 받은 적이 없었다. 스페인의 전쟁개입이 전쟁의 운명을 바꿀 수도 있었겠지만, 프랑스를 도우러 나선 시기가 너무 늦어서 프랑스의 불행만을 나누어 갖게 되었다. 아직도 두려워해야 할 이유들이 더 남아 있었다. 파나마와 산 도밍고San Domingo가 위협을 받고 있었고, 영국계 미국인들이 플로리다와 루이지애나를 침공할 준비를 하고 있었다.……아바나가 영국에 정복당함으로써 스페인의 부유한 아메리카 식민지들과 유럽 사이의 교통로는 크게 방해를 받았다. 이제 필리핀 제도가 영국의 수중으로 넘어가면서 스페인은 아시아로부터 배제되었다. 이 두 가지가 스페인 무역을 심각하게 괴롭히는 결과를 초래했으며, 세상에 여기저기 흩어져 있는 광대한 지역과 고립되어버린 스페인 본국 사이의 모든 왕래를 단절시켜버리기도 했다.[106]

---

106) Martin, *History of France.*

스페인의 평화 간청

피트 내각이 선택한 공격지점들은 전략적으로 훌륭한 곳이라서 적의 세력을 효과적으로 꺾는 데 크게 기여했다. 그리고 만약 그의 계획이 완전히 수행되어 파나마 또한 함락시켰더라면, 성공은 훨씬 더 결정적인 것이 되었을 것이다. 또한 영국은 스페인의 선전포고를 미리 예상하고 있었기 때문에 시행했더라면 효과를 얻을 수 있었던 좋은 기습기회를 놓쳐버렸다. 그러나 영국은 이 단기전에서 승리할 수 있었는데, 그것은 해군력과 행정부의 효율적인 조치 때문에 전쟁 계획이 신속하게 실행될 수 있었기 때문이었다.

이 전쟁의 군사작전은 마닐라 정복과 더불어 종료되었다. 1월에 있었던 영국의 공식적인 선전포고로부터 시작하여 9개월의 기간은 프랑스의 마지막 희망을 산산조각 내고 또한 스페인으로 하여금 평화조약——이 조약에서 스페인은 그때까지 적대적인 태도와 요구의 기본이 되었던 모든 점들을 양보했다——을 제의하도록 유도하기에 충분했다. 영국이 그토록 빠른 속도로 신속하게 전쟁을 수행할 수 있었던 것이 어디까지나 해양력 덕분이라는 것을 다시 지적할 필요는 없을 것이다. 그 해양력에 의해 영국은 교통로의 단절을 염려할 필요도 없이 쿠바, 포르투갈, 인도, 그리고 필리핀 제도 같은 멀리 떨어져 있는 곳에서 전쟁을 수행할 수 있었던 것이다.

영국 상선대의 상실

전쟁의 결과를 종합해야 할 모든 강화조건을 제시하기 전에, 영국 수상의 열의가 약한 탓에 전쟁의 결말이 약간 불완전하게 이루어지기는 했지만 통상에 대한, 그리고 해양력의 기반과 국가번영에 대한 전쟁의 영향을 개략적으로 살펴볼 필요가 있다.

이 전쟁의 중요한 특징 중 하나는 막대한 피해에도 불구하고 영국이 번영할 수 있도록 만들었다는 점이었는데, 이것은 역설적이면서 동시에 매우 강력한 인상을 준다.

프랑스의 한 역사가는 이렇게 말하고 있다. "1756년부터 1760년까지 프랑스의 사략선들이 2천5백 척 이상의 영국 상선을 나포했다. 1761년에 프랑스는 해상에 단 한 척의 전열함도 갖고 있지 않았으며 또한 영국이 240척의 우리 사략선을 나포하기는 했지만, 프랑스 사략선의 선원들은 역시 812척의 영국 선박을 나포했다. 이러한 노획물의 숫자는 영국의 해운업이 대단히 성장했음을 설명해주는 것이다. 1760년에 영국은 해상에 8천 척의 선박이 활동하고 있었다고 하는데, 프랑스는 영국 순양함들과 호위함들에도 불구하고 그 10분의 1을 나포한 셈이 된다. 1756년부터 1760년의 4년 동안에 프랑스는 950척의 선박만을 잃었을 뿐이다.[107]

영국 통상의 증가

영국 저술가는 이러한 모순을 "프랑스 통상이 감소하지 않을까, 그리고 그 통상이 많은 무역선을 해상에 진출시켜두고 있던 영국의 수중으로 넘어가지나 않을까 하는 우려" 탓으로 돌리고 있는데, 이것은 정확한 표현인 것 같다. 이어서 그는 선박 나포가 영국함대의 효율성에서 비롯된 주요 이익이 아님을 지적했다. "뒤켄, 루이스버그, 프린

107) Martin, *History of France.*

스 에드워드 섬Prince Edward's Island 등의 점령, 세네갈Senegal의 정복, 그리고 후에 있었던 과달루페와 마르티니크 섬의 정복은 영국의 통상에 주는 이익보다 프랑스의 통상과 식민지에 주는 피해가 훨씬 컸다."[108] 프랑스 사략선의 증가는 지식인들의 눈에 슬픈 현상으로 보였다. 이 현상은 통상이 잘 되지 않았으므로 상선의 선원과 소유주들은 살기 위해 어쩔 수 없이 선택한 행위였기 때문이다. 이러한 모험이 완전히 헛된 것은 아니었다. 앞에서 말한 영국인은 1759년에 입었던 상선의 피해가 군함보다 더 심했다고 고백하고 있다. 한편, 프랑스는 해상에서 영국과 대등하게 유지하기 위해 그리고 피해를 보충하기 위해 노력했으나 허사로 끝나고 말았다. 그들이 노력하여 건조한 무장 선박들은 영국함대의 사냥감이 되었다. 그러나 영국 순양함들의 용기와 근면성에도 불구하고, 그 해에 프랑스의 사략선들도 바다를 누비고 다니면서 240척의 영국 선박을 나포했는데, 그 대부분은 연안무역선이나 소형 선박이었다. 그는 1760년에 영국의 무역선 손실이 300척이었고, 1761년에는 800척이 넘었는데, 이것은 프랑스가 입은 피해의 세 배에 해당한다고 말하고 있다. 그는 다시 덧붙이고 있다. "그러나 프랑스가 더 많은 수의, 그리고 더 부유한 선박들을 나포했다고 하더라도 그것은 아주 좋은 결과를 가져오지 못했을 것이다. 그들의 통상은 거의 파괴되고 해상에 상선을 거의 출항시키지 못한 반면, 영국의 무역선들은 바다를 뒤덮고 있었다. 매년 영국의 통상은 증가하고 있었다. 전쟁에 쓰여진 돈은 산업생산품에 의해 되돌아오고 있었다. 대영제국의 무역업자들은 8천 척의 선박을 이용하고 있었던 것이다." 영국 선박이 피해를 입게 되는 데에는 상선들이 호송선

108) Campbell, *Lives of the Admirals.*

의 명령에 주의를 기울이지 않았으며, 모든 해상에 막대한 수의 영국 선박이 있었고, 적이 사략행위에 전력을 다하는 모험을 했다는 3가지 이유가 있었는데, 그 중 첫번째 것만이 예방 가능한 것이었다. 1761년에 해군은 소형 감시선 1척과 전열함 1척(이것은 나중에 다시 빼앗았다)을 잃었다. 동시에 영국은 다양한 교환이 이루어지고 있었음에도 불구하고 여전히 2만 5천 명의 프랑스인 죄수를 억류하고 있었는데, 프랑스에 있는 영국인 죄수는 천2백 명에 불과했다. 이러한 현상들은 모두 해전의 결과였다.

마지막으로 스페인으로부터 빼앗은 막대한 양의 정금에 대해 언급한 후 전쟁 말기 왕국의 통상 상황을 요약하면서, 그 저술가는 이렇게 말하고 있다.

> 이러한 것들이 무역을 강화시키고 산업을 촉진시켰다. 대외 지원금은 대부분 외국에서 정착한 상인들의 수표로 지불되었는데, 그들은 영국의 제조업자들에게 선발대적인 가치를 갖고 있었다. 영국의 무역은 매년 점점 증가했다. 오랫동안 비용이 많이 들고 피어린 전쟁을 수행하면서 국가의 부를 누린 예는 세상의 어떠한 국민도 이전에 보여준 적이 없었다.

영국의 지배적 위치

영국이 통상과 무력을 바탕으로 하여 놀랄 만한 성공을 거두었고, 프랑스 해군의 실질적인 전멸 때문에 한때 영국의 미래를 위협했을 뿐만 아니라 전 유럽을 불안에 떨게도 했던 프랑스와 스페인 연합군의 영광을 이제 영국이라는 국가가 일말의 두려움도 없이 차지하게 되었다는 것은 의심할 여지가 없다. 스페인은 자국의 헌법과 제국이 광범위하게 흩어져 있다는 특수성 때문에 대해양국의 공격을 받기 쉬운 상태였다. 그리고 그 당시 정부의 관점이 어떠한 것이었든지 간에, 1739년 그 당시에 평화가 지속되고 있었고 따라서 수상이 함대를 느슨하게 운용하고 있었기 때문에 헛된 것으로 끝나버릴 바로 그러한 시기가 온 것을 피트와 영국 국민은 알고 있었다. 이제 영국은 먼 곳까지 손을 내밀어 자신이 바라던 것을 손에 넣을 수 있었다. 내각이 자국의 이익에 관심을 갖기만 했다면, 영국은 바다에서 약탈하는 데 아무런 제한을 받지 않았다.

영국과 포르투갈의 관계

대영제국과의 관계에서 포르투갈이 차지한 위치에 대해서는 이미 언급한 바 있다. 하지만, 예를 들어 해양력의 요소 같은 특별한 관점에서 볼 때, 푸르투갈은 필요에 의해서건 아니면 신중함에 의해서건 영국과 동맹국이었다는 장점을 가지고 있었다. 앞에서 말한 통상의 유대는 강력한 정치적 유대에 의해 강화되었다. 영국과 포르투갈의 두 왕국은 서로 불안을 거의 느낄 수 없는 위치에 있었고, 따라서 그들은 많은 이익을 나누어 가질 수 있었다. 포르투갈의 항구들은 영국 함대에 보급품과 은신처를 제공해주었고, 영국함대는 포르투갈과 브라질의 풍부한 무역을 보호해주었다. 포르투갈과 스페인간의 적대감이 포르투갈로 하여금 멀리 떨어져 있지만 강력한 동맹국이 필요하도록 만들었던 것이다. 영국은 유럽 남부에 있는 강대국과 전쟁을 할 경우 포르투갈로부터 막대한 이익을 얻을 수 있었지만, 그럴 경우에 포르투갈이 영국으로부터 얻는 이익은 거의 없었다.

바로 이것이 영국의 관점이었는데, 다른 나라에서는 양국간의 동맹을 사자와 어린 양의 관계로 보았다. 포르투갈과 같은 조그마한 해양국가가 영국과 같이 "멀리 떨어진 곳에 있는" 나라를 함대와 더불어 불러들인 것은 모순이었다. 영국은 자국 함대가 갈 수 있는 곳이면 안 가는 곳이 없었다. 전혀 반대의 입장에서 동등하게 동맹국으로서의 가치를 나타내는 정중한 외교각서를 보낸 사람은 프랑스와 스페인 국왕이었는데, 그들은 그 각서에서 포르투갈에게 영국에 대해 선전포고할 것을 명령하고 있었다.

포르투갈의 중립성을 무시하고 나라에 어울리지 않는 이익을 제시하는 그 각서의 배경은 포르투갈에 이미 알려져 있었다. 포르투갈 국왕은 영국과의 동맹 포기를 거부했다. 왜냐하면 그 동맹이 오래된 것이고 또한 전적으로 방어동맹이라는 표면적 이유 때문이었다. 이에 대해 프랑스와 스페인의 두 국왕은 다음과 같은 답장을 보냈다.

> 방어적 동맹이라고 하지만 포르투갈 영토의 위치와 영국 세력의 본질로 미루어볼 때 실제로는 공격적 동맹입니다. 포르투갈의 도움과 항구들이 없다면, 영국의 함대들은 1년 내내 바다에 있을 수 없을 뿐만 아니라 프랑스와 스페인 양국의 항해를 차단하기 위해 양국의 주요 해안에서 순항할 수도 없을 것입니다. 포르투갈의 전 재산이 그들 수중으로 들어가지 않는다면, 그 섬사람들이 유럽의 모든 해양국을 괴롭힐 수 없을 것입니다. 영국인들은 포르투갈의 재산을 가지고 전쟁을 일으켜 영국과의 동맹을 진정으로 공격적인 것으로 만들 것입니다.

두 논리 사이에는 상황과 힘의 논리가 팽배해 있었다. 포르투갈은 영국이 스페인보다 더 가깝고 더 위험하다는 것을 깨닫고 수세대 동안 난관을 무릅쓰고 영국의 동맹으로 남아 있었다. 이 관계는 영국에게 자국 식민지를 둔 것과 같은 정도로 쓸모가 있었기 때문에 어느 때라도 중요한 작전을 전개할 때마다 포르투갈이 중요한 역할을 해주는 결과를 가져왔다.

파리 평화조약

예비 평화조약이 1762년 11월 3일에 퐁텐블로Fontainebleau에서 가조인되었으며, 완전한 평화조약은 그 다음해 2월 10일에 파리에서 체결되어 파리 평화조약으로 불리게 되었다.

이 조약의 조항에 의해 프랑스는 캐나다와 노바 스코샤, 그리고 세인트 로렌스의 모든 섬들에 대한 주장을 포기했다. 캐나다를 끼고 있는 오하이오 강 유역과 뉴올리언스를 제외한 미시시피 강 동쪽의 전 영토도 넘겨주었다. 동시에 스페인은 영국이 다시 획득한 아바나를 얻는 대가로 플로리다를 영국에 넘겨주었는데, 이 플로리다 속에는 미시시피 강 동쪽에 있는 스페인의 전 영토가 포함되어 있었다. 이리하여 영국은 허드슨 만으로부터 캐나다 및 미시시피 강 동쪽의 현재 미국 영토 전부를 포함하는 식민지 제국을 차지하게 되었다. 이 넓은 지역에 대한 가능성은 그 당시 그리 크게 보이지 않았고, 아직까지는 13개 식민지주의 반항 가능성이 보이지 않고 있었다.

영국은 서인도제도에서 과달루페와 마르티니크라는 중요한 섬들을 프랑스에 반환했다. 소앤틸리스 제도의 중립을 지키던 4개의 섬들은 프랑스와 영국에게 분할되었다. 세인트 루시아는 프랑스로, 세인트 빈센트와 토바고, 그리고 도미니카는 영국에 속하게 되었는데, 영국은 그레나다도 보유하게 되었다.

미노르카는 영국으로 반환되었다. 이 섬을 스페인에게 반환하는 것이 스페인과의 동맹조건의 하나였지만, 이 약속을 지킬 수 없게 된 프랑스는 스페인에게 미시시피 강 서쪽인 루이지애나를 넘겨주었다.

프랑스는 인도에서 뒤플레가 확장 계획을 시작하기 이전부터 소유하고 있던 영토를 회복했다. 그러나 프랑스는 벵갈에 요새를 쌓는다든가 군대를 배치할 수 있는 권리를 포기했기 때문에 상데르나고르에 있는 기지를 무방비상태로 남겨두게 되었다. 한 마디로 말해 프랑스는 무역을 위한 시설을 회복했지만, 정치적인 영향력을 위한 자신들의 주장을 포기했다. 이리하여 영국의 동인도회사가 모든 정복지를 유지한다는 조항은 암암리에 승인받게 된 꼴이었다.

이전에 프랑스가 누리고 있던 뉴펀들랜드 해안과 세인트 로렌스 만 해역의 어로권은 이 조약에 의해 역시 프랑스에게로 다시 돌아갔다. 스페인은 자국 어민을 위해 이곳에 대한 권리를 주장했지만 인정받지 못했다. 이 양도가 여러 가지 조항 중에서 가장 영국의 반대를 심하게 받았다.

영국의 조약 반대

대부분의 국민들로부터 지지를 받고 있던 피트는 이 조약의 조항들에 대해 강력하게 반발했다. 피트는 다음과 같이 말했다. "프랑스는 해양력과 통상국이라는 측면에서 우리에게 가장 두려운 존재입니다. 우리가 얻은 결과는 프랑스에게 그만큼 손해를 주기 때문에 우리에게 이 점은 특히 중요합니다. 그런데 여러분은 프랑스에게 해군을 재건할 수 있는 가능성을 남겨주었습니다." 사실 해양력과 그 당시에 팽배해 있던 국민의 질투심의 관점에서 본다면, 다소 정중하지 못하기는 하지만 이 발언은 충분히 정당화될 수 있다. 서인도제도의 프랑스 식민지들과 인도의 프랑스 기지들을 다시 프랑스에게 돌려준 것은 과거에 프랑스 소유지였던 아메리카에서의 어업권과 더불어 해운업, 통상과 해군을 재건할 수 있는 가능성과 동기를 제공하는 것이었다. 이리하여 프랑스는 국익에 대단히 치명적이었던 대륙에 대한 야망을 버리고 바다에서 영국 세력의 성장에 버금갈 해군을 건설할 기회를 예상치 못하게 얻게 되었다. 따라서 영국에는 반대자들이 있었으며, 심지어 각료 중에서도 아바나와 같은 중요한 지점을 플로리다로 불리는 황량하고 비생산적인 지역과 바꾼 것을 못마땅하게 생각한 사람들이 있었다. 포르토 리코 역시 플로리다와 함께 영국에게 넘겨준다는 안이 제시되었다. 그 밖에 사소한 차이점들이 있었지만, 여기에서 언급할 필요는 없다고 본다. 당시 영국은 중요한 거점을 많이 확보하여 바다를 군사적으로 지배하고 있었다. 그리고 해군은 수적으로 압도적인 우위에 있었으며 또한 영국의 통상과 국내 상황은 날로 번창하고 있었다. 그러므로 보다 엄격한 조항을 쉽게 제시할 수 있었고, 또한 그것이 현명한 일이었다는 것은 부인할 수 없다. 그러나 내각은 당시 1억 2천2백만 파운드――모든 면에서 지금보다 훨씬 큰 가치를 가진 금액이었다――라는 막대한 부채의 증가를 근거로 하여 양보할 수밖에 없었던 사정을 설명했지만 유리한 군사적 정세하에서 얻을 수 있는 이점을 최대한으로 얻어야 한다는 것 또한 절대적인 요구라고 할 수 있다. 이 점에서 영국의 내각은 실패했다. 프랑스의 한 저술가는 부채를 잘 관찰한 후 다음과 같이 말했다. "이 전쟁에서, 그리고 앞으로 있을 전쟁에서 영국은 아메리카의 정복과 동인도회사의 발전을 가장 중요한 것으로 고려했다. 이 두 식민지 국가들에 의해 영국의 제조업과 통상은 다른 충분한 수단을 통해 벌어들인 것보다 훨씬 더 많은 돈을 벌 수 있었으며, 따라서 영국이 입었던 수많은 피해를 보충하고도 남았다. 통상이 전멸되고 제조업이 거의 발전하지 못하고 있던 유럽이 해양 분야에서 쇠퇴하고, 영국 국민은 미래에 대해 얼마나 두려워했을 것인가?" 불행하게도 영국 국민은 정부가 상황을 설명해주기를 바라고 있었다. 그 설명을 하도록 선택된 사람은 어쩌면 대단한 기회를 얻을 수 있었겠지만, 내각은 그 설명 자체를 탐탁하지 않게 생각하고 있었다.

해양전쟁의 결과

그럼에도 불구하고 영국이 얻은 것은 막대했다. 영토의 확장이나 바다에서의 우위뿐만 아니라 이제 자국의 막대한 자원과 강력한 힘에 눈을 뜬 국민들의 눈에 비친 영국의 위신과 지위가 그것이었다. 바다를 통해 얻은 이러한 결과에 대해 대륙전쟁은 단순하고 대조적인 암시를 주었다. 프랑스는 이미 영국과 더불어 이 대륙전쟁의 모든 책임으로부터 손을 뗐다. 그 전쟁에 참여한 나라들 사이의 평화조약은 파리 평화조약이 맺어진 5일 후에 조인되었다.

대륙전쟁의 결과

평화조약의 조건은 단순하게 전쟁 이전의 상태로 되돌아가는 것이었다. 프러시아 국왕의 평가에 의하면, 그 전쟁에서 자기 왕국의 5백만 명의 병력 중 18만 명이 사망했다. 한편 러시아와 오스트리아, 그리고 프랑스의 피해는 46만 명에 이르렀다. 이러한 인명 피해에도 불구하고 그 결과는 단순하게 모든 것이 전쟁 이전의 상태로 복귀하는 것이었을 뿐이다.[109] 이것을 단지 해상전과 육상전에서 가능성의 차이 탓으로 돌리는 것은 어리석은 일이다. 수적으로는 압도적이었지만 운용이 미숙하고 언제나 최선을 다하지 않는 연합군을 상대로 하여 영국으로부터 자금 지원을 받은 프리드리히가 동등한 전투를 벌였다는 사실이 입증된 셈이다. 공정하게 결론을 내리자면, 훌륭한 해안을 가진 국가나 한두 개의 출구를 통해서만 대양으로 나갈 수 있는 국가조차도 바다를 통해, 그리고 통상에 의해 번영을 추구하는 쪽이 다른 나라의 정치적 현존질서를 어지럽혀서 그것을 바꾸려고 시도하는 것보다 훨씬 유리하다는 사실이 이 전쟁을 통해 밝혀졌다.

정치가 불안한 국가에 대한 해양력의 영향

1763년에 파리 평화조약이 체결된 이래 세계의 미개발지들이 신속하게 강대국들에게 점유되었다. 아메리카 대륙이나 오스트레일리아, 그리고 남아메리카를 그 증거로 들 수 있다. 약간 예외가 있기는 하지만, 대부분 미개발지에 이제는 명목상으로, 그리고 어느 정도는 명확하게 확정된 정치적 점유지들이 존재하게 되었다. 그러나 많은 지역에서 이러한 정치적 점유지는 정말 명목상의 것에 불과했으며, 어떤 곳에서는 그 점유지의 성격이 너무나 취약하여 독자적인 지원이나 보호가 불가능한 곳도 있었다. 우리에게 잘 알려진 터키제국이 허약한 정치적 점유지의 실례이다. 이 제국은 아무런 동정심도 갖지 않은 서로 대립되는 국가가 서로 대립하여 터키가 어느 한 쪽으로 넘어가지

---

109) *Annual Register*, 1762, 63p.

않도록 다른 쪽에서 압력을 가함에 따라 존속했던 것이다. 그리고 문제가 완전히 유럽적인 것이기는 하지만, 모든 국가는 해양력에 대한 관심과 통제가 비록 첫번째는 아닐지라도 현재의 상황을 유지시키는 중요한 요소라는 것, 그리고 만약 현명하게 사용된다면 해양력이 미래의 변화를 주도할 것이라는 사실을 깨닫고 있었다. 중앙아메리카와 적도 부근의 남아메리카 국가들의 정치적 상황이 너무나 불안정하여 국내 질서를 유지하는 데 대한 우려를 끊임없이 야기했고, 그 자원의 평화로운 이용과 통상에도 중대한 방해요소가 되었다. 우리에게 익숙한 표현을 빌리자면, 이러한 일이 계속되면 그 국가는 다른 국가를 해치는 것이 아니라 자기 스스로를 해치게 된다. 그러나 오랫동안 안정된 정부를 가진 국민들은 자국의 자원을 개척하려고 했고, 자신들의 혼란스러운 상황에서 발생한 손실을 견디어냈다. 북아메리카와 오스트레일리아는 여전히 이민자에게 문을 활짝 열어두었다. 그러나 그 국가들의 인구가 빠른 속도로 증가함에 따라 개인의 기회가 감소되었고 좀더 안정된 정부가 들어서야 한다는 요구가 나오게 되어 있었다. 왜냐하면 안정된 생활과 확고한 제도만이 상인들을 비롯한 다른 사람들에게 미래를 위한 계획을 세울 수 있도록 해주기 때문이다. 현존하는 국내 문제들 때문에 그러한 요구가 실행될 희망은 현재는 없다. 그리고 그러한 요구가 발생한다고 하더라도, 먼로주의와 같은 어떠한 이론도 이해관계를 가진 국가들이 어떤 조치——그것은 뭐라고 하든 정치적 간섭이 될 수밖에 없다——를 취함으로써 재앙을 막으려는 것을 방해할 수 없을 것이다. 그리고 그러한 정치적 간섭은 충돌을 불러일으킬 것임에 틀림없으며, 그 충돌이 가끔 중재에 의해 해결될 수도 있지만 아주 드물게는 전쟁을 야기하기도 한다. 평화적으로 해결하는 데 있어서조차 가장 강력하게 조직화된 군대를 가진 국가가 가장 강력한 주장을 하게 될 것이다.

중앙아메리카 지협에 대한 미국의 관심

어떤 점에서는 중앙아메리카 지협을 성공적으로 관통하는 것이 앞으로 확실하게 다가올 순간을 앞당긴 것임은 두말할 필요가 없다. 이 중앙아메리카 지협의 개통으로 예상되는 통상로의 뚜렷한 변화와 태평양과 대서양을 잇는 교통로 때문에 발생하는 미국의 중요성은 여기에서 다루고자 하는 문제의 핵심이 아니다. 지금까지 보아온 바로는, 적도 부근의 아메리카 국가들의 안정된 정부가 현재 안정되어 있는 아메리카나 유럽 국가들에 의해 보증을 받게 될 그러한 시기가 분명히 도래할 것이다. 그러한 국가들의 지리적인 위치와 기후조건 때문에 그곳에서는 터키의 경우보다 해양력이 외국의 지배력——실질적인 소유에 따른 것이 아니더라도 토착민 정부에 대한 영향력에 따른 지배력을 의미한다——을 훨씬 크게 좌우할 것이다. 미국의 지리적인 위치와 잠재력은 무시할 수 없는 이점이기는 하지만, 만약에 군대가 정규군으로 조직화되지 못하고 오합지졸의 폭력집단으로 존재한다면 그러한 이점도 소용없게 된다. 여기에서 우리는 7년전쟁에 대해 지대한 관심을 다시 갖게 된다. 7년전쟁에서 우리는 영국을 지켜보았으며, 그들이 어떠한 행동을 했는지 살펴보았다. 영국은 오늘날에도 그러하지만 다른 국가들보다 훨씬 적은 육군을 갖고 있으면서 처음에는 자국 해안을 성공적으로 방어하다가 나중에는 모든 방면으로 군대를 파견하여 멀리 떨어져 있는 지역에까지 자국의 영향력과 규칙을 따르게 했다. 영국은 또한 그렇게 멀리 떨어져 있는 지역으로 하여금 명령에 복종하도록 강요했을 뿐 아니라 자국의 부와 세력, 그리고 명성에 공헌하게 했다. 영국이 바다 건너 멀리 떨어진 지역에서 억압을 느슨하게 하고 스페인과 프랑스의 영향력을 무력화시켰기 때문에, 다가올 해양전쟁에서 균형을 깨뜨릴 강력한 국가가 발생할 만했다. 그러한 국가가 있었다면, 그 국가의 영향력 범위가 그 당시는 아니라 하더라도 나중에 그 지역의 정치적인 미래와 경제적인 발전에 의해 인정받게 되었을 것이다. 그러나 그러한 국가가 미국이 될 수는 없을 것이다. 왜냐하면 미국이 현재처럼 그 당시에도 해양제국이 되는 데 무관심했기 때문이다.

7년전쟁이 영국 근대사에 미친 영향

그 당시 영국의 노력은 국민들의 재능과 피트의 열정적인 천재성에 의해 전쟁 후에도 계속되어 이후의 정책에도 막대한 영향력을 행사했다. 영국은 이제 북아메리카의 여왕자리를 차지하게 되었고, 또 동인도회사를 통해 인도를 지배하기에 이르렀다. 동인도회사의 영토 정복은 2억 명의 인구를 가진 원주민 제후들에게 인정되었는데, 이 인구는 대영제국의 인구 수보다 많았고 세금 수입도 본국에서 징수되는 양과 비슷했다. 그 밖에도 영국은 지구 곳곳에 멀리 그리고 넓게 퍼져 있는 많은 지역을 보유하게 되었다. 한편 스페인제국은 거대하기는 하지만 따로따로 흩어져 있을 뿐만 아니라 허약했기 때문에 그 점유지들을 영국에게 야금야금 먹히게 되었고, 영국은 이 사실로부터 유익한 교훈을 얻었다. 이 전쟁에 관해 영국의 해군역사가가 스페인에 대해 한 다음과 같은 말은 오늘날의 영국에도 그대로 적용할 수 있다.

> 스페인은 영국이 명예를 걸고 언제라도 가장 공정하게 싸울 수

있는 바로 그러한 국가이다. 스페인의 광범위한 왕국은 심장부가 허약하고 또한 스페인의 자원이 멀리 떨어진 곳에 있었기 때문에, 어떠한 국가든지 바다를 지배할 수 있으면 스페인의 부와 통상을 지배할 수 있다. 영토가 수도로부터 멀리 떨어져 있을 뿐만 아니라 서로 흩어져 있기 때문에 아주 먼 거리에 있는 자원을 모국으로 운반하기 위해서는, 거대하지만 서로 흩어져 있는 제국의 모든 지역이 능동적으로 활동할 수 있게 될 때까지는 어떤 나라보다도 타협할 필요가 있었다.[110)]

영국의 궁극적인 소득

영국의 심장부가 약해지고 있다고 말하는 것은 옳지 않을 것이다. 그러나 그 말에서 외부세계에 대한 영국의 의존성이 암시되고 있는 것으로 볼 수 있다.

영국은 자국과 스페인의 이러한 유사한 입장을 간과하지 않았다. 그 당시부터 오늘날에 이르기까지 영국이 자국의 해양력으로 획득했던 소유지는 해양력 자체와 더불어 영국의 정책을 지배해오고 있다. 인도로 가는 항해는 클라이브 시대에는 기항지가 도중에 하나도 없어서 대단히 멀고 위험했지만, 세인트 헬레나St. Helena와 희망봉, 그리고 모리셔스를 확보함으로써 사정이 나아졌다. 증기선 시대에 홍해와 지중해의 항로가 실용화되자 영국은 아덴을 얻었으며, 나중에는 소코트라Socotra에 근거지를 마련하기도 했다. 말타는 이미 프랑스 혁명 전쟁 중에 프랑스의 수중으로 들어가 있었다. 영국은 나폴레옹을 상

110) Campbell, *Lives of the Admirals.*

대로 하는 연합국에서 중요한 위치를 차지하고 있었던 덕분에 1815년의 평화조약 때 그 섬을 요구할 수 있었다. 지브롤터로부터 천 마일도 채 되지 않는 곳에 있었기 때문에 말타와 지브롤터 이 두 곳으로부터 작용되는 군사적 지배권을 영국은 형성할 수 있었다. 오늘날에는 그 지배권이 말타에서 수에즈 운하에까지 미치고 있는데, 전에는 그 사이에 기지가 하나도 없었다가 영국이 사이프러스를 확보하면서부터 그곳을 이용하여 지배권을 지킬 수 있었다. 프랑스의 시기에도 불구하고 이집트는 영국의 지배하에 들어갔다. 인도로 가는 데 그 위치가 중요하다는 점은 이미 나폴레옹과 넬슨도 알고 있었다. 그러므로 넬슨은 봄베이로 장교를 파견하여 나일 강 해전 소식과 보나파르트의 희망이 좌절되었다는 소식을 전했다. 오늘날에도 영국이 러시아의 중앙아시아 진출을 경계하고 있는 것은 영국의 해양력과 자원이 다셰의 허약함과 쉬프랑의 재능을 상대로 하여 승리한 결과이자 동시에 인도반도에 대한 프랑스의 야망을 좌절시킨 결과이기도 하다.

마틴은 7년전쟁에 대해 언급하면서 이렇게 말하고 있다. "중세 이래 처음으로 영국은 동맹국을 갖지 않은 채 거의 독자적인 힘으로 강력한 협조자들을 가지고 있던 프랑스를 정복했다. 영국은 오로지 우월한 정부의 힘에 의해 프랑스를 정복한 것이다."

해양 우위에 근거한 영국의 성공

그것은 사실이었다. 그러나 정확히 말하면 그것은 해양력이라는 강력한 무기를 사용한 영국 정부의 우수성 때문에 가능했다. 해양력은 영국을 풍요롭게 만들었으며 이어서 영국에게 부를 가져다준 무역을 보호했다. 영국은 그렇게 얻은 돈을 가지고 소수의 지원국들——주로 프러시아와 하노버였다——이 결사적으로 전투하도록 원조해주었다. 영국의 세력은 자국 함선이 닿을 수 있는 곳이면 어디에나 존재했고, 바다를 두고 영국과 다툴 나라는 하나도 없었다. 영국은 가고 싶은 곳이면 어디든지 함포와 병사들을 싣고 갔다. 이러한 기동력에 의해 영국 군대는 증강되었고, 반면에 적의 병력은 그만큼 더 괴롭힘을 당했다. 바다의 지배자가 된 영국은 어디서든지 바다의 교통로를 방해했다. 적 함대들은 서로 합류할 수 없었다. 적의 어떤 함대도 해상으로 나갈 수 없었고, 일단 나갔다 하면 미숙한 장병들이 탑승한 그 함정은 강풍과 전투로 단련된 노련한 장병들이 탑승한 영국함정과 마주치지 않을 수 없었다. 미노르카의 경우를 제외하고 영국은 자국의 해상기지를 조심스럽게 유지하면서 적의 해상기지를 차지하려고 노력했다. 툴롱과 브레스트에 있는 프랑스 전대에게는 지브롤터가 길에 버티고 있는 사자와 같았다. 영국함대가 루이스버그에 대해 풍상의 위치에 있을 때, 프랑스는 캐나다를 구조하기 위해 어떤 일을 할 수 있을까?

함대와 항구의 상호 의존관계

이 전쟁에서 이익을 본 국가는 한편으로 평시에 부를 얻기 위해 바다를 이용하고, 다른 한편으로 전쟁이 발생했을 때 대규모 해군에 의해, 바다에서 생활하고 바다를 통해 생계를 유지하는 국민들에 의해, 그리고 전 세계에 흩어져 있는 수많은 작전기지들에 의해 바다를 지배하는 나라였다. 그러나 그 교통로가 방해받는 채로 방치된다면, 이 기지들의 가치도 없어진다는 사실을 주목해야만 한다. 그러한 이유로 프랑스는 루이스버그, 마르티니크, 퐁디셰리를 잃었고, 영국도 미노르카를 잃었다. 항구와 함대 사이의 그리고 기지와 기동병력 사이의 봉사는 상호적이다.[111] 이 점에서 해군은 본질적으로 활력 있는 부대여야만 한다. 해군은 자국 항구들 사이의 교통로를 자유롭고 안전하게 유지하고, 적의 교통로를 방해한다. 그러나 해군은 육군의 작전을 위해 바다를 청소해주고, 인간이 살 수 있도록 하기 위해, 그리고 거주할 수 있는 지구상에서 번영할 수 있도록 하기 위해 그 사막과 같은 바다를 지배한다.

---

111) 항상 사실로 나타났던 이 말은 증기선이 도입된 이래 더욱 더 큰 정당성을 갖게 되었다. 석탄을 사용하게 되면서 범선시대보다 훨씬 자주, 훨씬 급박하게, 절대적으로 석탄을 다시 실어야 할 필요성이 발생했다. 석탄기지로부터 멀리 떨어진 곳에서 적극적인 해군작전을 기대하는 것은 쓸데없는 짓이었다. 그리고 강력한 해군이 없이 먼 곳에 석탄을 실을 수 있는 기지를 얻는다는 것 또한 헛된 생각이었다. 그러한 기지들은 곧 적의 수중으로 들어가버릴 뿐이다. 그러나 무엇보다도 가장 부질없는 생각은 자국의 국경 밖에 석탄을 실을 수 있는 기지도 없이 통상파괴에만 의존하여 적을 몰아낼 수 있을 것이라고 기대하는 것이었다.

제9장

파리 평화조약에서 1778년까지의 사건 추이, 미국 독립전쟁시 발발한 해전, 어션트 해전

파리 평화조약에 대한 프랑스의 불만

만약 영국이 자국의 군사적 업적과 지위를 바탕으로 기대했던 모든 이점을 파리 평화조약으로부터 얻지 못했다고 불평한다면, 프랑스도 전쟁 이후에 처한 위치에 대해 불만스러워할 많은 이유를 갖고 있었을 것이다. 영국이 얻은 것은 잃은 것과 거의 비슷했다. 스페인이 점령했던 플로리다의 양도도 루이지애나를 대가로 하여 프랑스에 의해 이루어졌다. 자연스럽게 프랑스 국민과 정치가는 패전국으로서의 부담을 져야만 하는 상황에 놓여 있었기 때문에 복수와 보상이 가능한 미래로 눈을 돌리게 되었다. 능력은 있지만 독단적이었던 슈와죌은 여러 해 동안 수상의 자리에 있으면서 프랑스의 국력을 부흥시키기 위해 끊임없이 노력했다. 오스트리아와의 동맹은 그가 원했던 것이 아니었다. 그 동맹은 이미 맺어져 있었으며, 실제로 1758년에 그가 수상이 되었을 때 이미 효력을 발휘하고 있었다. 그러나 그는 처음부터 주적이 영국임을 알고 있었기 때문에 가능하면 영국을 견제하는 데 국력을 사용하려고 했다. 콩플랑의 패배가 영국에 대한 그의 침공계획을 방해하자, 그는 다음으로 자신의 주요 목적을 계속 유지하면서 스페인을 동요시켜 동맹국으로 삼으려 했다. 훌륭한 해안을 보유하고 있었기 때문에 훌륭한 행정력과 준비할 시간을 가지고 두 왕국이 힘을 모아 노력한다면, 영국 해군에 필적할 만한 훌륭한 해군을 바다로 진출시킬 수 있었다. 보다 약한 해양국들이 성공적으로 결합하고 그 결합이 효율적으로 작용한다면, 그 약소 해양국들은 시기와 두려움을 불러일으킬 정도로 위대하고 강력하며 또한 다른 나라들의 권리와 복지를 무시하는 행동을 해온 영국에 대해 분명히 선전포고를 할 수 있었을 것이다. 그러나 양국에는 불행한 일이지만, 스페인과 프랑스는 동맹을 너무 늦게 체결했다.

프랑스 해군의 재건

프랑스함대가 1759년에 실질적으로 전멸한 이후에 슈와죌에 의해 교묘하게 선동된 국민들은 해군에 대한 열정을 발산하기 시작했다. "곳곳에서 '해군이 복구되어야 한다'는 대중의 외침이 울려 퍼졌다. 도시와 단체, 그리고 개인들이 기금을 조성했다. 최근에 조용하던 항구들에서 거대한 움직임이 일어났다. 가는 곳마다 선박이 건조되고 수리되었던 것이다." 내각은 해군의 기구뿐만 아니라 군기와 사기도 진작시켜야 할 필요성을 인식하고 있었다. 그러나 그 시기가 너무 늦었다. 대체로 대규모 전쟁이나 실패로 끝난 전쟁의 와중에는 준비할 시간이 없다. "안 하는 것보다는 늦게라도 시작하는 것이 더 좋다"는 말은 "평시에 전쟁을 준비하라"는 격언보다 더 못하다. 스페인의 상황은 프랑스보다 더 나았다. 전쟁이 발발했을 때, 영국의 해군사가는, 영국이 모두 합해 100척의 군함을 소유하고 있었는데, 그 중에서 60척 정도가 전열함이었다고 기술했다. 그럼에도 불구하고 원래 적이 많은 데다가 스페인까지 가담함으로써 영국의 입장이 치명적인 피해를 입은 것처럼 보였지만, 영국 해군이 기술과 경험 그리고 명성을 보유한 점으로 미루어볼 때 적들의 연합은 하찮은 것이었다. 7만 명의 노련한 해군장병을 가진 영국은 이미 이겨놓은 상태의 전쟁을 유지하기만 하면 되었는데, 우리는 그 결과를 이미 알고 있다.

평화조약이 맺어진 이후, 슈와죌은 현명하게도 자신의 처음 생각에 여전히 충실하게 매달렸다. 해군의 복구가 계속되었고, 해군장교들 사이에 직업적 야심이나 적을 능가하려는 정신도 나타났다. 이 점에 대해서는 이미 앞에서 언급한 적이 있는데, 현재 미국 해군의 특수한 상황에서 그것은 일종의 모델로 받아들여질 수 있을 것이다. 군함의 건조는 대규모로, 그리고 대단히 활기차게 계속되었다. 전쟁이 끝날 무렵 1761년부터 시작된 움직임 덕분에 훌륭한 상태의 전열함 40척이 준비되었다. 슈와죌이 해고된 1770년에 프랑스 해군은 64척의 전열함과 50척의 프리깃 함을 취역시킬 수 있었다. 병기창과 물품창고는 가득 채워졌고, 함정을 건조하는 데 필요한 목재들도 쌓여 있었다.

프랑스 해군 장교들의 군기

동시에 수상은 귀족 출신 장교의 오만한 정신——귀족 출신 장교들은 상급자나 귀족 출신이 아닌 다른 장교들에 대해서 그러한 오만함을 보였다——을 압박함으로써 장교들의 효율성을 높이려 했다. 이러한 계급감정은 다른 계급들 사이에도 이상한 동질감을 갖게 하여 복종심에 나쁜 영향을 미쳤다. 사회계층 중 특권층의 구성원들은 상급자와 하급자로서의 계급보다는 자신들끼리의 동질감을 분명히 더 크게 느끼고 있었다. 해군 사관생도였던 매리엇이 당시 확신에 차서 고급 장교들의 실체를 느끼게 해주는 말을 자신의 함장에게 했다는 이야기가 전해져오고 있다. 함장이 외쳤다. "신임이라고?" "감히 함장과 사관생도 사이의 신임에 대해 들어본 장교가 있나?" 그러자 젊은이는 "없습니다"라고 대답했다. "함장과 사관생도 사이가 아니라 두 신사 간의 문제입니다." 두 신사간의 논쟁과 언쟁, 그리고 제안은 자신들이 같은 계급이라는 것도 잊을 정도로 극한적인 상태로 갈 뻔했다. 그리고 프랑스함대에 아직 미숙한 민주제 개념이 퍼져 있기는 했지만, 이 동질적 감정이 기이하게 우세했던 것은 이러한 감정이 아주 교만한 귀족사회 구성원들 사이에 존재했기 때문에 가능했다. 매리엇을 영웅처럼 생각하고 있는 사람들 가운데 한 명은 다음과 같이 말했다. "나는 얼굴을 보고 그가 함장의 말에 동의하지 않고 있다는 것을 알아차렸습니다. 그러나 그는 아주 훌륭한 장교였기 때문에 그 순간에 그렇다고 말하지는 않았습니다." 이 말은 깊이 뿌리내린 영국 제도의 장점 중 하나를 암시하고 있는데, 그 단점에 대해서는 다음과 같이 말하고 있다.

루이 16세 치하에서는 상급자와 하급자 사이에 존재하는 친근감이나 우정이 하급자로 하여금 자신에게 주어진 명령에 대해 토론을 하도록 이끌었다. ……군기나 독립정신의 이완은 앞에서 말한 원인이라기보다는 다른 이유 탓이었다. 그 원인들은 사관식당의 규제 탓으로 돌릴 수도 있다. 제독, 함장, 장교, 사관생도가 모두 함께 식사를 했다. 모든 것은 공동으로 사용되었다. 그들은 마치 친구처럼 노닥거렸다. 함정을 운용하면서 하급자는 자신의 의견을 말하고, 논쟁을 하기도 했다. 상관은 화가 나더라도 적을 만드느니 차라리 그 의견에 양보하는 편을 택했다. 이러한 사실은 목격자들에 의해 의심할 수 없는 사실로서 주장되고 있다.[112]

---

112) Troude, *Batailles Navales.*

슈와죌의 외교 정책

이러한 불복종의 기질은 약자들에게서 점차 사라져갔지만, 단호하고 불 같은 성격을 가진 쉬프랑에 대해서는 헛된 일이었다. 그러나 불만의 기운이 거의 항명을 일으킬 정도로 치솟아오르자 네 번째 해전이 일어난 후 쉬프랑은 해군대신에게 보낸 전문에서 다음과 같이 말했다. "매우 일반적인 현상이 되어버린 장병들의 태만 때문에 제 가슴은 찢어지는 것 같습니다. 영국 함대를 네 번이나 파괴할 수도 있었는데도 불구하고, 그 함대가 아직도 건재하는 것을 보니 두려운 생각이 들기도 합니다." 슈와죌의 개혁은 이처럼 암초에 부딪혔지만, 그 암초는 당시에 일어났던 국민 전체의 의거에 의해 마침내 제거될 수 있었다. 그리고 함정 승무원의 인적 상황도 크게 개선되었다. 1767년에 그는 포 요원을 재편성하여 만 명을 확보했다. 그들은 영국과 다음 전쟁을 일으킬 때까지 10년 동안 1주일에 한 번씩 체계적으로 훈련을 받았다.

슈와죌은 프랑스 해군력과 군사력을 강화하는 동안 자신의 계획 중 어느 하나도 소홀히 하지 않았으며, 특히 스페인과의 동맹에 각별한 관심을 보였다. 당시 스페인은 부르봉 왕조 출신의 국왕 중 가장 훌륭한 찰스 3세를 맞이하여 발전하고 있는 중이었는데, 슈와죌이 재직했던 프랑스는 그러한 스페인의 노력을 격려하고 지원했다. 오스트리아와의 동맹도 여전히 유지되고 있었지만, 그의 희망은 주로 스페인에 집중되었던 것이다. 프랑스는 적대적인 지역의 중심지였던 영국에 대해 모든 지혜와 통찰력을 집중했었는데, 그것은 7년전쟁을 통해 정당하고 옳은 것으로 입증되었다. 스페인은 잘 관리만 한다면 가장 확실하고 동시에 가장 강력한 동맹국이었다. 두 왕국은 지리적으로 인접해 있고 영국 항구들과 상대적인 위치에 항구를 갖고 있어서 해군의 입장을 특히 강화했다. 건전한 정책과 혈연관계에 의해, 그리고 영국 해양력에 대한 두려움에 의해 맺어진 양국의 동맹은 여전히 계속되고 있고, 앞으로도 분명히 스페인이 끝없이 입을 피해에 의해 더욱 더 확고해졌다. 지브롤터와 미노르카, 그리고 플로리다는 여전히 영국의 수중에 있었다. 스페인 사람들은 이 불명예가 사라질 때까지 안심할 수가 없었다.

영국의 내적 갈등

프랑스 역사가들에 의해 확인되고 있지만, 영국이 프랑스 해군의 성장을 불안하게 생각하고 때가 되면 그것을 없애버려야 한다고 생각한 것은 쉽게 납득할 수 있다. 그러나 영국이 그 목적을 위해 전쟁을 일으키려 했는지는 상당히 의심스럽다. 파리 평화조약이 맺어진 후 몇 년 동안 영국에는 내각의 수명이 짧아 자주 교체되었고, 따라서 국내 문제와 별로 중요하지 않은 당의 정비에 주로 관심을 쏟음으로써 활기차고 강압적이며 직선적이었던 피트의 정책과는 뚜렷한 대조를 보이게 되었다.

북아메리카 식민지에 대한 논쟁

큰 전쟁을 치르고 난 다음 발생하기 쉬운 국내의 동요와 그리고 무엇보다도 1765년 초의 유명한 인지조례로 시작된 북아메리카 식민지들과의 논쟁은 다른 원인들과 함께 영국을 꼼짝 못하게 만들었다. 프랑스의 슈와죌 내각이 유지되던 기간에도 쉽게 전쟁으로 이어질 수 있는 기회가 적어도 두 번 있었다. 다른 국가들보다도 영국은 강력한 해양력을 보유했기 때문에 전쟁에 휩쓸릴 기회가 더 많았다.

제노아의 코르시카 양보

1764년에 코르시카를 통제하는 데 실패하고 지쳐버린 제노아인들은 1756년 이후에 자국 수비대들에 의해 점령되었던 항구들을 프랑스가 다시 점령할 것을 제안했다. 코르시카인들도 또한 코르시카 섬의 독립을 승인받기 위해 프랑스로 대사를 파견했는데, 그들은 이전에 제노아에 바쳤던 공물을 프랑스에 바치려고 했다. 그 섬을 다시 정복할 수 없다고 생각한 제노아는 마침내 그것을 프랑스에 양도하기로 결정했다. 이 거래는 제노아 공국이 프랑스에 진 빚의 대가로 프랑스 국왕이 코르시카의 항구와 지역에 대한 모든 주권을 행사한다는 것을 공식적으로 승인하는 형식으로 이루어졌다. 영국과 오스트리아에게 프랑스의 증강을 변명하기 위해 담보물 형식으로 위장된 이 양도는 9년 전에 베일에 가린 채 이루어졌던, 영국에 대한 사이프러스 조건부 양도를 연상시킨다. 사이프러스의 양도도 코르시카의 양도처럼 완전하고 결정적이었다. 그러자 영국은 격분하여 항의했다. 버크Burke는 "코르시카가 프랑스의 한 지방이라는 것이 나에게는 아주 불쾌하다"고 말했다. 영국 하원의원이며 노련한 제독이었던 찰스 손더스Charles Saunders 경은 "프랑스가 코르시카를 차지한 것을 승인하느니 차라리 프랑스와 전쟁하는 편이 더 낫다"[113]고 말했다. 그 당시 지중해에서 널리 인정되어 있던 영국의 이권을 생각할 때, 만약 전쟁이라도 기꺼이 할 마음의 준비가 되어 있기만 한다면 이탈리아 전

---

113) Mahon, *History of England.*

해안에 영향력을 발휘할 수 있을 뿐만 아니라 미노르카에 있는 해군 기지를 견제할 수도 있는 코르시카와 같은 중요한 위치에 있는 섬을 강력한 적국의 수중으로 넘어가게 해서는 안 된다는 것은 분명하게 드러났다.

포클랜드에 대한 영국과 스페인의 분쟁

포클랜드 제도의 소유권을 놓고 영국과 스페인 사이에 분쟁이 1770년에 다시 발생했다. 자연적 이점뿐만 아니라 군사적 이점도 없는 황폐한 섬들을 모아놓은 것 같은 포클랜드 제도의 소유에 대한 양국의 주장이 어떤 성격을 갖고 있었는지에 대해서는 언급할 필요가 없을 정도로 중요하지 않다. 영국과 스페인은 그곳에 각자의 정착지를 가지고 있었고, 실제로 국기를 게양하고 있었다. 그리고 영국 정착지의 지휘관은 해군 대령이었다. 에그몬트 요새Port Egmont로 불리는 이 정착지 앞에 1770년 6월에 스페인 원정대가 갑자기 나타났는데, 그 원정대는 부에노스 아이레스Buenos Ayres에서 준비한 5척의 프리깃 함과 천6백 명의 병사들로 구성되었다. 소수의 영국인들은 그러한 병력 앞에서 제대로 저항할 수 없었다. 국가의 명예를 위해 몇 발의 총을 쏜 후, 그들은 무조건 항복하고 말았다.

이 사건에 대한 소식이 10월에 영국에 알려지자, 영국인들은 피해를 입은 것보다는 모욕을 받은 점에 대해 더 흥분했다. 코르시카가 프랑스로 넘어갔을 때 몇몇 정치인을 제외한 국민들은 거의 동요하지 않았지만 에그몬트 요새에 대한 공격은 국민과 국회를 동시에 일어나게 만들었다. 마드리드에 주재하는 영국 대사는 공격명령을 내린 장교의 행동을 중지시키고 더불어 그 섬을 즉시 되돌려주도록 요구하라는 명령을 받았다. 영국은 대답을 기다리지 않고 함정에 취역명령을 내렸으며 또한 강제 모병대가 거리를 쓸고 다녔다. 그리하여 단시간에 형성된 강력한 함대가 모욕을 당한 데 대해 복수하기 위해 스핏헤드Spithead에서 대기할 수 있었다.

슈와죌의 해임

부르봉 왕조 출신 가문끼리의 계약과 프랑스의 지원을 믿고 있던 스페인은 완고하게 버틸 생각이었다. 그러나 나이든 루이 15세는 전쟁을 원하지 않았으며, 게다가 궁정에서 왕후와 사이가 좋지 않던 슈와죌도 해임당했다. 그의 실각과 더불어 스페인의 희망은 사라져버렸다. 그러므로 스페인은 즉시 영국의 요구를 따를 수밖에 없게 되었지만, 그 섬에 대한 주권문제는 여전히 유보해두었다. 이러한 결말은 영국이 스페인을 통제할 만한 효율적인 해양력을 여전히 소유하고 있었지만 단순히 경쟁국의 해군을 격파하기 위한 전쟁을 원하지 않았음을 분명하게 보여준다.

이 대사건은 곰곰이 생각해보지 않으면 해양과의 모든 관계와 완전히 동떨어져 있는 것처럼 보이지만, 해양력 문제와 전혀 무관한 것이 아니라는 사실을 알 수 있다. 1772년에 폴란드가 프러시아, 러시아, 오스트리아 사이에 처음 분할된 것은 스페인 동맹과 해군력을 가진 슈와죌의 참여에 의해 쉽게 이루어질 수 있었다. 오스트리아 왕가에 대한 견제로서 폴란드와 터키와 우의를 돈독히 하고 또한 그 국가들을 지원한 것은 앙리 15세와 리슐리외로부터 이어져온 전통이었다. 그런데 폴란드가 무너진 것은 프랑스의 자부심과 이익에 커다란 타격이었다. 만약 슈와죌이 여전히 재상직에 있었더라면 어떤 행동을 취했을

지 여부는 알 수 없다. 그러나 7년전쟁의 결과가 달랐다면, 프랑스는 아마 이전부터 갖고 있었던 목적을 위해 간섭했을지도 모른다.

루이 15세의 사망과 루이 16세의 해군정책

1774년 5월 10일에 루이 15세가 사망하면서 북아메리카 식민지에서 문제들이 갑자기 대두되었다. 그의 뒤를 이은 젊은 루이 16세 치하에서 대륙의 평화정책, 스페인과의 동맹, 그리고 수와 효율성을 고려한 해군 건설은 계속 진행되었다. 이것은 영국의 해양력을 주적으로 삼았으며 또한 주요 국가정책으로서 프랑스 해양력을 지원하고자 했던 슈와죌의 대외정책이었다. 프랑스의 한 해군 관련 저술가에 따르면, 새로 국왕이 된 루이 16세가 각료에게 내린 지시는 그가 직접 작성했는지 어떤지는 알 수 없지만 혁명이 일어날 때까지 그가 가졌던 통치정신을 보여주고 있다.

> 닥쳐오는 위험의 모든 징후들을 감시할 것, 순양함으로 멕시코 만 입구와 도시 지역으로 접근해오는 것을 감시할 것, 뉴펀들랜드 지방을 지나가는 선박들을 추적할 것, 영국 통상의 경향을 따를 것, 영국의 병사들과 무장상태 및 일반 민심과 내각에 대해 관찰할 것, 영국 식민지의 사건들을 교묘하게 방해할 것, 엄격하게 중립성을 유지하면서 한편으로는 소요를 일으키는 영국의 식민지 거주자들에게 전쟁물자를 제공할 것, 능동적으로 그러나 조용하게 해군을 발전시킬 것, 우리의 군함을 수리할 것, 창고에 물자를 가득 채우고 브레스트와 툴롱에서 함대가 장비를 빨리 갖출 수 있도록 하는 한편 스페인함대는 페롤에서 모든 장비를 갖추게 할 것, 마지막으로 영국과 중대한

> 불화가 발생하여 전쟁의 위험이 발생하면 영국으로 하여금 병사를 한 곳에 집중시키도록 하기 위해 그리고 제국 주변에서 영국의 저항 수단을 제한할 수 있도록 많은 병사를 브르타뉴와 노르망디에 집결시켜 영국을 침공할 수 있는 모든 준비를 갖출 것.[114)]

이러한 지시서는 단 한 번에 체계적으로 그리고 깊이 생각한 끝에 나왔는지 아니면 때때로 사건이 발생할 때마다 하달되었는지 모르지만, 상황을 정확하게 예측하고 있었으며, 만약 이러한 상황을 좀더 잘 예측할 수 있었더라면 프랑스와 영국의 역사는 아주 많이 바뀌었을 것이라는 확신이 들게 한다. 그러나 그 지시서의 집행은 생각에 미치지 못했다.

그러나 해군을 발전시키는 문제에서 15년간 계속된 평화와 꾸준한 작업은 좋은 결과를 가져다주었다. 1778년에 전쟁이 공식적으로 발생했을 때, 프랑스는 양호한 상태의 전열함 80척을 소유하고 있었고, 6만 7천 명의 병력이 해군 징병명부에 기록되어 있었다. 프랑스의 동맹국으로서 1779년에 전쟁에 뛰어든 스페인은 자국의 항구에 거의 60척에 이르는 전열함을 보유하고 있었다. 이러한 연합군에 비해 영국은 모든 종류를 포함한 228척의 함정을 보유하고 있었는데, 그 중에서 150척이 전열함이었다. 수적으로 볼 때 분명히 대등했음에도 불구하고 실제로 영국이 불리한 것처럼 보였던 것은 프랑스와 스페인의 함정 크기와 함포가 우수했기 때문이다. 그러나 반면에 영국의 세력은 한 국가에 속해 있음으로 한 목표에 집중할 수 있었기 때문에 더욱 힘을 발휘할 수 있었다. 동맹국은 해군 연합작전을 수행하는 데 약점

114) Lapeyrouse-Bonfils, vol.iii, p.5.

이 있을 뿐만 아니라 스페인의 해군 행정이 뒤처져 있었고 양국 국민의 관습에도 차이가 있었기 때문에 세력에 비해 약할 수밖에 없었다. 루이 16세가 통치를 시작하면서부터 펼쳤던 해군정책은 끝까지 유지되었다. 삼부회가 소집되어 2년이 지난 1791년에 프랑스함정은 같은 등급의 영국함정보다 크기나 모형 면에서 우수한 86척의 전열함을 소유하게 되었다.

1778년 해전의 특징

우리는 이제 참된 해양전쟁이 시작되는 시점에 와 있다. 이 이야기를 계속 해온 사람들에 의해 인정되어온 것처럼 그러한 해양전쟁은 데 뢰이터와 투르빌 이후 한번도 볼 수 없었다. 해양력의 위력과 그 가치는 그것을 가진 교전국의 의기양양함과 제어하기 어려운 힘에 의해 이미 분명하게 드러났다. 그러나 그렇게 하여 얻게 되는 교훈은 충격적이기는 하지만, 별로 큰 흥미를 주지는 못한다. 해양력은 바다에서 대등한 관계의 적을 만나 가장 중요한 식민지뿐만 아니라 자국 해안까지도 위협하는 싸움에 전력을 다할 때 더욱 큰 흥미를 끌게 된다. 대영제국이 전 세계 모든 지역에서 거의 동시에 확장되었기 때문에, 그것을 연구하는 사람들은 오늘날 동인도제도와 서인도제도로 불리는 곳에 눈을 돌려야 한다. 또한 미국과 영국의 해안에도 관심을 가져야 한다. 뉴욕과 체서피크 만으로부터 지브롤터와 미노르카, 베르데 곶Cape Verde 제도, 희망봉, 그리고 실론에 관심을 가져야 한다. 이제 비슷한 규모의 함대끼리 전투를 하고 추격전과 혼전을 벌이게 된다. 이러한 함대끼리의 전투는 호크와 보스카웬, 그리고 앤슨 등이 보여준 특징이었는데, 아주 세심하고 복잡한 기동에 의해서만 성공을 거두었다. 그러나 해전으로서 결정적인 결과를 가져오는 일이 아주 드물었는데, 그것이 앞으로 우리가 보려고 하는 해전의 특징일 것이다. 프랑스의 우수한 전술은 이 분쟁에 적용되어 성공했다. 이 분쟁에 대한 해군정책은 적 함대의 파괴에 의한 해양 통제를 특별한 작전의 성공과 특수 지점의 보유, 그리고 특별한 전략적인 목적을 달성하는 것보다 하위에 두었다. 그러한 정책이 예외적으로 적용될 수 있다고 하더라도 규칙으로서는 잘못된 것이라는 현대 저술가들의 확신을 다른 사람에게 강요할 필요는 없다. 그러나 해군정책의 수행에 책임이 있는 모든 사람들은 서로 정반대되는 두 가지 정책노선이 존재한다는 것을 인식하는 것이 가장 바람직하다. 하나는 진지전과 거의 유사하며, 반면에 다른 하나는 적의 병력을 목표로 삼는다면 그 병력이 파괴되면서 진지가 지원을 받지 못하는 상태로 남게 되어 자연히 함락된다는 정책노선이었다. 이러한 두 정책을 알게 되면, 영국과 프랑스의 역사에서 입증된 두 가지 결과에 대해 생각할 수 있을 것이다.

루이 16세가 프랑스 제독들에게 보낸 지시

그러나 처음에 새로운 국왕이 제독들에게 명심시키고 싶었던 것은 그러한 조심스러운 견해가 아니었다. 재상이 국왕의 이름을 빌려 브레스트를 출동한 제1함대사령관 도르빌리에d'Orvilliers 백작에게 보낸 지시에는 다음과 같이 적혀 있었다.

> 귀관의 임무는 예전에 빛났던 프랑스 국기의 영광을 회복시키는 것입니다. 과거의 잘못과 불운은 잊혀져야 합니다. 가장 빛나는 전투에 의해서만 해군이 이러한 일을 달성할 수 있다는 희망을 갖게 할 수

> 있습니다. 폐하께서는 장교들에게 최선의 노력을 기대할 수 있는 권리를 갖고 계십니다. …… 국왕의 함대가 어떤 상황에 있든지, 최선을 다해 공격하고 또한 어떤 경우라도 마지막 순간까지 방어하라는 것이 폐하의 명령입니다. 그리고 그 명령을 모든 지휘관뿐만 아니라 귀관도 명심하라고 제게 말씀하셨습니다.

똑같은 취지의 지시들이 더 많이 있다. 이전에 프랑스의 해군정책에 대한 구절과 관련하여 언급한 적이 있는 한 프랑스 장교는 이 문제에 대해 다음과 같이 말했다.

> 이 말과 마지막 전쟁 중에 우리의 제독들에게 전해진 말과는 정말 많은 차이가 있다. 왜냐하면 그들이 그 당시 해군의 전략을 주도하고 있던 보잘것없고 방어적인 체제를 제독들의 성격이나 스스로의 선택에 의해 따랐다고 믿는 것은 잘못이기 때문이다. 정부는 항상 해군을 운용하는 데 지나치게 경비가 많이 든다고 생각하여 가능한 한 전투를 벌이지 않고 상황을 유지하도록 제독들에게 명령을 내리곤 했다. 그러한 전투는 비용이 많이 들고 또한 함정의 피해가 발생하는 경우 수리하기가 어려웠기 때문이다. 그들은 일단 전투를 벌이게 되었다고 하더라도 지나치게 결정적인 전투를 벌임으로써 자기 함대의 운명을 좌우하는 일을 조심스럽게 피하라는 지시를 받고 있었다. 그러므로 그들은 전투가 심각한 국면으로 바뀌는 순간 퇴각을 생각할 수밖에 없었다. 이리하여 그들은 자기보다 열세한 적이라 하더라도 대담하게 적이 대항하면 자발적으로 그 전장을 양보해버리는 나쁜 결과를 초래했다. 이리하여 적과 부딪히기 위해 함대를 파견했더라도 적이 나타나기만 하면 부끄럽게도 퇴각해버렸고, 공격하는 대신 공격

을 당하기 일쑤였으며, 물리적 전력의 보존을 위해 정신적 전력을 망쳐버렸다. 그 당시 프랑스의 내각수반이었던 샤를 뒤팽Charles Dupin이 한 말 속에 그러한 정신이 잘 나타나 있다. 결과는 이미 우리가 알고 있는 그대로이다.[115]

루이 16세의 용감한 말들은 즉시 다른 사람을 통해 국왕의 의도와는 상당히 다르게 내용이 왜곡된 채 출항하기 전에 도르빌리에 제독에게 전달되었다. 그가 전달받은 것은 국왕이 영국함대의 세력을 잘 알고 있기 때문에 프랑스가 배치할 수 있는 모든 해군 병력을 사령관이 지휘하여 신중하게 행동하기를 바란다는 내용이었다. 사실 양국의 함대는 거의 동등했다. 모든 함정의 무장에 대해 자세한 자료를 보지 않고서는 어느 편이 더 강하다고 판단할 수 없었다. 도르빌리에는 책임 있는 사람들이 이전에 그랬던 것처럼 두 가지를 깨닫게 되었다. 그것은 전투에서 패배할 경우에 자신은 처형될 것이며, 그럴 경우에 정부는 패전에 대한 모든 책임을 짊어져야 한다는 것이었다.

강력한 영국 해군

양국 해군의 상대적인 전력을 비교하기 위해서, 자원과 사기 면에서 우리는 미국 독립전쟁이 시작할 당시의 상황을 살펴볼 필요가 있다. 그 전쟁이 시작되기 전에 영국 해군력은 프랑스와의 전쟁이 시작되기 바로 전인 1777년 11월에 하원에서 이루어진 해군장관의 연설을 통해 정확하지는 않지만 대충이라도 파악하는 것이 좋을 듯하다.

---

115) Troude, vol. ii, pp.3~5. 다른 프랑스 저자들의 인용문을 보기 위해서는 앞의 책 77, 80, 81쪽을 참고하라.

그는 영국해협의 함대가 소규모라는 반대파의 불평에 다음과 같이 말했다.

> 외국에서 활동하고 있는 것을 제외하면, 대영제국에는 지금 42척의 전열함이 취역 중인데, 그 가운데 35척은 승무원이 완전히 배치되어 명령만 내리면 바로 출동할 준비를 갖추고 있습니다.……저는 프랑스나 스페인, 그 어느 쪽도 우리를 향해 적대적인 성격의 배치를 할 것으로 생각하지 않습니다. 그러나 제가 지금 여기에서 말하고자 하는 것은 우리 해군이 부르봉 왕가의 양국 해군보다 훨씬 더 강하다는 것을 확신할 수 있다는 것입니다.[116]

그러나 다음해 3월에 지휘권을 넘겨받은 케펠Keppel 제독이 '해군의 시각'으로 자신의 함대를 보았을 때 틀림없이 이러한 낙관적인 전망은 할 수 없었을 것이다. 그 해 6월에 그는 20척의 함정만을 지휘하여 출동했던 것이다.

아메리카에서 군사적 위치의 성격

미국을 대영제국으로부터 분리시킨 정치적인 문제를 이러한 부분에서 언급하는 것은 분명히 바람직하지 못하다. 이미 언급한 바 있지만, 그 분리는 영국 내각의 몇 차례 큰 실수로 이루어졌는데, 당시 모국에 대한 식민지의 관례에 대해 일반적으로 널리 퍼져 있던 사고방식으로 미루어볼 때 자연스러운 일이었다. 그렇게 되는 데에는 많은

116) Mahon, *History of England* ; Gentleman's Magazine, 1777, p. 553.

미국인이 주장하고 있는 공명정대함뿐만 아니라 앞에서 지적한 것처럼 그들 위치의 군사적 강도를 올바로 인식할 수 있는 천재적인 지휘관도 필요했다. 이러한 분리는 본국과 식민지 사이의 거리, 서로 독립적으로 운영되는 해상지배력의 대등함, 주로 영국과 네덜란드인이 주종을 이루었던 식민지 거주자들의 성격, 그리고 영국에 대한 프랑스와 스페인의 적대 가능성 등에 의해 이루어졌다. 영국에게는 불행하게도 상황에 잘 대처할 수 있는 인물이 적었을 뿐만 아니라 그러한 인물이 있다고 해도 대부분 관직에 있지 않았다.

허드슨 강의 통로

앞에서 말한 바 있지만, 만약 그 13개의 식민지가 섬이었더라면 영국의 해양력은 분명히 그곳을 하나씩 완전히 분리시켜 점령해버렸을 것이다. 그리고 당시 문명인들에 의해 점령되었던 토지가 아주 좁았다는 사실을 부언하는 것이 좋을 것 같다. 항해할 수 있는 강들과 바다의 좁은 만이 교차하고 있어서 이 토지들은 실제로 거의 섬이나 다름없었다. 그러므로 서로의 지원이 가능하다면 폭동을 일으킬 수 있었지만, 계속 전개하기에는 그 지역이 너무 좁았고 또한 결정적인 타격을 받아 함락되기에는 너무 컸다고 할 수 있다. 우리에게 가장 익숙한 경우가 허드슨 강의 줄기와 그 기슭이었다. 영국인들은 처음으로 뉴욕 만을 점령했고 또한 독립선언이 있은 지 2개월 후 1776년 9월에 그들은 그 도시마저도 점령했다. 범선으로 그 강을 오르내리는 데 있어서의 어려움은 현재의 증기선에 비해 틀림없이 훨씬 컸을 것이다. 그러나 영국의 강력한 해양력을 실제로 행사하고 있는 능동적이고 유능한 지휘관들이 차례로 허드슨 강과 샹플랭 호수를 군함으로 (그리고 허드슨 강 상류와 호수 사이를 왕래하는 육군을 지원하고 있던 갤리들과 함께) 장악하고 있었으리라는 점은 의심할 여지가 없다. 그러면서 그들은 물길을 사이에 두고 있는 뉴잉글랜드와 강의 서쪽에 있는 여러 주 사이의 왕래를 막고 있었다. 이 작전은 미국의 남북전쟁 당시 북군의 함대와 육군이 미시시피 강의 수로를 지배하여 남군의 상호왕래를 점차 차단할 수 있게 되었던 사실과 상당히 비슷하다. 그리고 그러한 차단은 당시 군사적인 면보다 정치적인 결과 면에서 훨씬 더 중요했다. 왜냐하면 전쟁의 초기단계에서는 사우스캐롤라이나를 제외한 어느 지역보다 그리고 뉴욕과 뉴저지보다 차단된 지역인 뉴잉글랜드에서 독립정신이 훨씬 만연되어 있었고 강렬했기 때문이다.[117]

캐나다로부터 버고인의 원정

1777년에 영국은 이 목적을 달성하기 위해 파견될 버고인Burgoyne 장군으로 하여금 캐나다로부터 샹플랭 호수를 경유하여 허드슨 강으로 향하도록 명령했다. 동시에 헨리 클린턴Henry Clinton 경은 3천

---

117) "내가 보여주고자 하는 공정한 관점은 우리가 노력하고 있는 어려움들에 대해 귀관이 판단하도록 남겨주는 것입니다. 거의 모든 밀가루와 상당한 양의 고기 공급은 허드슨 강 서쪽에 있는 여러 주에서 이루어지고 있습니다. 이 점은 허드슨 강을 횡단하는 수로를 확보하는 것이 해군뿐만 아니라 육군에 대한 보급을 위해서 꼭 필요하다는 점을 알려줍니다. 이 수로를 지배하고 있는 적은 여러 주들 사이의 이 필수품 왕래를 방해할지 모릅니다. 그들은 이미 이러한 이점에 대해 충분히 알고 있을 것입니다.……만약 그들이 다른 지역에서 어떠한 시위를 하여 이 중요한 지역으로부터 우리의 관심과 우리의 세력을 끌어낸다면, 그리고 우리가 돌아설 것을 예상하고 그 지역을 차지한다면, 결과는 치명적인 것이 될 것입니다. 그러므로 방어계획을 수립할 때, 우리 군의 배치는 보스턴에 있는 여러분들과 상호협조하는 일과 노스 강을 확보하는 일에 똑같이 중점을 두어야 합니다."——워싱턴이 데스탕에게 보낸 1778년 9월 11일자 편지.

명을 거느리고 뉴욕에서 북쪽으로 이동하여 웨스트포인트West Point에 도착했다. 그는 그곳에서 자신의 병력 중 일부를 배에 태워 올버니Albany에서 40마일 이내의 지점에 있는 강으로 거슬러 올라갔는데, 버고인 장군이 새러토가Saratoga에서 항복했다는 사실을 알고 되돌아왔다. 그가 3천 명으로 구성된 파견대의 최선봉에서 취한 행동은 보다 나은 지휘체계하에서나 가능했을 훌륭한 것이었다.

하우의 뉴욕에서 체서피크로의 이동

허드슨 강에서 이러한 일이 벌어지고 있는 동안에, 미국에 주둔하고 있던 영국군 최고사령관은 필라델피아를 후미에서 점령하기 위해 뉴욕에서 체서피크 만을 향하여 수많은 육군을 수송하는 데 해양력을 사용했는데, 이것은 분명히 이상한 일이었다. 이 이동작전은 그 목적지인 필라델피아만을 생각한다면 대단히 성공적이었다. 그러나 그 작전은 분명히 정치적인 고려에 의해 이루어진 것이었다. 필라델피아에 의사당이 있었으며 또한 그곳이 과격한 군사정책에 반대하는 입장을 취하고 있었기 때문이다. 그런데 미국이 그곳을 처음에 정복당하기는 했지만, 결국에 가서는 승리한 것이나 다름없었다. 왜냐하면 영국군이 이곳으로 파견되면서 부대들이 서로 격리되어 상호지원이 불가능하게 되었으며 또한 허드슨 강 수로에 대한 통제가 포기되었기 때문이다.

버고인의 항복

반면에 7천 명의 정규군과 예비대를 지휘하고 있던 버고인 장군이 허드슨 강의 상류를 차지하기 위해 아래쪽으로 이동하고 있는 동안, 만 4천 명의 병력은 허드슨 강의 입구에서 체서피크로 물러났던 것이다. 뉴욕이나 그 근처에 있던 8천 명의 병력은 결과적으로 뉴저지에 있던 아메리카 육군 때문에 뉴욕에 묶이고 말았다. 이 모든 불행한 일은 8월에 일어났다. 10월에는 버고인 장군이 고립되어 포위를 당했다가 마침내 항복하고 말았다. 다음해 5월에 영국군은 필라델피아에서 철수했고, 뉴저지를 통과하는 고통스럽고 모험적인 행군 이후에 워싱턴이 이끄는 미국 육군의 근접추격을 받았음에도 불구하고 뉴욕을 다시 탈환했다.

1814년에 영국 범선 프리깃 함들이 포토맥 강을 거슬러간 것과 함께 체서피크 만의 상류에 있는 뉴욕을 다시 점령한 것은 미국 식민지들의 연결고리상에 또 다른 취약지가 있었음을 보여주었다. 그러나 그곳은 허드슨 강이나 샹플랭 호수처럼 적의 세력이 모두 차지할 수 있는 장소가 아니었다. 왜냐하면 그 한쪽이 캐나다였고 다른 한쪽은 바다였기 때문이다.

미국의 사략 행동

전반적으로 해전에 대해 살펴보면, 식민주의자들이 영국함대에 대항하여 싸울 수 없었고 결국 영국함대에 바다를 내줄 수밖에 없었다는 사실을 상술할 필요가 없다. 그러한 상태에서 미국인들은 주로 사략선에 의한 순항전에 의지할 수밖에 없었다. 왜냐하면 그들의 운용술이나 모험심은 순항전에 적당했으며 또한 영국 통상에 상당한 피해를 입힐 수 있었기 때문이다. 영국의 해군역사가들은 1778년 말까지 미국 사략선들이 거의 2백만 파운드에 해당하는 약 천 척의 영국 상선을 나포한 것으로 판단했다. 그러나 그들은 미국인의 피해가 더 컸다고 주장했는데, 아마 틀림없이 그랬을 것이다. 개별적으로 볼 때 영국 순양함들이 더 강력했으며 또한 상호 지원상태도 훨씬 나았기 때문이다. 또한 미국의 통상확대는 본국 정치가들에게 걱정거리였다. 전쟁이 발발했을 때 미국의 통상은 18세기 초의 영국만큼이나 그 규모 면에서 확대되어 있었던 것이다.

당시 북아메리카에서 해양 관련 업무에 종사하던 사람의 수를 알려주는 흥미있는 자료는 영국 해군장관이 의회에서 한 연설에서 찾아볼 수 있다. "지난 전쟁 중에 해군은 아메리카를 소유하지 못한 탓으로 만 8천 명의 선원을 잃었습니다."[118] 적이 상당한 지위에 오를 때까지 미루다가는 영국 해양력은 상당한 손실을 면치 못하게 될 것이다.

프랑스의 은밀한 아메리카 지지

해상에서의 전쟁 추이를 살펴보면, 미국과 무역하고 있는 중립국 선박들을 영국이 나포했기 때문에 영국에 대한 중립국들의 불만이 고조되었다. 그러나 그러한 불만은 비록 영국 정부로부터 시달림을 당하고 있다고는 해도 프랑스의 희망과 적개심을 자극할 정도는 아니었다. 슈와죌의 정책이 목표로 삼았던 복수의 시간이 이제 눈앞에 온 것처럼 보였다. 파리에서는 프랑스가 어떠한 태도를 취해야 하며 또한 식민지의 폭동으로 프랑스가 얻어낼 수 있는 이점이 무엇인가에 대한 문제가 일찍부터 제기되었다. 결국, 프랑스는 영국과 식민지와의 실질적인 관계를 깨뜨리기 위해 식민지를 가능한 한 모든 힘을 다해 지

118) Annunal Register, 1778, p. 201.

원해주기로 결정했다. 그리고 프랑스는 이러한 목적을 위해 보마르셰Beaumarchais가 식민지 주민들에게 전쟁물품을 공급할 수 있는 사업체를 건설하도록 자금을 지원해주기로 작정했다. 프랑스는 백만 프랑을 기부했고, 스페인도 비슷한 액수의 돈을 대주었다. 그리고 보마르셰는 프랑스의 병기창으로부터 물건을 살 수 있는 허가를 받았다. 그런 동안에 중개인들을 미국으로부터 받아들였으며, 프랑스 장교들은 정부의 실질적인 묵인하에 그 일을 도와주었다. 보마르셰는 1776년에 일을 시작했다. 그 해 12월에 벤자민 프랭클린이 프랑스를 방문했고, 1777년 5월에는 라파예트가 미국으로 건너갔다. 그 동안 전쟁준비, 특히 해전을 위한 준비가 착착 이루어졌고 해군은 꾸준히 증강되었다. 실질적인 해전의 무대는 식민지겠지만, 영국해협으로부터의 침략에 대처할 수 있는 만반의 준비가 이루어졌다. 식민지에서 전쟁을 해야 프랑스의 피해가 적을 것이다. 일찍이 캐나다를 빼앗긴 프랑스는 전쟁이 재개된다고 해도 유럽이 중립을 지키고 있고 또한 미국이 우방이 되었기 때문에 자국의 섬들을 빼앗기지 않을 것이라고 믿을 수 있는 여러 가지 이유를 갖고 있었다. 불과 20년도 되기 전에 캐나다의 정복을 주장한 미국인들이 캐나다에 대한 프랑스의 재점령에 동의하지 않으리라는 점을 알고 있었기 때문에, 프랑스는 자국이 그러한 바람을 갖고 있지 않지만 앞으로 다가올 전쟁에서 영국령 인도 중 어떤 곳이라도 프랑스가 점령할 수 있는 곳이면 자국이 보유하겠다는 것을 약정서 조항에 확실히 밝혀두었다. 스페인의 입장은 달랐다. 영국을 증오하고 지브롤터와 미노르카, 그리고 자메이카——그곳들이 해양력의 초석이었다——를 되돌려 받기를 바라고 있었지만, 그럼에도 불구하고 스페인은 지금까지 경쟁자가 없을 정도로 막강한 해양력을 가진 모국에 대항하여 영국의 식민지 주민들이 일으킨 폭동이 성공하면 매년 막대한 국가보조금을 끌어내고 있는 자국의 수많은 식민제국에 위험한 전례가 될 것임을 알고 있었다. 만약 해양력을 가지고 있는 영국이 실패한다면, 스페인은 무엇으로 그것을 지탱할 수 있었을까? 도입 부분에서 이미 지적했듯이, 스페인 정부의 수입은 자국의 산업과 통상을 건설했다고 할 수 있는 해양력에 부과된 가벼운 세금으로부터 얻어진 것이 아니라 식민지의 약탈품을 싣고 오는 보물선에서 나오는 금은으로 충당되었다. 스페인은 얻는 것만큼이나 많은 것을 잃어야 했다. 만일 스페인과 전쟁을 한다면, 대단히 유리하게 이끌 힘을 갖고 있던 영국이 1760년과 마찬가지로 여전히 유리할 것은 분명한 사실이었다. 그럼에도 불구하고 내재해 있던 피해의식과 왕가의 동정심이 그 시기를 지배했다. 스페인은 프랑스가 추진하던 영국에 대한 적대적인 행위에 비밀리에 가담하게 된 것이다.

프랑스와 미국의 협정

이렇게 금방이라도 폭발할 것 같은 상황에서 버고인 장군의 항복은 도화선과 같은 역할을 했다. 프랑스는 이전의 전쟁 경험을 통하여 미국인들이 적이 되었을 경우 갖는 가치를 알게 되었고, 자국의 복수 계획에 미국이 귀중한 협력자의 역할을 할 수 있을 것으로 기대하게 되었다. 그러나 이제는 스스로를 보호할 수 있을 것 같아 보였으므로, 미국인들은 어떠한 동맹도 거부했다. 그러한 움직임은 1777년 12월 2일에 유럽으로 전파되었다. 16일에 프랑스 외무대신은 미국 의회의 대표에게 프랑스 국왕이 미국의 독립을 인정하고 그들과 통상조약과 상호방위동맹을 체결할 준비를 하고 있다고 통보했다. 이와 관련된 업무가 신속하게 진행된 것은 프랑스가 이미 결심을 했다는 것을 보여주었다. 결과적으로 대단히 중요한 역할을 한 그 조약은 1778년 2월 6일에 조인되었다.

미국에 대한 프랑스함대의 중요성

그 조약의 내용을 자세하게 언급할 필요는 없지만 다음의 사항들은 중요하기 때문에 눈여겨보아야만 한다. 첫째, 프랑스 캐나다와 노바 스코샤에 대한 프랑스의 포기선언은 오늘날 먼로 노선Monroe Doctrine으로 알려진 정치이론의 전조였다. 이 먼로 노선의 주장은 적절한 해양력을 보유하지 않으면 효과를 보기가 거의 불가능하다. 다음으로 프랑스와의 동맹, 그리고 그 뒤를 이은 스페인과의 동맹은 미국인들에게 무엇보다 필요한, 영국을 견제할 만한 해양력을 가질 수 있게 해주었다. 만약 프랑스가 바다의 지배권을 둘러싸고 영국과 경쟁하기를 거부했더라면, 영국이 대서양 연안으로 물러날 수도 있었을 텐데 미국을 동맹국으로 인정한 것은 미국인에게 너무나 큰 자부심을 심어주지 않았을까? 우리는 올라갔던 사다리를 차버리려 하지 말고 우리 조상들이 고난의 시기에 느꼈던 것을 인정하기를 거부하지 말아야 한다.

세계의 군사적 상황

이 해상전에 대한 이야기를 계속하기 전에 세계 여러 곳의 군사적 상황을 언급해보겠다.

1756년에 시작된 7년전쟁의 상황과 상당히 다른 세 가지의 특징이 있었는데, 그것들은 영국에 대한 미국의 적대관계, 프랑스의 동맹국으로서 스페인의 조기 참여, 다른 대륙국가들이 중립을 지킴으로써 프랑스가 지상 편중적인 생각을 버리게 되었다는 점이었다.

북미 대륙에서 미국인들은 보스턴을 2년간 차지하고 있었다. 내러갠셋Narragansett 만과 로드 아일랜드는 영국이 점령하고 있었는데, 그들은 뉴욕과 필라델피아도 차지하고 있었다. 체서피크 만과 그 입구는 강력한 기지가 없었기 때문에 그곳에 나타나는 함대 세력에 의해 좌우되었다. 남부에서는 1776년 찰스타운Charlestown에 대한 공격에 실패한 이래로 영국이 어떠한 중요한 움직임도 보이지 않았다. 프랑스가 선전포고를 할 때까지 전쟁의 주요한 사건들은 볼티모어Baltimore의 체서피크 북쪽에서 주로 발생했다. 반면에 캐나다에서는 미국인들이 실패했기 때문에, 그곳은 결국 영국인들의 확고한 기지로 남게 되었다.

유럽에서 주목해야 할 가장 중요한 요소는 이전의 전쟁들과 비교했을 때의 프랑스 해군과 스페인의 준비상태이다. 영국은 동맹국을 갖지 않은 채 완전히 방어적인 자세를 취했다. 반면에 부르봉 왕가의 국왕들은 지브롤터와 포트 마혼의 정복과 영국 침공을 목표로 삼고 있었다. 그러나 앞의 두 목표는 스페인의 몫이었고, 마지막 것은 프랑스의 몫이었다. 그리고 이러한 목표의 차이는 양국의 해상 연합작전의 성공에 치명적인 요소가 되었다. 이러한 양국의 정책들에 의해 야기된 전략적인 문제에 대해서는 이미 서장에서 언급한 바 있다.

서인도제도에서 프랑스와 영국의 전투부대가 보유한 육상에 대한 장악력은 사실상 거의 비슷했다. 양국은 윈드워드 제도에 강력한 기지를 만들어두고 있었다. 프랑스는 마르티니크에 그리고 영국은 바베이도스에 각각 기지를 두었다. 바베이도스의 위치가 풍상 쪽에 위치하고 있어서 다른 어떤 섬들보다 범선시대에는 결정적인 전략적

이점을 제공해주었다는 점을 언급해야 한다. 그러한 상황이었으므로 전투는 소앤틸리스 제도 근처로 거의 제한되었다. 전투가 발생하면 영국의 도미니카 섬은 프랑스의 마르티니크와 과달루페 섬 사이에 위치하게 된다. 그렇기 때문에 그 섬을 탐내어 점령한 것이다. 마르티니크의 남쪽 옆에는 프랑스 식민지인 산타 루시아 섬이 있다. 그곳에는 그로스 아일로트Gros Ilet 만의 풍하 쪽에 강력한 항구가 있어서 그 섬의 수도 역할을 했는데, 그곳에서 마르티니크의 포트 로열에 있는 프랑스 해군의 상황을 감시할 수 있었다. 영국은 그 섬을 점령했다. 그리고 안전하게 그곳에 정박을 한 로드니는 1782년의 유명한 해전이 벌어지기 전에 프랑스함대를 감시하고 추격했다. 남쪽에 있는 섬들은 군사적인 면에서 별로 중요하지 않았다. 소앤틸리스 제도에서 스페인은 영국의 자메이카라는 유일한 기지에 맞서 프랑스의 아이티와 함께 쿠바와 포르토 리코를 점유하고 있었기 때문에 영국보다 우세했음에 틀림없다. 그러나 스페인은 이곳을 단지 짐으로만 생각하고 있었다. 영국도 또한 스페인 공격을 지나치게 부담스러워했다. 미국에서 스페인 군대가 스스로의 힘을 느끼고 있던 유일한 지점은 그 당시에 플로리다로 알려졌던 미시시피 강 동쪽의 매우 넓은 지역이었다. 그 당시 플로리다는 영국의 소유였지만, 식민지 폭동에 가담하지 않고 있었다.

동인도제도에서는 프랑스가 1763년의 평화조약으로 자신의 기지들을 되돌려 받았다는 것을 기억하고 있을 것이다. 그러나 벵갈에서 영국이 정치적인 우세를 차지하고 있었기 때문에 인도 반도의 어느 쪽도 프랑스의 지배에 의해 흔들리지 않았다. 그 뒤의 몇 년 동안 영국인들은 대표자인 클라이브와 워렌 헤이스팅스Warren Hastings의 도움을 받아 세력을 확장하고 강화했다. 그러나 강력한 원주민이 인도 반도의 남쪽에서 영국에 대항하여 반기를 들었다. 그리하여 전쟁이 발발했을 때, 프랑스는 동쪽과 서쪽에서 자국의 영향력을 다시 발휘할 수 있는 최상의 기회를 갖게 되었다. 그러나 프랑스 정부와 국민들은 그 광대한 지역의 가능성에 대해 무관심했다. 1778년 7월 7일 전쟁이 발발했다는 소식이 캘커타에 전해진 바로 그날 헤이스팅스는 마드라스의 총독에게 퐁디셰리를 공격하도록 명령을 내렸다. 그리고 자신은 샹데르나고르를 점령하는 모범을 보였다. 각국의 해군력은 보잘것없었다. 그러나 프랑스 사령관은 짧은 전투 후에 퐁디셰리를 포기했다. 그곳은 70일 동안 육상과 해상의 포위를 받고 항복하고 말았다. 1779년 3월에 프랑스의 마지막 정착촌인 마에가 영국에게로 넘어가고 다시 프랑스 국기는 사라지게 되었다. 그와 거의 동시에 휴스Hughes 제독이 이끄는 6척의 전열함으로 구성된 강력한 영국 전대가 그곳에 도착했다. 거의 3년 후에 쉬프랑이 도착할 때까지 그곳에는 영국함대의 세력과 비슷한 프랑스의 함대가 없었으므로 영국이 그곳의 해상을 완전히 지배할 수 있었다. 그 동안에 네덜란드가 전쟁에 뛰어들었다. 그리고 네덜란드의 기지였던 코로만델 연안의 네가파탐Negapatam과 실론의 트링코말리Trincomalee라는 매우 중요한 항구가 다 점령되었는데, 후자는 육·해군의 합동작전에 의해 1782년 1월에 함락되었다. 이 두 번에 걸친 모험의 성공적인 완수는 쉬프랑이 도착할 당시 힌두스탄Hindostan에서의 군사적 상황을 종결시켰다. 그리고 쉬프랑이 그곳에 도착한 지 한 달 후에 명목상의 전쟁은 처절하고 피비린내 나는 대결로 변했다. 쉬프랑은 자신이 훨씬 강력한 전대를 갖고 있었지만, 영국에 대한 작전을 수행할 수 있는 기지인 항구가 프랑스 쪽에도 동맹국 쪽에도 없다는 사실을 알았다.

이러한 4곳의 주요 전쟁무대 중 2곳은 북아메리카와 서인도제도였는데, 거리가 가까워서 서로에게 직접적인 영향을 주었다. 이것은 유럽과 인도에서의 전투처럼 상황이 분명하지 않았다. 그러므로 설명은 자연히 중요한 세 부분으로 나뉘어진다. 그 세 부분은 어느 정도 분리하여 다루어질 수도 있다. 그렇게 분리해서 고찰해보면, 그것들의 상호 영향이 밝혀질 뿐만 아니라, 대연합의 장단점, 성공과 실패, 그리고 해양력에 의해 연출된 부분들을 통합하여 유용한 교훈을 끌어낼 수도 있을 것이다.

영국과 프랑스의 불화

1778년 3월 13일에 런던주재 프랑스 대사는 프랑스가 미국의 독립을 인정했으며 또한 미국과 통상조약과 방어동맹 조약을 맺었다는 사실을 영국 정부에 통보했다. 영국은 즉시 자국의 대사를 송환했다. 그러나 전쟁이 임박하고 영국이 불리하기는 했지만, 스페인 국왕은 중재를 제안했고 그에 따라 프랑스는 공격을 지연시키는 실수를 했다. 6월에 케펠 제독이 20척의 함정을 이끌고 포츠머스를 출항했다. 두 척의 프랑스 프리깃 함을 만났을 때 케펠 휘하의 함정들이 함포를 사격하면서 전쟁은 시작되었다. 그러나 격침된 이 프랑스 프리깃 함에서 발견한 서류를 통해 프랑스함정 32척이 브레스트에 있다는 것을 안 그는 즉시 세력을 보강하기 위해 본국으로 되돌아갔다. 30척의 함정을 이끌고 다시 출항한 그는 어션트 서쪽에서 풍상 쪽에 있는 도르빌리에 휘하의 함대를 우연히 만나게 되었다. 그리하여 양 함대는 7월 27일에 최초의 함대전투를 벌였는데, 그것은 일반적으로 어션트 해전으로 알려져 있다.

어션트 해전

양쪽 모두 30척의 전열함을 가지고 전개한 이 해전은 그 결과를 볼 때 완전히 승부가 나지는 않았다. 양국의 어느 함정도 나포되거나 침몰되지 않고 서로 떨어져 각자 자신들이 가려고 했던 항구로 돌아갔다. 그럼에도 불구하고 이 해전은 그 하찮은 결과에 대한 대중의 분노와 그 뒤에 발생한 정치적인 논쟁 및 해군에 쏟아진 비난 때문에 영국에서 유명해졌다. 서로 다른 정당에 속해 있었던 제독과 세 번째 등급의 장교는 서로를 비난했으며, 나중에 열린 군사재판에서 모든 영국인은 주로 정치노선에 따라 둘로 나뉘었다. 여론과 해군의 정서는 일반적으로 최고사령관이었던 케펠에 호의적이었다.

그 전투는 전술적으로 몇 가지의 흥미로운 모습을 보여주었고, 오늘날에도 여전히 생생한 문제를 포함하고 있다. 케펠은 풍하 쪽에 있었는데도 전투를 하고자 했다. 그렇게 하기 위해 그는 풍상 쪽으로 총추격신호를 보냈다. 그가 지휘하는 함정들 중 쾌속선들은 적의 느린 함정들을 따라잡을 수 있었다. 양쪽 함대의 속도가 비슷하다고 한다면, 이것은 대단히 올바른 결정이었다. 풍상 쪽에 있던 도르빌리에는 자신에게 유리한 상황이 아니면 싸울 의도가 전혀 없었다. 일반적으로 공격을 하고자 하는 함대가 자신의 원하는 시간과 장소를 선택할 수 있었던 것이다. 27일 새벽에 양쪽 함대는 남서풍이 계속 불고 있는 가운데 서북쪽을 향하여 좌현으로 돛을 폈다(〈그림15〉, A, A, A).[119]

---

119) 이 해전도에서 전투의 특징적인 국면들을 연속적으로 그리고 따로따로 보여주는 도면의 작성은 일련의 기동과 그리고 양 함대가 결국 충돌하게 된 항적(A에서 C까지)을 계속해서 보여주려는 시도이다. 도면이 작성되는 것은 거의 포기되어 왔다. 전투가 반대되는 평행선을 그으면서 단순히 서로 통과하는 형태로 진행되었기 때문에, 조우는 항상 비결정이고 무익했다. 사전기동은 전술적 이유보다 다른 이유들 때문에 역사적 중요성이 더 컸던 한 사건으로서 주로 관심을 끌었다.

영국의 후미(R)는 풍하 쪽으로 처졌고, 케펠은 그 함정들 중 6척에게 풍상 쪽으로 항진하라는 신호를 보냈다. 그것은 전투가 발생할 경우 주력함대를 지원할 수 있는 보다 나은 위치에 그들을 놓기 위해서였다. 도르빌리에는 영국함대의 이러한 기동을 보고, 그것을 우세한 병력으로 자신의 후미를 공격하기 위한 의도로 해석했다. 그 당시 양국의 함대는 6~8마일 정도 떨어져 있었는데, 그는 자신의 함대를 연속적으로 늘어서게 했다(프랑스측 A에서 B로). 이렇게 함으로써 그는 풍하 쪽에 기반을 잃어버리기는 했지만 적에게 접근하여 적의 상황을 좀더 잘 볼 수 있게 되었다(위치 B, B, B). 이렇게 함대의 기동을 완료하고 나자 바람이 남풍으로 바뀌어 영국함대에 유리하게 되었다. 그러자 케펠은 30분 이상을 정지해 있다가(영국함대 B에서 C), 프랑스함대의 뒤를 쫓기 위해 돛을 활짝 폈다. 이러한 케펠의 행동은 도르빌리에로 하여금 자신이 품은 의심을 더욱 확신하게 만들었다. 또한 그날 아침에 확실히 영국 쪽에 유리했던 바람이 다시 서풍으로 바뀌어 영국함대가 프랑스의 후미를 따라잡을 수 있게 되자, 도르빌리에는 함대를 한 곳으로 집중시키며(B에서 C) 나머지 함정들을 이제는 선두가 되어버린 후미함정을 도울 수 있는 위치에 두는 방법으로 케펠이 함대를 집중시키거나 프랑스의 후미함정을 관통할 수 없게 만들었다. 이리하여 두 함대는 서로 반대로 돛을 펴고 기동하면서(C),[120] 현측사격을 했지만 별로 효과가 없었다. 프랑스함대는 풍상 쪽에서 자유롭게 기동하고 있었으므로 공격할 힘이 있었는데도 그러한 힘을

120) 양국 함대의 선도함들은 서로 멀어지게 되었다(C). 그 이유에 대해 프랑스인들은 그것이 영국의 선두가 멀리 떨어진 탓이라고, 반면에 영국인들은 프랑스함대의 선두가 뱃머리를 바람 불어오는 쪽으로 돌렸기 때문이라고 각각 주장했다. 후자의 설명은 지도로 나타난다.

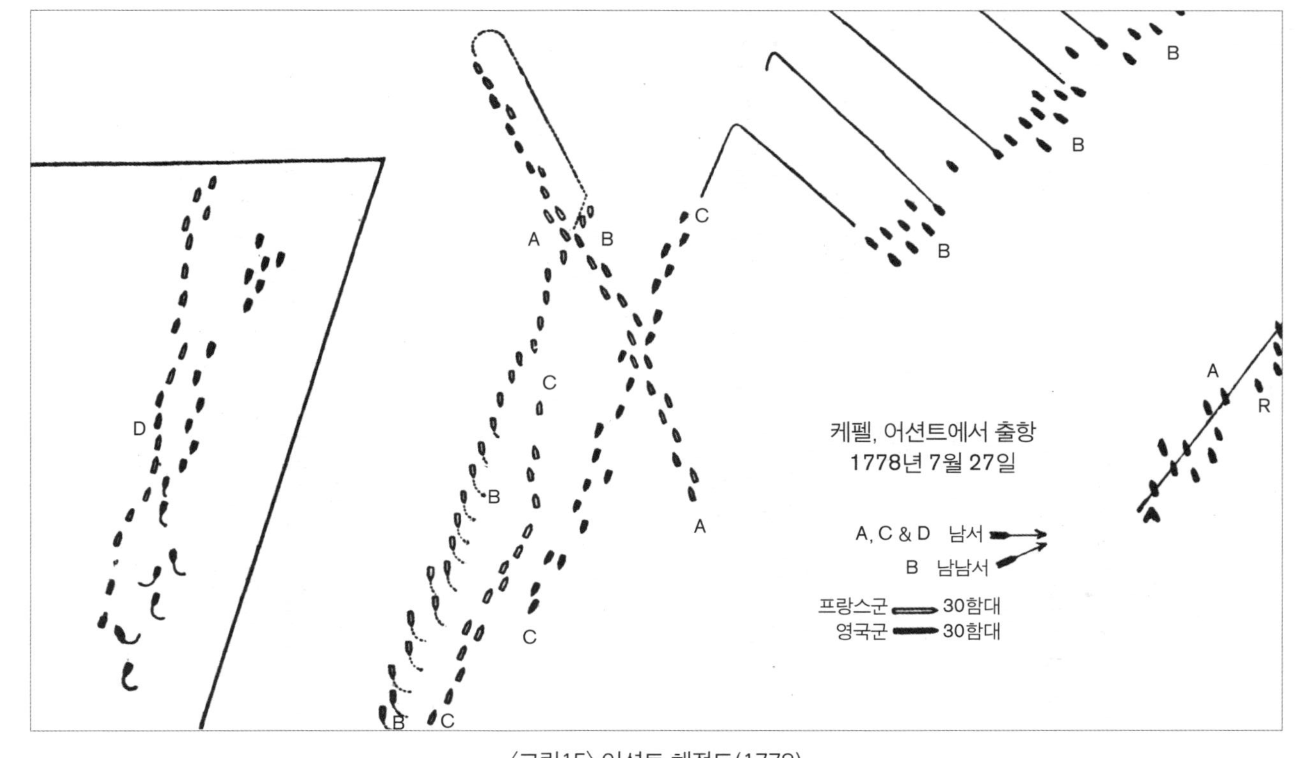

〈그림15〉 어션트 해전도(1778)

사용하지 못했다. 도르빌리에는 이전에 후미였던 자신의 선두함정을 향하여 주력부대의 풍하 쪽에 있는 영국 후미 쪽으로 항진하라는 신호를 보냈다. 이것은 자신은 풍상 쪽에 남아 있으면 양쪽에서 영국의 후미를 공격하려는 의도에서였다. 그러나 왕족 출신의 그 선두부대의 사령관이 그에게 복종하지 않았기 때문에, 유리한 기회를 놓치고 말았다. 영국 쪽에서도 동일한 기동이 시도되었다. 선두전대의 제독이 타고 있던 함정과 몇 척의 함정이 포격에서 벗어나자마자(D)[121], 돛을 활짝 펴고 프랑스의 후미 뒤에 위치했다. 그러나 대부분의 삭구가 피해를 입었기 때문에 돛을 활짝 펼 수 없었으며, 뒤따라오는 함정 때문에 배를 풍상 쪽으로 돌릴 수 없었다. 프랑스는 풍하의 위치에 서서 다시 전열을 형성했지만, 영국함대는 공격할 수 있는 상황이 아니었다. 전투는 이렇게 끝났다.

전투에서의 해군 총사령관의 위치

이러한 아무런 결실이 없는 교전에서 몇 가지 재미있는 점을 볼 수 있다. 하나는 케펠의 행위가 옳았다는 것이 그 당시 가장 훌륭한 영국 제독들 중 한 명이자 실전경험을 갖고 있던 저비스 경에 의해 군법회의에서 입증되었다는 점이다. 정말로 케펠이 더 이상 아무것도 할 수 없었던 것처럼 보인다. 그러나 그의 전술적인 이해가 부족했다는 점은 자신을 변호하면서 말한 다음의 이상한 어구에서 찾아볼 수 있다. "만약 프랑스 사령관이 정말로 전투를 할 생각을 갖고 있었더라면, 영

121) 나머지 함정들과 분리된 D의 위치는 C에서 시작된 항로의 끝을 보여준다. 이것은 혼란을 야기시키지 않고서는 다른 수로와 연결될 수 없었다.

국함대가 접근하고 있는 반대쪽으로 자신의 함대를 보내지 않았을 것으로 생각됩니다." 이것은 프랑스함대의 후미가 노출되어 있어 위험에 처해 있었다는 사실을 몰랐거나 무지에서 나온 말이라고 할 수 있는 표현이었으며 또한 자기 자신이 프랑스함대의 후미를 향하여 접근하고 있었다고 말한 것만큼이나 이상한 일이다. 케펠의 생각은 프랑스함대가 자신이 다가갈 수 있도록 기다린 후 함정끼리 전투를 했어야 한다는 것인데, 이것은 상당히 진부한 생각이었다. 도르빌리에는 대단히 노련한 지휘관이었기 때문에 그러한 행동을 할 리가 없었던 것이다.

프랑스함대와 영국함대가 서로 포격을 하는 동안 프랑스의 선두를 지휘하고 있던 샤르트르Chartres 공작[122]의 실패는 오해에 의해서든 직권남용에 의해서든, 명령에 복종하지 않았기 때문에 발생했는데, 그러한 행위는 전투 중 적절한 해군 최고사령관의 위치에 대한 문제를 제기했다. 실제로 이 문제는 오늘날에도 여전히 자주 논의되고 있다. 도르빌리에가 선두에 있었더라면, 그는 자신이 바라는 대로 함대를 전개시킬 수 있었을 것이다. 그는 중간에 있었더라면 자기 함대의 양쪽 끝, 즉 선두와 후미를 볼 수도, 보지 못할 수도 있었다. 선두에 있었더라면, 스스로 모범을 보이면서 자신의 명령을 수행할 수 있었을 것이다. 이 전투가 끝날 무렵에 프랑스함대는 최고사령관을 전열에서 벗어나게 하여 프리깃 함에 승함시킴으로써 이 문제를 해결했다. 그렇게 함으로써 그는 연기에 가려지거나 자신이 탄 함정에서 발생한 혼란으로 인해 방해받지 않고 자신의 함대와 적 함대를 볼 수 있었다.

---

122) 후에 오를레앙 공Duc d'Orléans이 되었으며, 프랑스 혁명기에 평등공 필리프 Philippe Ègalité였으며 또한 루이 필리프의 아버지이기도 하다.

그리고 사령관이 내린 신호를 자국의 함대로 하여금 보다 잘 볼 수 있게 한다는 이점도 있었다.[123] 이러한 위치는 신상에 닥쳐올 위험을 피해 있는 육상에서의 장군의 위치와 상당히 비슷했다. 그리고 1778년에 하우 경도 이러한 위치에 있었다. 그러나 그도 프랑스 사령관도 나중에는 그러한 위치를 차지하려고 하지 않았다. 넬슨은 자기 경력의 마지막 전투가 되었던 트라팔가르 해전에서 함대를 선두에서 지휘했다. 그러나 그가 그렇게 행동한 데에는 전투명령을 내리는 것이 아닌 다른 어떤 동기가 있었는지는 알 수가 없다. 그가 지휘관이 되어 지휘했던 다른 두 번의 대해전은 정박하고 있는 적함에 대한 직접적인 공격이었는데, 두 번 모두 그가 선두에 서서 지휘하지는 않았다. 총추격명령이 내려진 경우를 제외하고는 범선시대에는 전투시 지휘관이 대개 전열 속에, 그것도 중앙에 위치해 있었다. 트라팔가르 해전에서 각자 자신의 종렬진을 지휘하고 있던 넬슨과 콜링우드Colling-wood가 이러한 일반적인 관습에서 벗어난 것은 아마도 어떤 이유가 있었을지도 모르는 일인데, 평범한 사람들은 그렇게 유명한 제독들의 행동에 대해 비판하기를 꺼리는 편이다. 함대가 이 두 지휘관에게 대단히 많이 의존하고 있었으며, 그들이 노출되면서 함대는 아주 위험한 상황에 놓였다. 만약 그들에게나 그 종렬진의 선두에 어떠한 심각한 손상이 발생했더라면, 영향력의 부재는 매우 심각하게 느껴질 것이다. 마찬가지로, 그들이 지휘하던 전투 도중에 포연 속으로 쉽게 사라져 버린다면, 그들은 비록 제독으로서 대단한 용기와 솔선수범을 보이기는 했지만, 부하들을 어떠한 통제나 지휘관이 없는 상태로 만들어

123) 1782년 4월 12일의 전투에서 기함에 타고 있던 프랑스의 최고사령관이 나포된 것이 이러한 행동을 하게 한 동기이기도 했다.

버렸을 것이다. 프랑스의 한 제독은 트라팔가르 해전에서 공격형태의 실질적인 효과는 두 개의 종렬진이 선두의 희생을 무릅쓰고 적에게 곧장 돌진함으로써 적의 전열을 두 개로 분리시키는 데 성공한 것이라고 지적했다. 그때까지는 아주 좋았다. 그리고 선두의 희생은 그럴 만한 가치가 있었다. 왜냐하면 그 희생으로 거의 온전하게 유지할 수 있었던 각 종렬진의 후미함정들이 두 곳으로 분할된 적진 사이를 돌파하여 흩어진 적함들을 분쇄할 수 있었기 때문이다. 바로 이러한 예비함대의 개념 때문에 사령관의 위치에 대한 문제가 제기되었다. 그런데 기함 크기가 그렇게 멋대로 행동하는 것을 방해했다. 그러나 각 종렬진의 지휘관이 전투 중 기회가 있을 때 매우 유용한 목적을 위해 시간을 버는 데 잠시 이용할 수 있는 예비대를 보유하고 있다면 좋지 않았을까? 장군의 전령이나 부관의 역할을 하는 공문서를 대신하는 송달용 쾌속선이나 어떤 신호체제를 준비하는 과정에서 나타나는 어려움은 함정이 명령을 받기 위해 한 곳에 머물러 있지 못하고 계속하여 항해해야 한다는 사실에 의해 더욱 더 커진다. 그리고 그러한 어려움 때문에 함대 지휘관을 항진 중인 가벼운 함정에 옮겨 태운다는 생각이 나오게 되었다. 그렇게 하면 지휘관은 단순한 관찰자가 될 수 있다. 반면에 그가 함대의 가장 강력한 함정에 승선해 있다면 일단 전투가 한번 벌어진 후에도 최상의 비중을 가질 뿐만 아니라, 비록 그가 탄 함정이 예비대에 속해 있다고 하더라도 지휘관은 마지막 순간까지 가장 강력한 지휘권을 소유하게 된다. "반 덩어리의 빵이라도 하나도 없는 것보다는 낫다." 만약 지휘관이 해전의 특성상 육상에서 자기 휘하에 있는 함정들의 움직임을 관찰할 수 없는 입장에 있다면, 가능한 한 그의 주변을 안전하게 유지하도록 노력해야 한다. 활동 후반기에 있었던 뉴올리언스 해전과 빅스버그Vicksburg 해전 이후 패러것은 작전을 몸소 지휘한 것으로 알려져 있다. 그는 모빌 해전에서 여러 장교들의 간청에 의해 마지못해 이 문제에 대한 자신의 소신을 굽혔는데, 나중에 공개적으로 그 일에 대해 유감을 표명했다. 그러나 패러것이 지휘했던 모든 전투의 성격은 엄격한 의미에서 다른 전투들과 구별되는 특색을 가지고 있었다. 뉴올리언스, 빅스버그, 포트 허드슨, 그리고 모빌에서 패러것의 임무는 교전을 하는 것이 아니라 함대가 감히 맞설 수 없는 요새를 지나가는 것이었다. 그리고 넬슨과는 달리 그가 잘 알고 있던 수로에 대해 주로 안내를 받아 항해했기 때문에 군사적인 의미뿐만 아니라 문자 그대로의 의미에서도 지휘권의 행사 임무를 가지고 있었다. 그러므로 함대를 안전한 항로로 가도록 지시할 뿐만 아니라 계속 안개를 마시면서 앞에서 항해하고 있던 그는 수로를 보다 잘 파악하고 판단할 수 있었으며, 따라서 비록 통과하도록 지시했더라도 부하들이 두려워했을 진로에 대해 책임을 질 수 있었다. 모빌 해전에서 수로에 대해 비판적 관점을 가졌던 종렬진 지휘관들이 모두 최고사령관의 목적지에 대해 의심스러워하고 주저했다는 것은 일반적으로 잘 알려져 있지 않은 사실이다. 그것은 그들이 사령관의 지시를 완전히 받아들이지 않았기 때문이 아니라 상황이 자신들이 생각했던 것과 달랐기 때문이었다. 브루클린Brooklyn 호의 알덴 Alden뿐만 아니라 테쿰세Tecumseh 호의 크레이번Craven도 사령관이 내린 명령을 듣지 않고 지시된 방향을 이탈했기 때문에 비참한 결과를 맞이했다. 그 두 사람 중 누구도 탓할 필요가 없지만 자신이 참여한 전투에서 책임을 가진 사람이 선두에 나서야 한다는 패러것의 의견이 옳았다는 것은 분명하다. 또 비록 주저하거나 지연시키면 치명적인 결과를 가져올 수 있는 중요한 순간이라도 최고사령관을 제외하고는 누구나 자신의 상급자에게 책임을 넘기려는 경향이 있다는 점을 상기해야 할 것이다. 최고사령관으로 임명된 사람은 부하들이 주저하고 있을 때에도 지혜롭게 행동해야 한다. 세인트 빈센트 해전에서 넬슨의 행동에 필적할 만한 것은 아마 없을 텐데, 그것은 그날 그의 바로 후미에 있었던 콜링우드가 최고사령관의 신호가 있을 때까지 넬슨의 행동을 따르지 않다가, 모든 권한을 물려받자 자신의 판단과 대담성으로 탁월한 공헌을 했다는 사실에 의해 강력하게 입증되고 있다.[124)]그리고 이 문제를 "조함을 기초로 한 전투pilot ground battles"와 관련시켜 볼 때, 뉴올리언스 해전에서 기함이 어둠과 앞서가는 함정들이 내뿜는 연기 때문에 자신의 위치를 잃을 뻔했다는 사실이 생각날 것이다. 미국함대는 요새의 수로를 지난 다음에야 자국 기함이 없어

124) 1782년 4월 드 그라스에 대한 로드니의 추격작전에 일어난 다음의 사건들은 어느 정도까지 종속관계가 이루어지고 있었는지를 보여준다. 후드Hood는 가장 훌륭한 영국 장교 중 한 명이었고, 필자도 그의 행위를 비판할 생각이 없다. 당시 그는 로드니로부터 몇 마일 떨어진 거리에 있었다. "북서쪽에 고립되어 있던 프랑스함정은 우리의 선두 전대처럼 미풍을 받으며 대담하게 싸우면서 영국의 선두함정들이 있는 곳을 지나가려고 노력하였다. 프랑스함정에게는 그것이 함대의 주력부대와 다시 합류할 수 있는 유일한 방법이었다. 그만한 거리에서 프랑스함정이 그처럼 대담한 행동을 하자 후드 전대의 선두함이었던 알프레드Alfred 호는 그 함정이 지나갈 수 있도록 바람이 불어가는 쪽으로 진로를 잡을 수밖에 없었다. 최고사령관이 전투신호를 보내는지에 주의를 기울이고 있던 사람들을 제외하고는, 모든 사람의 이목은 이 용감한 프랑스함정에 대해 고정되었다. 그러나 최고사령관은 그것을 적함이라고 생각하지 않은 듯이 사람들이 기대하고 있던 신호를 보내지 않았다. 따라서 우리는 그 프랑스함정에 대해 한 발의 함포도 발사하지 않았다. 이러한 상황은 후드 전대를 구성했던 함정들의 함상훈련 상태를 보여주는 데 언급되고 있다. 후드는 부사령관이었음에도 불구하고 최고사령관이 발포명령을 내릴 때까지 단 한 차례의 사격도 하지 않았다. 후드가 발포하기에 앞서 최고사령관의 전투신호를 기다린 이유는 만약 그가 그러한 상황에서 조급하게 전투에 뛰어들었다면 그 결과에 대해 책임을 져야 한다고 생각했기 때문이었다."(*White's Naval Researches*, p. 97.)

후드는 하급자(그들의 진취성이 로드니를 불쾌하게 만들었다)에 대한 로드니의 태도에 의해 영향을 받았을지도 모른다. 두 사람은 서로 긴장관계에 있었던 것 같다.

졌다는 것을 알아차렸다. 예비전대에 대한 언급이 여러 가지를 생각나게 하듯이, 조함pilotage은 그 말 자체가 지닌 것보다 더 많은 의미의 것들을 암시해준다. 그것은 앞에서 사령관이 예비전대와 함께 있어야 한다고 했던 말을 수정하게 해준다. 증기선 함대는 아주 쉽고 빠르게 진형을 변경할 수 있기 때문에 공격을 감행할 때 적과 충돌하기 직전에 어떤 갑작스러운 전술을 구사할 수 있게 되었다. 그렇다면 사령관에게는 어떤 위치가 가장 좋을까? 말할 것도 없이 자기가 새로운 진형이나 방향으로 함대를 가장 쉽게 조함할 수 있는 전투대형 중 어떤 부분, 즉 선두 위치에 있어야 한다. 해전에서는 가장 중요한 순간이 두 번 존재하는 것처럼 보인다. 하나는 주요 공격방법을 결정하는 순간이고, 다른 하나는 예비전대를 접근시켜 영향력을 발휘하도록 지시하는 순간이다. 첫번째 순간도 중요하지만, 두 번째 순간은 보다 높은 능력을 필요로 한다. 왜냐하면 전자는 미리 결정된 계획에 따라 진행되거나 진행되어야 하는 반면에, 후자는 흔히 예기치 못한 상황에서 결정되어야 하기 때문이다. 미래 해전의 상황은 지상전에서 볼 수 없는 아주 빠른 접전과 대형 변화 발생이라는 요소를 포함할 것이다. 그러나 지상병력은 증기선에 의해 전투장소로 옮겨지더라도 궁극적으로 말을 타거나 걸어서 자신들의 계획을 점진적으로 수행하며 전투를 할 것이다. 그리고 적의 공격을 받아 변화가 생길 경우에는 최고사령관이 일반적으로 자신의 의도를 부하들에게 알릴 수 있는 시간적인 여유를 가질 수 있을 것이다. 반면에 비교적 수가 적고 구성단위가 명확하게 정해져 있는 함대는 중요한 변화를 계획하더라도 그 계획이 시작될 때까지 아무런 조짐도 보이지 않다가 일단 시작하기만 하면 순식간에 변화할 것이다. 이 의견에 동의한다면, 그 계획에 정통할 뿐 아니라 최고사령관의 주요 행동지침을 잘 알고 있는 부사령관의 필요성을 제기할 수 있다. 부사령관이 필요하다는 사실은 전투진형의 양쪽 끝이 너무 멀리 떨어져 있을 때 지휘력이 골고루 미쳐야 한다는 점에서도 분명해진다. 그런데 최고사령관이 두 곳에 다 있을 수는 없으므로, 가장 좋은 것은 한쪽 끝 부대에 부사령관을 위치시키는 것이다. 트라팔가르 해전에서 넬슨이 차지한 위치를 보면, 또 다른 함정이 그렇게 훌륭하게 행동할 수 없었거나 바람이 조금 불어서 적의 갑작스러운 대형변화가 없을 것이라고 예상하지 않았더라면 승리하는 것은 불가능했다. 제독 자신이 직접 앞으로 나서자 적의 포격이 그의 함정에 집중되었고, 따라서 몇몇 함장들로 하여금 계획을 변경하도록 요구하게 했던 위험을 무릅쓰는 행위는 오래 전에 넬슨이 나일 강 해전 이후에 쓴 편지 중 하나에서 비난한 적이 있다.

> 만약 그 해전이 신을 기쁘게 했더라면 나는 부상당하지 않았을 뿐만 아니라 한 척의 배도 도피하지 않았을 것이라고 생각하지만, 나는 함대에 있던 어떤 개인도 비난받아야 한다고는 믿지 않는다. …… 단지 내가 말하고자 하는 것은 만약 나의 경험이 함대에 소속된 모든 개인들에게 직접 전해질 수 있었다면 전능하신 하느님께서 나의 노력을 계속해서 축복해주시는 모습을 보여주었을 것이라는 점이다.[125)]

경험에 기초를 둔 그러한 의견표명에도 불구하고, 그는 트라팔가르 해전에서 매우 노출된 위치를 잡았다. 그리고 지휘관을 잃자마자, 영국함대에는 이상할 정도의 높은 효과가 나타났다. 콜링우드는 즉

125) N. H. Nicholas 경, 넬슨 경의 문서와 편지.

시 옳고 그름이나 불가피성 여부를 따질 겨를도 없이 넬슨이 마지막 숨을 내쉬면서 촉구했던 계획을 따르지 않았다. 죽어가면서 넬슨은 말했다. "닻을! 하디Hardy, 닻을!" "닻 말입니까?"라고 콜링우드는 말했다. "그것이 내가 생각해야 할 마지막 일이야."

제10장

북아메리카와 서인도제도의 해전(1778~81), 미국 혁명의 진로에 대한 해전의 영향, 그레나다 · 도미니카 · 체서피크 만에서의 함대의 활동

델라웨어를 향한 데스탱의 출항

1778년 4월 15일에 데스탱 제독은 12척의 전열함과 5척의 프리깃 함을 이끌고 툴롱에서 아메리카 대륙을 향하여 출발했다. 그와 함께 의회의 신임장을 받은 대신이 함정에 동승했는데, 그 대신은 모든 지원 요청을 거절하고 캐나다나 그 밖의 다른 영국 소유지 정복과 관련된 접전을 피하라는 지시를 받고 있었다. 한 프랑스의 역사가는 다음과 같이 말했다. "베르사이유 정부는 미국이 자신들과 가까워짐으로써 분쟁의 원인——그 분쟁이 미국으로 하여금 동맹국으로서 프랑스의 가치를 느낄 수 있게 해주었을 것이다——을 갖게 된 데 대해 전혀 유감스럽게 생각하지 않았다."[126] 미국인들은 자국의 분쟁에 대한 많은 프랑스인들의 동정을 인식하고는 있었지만, 그렇다고 해서 프랑스 정부의 이익추구에 대해서까지 눈감아줄 필요는 없었다. 또한 그들은 프랑스 정부를 비난해서도 안 되었다. 왜냐하면 그 정부는 프랑스의 이익을 첫번째로 생각할 책임을 갖고 있었기 때문이다.

---

126) Martin, *History of France.*

영국의 필라델피아 철수 명령

데스탱은 미국으로 아주 천천히 항진했다. 그가 많은 시간을 훈련하거나 때로는 아무 쓸모도 없는 일을 하는 데 낭비했다는 이야기도 있다. 아무리 그렇다고 하더라도, 그는 목적지인 델라웨어 만에 7월 8일에야 비로소 도착했다. 이것은 12주간의 항해였는데, 그 중 4주는 대서양을 건너는 데 소비되었다. 영국 정부는 데스탱이 어떠한 의도로 항해에 나섰는지를 알고 있었다. 그러므로 파리주재 영국 대사를 소환하자마자 필라델피아에서 철수하여 뉴욕으로 병력을 집중시키라는 명령을 미국으로 보냈다.

하우 경의 신속한 이동과 데스탱의 도착 지연

영국군에게 다행스럽게도 하우 경은 데스탱에 비해 대단히 활력 넘치고 훨씬 조직적으로 움직였다. 우선 함대와 수송선들을 델라웨어에 집결시킨 그는 군수품과 보급품을 서둘러 싣고, 육군이 뉴욕을 향해 필라델피아를 출발하자마자 그도 역시 필라델피아를 떠났다. 그가 뉴욕 만 입구에 도착하는 데 10일이 걸렸다.[127] 그러나 그는 데스탱이 본국에서 출항한 것보다 10주일 늦게 출항했음에도 불구하고 데스탱이 도착하기 10일 전인 6월 28일에 그곳을 떠났다. 일단 항구 밖으로 나오자 함대에 유리한 쪽으로 바람이 불어주었기 때문에, 영국함대는 이틀만에 샌디 훅Sandy Hook에 도착할 수 있었다. 원래 전쟁에서는 용서가 없는 법이다. 데스탱이 지체하는 바람에 놓쳤던 사냥감은 뉴

127) 이렇게 많은 시간이 걸린 것은 바다가 아주 잔잔하여 바람이 없었기 때문이다. *How's Despatch, Gentleman's Magazine*, 1778.

욕과 로드 아일랜드 두 곳에 대한 데스탱의 시도를 좌절시켰다.

뉴욕으로 하우 경 추적

하우가 샌디 훅에 도착한 다음날, 영국 육군은 워싱턴의 부대로부터 추격을 당하면서 뉴저지를 통과하는 힘들고 지친 행군 끝에 네이브싱크Navesink의 정상에 도착했다. 그 부대는 해군과의 능동적인 합동작전을 벌이며 7월 5일에 뉴욕으로 이동했다. 그리고 나서 하우는 프랑스함대가 들어갈 수 없도록 입구를 봉쇄하기 위해 되돌아갔다. 그 후에는 아무런 전투도 일어나지 않았기 때문에 그의 준비상황을 자세하게 언급하지는 않겠다. 그러나 그 함대에 소속되었던 한 장교가 아주 흥미롭고 자세하게 설명한 것을 에킨스Ekins의 《해군의 전투Naval Battles》에서 찾아볼 수 있다. 그러나 하우 제독의 활력, 사려 깊음, 노련함, 그리고 결단력이 어우러져 나타난 모습을 주목하는 것이 나을 것이다. 그의 앞에 놓여 있던 문제는 64문의 함포를 탑재한 6척의 함정과 50척의 함포를 탑재한 3척의 함정을 가지고 74문이나 그 이상의 함포를 장착한 8척의 함정과 64문함 3척, 그리고 50문함 1척을 가진 적——그것은 하우가 보유한 세력의 거의 두 배에 가까웠다——에 맞서 효과적으로 수로를 방어하는 것이었다.

데스탱은 7월 11일에 후크Hook 경의 남쪽에 투묘했다. 그는 그 안쪽으로 진입하려는 분명한 의도를 갖고 봉쇄상황을 살피면서 22일까지 그곳에 머물렀다. 22일에는 만조와 함께 거센 북동풍이 불면서 파도가 30피트 높이까지 솟아올랐다. 그러자 프랑스함대는 즉시 출항하여 그 봉쇄를 뚫고 나아가기에 좋은 풍상의 위치로 이동했다. 그런데 조타수가 의기소침해하는 모습을 본 데스탱은 용기를 잃었다.

결국, 그는 공격을 포기하고 남쪽으로 이동하고 말았다.

뉴욕에서의 공격 실패와 뉴포트로의 출항

해군장교들은 조타수의 충고를 받아들일지 여부의 문제를 놓고 주저하는 데 대해서 누구나 공감한다. 특히 그에게 낯선 바다일 때에는 그러하다. 그러나 그렇게 공감하는 것이 훌륭한 인물의 눈을 가려서는 안 된다. 뉴욕에서 데스탱의 행동, 코펜하겐Copenhagen 해전과 나일 강 해전에서 넬슨의 행동, 그리고 모빌 해전과 포트 허드슨 해전에서의 패러것의 행동을 비교해보면, 군사적인 문제만을 고려하곤 했던 프랑스군 지휘관들이 미숙했다는 점이 금방 드러날 것이다. 뉴욕은 영국 세력의 중심지였다. 그곳이 함락되면, 전쟁은 더 빨리 끝날 수밖에 없었다. 데스탱에 대해 공정하게 말한다면, 군사적 고려사항 이외의 요소들을 더 중요하게 간주했음을 기억해야 한다. 프랑스 제독도 아마 프랑스 대신이 받은 것과 비슷한 지시를 받았음에 틀림없었을 것이다. 그는 뉴욕이 함락된다고 해도 프랑스가 얻을 것은 아무것도 없었던 반면에, 영국과 미국 사이에 평화조약을 맺도록 하여 영국으로 하여금 모든 국력을 프랑스와 맞붙는 데 자유롭게 사용할 수 있게 할 것으로 판단했을 것이다. 데스탱의 생각이 거기까지 미치지 못했더라면, 그는 위험하기는 하지만 함대를 가지고 봉쇄를 돌파하기로 결정했을 것이다.

하우 경은 목적을 분산시키지 않고 한 곳에 집중하고 있다는 점에서 데스탱보다 훨씬 운이 좋았다. 자신의 노력으로 필라델피아를 빠져나와 뉴욕을 구했던 그는 그와 비슷한 재빠른 기동으로 로드 아일랜드를 구하여 더욱 명성을 드높일 기회를 갖게 되었다. 영국에서 파견된 함대로부터 떨어져 흩어져 있던 함정들이 도착하기 시작했다. 7월 28일에 하우는 남쪽으로 사라졌던 프랑스함대가 로드 아일랜드를 향하고 있는 것을 보았다는 소식을 들었다. 4일 후에 그의 함대는 출항할 준비를 갖추었다. 그러나 역풍 때문에 8월 9일에야 비로소 포인트 주디스Point Judith에 도착했다. 그는 그곳에 닻을 내리고 데스탱이 그 전날 포대가 있는 곳을 통과하여 고울드Gould와 캐노니컷Canonicut 제도 사이에 정박했다는 사실을 알아냈다.[128] 시코넷Seakonnet 수로와 서부 수로들은 이미 프랑스의 함정들에 의해 점령되고 있었고, 그 함대는 영국 요새들에 대한 미국 육군의 공격을 돕기 위해 준비하고 있었다.

하우의 데스탱 추격

비록 증원을 했다고 해도 프랑스함대의 3분의 2에 불과했던 영국 함대는 하우가 도착함으로써 데스탱의 계획을 뒤집어버렸다. 여름철에 부는 남서풍이 곧바로 만 안쪽으로 불었기 때문에, 그가 어떤 시도를 하든지 노출될 수밖에 없었다. 바로 그날 밤에 바람이 갑자기 북풍으로 바뀌었다. 그러자 데스탱은 즉시 출항하여 바다로 나갔다. 하우는 이러한 예상치 못한 행동에 놀라기는 했지만——그는 아직 자신이

---

128) 다른 설명에서는 대부분 고트Goat 섬과 캐노니컷 사이라고 말하고 있다. 그러나 고울드와 캐노니컷 사이의 지점일 가능성이 더 커 보인다. Goat와 Gould(Gold로 쓰이는 경우가 많다)는 쉽게 혼동되는 이름이다. 필자는 파리에서 구한 그 당시의 지도를 보고 고울드 섬이 정확하다고 생각하게 되었는데, 그 지도에는 캐노니컷 근처와 코스터스 하버Coaster's Harbor 섬 사이에 정박지가 있음을 보여주고 있다. 후자는 'L'Isle d'Or ou Golde Isle'로 표시되어 있었다.

공격을 할 수 있을 만큼 강하다고 생각하지 않았기 때문이다——풍상의 위치를 유지하기 위해 행동을 시작했다. 그 뒤의 24시간은 서로 유리한 위치를 차지하기 위한 기동을 제외하고 별다른 행동은 없었다.

폭풍에 의한 함대의 분산

그러나 8월 11일 밤이 되자 맹렬한 강풍 때문에 함대는 뿔뿔이 흩어져버렸다. 두 함대 모두 대단한 피해를 입었는데, 그 중에서도 특히 90문의 함포를 장착한 프랑스 기함 랑그독*Languedoc* 호는 모든 돛대와 방향타를 잃었다. 강풍이 지나가자마자 영국함정 두 척이 전투개시 명령을 받고 랑그독 호와 토나*Tonnat* 호(80문의 함포를 갖고 있었는데, 돛대가 모두 부러지고 하나만 남아 있었다)로 다가갔다. 두 척의 영국함정은 공격을 시작했다. 하지만 얼마 가지 않아서 밤이 되었기 때문에, 그들은 다음날 아침에 다시 공격을 할 생각으로 행동을 중단했는데, 아침에 다른 프랑스함정들이 접근해왔기 때문에 공격 기회를 놓치고 말았다. 그 함장들 중의 한 명이 호담Hotham이었다는 점은 주목할 만하다. 그는 17년 후에 지중해 함대의 사령관으로서 두 척의 함정을 나포한 사실로 만족하여 넬슨을 짜증나게 했다. "우리는 만족해야 한다. 우리는 아주 잘해냈다"고 말했던 것이다. 그러나 "우리가 10척의 범선을 나포했다고 하더라도, 11번째의 함정을 놓쳐 그것이 자국 항구에 도착할 수 있다면, 결코 잘한 일이라고 할 수 없다"는 넬슨의 말은 그의 성격을 잘 드러내준다.

데스탱 함대의 보스턴으로의 출항

영국함대는 뉴욕으로 되돌아갔다. 프랑스함대는 다시 내러갠셋 만의 입구에 모였다. 그러나 데스탱은 함대가 입은 피해 때문에 그곳에 머무를 수 없다고 생각하고 8월 21일에 보스턴을 향하여 떠났다. 로드 아일랜드는 그렇게 하여 영국측에 남게 되었다. 영국인들은 그후 1년간 그곳을 지키고 있었지만, 전술적인 이유 때문에 그곳을 포기했다. 하우는 부지런히 함정들을 수리하다가 프랑스함대가 로드 아일랜드에 주둔하고 있다는 말을 듣고 그곳을 향해 다시 출항했다. 그러나 도중에 한 선박으로부터 프랑스함대가 보스턴으로 가고 있다는 말을 듣고, 뒤를 좇아 역시 그곳으로 향했다. 그러나 그곳에서는 프랑스함대가 아주 강하게 방어를 하고 있었기 때문에 공격할 수 없었다. 하우의 증강된 함대가 다시 뉴욕으로 돌아가서 함정을 수리했고, 또한 그가 프랑스함대보다 단지 4일 늦게 보스턴에 도착했다는 점을 생각할 때, 하우는 자신의 작전 초기부터 특징을 이루었던 능동성을 끝까지 보여주었다고 할 수 있다.

하우에게 허를 찔린 데스탱

영국과 프랑스함대는 서로 한 발의 포탄도 발사하지 않았지만, 열세한 영국함대가 좀더 강력한 프랑스함대를 철저하게 압도하고 있었다. 데스탱이 뉴욕을 떠난 후 풍상의 위치를 차지하기 위해 기동했던 것과 뉴욕 만에서 하우가 공격받을 것을 예상하고 함대를 배치했던 것을 제외하고, 얻을 수 있는 교훈은 전술적인 것이 아니라 전략적인 것이며 더욱이 그 교훈은 오늘날에도 적용할 수 있다. 그 중에서 가장 중요한 것은 주로 전문적인 지식과 결합된 신속성과 신중함에 관한 것이었다. 하우는 데스탱이 툴롱을 향해 떠난 지 3주일 후에 본국으로부터 보내온 정보에 의해 자신이 위험하다는 것을 알게 되었다. 그는 체서피크와 그 외부에 있는 순양함들을 집결시키고, 뉴욕과 로드아일랜드로부터 전열함들을 확보하여 만 명의 육군에게 필요한 보급품을 싣게 했는데, 이 작업을 하는 데 10일이 걸렸다. 그리고 그는 델라웨어로 향하다가 다시 뉴욕으로 우회하여 갔다. 데스탱은 그보다 델라웨어에서는 10일, 그리고 샌디 훅에서는 12일이나 늦었다. 단지 뉴포트로 들어갈 때에만 단 하루 그를 앞질렀을 뿐이다. 함대에 소속된 한 영국군은 영국 육군이 네이브싱크에 도착했던 6월 30일과 프랑스 함대가 도착한 7월 11일까지 진행된 영국함대의 지칠 줄 모르는 작업에 대해 다음과 같이 말했다. "하우 경은 보통 직접 작업에 참가했고, 그가 참여함으로써 장교와 수병들은 더욱 열심히 그리고 더욱 빨리 일할 수 있었다." 이러한 점에서 그는 온화하지만 약간 게으른, 자신의 형이었던 하우 장군과 대조를 이루었다.

나머지 작전에서도 하우 경은 여전히 부지런하고 경계심이 강한 모습을 보여주었다. 프랑스함대가 남쪽을 향해 출항하자마자 감시선으로 하여금 그 뒤를 따라가게 했으며, 특히 화공선 등으로 추격준비를 계속했다. 영국으로부터 온 마지막 함정이 봉쇄를 뚫고 7월 30일에 뉴욕에서 합류했다. 8월 1일에 함대는 4척의 화공선과 함께 출항준비를 마쳤다. 그러나 돌풍 때문에 그의 다음 기동은 연기되었다. 그러나 이미 앞에서 보았듯이, 그는 적이 뉴포트로 입항한 지 단 하루 후에 그곳에 도착했다. 그의 열세한 병력으로는 적의 뉴포트 입항을 막을 수도 없었다. 그러나 적의 목표는 그가 나타남으로써 좌절되었다. 데스탱은 자신이 뉴포트에 도착하자마자 출항하지 않은 것을 후회했다. 하우의 위치는 전략적으로 볼 때 매우 좋았다. 항상 불어오고 있는 바람과 좁은 항만 입구를 통한 함대 공격의 어려운 점을 고려할 때, 그의 좋은 위치는 프랑스함대의 모든 상황을 노출시킬 수밖에 없었다. 그리고 바람이 불행하게도 순풍으로 불어온다고 하더라도 하우는 자신의 노련한 기술로 함대를 구할 수 있었다.

쿠퍼Cooper는 자신의 소설 《두 제독*The Two Admirals*》에서 자신의 영웅인 하우 제독이 트집잡기를 좋아하는 친구에게 만약 자신에게 행운이 함께하지 않았더라면 아무런 좋은 일도 있을 수 없었을 것이라고 말했다고 기록했다. 그가 말한 행운은 프랑스함대의 출항, 그 다음에 발생한 돌풍, 그리고 그 돌풍으로 인한 피해 등을 의미했다. 그러나 만약 하우 경이 포인트 주디스 앞에서 그들을 위협하지 않았더라면, 프랑스함대는 항구 안으로 들어가 돌풍을 피할 수 있었을 것이다. 하우의 정력과 뱃사람으로서의 확신이 그에게 행운을 가져다주었으며, 따라서 행운이 그의 몫이었음을 부인할 수 없다. 그가 아니었더라면 그 돌풍도 뉴포트에 있는 영국군을 구할 수 없었을 것이다.[129)]

---

129) "미국 연안에 프랑스함대가 도착한 것은 아주 놀랍고 중대한 사건이었다. 그러나 그 함대의 작전은 예기치 못하고 수많은 불리한 상황들에 의해 피해를 입었다. 그들이 우리의 중요한 동맹국으로서 좋은 의도를 버리지는 않았지만, 그럼에도 불구하고 그 임무의 중요성을 대단히 감소시켜버렸다. 우선 항해거리는 최악의 불운이었다. 그 거리가 일상적인 것이었다면, 델라웨어 강에서 모든 군함과 수송선들을 지휘하고 있던 하우 경은 항복하지 않을 수 없었을 것이다. 그리고 헨리 클린턴 경은 그와 그의 병사들이 적어도 버고인과 같은 운명에 처하지 않았더라면, 그러한 상황하에서 전문적인 사람들에게 허용되던 것보다 나은 행운을 가졌을 것임에 틀림없다. 데스탱의 오랜 항해는 두 가지 점——하나는 뉴욕에 대한 탐험의 실패이고 다른 하나는 뉴욕 항구로 들어가는 데 꼭 알아야 할 수심을 정확히 알아내는 데 시간이 걸렸다는 점이다——에서 우리의 가슴을 아프게 한 후크의 탐험이 있은 다음에야 이루어졌다. 더욱이 로드 아일랜드에 대한 시도가 계획되어 집행된 이후, 하우 경이 영국함정들을 이끌고서 우회로를 창출하는 데 개입하

서인도제도를 향한 데스탱의 출항

함정들을 수리한 데스탱은 11월 4일 전 부대를 이끌고 마르티니크를 향해 출항했다. 바로 그날, 호담 제독은 64문함과 50문함 5척과 산타 루시아 섬을 공략할 예정이었던 5천 명의 병력을 태운 선단을 이끌고 바베이도스를 향하여 뉴욕을 출발했다. 도중에 불어닥친 심한 돌풍으로 프랑스함대는 영국함대보다 더 큰 피해를 입었는데, 이때 프랑스의 기함은 주돛대와 세로돛대를 잃었다. 59척으로 구성된 영국 수송선단이 마르티니크보다도 100마일이나 더 먼 바베이도스 섬에 도착하기 하루 전에, 전혀 피해를 입지 않은 12척의 프랑스함정들은 겨우 마르티니크에 도착할 수 있었다. 이러한 사실은 해전에서 전문기술이 결정적인 요소임을 말해주고 있다.

산타 루시아에 대한 영국의 공략

바베이도스에서 지휘를 맡고 있던 배링턴Barrington도 역시 하우와 같은 정력을 보여주었다. 수송선단은 10일에 도착했다. 수송선단은 병사들을 함정 안에 그대로 태운 채 12일 아침에 산타 루시아로 출항했다가 13일 오후 3시에 그곳에 닻을 내렸다. 바로 그날 오후에 병사들 중 절반이, 나머지는 그 다음날 아침에 상륙했다. 그들은 상륙하자마자 즉시 유리한 항구를 점령했다. 배링턴 제독이 수송선단을 이동시키려는 계획은 실행하려는 바로 그 순간에 데스탱이 나타남으로

고 또한 프랑스함대를 그 섬으로부터 철수하게 한 것은 데스탱이 10일에 그곳에서 나와 17일에 그 섬에 돌아오지 않았기 때문에 다시 불행한 일이었다. 그럼으로써 지상작전은 지연되었고 또한 바이런Byron의 전대가 도착할 경우 전체가 실패로 유도되었다."——워싱턴의 1778년 8월 20일자 편지.

써 불가능하게 되었다. 그날 밤 수송선들은 군함에 예인되어 만 입구의 반대쪽에 정박했다. 배링턴은 특히 전열의 양쪽 끝을 특별히 강화하여 기상의 영향을 비교적 적게 받는 만 안으로 적 함대가 들어오지 못하게 했다. 몇 년 후 나일 강 해전에서도 영국함대는 이와 비슷한 행동을 했다. 프랑스함대는 영국함대보다 두 배 이상이나 많은 함정을 보유했다. 그리고 만약 영국함대가 격파된다면, 영국의 수송선들과 병사들은 덫에 빠질 수밖에 없었다.

영국군을 격퇴시키기 위한 데스탱의 무력한 시도

데스탱은 영국함대의 전열을 따라 북에서 남쪽으로 두 번이나 통과하면서 장거리 함포사격을 했지만, 정박하지는 않았다. 그러고 나서 그는 공격을 포기하고 다른 만으로 이동하여, 그곳에 약간의 병사를 상륙시켜 영국인 병사들이 있는 지점을 공격하도록 했다. 그러나 그는 이곳에서도 다시 실패했고 마르티니크로 퇴각했다. 따라서 섬 안쪽으로 쫓겨갔던 프랑스 수비대는 항복할 수밖에 없었다.

배링턴 제독의 근면성이나 배치기술을 전략적으로 성공할 수 있었던 요인으로 지적할 필요는 없을 것처럼 보인다. 왜냐하면 상황이 그러했기 때문이다. 산타 루시아 섬은 마르티니크 섬 남쪽에 바로 붙어 있었고, 그곳의 북쪽 끝 지점에 있는 그로스 아일로트 항구는 서인도 제도에서 프랑스인들의 가장 중요한 정박지였던 포트 로열의 프랑스 수비대를 감시하기에 가장 좋은 장소였다. 그곳에서 로드니는 1782년의 대해전이 있기 전에 프랑스함대를 추격했다.

정확한 정보가 부족하기 때문에 이러한 실패에 대해 데스탱을 비난하는 것은 어렵다. 그의 책임감은 바람(육상에서라면 더 책임이 가벼웠을 것이다)의 강도와 닻의 파지력에 달려 있었다. 그러나 캐논 포의 사정거리 안에 적을 두고서 두 번이나 지나치면서도 결전을 하지 않았다는 사실은 분명히 그의 책임이었다. 그가 취했던 노선은 휘하 함장 중 한 명이었던 쉬프랑에 의해 가차 없는 비판을 받았다.[130)]

그리하여 영국은 서인도제도의 프랑스 총독이 9월 8일에 점령했던 도미니카(그곳에는 당시 영국함대가 없었기 때문에 프랑스 총독이 점령하는 데 아무런 어려움이 없었다)를 다시 장악할 수 있게 되었다. 프랑스 함대에 대한 도미니카의 가치는 이미 지적한 바 있다. 따라서 이 작은 섬들의 점령이 전적으로 해군력의 우세에 의존하고 있었다는 것을 보여주기 위해 도미니카와 산타 루시아를 사례로 이용할 필요가 있다. 직접적으로 관련되어 있는 다음 작전에 대한 데스탱의 비난은 이러한 원리를 그가 파악하고 있었는가에 달려 있었던 것이다.

데스탱의 그레나다 탈환

산타 루시아 섬 사건이 있은 후 거의 6개월 동안은 아주 평화로웠다. 영국함대는 바이런의 합류로 증강되었는데, 그때부터 바이런은 최고사령관이 되었다. 프랑스함대는 10척의 전열함을 더 추가로 지원받음으로써 여전히 수적인 우세를 유지하고 있었다. 6월 중순경에 바이런은 영국으로 향하는 대상선단이 이 해역을 완전히 통과할 때까지 보호해주기 위해 함대를 이끌고 출항했다. 그때 데스탱은 소규모의 원정대를 파견했는데, 이 원정대는 1779년 6월 16일에 아무런 어려움 없이 세인트 빈센트 섬을 점령해버렸다. 6월 30일에 그는 전

---

130) 이 책 제12장을 참조.

함대를 이끌고 그레나다를 공격하기 위해 출항했다. 7월 2일에 조지타운Georgetown 앞바다에 정박한 그는 병사들을 그곳에 상륙시켰고, 4일에 700명의 수비대로부터 그곳을 인수했다.

그레나다 해전과 영국함대의 무력화(1779)

한편, 세인트 빈센트 섬의 상실과 그레나다에 대한 공격이 임박해 있다는 소식을 접한 바이런은 병사들을 태운 대수송선단과 21척의 전열함을 이끌고 그곳으로 향했다. 그의 목적은 세인트 빈센트 섬을 다시 탈환하고 그레나다를 구하는 것이었다. 도중에 프랑스함대가 그레나다 앞바다에 있다는 첩보를 받은 그는 그곳으로 항진하여 7월 6일 새벽에 그 섬의 북서쪽 지점을 돌고 있었다. 데스탱은 바이런의 영국함대가 접근하고 있다는 사실을 보고받았지만, 해류와 잔잔한 바람 때문에 자신의 함대가 풍하 쪽에 놓이게 되지 않을까 두려워 그대로 정박하고 있었다.[131] 영국함대가 눈에 보이자 프랑스함대는 행동을 시작했다. 그러나 함정들이 흩어져 있었기 때문에, 바이런은 프랑스함대가 몇 척의 함정으로 구성되었는지 재빨리 알아볼 수 없었다. 당시 데스탱은 25척의 전열함을 갖고 있었다. 그는 총추격하라는 신호를 보냈다. 그런데 프랑스함대는 무질서한 상태였기 때문에 풍하 쪽 함정을 기준으로 하여 전열을 정비해야만 했다. 그러는 동안에 풍상 쪽의 위치를 쉽게 차지한 영국함대는 프랑스함대 쪽으로 접근해 갔다. 이리하여 전투가 시작되었다. 프랑스함대는 일부만 전열을 형성하여 우현으로 돛을 활짝 펴고서 북쪽을 향하고 있었다. 후미는 무

---

131) 데스탱의 정박 위치는 〈그림16〉에 닻으로 표시되어 있다.

질서했으며, 선두와 중앙은 풍상 쪽에 있었다(〈그림16〉, A). 영국함대는 순풍을 받으며 그 섬과 적 함대 사이에서 좌현으로 돛을 펴고 남쪽을 향하고 있었다(A). 영국의 선두함정들은 아직 전열을 형성하지 못한 프랑스함대의 후미를 향하여 직접 전진했다. 한편, 영국의 수송선단은 특별히 3척의 함정으로부터 보호를 받으며 자국 함대와 섬 사이에 있었다. 영국의 가장 빠른 함정 3척(그 중에는 부사령관 배링턴의 기함도 있었다)은 프랑스함대의 중앙과 후미로부터 포격을 받게 되었지만, 그때 총추격신호가 내려진 상황이었기 때문에 아무런 지원도 받을 수 없었다(b). 그 함정들은 자신들에게 집중된 포격으로 대단히 큰 피해를 입었다. 그들이 프랑스함대의 가장 후미에 있던 함정에 접근했을 때, 그들은 같은 방향으로 돛을 펴고 역시 북쪽으로 항진했으며, 프랑스함정에 대해 풍상의 위치를 차지할 수 있었다. 그리고 거의 동시에 그레나다 요새가 항복한 사실을 알지 못했던 바이런은 요새에서 프랑스 국기가 휘날리는 것을 보았다. 앞에서 나아가던 함정들은 상호지원이 가능한 범위에서 다시 전열을 정비하고 추격을 중단하라는 신호를 연속적으로 받았다. 주력함대가 아직도 우현으로 돛을 편 채 남쪽을 향하고 있는 동안에, 콘월Cornwall 호, 그래프튼Graften 호, 라이언Lion 호(c)는 근접전 개시를 알리는 신호를 그대로 따랐는데, 다른 함정들보다 너무 풍하 쪽에 치우쳤기 때문에 적의 포격을 집중적으로 받고 말았다. 결국 그 함정들의 승무원과 돛대는 큰 피해를 입었다. 그들은 앞서간 함정들에 의해 구조되기는 했지만, 반대편으로 돛을 편 채 남쪽으로부터 접근해왔기 때문에 지쳐서(B, c′, c″) 함대와 보조를 맞출 수가 없었으므로 뒤에 처져 프랑스함대 쪽에 놓이게 되었다. 영국함대가 입었던 피해는 이 3척 외에도 배링턴의 지휘하에 앞서 나가던 3척과 후미에 있던 2척(A, a)도 포함되었는데, 이 후미의 2척은

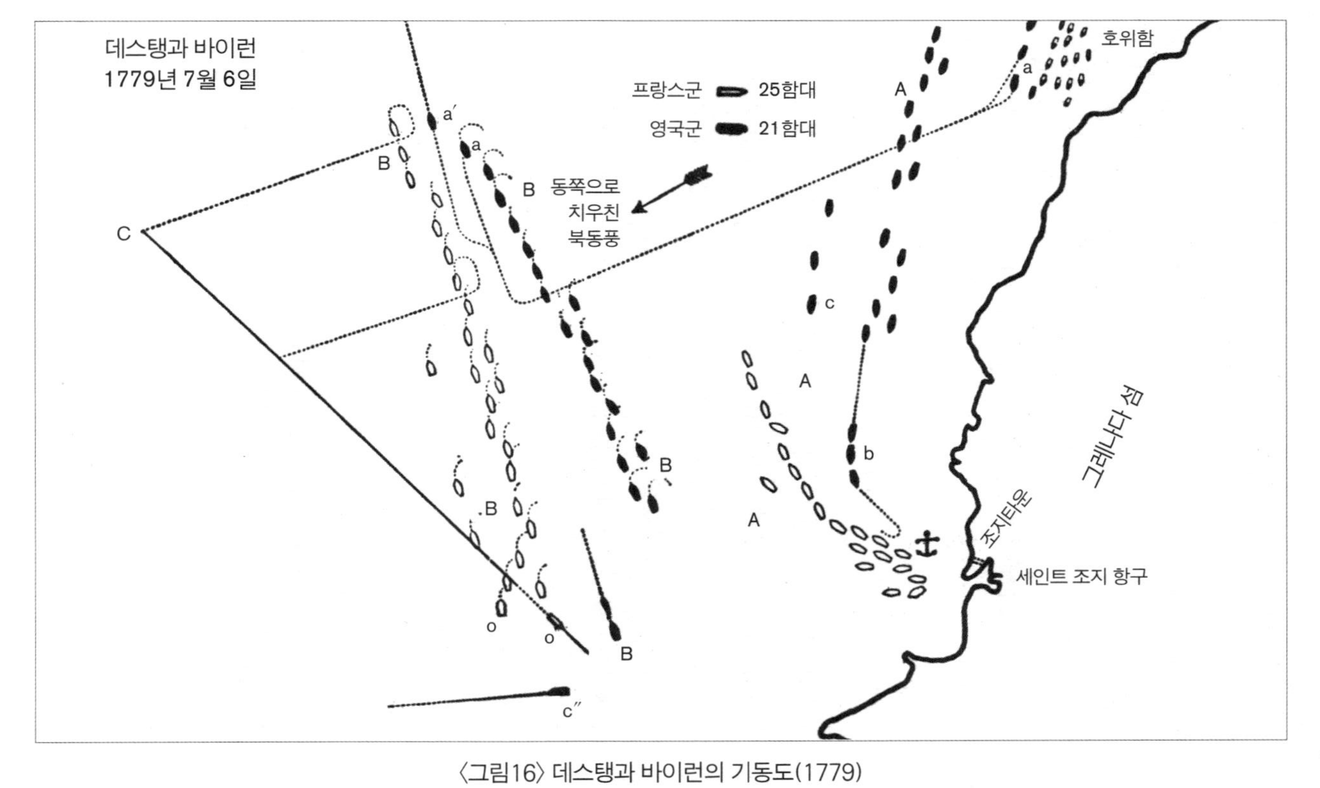

〈그림16〉 데스탱과 바이런의 기동도(1779)

선두가 격렬하게 접전하는 것을 보고 전열에서 이탈하여 곧장 앞으로 전진하다가 종렬진의 선두에 위치하게 되었다(B, a, a′). 이러한 행동은 세인트 빈센트 해전에서 넬슨의 명성을 높여주었던 행위와 대단히 유사하다.[132)]

그때까지 바이런은 바람과 프랑스함대 후미의 무질서라는 이점을 이용하여 공격했다. 혼란상태에 빠져 있는 적을 향해 곧바로 공격하는 것이 바람직하기는 하지만, 배링턴 휘하의 함정 3척이 다른 함정들로부터 분리된 것처럼 보일 때까지 그러한 공격을 허용했어야만 했는가는 상당히 의심스럽다. 총추격은 다음과 같은 경우에 적절하고 바람직하다고 할 수 있다. 원래부터 수적으로 우세하든가 아니면 우세함을 얻을 수 있을 때, 일반적인 상황으로 보아 맨 처음 전투를 벌이는 함정들이 적보다 압도적으로 수적 우세를 보일 때, 아니면 아군의 지원이 가능할 때까지 압도적인 적의 집중공격을 받을 가능성이 없는 경우이다. 또는 적절한 공격을 하지 않으면 적이 도피할 가능성이 있을 경우도 마찬가지이다. 그러나 여기에서는 그 어느 경우도 해당되지 않았다. 콘월 호, 그래프튼 호, 라이언 호 그리고 그 밖의 어

132) 이 함정들 가운데 한 척이었던 먼머스*Monmouth* 호에 대해 프랑스 기함의 장교들은 '그 조그마한 검은 함정'의 함장의 건강을 위해 축배를 들었다고 전해지고 있다. 함정의 이름이 가문의 이름처럼 두드러진 경력을 갖는 경우가 자주 있다. 먼머스 호는 20년 전에 프랑스 해군 중에서 가장 훌륭한 함정 중 한 척이었던 84문의 함포를 가진 푸드루양*Foudrouyant* 호를 공격하여 나포했다(그때 그 함정은 실질적으로 독자적인 행동을 하고 있었다). 프랑스의 푸드루양 호는 당시 가르디네Gardiner 대령이 지휘하고 있었다. 그는 이전의 전투에서 빙의 함정을 지휘했었는데, 당시의 결과에 대해 수치감을 느낀 그는 이 전투에서 그처럼 절망적인 시도를 감행했다가, 결국 목숨을 잃었다. 그레나다 앞바다에서 심한 손상을 입은 동명의 먼머스 호는 3년 후에 인도에서도 다른 함장의 지휘하에 역시 어려운 전투를 했다.

떤 함정도 적 함대의 포격을 분산시키기보다 집중시키는 기동을 하지 않아야만 했다. 자세한 사항에 대해서는 정확하게 알려져 있지 않기 때문에 이와 같은 실수를 열거하는 것 이상의 어떤 논평을 하기가 어렵지만 결국은 제독의 잘못으로 돌릴 수밖에 없을 것이다.

유리한 점을 이용하지 못한 데스탱

프랑스함대는 그때까지도 일상적인 방침에 따라 철저하게 방어적 입장에 서 있었다. 이제 공격적인 행동을 할 수 있는 기회가 데스탱에게 다가왔는데, 그 행동은 그의 전문적 자질을 평가할 수 있게 해준다. 이 평가를 위해서는 당시의 상황을 이해해야 한다. 영국함대와 프랑스함대는 모두 우현으로 돛을 펴고 북쪽을 향하고 있었는데 (B, B, B), 프랑스함대가 풍하 쪽에 있었다. 프랑스함대는 전열을 완전히 정비하지 못했지만, 동력에 대해서는 전혀 피해를 입지 않았다. 그러나 영국은 잘못된 공격 때문에 7척의 함정이 심한 피해를 입었고, 그 중의 4척——먼머스 호(a′) 그래프튼 호, 콘월 호(c′), 라이언 호(c″)——은 기동이 불가능한 상태였다. 후미에 처져 있던 나머지 3척은 오후 3시까지 전열의 풍하 쪽에 있었는데, 실제로는 영국함대보다 프랑스함대에 더 가까운 곳에 있었다. 그리고 영국함대의 속도도 역시 전열에 남아 있는 피해함정들 때문에 느려질 수밖에 없었다. 피해가 모든 함정에 분산되는 대신 몇 척의 함정에 집중되는 이러한 상황은 함대를 당황하게 만든다. 실제로 피해를 입지 않은 10척 내지 12척의 함정도 다른 함정들과 보조를 맞추어야 하기 때문이다. 바이런은 25척의 함정을 거느린 데스탱의 풍상 위치에 있었다. 바이런은 함께 행동을 취할 수는 있지만 적들에 비해 속력이 느리고 조종하기가 어려운 17~18척의 함정을 지휘하고 있었다. 게다가 그는 풍상 쪽에 있는 선단을 보호해야 하고 행동이 불가능한 풍하 쪽 함정 3척에 신경을 써야 했기 때문에 전술적으로 어려운 상태에 있었다. 데스탱은 이러한 상황을 잘 인식하고 있었다. 그는 세 가지 행동을 취할 수 있었다. 앞으로 곧장 나아가 바이런과 수송선단 사이에 위치하여 프리깃 함들을 영국의 수송선 사이에 투입하는 것, 전 함대로 하여금 영국 전열로 돌진시켜 전면적인 전투를 하는 것, 그리고 배회하다가 행동이 불가능한 함정 3척을 차단하고, 적의 포격에 덜 노출되면서 전면전을 수행하는 것이었다.

데스탱의 무능력의 원인

그러나 그는 이 세 가지 중에서 아무런 행동도 취하지 않았다. 첫번째 것에 대해 함대 안에서 비판이 있었음을 잘 알고 있던 그는 자신의 전열이 너무 무질서했기 때문에 그러한 조치를 취할 수 없었다고 본국으로 편지를 보냈다. 기술적인 곤란이 어떤 것이었든 간에 두 함정간의 상대적인 기동력으로 보아 그 시도가 가능성이 없었다고 믿기는 어렵다. 그 중에서 세 번째의 방법이 가장 큰 이익을 가져다주었을 것이다. 왜냐하면 그 방법을 사용했더라면, 영국의 주력함대와 피해를 입은 함정들을 분리시켜 영국 제독으로 하여금 매우 위험한 상황에서 공격을 감행하도록 유도할 가능성이 아주 높았기 때문이다. 영국의 해군당국에 따르면, 바이런은 적이 자신을 공격했더라면 다시 한 번 패배했을 것이라고 후에 말했다고 한다. 오후 3시에 데스탱의 함대는 일제히 침로를 바꾸어 풍하 쪽의 함정[133]을 기준으로 진형을 형성한 후 다시 남쪽으로 향했다. 영국함정들도 이것을 모방했는데, 단지 선두에 있던 먼머스 호(a′)와 분리된 세 척의 함정은 예외였다. 너무 큰 피해를 입은 먼머스 호는 계속하여 북쪽에 위치했다. 이 분리된 세 함정들(c′) 중 두 척은 계속하여 북쪽에 자리잡고 있으면서 프랑스함대의 뱃전 옆을 적어도 한 번 이상 지나갔다. 그러나 바람을 견디지 못한 라이언 호(c″)는 적의 선두함정 옆을 지나기 전에 천 마일이나 떨어진 자메이카 쪽으로 향하게 되었다. 프랑스함대는 라이언 호를 추격하지 않았다. 프랑스가 이 해전에서 얻은 전과는 단 한 척의 수송선을 나포한 것뿐이었다. 프랑스함대의 선두를 지휘했던 유명한 쉬프랑은 이에 대해 다음과 같이 기록했다. "제독의 항해술이 그의 용기 정도만 되었더라면, 우리는 돛이 부러진 4척의 함정들 때문에 도피하느라 고생하지 않았을 것이다." "데스탱은 30세의 나이에 소장으로 너무 일찍 진급하여 육군으로부터 해군으로 옮겨왔다. 해군은 전쟁이 발발했을 때 그의 항해능력을 믿지 않았는데, 그러한 의견은 그의 전시행동에 의해 옳은 것으로 입증되었다고 보아도 좋다."[134] "칼처럼 용감했던 그는 항상 수병들과 뱃사람의 우상이었다. 그러나 국왕이 그를 눈에 띄게 두둔해주었음에도 불구하고 휘하의 장교들에 대한 그의 도덕적인 권위는 점차 뭉개지고 있었다."[135]

데스탱의 무기력한 행동에 대해 프랑스의 역사가들은 뱃사람으로서의 무능력보다는 다른 이유가 있었다고 지적하곤 했다. 그들은 데

---

133) BC선은 프랑스 전열함의 마지막 방향을 보여준다. 나머지 함정들은 풍하에 있는 함정(o)을 기준점으로 삼아 위치를 정했다. 분명하게 언급되고 있지는 않지만, 바이런도 역시 같은 방식으로 프랑스함대와 평행을 유지했음에 틀림없다. 이 새로운 전열 속으로 거의 정확한 진로를 잡기가 어려워진 손상 함정들(c′)이 쉽게 받아들여졌을 것이다.

134) Chevalier, Hist. *de la Marine Française.*

135) Guérin, *Hist. Maritime.*

스탱이 실제적인 노력의 목표지를 그레나다로 생각하고 있었고, 영국함대는 부차적인 관심사였다고 말한다. 이 전쟁에서 능동적으로 활동했고 프랑스제국시대 때 저술활동을 한 해군전술가 라마튀엘은 해전의 진정한 정책에 대한 한 실례로 이 경우를 요크타운 해전과 그 밖의 해전과 관련시켜 인용하고 있다. 그 당시 프랑스 정부의 정책을 반영하고 있는 것처럼 아마 당시 해군의 의견을 반영하고 있다고 볼 수 있을 그러한 언급들은 대단한 관심을 불러일으켰는데, 그 이유는 그의 말들이 진지하게 토의할 가치가 있는 원칙들을 포함하고 있었기 때문이다.

> 프랑스 해군은 항상 몇 척의 함정을 나포한다는, 훨씬 더 눈부시지만 실제로는 가치가 적은 영광보다는 확실하게 정복하거나 그것을 유지해주는 영광을 더 선호했다. 그리고 그런 점에서 프랑스 해군은 전쟁의 진정한 목표에 한층 가깝게 접근했다. 실제로 몇 척의 함정 상실이 영국측과 얼마나 중요한 관계가 있겠는가? 가장 중요한 점은 상업상의 부의 원천이자 해양력의 원천인 그 소유지에서 영국을 공격하는 것이다. 1778년의 해전은 프랑스의 제독들이 국가의 진정한 이익을 위해 헌신했다는 점을 증명할 몇 가지의 예를 제공하고 있다. 그레나다 섬의 보존, 영국 육군이 항복했던 요크타운의 함락, 세인트 크리스토퍼 섬의 공격 등은 모두 대전투의 결과들이었다. 그 전투들에서 영국측은 공격받은 지점을 구할 기회를 제공받기보다는 오히려 아무런 피해를 입지 않고 퇴각할 수 있도록 허용받았다.

프랑스의 해군정책

이 문제는 그레나다의 경우에서 가장 분명하게 나타났다. 군사적 성공이 더 크게 그리고 더 결정적으로 촉진될 수도 미루어질 수도 있는 순간들이 있었다는 것을 아무도 부인할 수 없을 것이다. 1781년에 요크타운의 운명이 걸려 있던 체서피크에서 드 그라스의 위치가 바로 그러한 것이었다. 그 점이 그레나다에서의 데스탱의 위치와 비교될 수 있었다. 마치 이 두 명이 동일한 기반 위에 서 있는 것처럼 양자가 모두 정당한 근거를 갖고 있었던 것이다. 그들은 두 사람이 갖는 장점이 특별한 경우에 적절하다는 점에서가 아니라 하나의 일반적인 원칙에 의존하고 있다는 점에서 정당화되고 있는 것이다. 그러한 원칙이 건전하다고 할 수 있을까? 글을 쓴 사람의 편견은 "몇 척의 함정"이라는 표현에 의해 무의식적으로 모순을 드러내고 있다. 해군 전체가 일격에 분쇄되는 경우는 보통 없다. 몇 척의 함정이라는 것은 보통의 일상적인 승리를 의미한다. 로드니는 유명한 해전을 통해 자메이카를 구했지만, 그때 단지 5척의 함정만이 나포되었다.

이 두 사례(세인트 크리스토퍼는 나중에 논의하려 한다)에서 제시되고 있는 원칙이 정당한 것인지 아닌지를 결정하기 위해서는 양국이 추구하고 있는 이점이 무엇인지 그리고 각각의 경우에 성공을 결정하는 요소가 무엇인지를 조사할 필요가 있다. 요크타운에서 추구하던 이점은 콘월리스 휘하의 육군에 대한 생포였는데, 이것은 해안에 있던 조직화된 적 군사력의 파괴를 의미했다. 그레나다에서 선택된 목표는 군사적으로 별 중요성이 없는 영토를 차지하는 것이었다. 별로 중요성이 없다는 이유는 이 소앤틸리스 제도가 일단 군사력에 의해 점령되면 대규모 파견대를 증원해야만 하며 또한 그들의 상호지원이 전적으로 해군에 의존하기 때문이다. 이러한 대규모의 파견대는 해군의 지원을 받지 못하면 분리되어 개별적으로 전부 무너지기가 쉽다. 만약 해군의 우월성이 유지되면 적 해군은 전부 붕괴될 것이 틀림없다. 영국인들이 튼튼하게 지키고 있는 바베이도스와 산타 루시아 섬에 가깝고 그곳의 풍하 쪽에 있는 그레나다 섬은 프랑스인들에게 특히 취약한 지점이었다. 그러나 이 섬들에 대해 강력한 군사정책을 펼치기 위해서는 한두 개의 단단히 요새화되고 수비대가 주둔하고 있는 해군기지가 필요하고, 나머지는 모두 함대에 의지하면 되었다. 이 밖에도 단독으로 행동하는 순양함들과 사략선들의 공격에 대비한 안전대책이 필요했다.

이와 같은 것들이 분쟁의 목표였다. 이 분쟁에서 가장 결정적인 요소는 무엇이었을까? 그것은 바다에 떠 있는 조직화된 군사력, 즉 해군임에 틀림없었다. 콘월리스의 운명은 전적으로 바다에 달려 있었다. 1781년 9월 5일의 상황이 드 그라스에게 유리하게 반전되었더라면, 그 결과에 대해서는 언급할 필요조차 없을 것이다. 드 그라스는 전쟁이 시작되었을 때 영국보다 우세한 세력을 가지고 있었으므로 거기에 걸맞는 결과를 얻었다. 당시에는 해상에 있는 군사력에 대해 확실하지도 않은 우위를 차지하기 위해 조직적인 적의 지상군에게 결정적인 승리라는 위험을 무릅써야만 하는가 하는 것이 문제였다. 이것이 요크타운에서는 문제가 되지 않았지만, 콘월리스와 그의 육군에 대해서는 문제가 되었다. 상황은 수시로 많이 변하는 것이다.

그렇게 말할 때, 대답은 하나밖에 없다. 그러나 분명하게 말하자면, 드 그라스의 두 계획은 모두 조직적인 군사력을 갖지 않고서는 이룰 수 없는 것이었다.

그레나다에서의 데스탱의 사정은 달랐다. 영국함대에 대한 그의 수적 우세는 드 그라스의 우세만큼이나 굉장한 것이었다. 그의 목표는 해상에 있는 조직화된 군대와 비옥하기는 하지만 군사적으로는 별 중요성이 없는 조그마한 섬이었다. 그레나다는 방어하기에 좋은 곳에 위치하고 있다. 그러나 전략적으로 가치가 없다면 본질적으로 강하다는 것은 무의미하다. 이 섬을 구하기 위해 그는 행운의 여신이 그에게 주었던 대단히 커다란 이점인 함대를 이용하지 않았다. 그러나 그 섬을 소유하는 것은 궁극적으로 양국 해군 사이의 전투에 달려 있었다. 서인도제도를 유지하기 위해서는 강력한 항구가 필요했다. 그런데 프랑스는 그것을 가지고 있었다. 다음으로는 바다의 지배가 필요했다. 바다의 지배를 위해서는 섬에 파견부대를 증가시킬 것이 아니라 육군의 야전군에 해당하는 해군을 파괴시킬 필요가 있었다. 섬은 부유한 도시에 불과했다. 그리고 한두 개의 도시가 요새화되거나 기지가 있으면 족했다.

데스탱의 행동을 유발시킨 원칙이 무조건 옳았다고 할 수 없는 것은 그 원칙이 그를 잘못된 방향으로 이끌었기 때문이다. 요크타운의 경우에 라마튀엘이 말했던 원칙은 비록 실질적인 이유였다고 하더라도 드 그라스의 행위를 정당화시켜줄 이유가 되지는 못한다. 드 그라스를 정당화시키는 것은 그 사건이 짧은 시간이나마 확고하게 유지된 해양통제에 의해 좌우되었던 상황에서 그가 이미 우세한 숫자로 그것을 확보하고 있었다는 점이다. 만약 숫자가 거의 같았다면, 군사적인 임무에 대한 확고한 충성심을 가지고 있던 그가 싸워서 영국 제독의 시도를 저지하려고 했을 것이다. 라마튀엘이 말한 것처럼, 몇 척의 함정파괴가 요크타운에서의 행운을 가져다주었던 것이다. 이것은 일반적인 원칙으로서 프랑스가 추구한 목표보다 확실히 더 나은 것이었다. 물론 예외가 발견되기도 한다. 그러나 그러한 예외는 요크타운에서처럼 군대가 다른 곳에서 직접적으로 공격을 받거나 아니면 포트 마혼에서처럼 그 군대의 바람직하고 강력한 기지가 걸려 있을 때 나타난다. 그러나 마혼에서조차 그러한 신중성을 잃어버리지는 않았는지 의심스럽다. 호크나 보스카웬이 빙이 당했던 것과 똑같은 재난을 당했더라면, 그리고 프랑스 제독이 첫번째 타격에 이은 또 다른 공격을 감행하여 행동불능에 빠진 함정의 수를 늘리지 않았다면, 그들은 그 함정들을 수리하기 위해 지브롤터로 가지 않았을 것이다.

데스탱이 볼 때, 그레나다는 분명히 굉장히 소중한 곳이었다. 왜냐하면 그가 유일하게 성공한 곳이었기 때문이다. 산타 루시아에서의 굴욕적인 사건과 더불어 델라웨어와 뉴욕, 그리고 로드 아일랜드에서의 실패 후에도 프랑스의 저술가들이 그를 신뢰한 것은 이해하기가 어렵다. 아주 밝고 영향력이 있는 대담한 성격을 소유한 그는 산타 루시아와 그레나다에 대한 공격을 제독으로서 몸소 지휘함으로써 훌륭함을 드러냈다. 그러고 나서 몇 달 후에 그는 사반나Savannah에 대한 공격에서 실패했다.

북아메리카의 남부에서의 영국군의 작전

1778~79년의 겨울에 프랑스 해군이 부재중인 틈을 타 서인도제도로 돌아가지 않은 몇 척의 함정으로 바다를 지배하고 있던 영국군은 대륙전쟁의 무대를 영국에 충성하는 사람들이 많다고 생각되었던 북아메리카의 남부 지방으로 옮길 결심을 했다. 따라서 원정대는 조지아로 향했는데, 그 결과는 대단히 성공적이었다. 사반나는 1778년 말에 영국 소유지가 되었다. 조지아 전체도 곧 항복했다. 그 후 작전은 사우스캐롤라이나로 확대되었지만, 찰스턴Charleston을 점령하는 데 실패했다.

사반나로 출항한 데스탱의 함대

이 소식이 서인도제도에 있던 데스탱에게 전해졌다. 이 소문에 덧붙여 캐롤라이나 섬이 급박한 위험에 처해 있으며 또한 프랑스가 파손된 선박을 수리하는 데 보스턴 사람들의 도움을 받았음에도 불구하고 미국에게 아무런 도움을 주지 않았다는 점에 대한 불평이 많다는 소식도 그에게 전해졌다. 데스탱이 도움을 주지 못했다는 소문은 어느 정도 사실이었다. 그러므로 데스탱은 몇 척의 함정을 이끌고 즉시 유럽으로 돌아오라는 본국의 명령을 무시할 수밖에 없게 되었다. 그는 두 가지의 목적을 가지고 22척의 전열함을 이끌고 미국 해안을 향하여 출항했다. 그 두 가지 목적이란 미국 남부의 여러 지방을 해방시키는 것과 워싱턴의 육군과 협력하여 뉴욕을 공격하는 것이었다.

사반나 공격의 실패와 데스탱의 귀국

9월 1일 조지아 앞바다에 도착하자마자 데스탱은 불시에 영국군을 공격했다. 그러나 그는 앞에서도 지적했던 이 용감한 제독의 특성이라고 할 수 있는 신속성의 결여로 좋은 기회를 다시 놓쳐버리고 말았다. 처음에 사반나 앞에서 우물쭈물하며 귀중한 시간을 허비하는 동안에 상황이 바뀌고 말았던 것이다. 처음에 너무 느리게 행동했기 때문에 악천후의 계절이 곧 도래할 것을 염려한 그는 그 후 성급히 공격을 감행할 수밖에 없었다. 이 전투에서 그는 미국의 워싱턴 장군처럼 종렬진의 맨 앞에 서서 용감하게 싸웠다. 그러나 결과는 비참한 퇴각이었다. 포위가 풀렸고, 데스탱은 뉴욕에 대한 자신의 계획을 포기했을 뿐만 아니라 남부 여러 지방을 적에게 버려둔 채 즉시 프랑스로 향했다. 미국이 프랑스함대의 강력한 해양력으로부터 도움받은 것의 가치는 프랑스함대의 존재를 알자마자 급하게 서둘러 뉴포트를 포기해버린 영국인의 행동에 의해 짐작될 수 있었다. 그러나 미국인들의 눈에는 이러한 프랑스함대의 철수가 오직 철수하기 위해 잠시 들렀다가 떠나가버린 것으로 보였다. 영국인들의 뉴포트로부터의 철수는 이전에 이미 결정되어 있던 사항이었지만, 데스탱이 때마침 그곳에 도착함으로써 다른 사람들에게는 패주하는 것으로 보였던 것이다.

찰스턴의 함락

데스탱이 프랑스함대 전체를 이끌고 떠난 후——프랑스로 돌아가지 않은 함정은 서인도제도로 돌아갔다——영국인들은 잠시 미뤄두고 있던 남부의 여러 지방에 대한 공격을 재개했다. 1779년 마지막 주에 영국의 함대와 육군은 조지아를 향해 뉴욕을 출발했다. 그리고 티비Tybee에 다시 집결한 다음, 에디스토Edisto를 경유하여 찰스턴으로 이동했다. 미국인들은 바다에서 아무런 힘도 갖고 있지 않았으므로, 영국인들은 몇 척의 낙오한 함정이 미국 순양함에 의해 나포당한 것을 제외하고 거의 아무런 방해를 받지 않고 이동을 할 수 있었다. 이것은 단순한 순항전만으로는 아주 사소한 결과밖에 거둘 수 없다는 또 하나의 교훈을 보여주었다. 찰스턴에 대한 포위공격은 3월 말에 시작되었다. 이때는 영국함정들이 별다른 피해를 입지 않고서 장벽과 물트리Moultrie 요새를 통과한 직후였다. 물트리 요새는 육상 접근에 의해 쉽게 금방 진압되었으며, 찰스턴 시도 40일 동안의 포위 공격을 받은 후 5월 12일에 항복했다. 그리하여 이 지방 전체가 영국의 군사력 아래 남겨지게 되었다.

드 기셍의 서인도제도 지휘권 인수

데스탱의 잔여함대는 프랑스로부터 온 증원부대를 받았다. 이 증원부대는 드 기셍 백작이 지휘하고 있었는데, 그는 1780년 3월 22일에 서인도제도의 최고사령관으로 취임했다. 취임한 다음날, 그는 산타 루시아를 향하여 출항했는데, 그곳이 무방비상태에 있기를 바랐다. 그러나 까다롭고 싸우기 힘든 전형적인 영국인이었던 하이드 파커Hyde Parker 제독이 16척의 함정을 이끌고 정박해 있었기 때문에 22척의 함정을 갖고 있던 드 기셍은 공격을 감행할 수 없었다. 공격할 기회는 전혀 없었다. 결국 드 기셍은 마르티니크로 되돌아가 27일에 그곳에 정박했다. 바로 그날 산타 루시아에 있던 파커 제독은 새로운 함대사령관인 로드니와 합류했다.

영국함대를 지휘하기 위해 도착한 로드니

그 이후로 찬사를 받게 되었지만, 그 당시에는 단지 뛰어난 지휘관 중 한 명에 불과하던 로드니 제독은 함대사령관으로 취임할 당시 62세였는데, 그곳에서 불멸의 명성을 얻게 되었다. 그는 뛰어난 용기와 전문적인 기량을 가졌지만 심한 낭비벽에 따른 재정난 때문에 전쟁이 발발했을 때 프랑스에 망명 중이었다. 상황이 허락하여 자신이 영국으로 돌아갈 수만 있다면 프랑스함대를 격멸할 수 있다고 하는 그의 자랑을 듣고, 한 프랑스 귀족은 기사도 정신과 민족적인 악감정에서 그의 빚을 부담해주었다. 그렇게 하여 부채를 청산한 그는 영국으로 돌아가자마자 함대의 지휘를 맡았으며, 1780년 1월에 20척의 전열함으로 구성된 함대를 이끌고 포위당해 있던 지브롤터를 구하기 위해 출항했다. 그는 카디스 앞바다에서 11척의 전열함으로 구성된 스페인함대를 운 좋게 만났다. 그 스페인함대는 너무 늦어서 도주할 수 없을 때까지 그 해역에 남아 있었다.[136] 로드니는 총추격 명령을 내리고 자신의 함대와 자국의 기지 사이에 있는 적의 풍하 쪽을 차단했다. 그는 어두움과 폭풍우가 몰아치는 밤인데도 불구하고 적 함정 1척을 격침시키고 6척을 나포하는 데 성공했다. 그는 서둘러서 군수품이 부족하여 위험한 상태에 있던 지브롤터를 구한 다음 노획물과 자기 함대의 대부분을 그곳에 남겨두고 나머지를 이끌고 자신의 기지로 되돌아갔다.

로드니의 군사적 특징

전술적인 면에서 당대 영국인들보다 훨씬 앞서 있던 그는 뛰어난 용기와 전문적인 기량에도 불구하고 함대사령관으로서는 넬슨처럼 성급하고 충동적이며 굽힐 줄 모르는 강인한 성격이라기보다는 오히려 프랑스의 지휘관들처럼 신중하고 조심스러운 편이었다. 적의 도주를 허용하지 않았던 투르빌에게서 17세기의 결사적인 전투가 18세기의 형식적이고 인위적인 과시용 전술로 변화하는 것을 보았던 것처럼, 우리는 로드니에게서 그러한 지나치게 의식 중심의 전투가 노련한 개념과 심각한 결과를 야기하는 전투로 전환하는 것을 보게 될 것이다. 로드니를 그 당시의 프랑스 제독들과 억지로 비교하는 것은 공정하지 못할 것이다. 전투가 시작되자마자 드 기셍이 인정하지 않을 수 없었던 기량으로 로드니는 적에게 피해를 입히려고 했다. 도

---

136) 지브롤터에 대한 공략의 역사에서 드링크워터Drinkwater는 스페인의 제독이 로드니가 영국해협으로 가는 호송선단을 동반하지 않을 것으로 믿었다고 설명하고 있다. 그는 너무 늦어서야 비로소 자신의 실수를 깨달았다.

중에 우연히 어떤 행운이 그에게 주어졌는지는 모르지만, 그가 눈을 떼지 않고 있던 목표는 프랑스함대, 즉 조직화된 바다의 적군이었다. 콘월리스의 정복자였던 드 기셍이 불리한 입장에 있는 로드니를 공격하지 않았던 바로 그날, 그리고 행운의 여신이 프랑스함대를 버렸던 바로 그날, 로드니는 승리를 거두어 영국을 깊은 불안감으로부터 해방시켜주었고 또한 모든 섬들——미국과 프랑스 동맹국들이 주도면밀한 전술로 한동안 차지하고 있었다——은 토바고Tobago를 제외하고 그의 일격으로 영국으로 넘어갔다.

로드니와 드 기셍의 1차 접전(1780)

로드니는 그곳에 도착한 지 3주일 후인 1780년 4월 17일에 드 기셍과 처음으로 만나게 되었다. 프랑스함대는 마르티니크와 도미니카 사이의 해협에서 풍상 쪽으로 거슬러 올라가는 중이었고, 반면에 영국함대는 남동쪽에 자리잡고 있었다. 두 함대는 서로 풍상의 위치를 차지하기 위해 하루 동안 기동했는데, 결국 로드니가 차지했다. 양국 함대는 섬들이 있는 곳으로부터 풍하의 위치에 있었다(〈그림17〉)[137]. 양 함대는 모두 우현으로 돛을 편 채 북쪽을 향하고 있었는데, 프랑스함대는 영국 함수로부터 풍하의 위치에 있었다. 모든 돛을 올리고 있던 로드니는 자신의 전 병력에게 적의 후미와 중위를 공격하라는 신호를 보냈다. 그리고 적절하다고 생각되는 위치에 도착했을 때 90도로 변침하여 그 위치에서 벗어나라는 명령을 전체에게(A, A, A) 내렸다. 후미가 위험한 상태에 있다는 것을 알게 된 드 기셍은 함대를 집결시켜

137) 전투가 벌어졌던 장소는 깃발을 교차시켜 표시했다.

그 후미를 도와주려고 했다. 자신의 계획이 빗나간 것을 알게 된 로드니는 적과 같은 방향으로 다시 돛을 폈다. 이제 양국 함대는 남쪽과 동쪽을 향하게 되었다.[138] 나중에 그는 다시 전투신호를 올렸다. 그리고 한 시간 후인 정오에 다음과 같은 명령을 내렸다(그의 전문에서 인용했다). "전 함정은 적 전열의 상대함정을 공격하라." 함 대 함 전투라는 옛날이야기처럼 들리는 이 명령에 대해 로드니는 선두함으로부터의 숫자상으로 동일한 번호의 적함이 아니라 그 순간에 서로 마주치는 적함을 공격하라는 것이었다고 설명했다. 그의 설명은 다음과 같았다. "편향된 위치 때문에 나의 선두함들은 적 중앙전대의 선두를 공격하게 되었다. 그리고 영국함대 전체가 프랑스함대의 3분의 2만을 공격할 수 있었다."(B, B) 그 뒤에 이어진 어려움과 오해는 주로 결함이 있었던 신호서 때문이었던 것처럼 보인다. 선두함들(a)은 함대사령관이 바라는 대로 행동하지 않고, 자국 함대에서 자신이 위치한 것과 같은 순서에 있는 적함에 나란히 접근하기 위해 기동했다. 로드니는 프랑스함정의 전열이 너무나 벌어져 있었기 때문에 자신의 두 번째 돌격 명령대로 공격이 감행되었더라면 선두함정이 합류하기 전에 중앙과 후미가 기동불능의 상태에 빠졌을 것이라고 후에 말했다.

전투 중 로드니의 의도가 그의 주장처럼 프랑스함대에 대한 자기 함대의 전투력을 배가하는 것이었다고 믿을 만한 여러 가지 이유가 있다. 그가 신호서와 함대의 전술적인 비효율성 때문에 실패하긴 했지만, 함대에 뒤늦게 합류했기 때문에 그에 대한 책임은 없었다. 그

138) A 위치에 있는 검은색 함정들은 프랑스의 중위와 후미 쪽으로 다가가고 있던 영국의 함정을 표시하고 있다. v와 r이 나타내고 있는 선은 움직이기 시작하기 전의 선두와 후미를 잇는 전선이다. v′과 r′의 위치는 좌현으로 돛을 펴고 바람 불어오는 쪽으로 나아간 다음의 선두와 후미의 위치이다. 그때 프랑스함대는 바람 불어가는 쪽으로 나아가고 있었다.

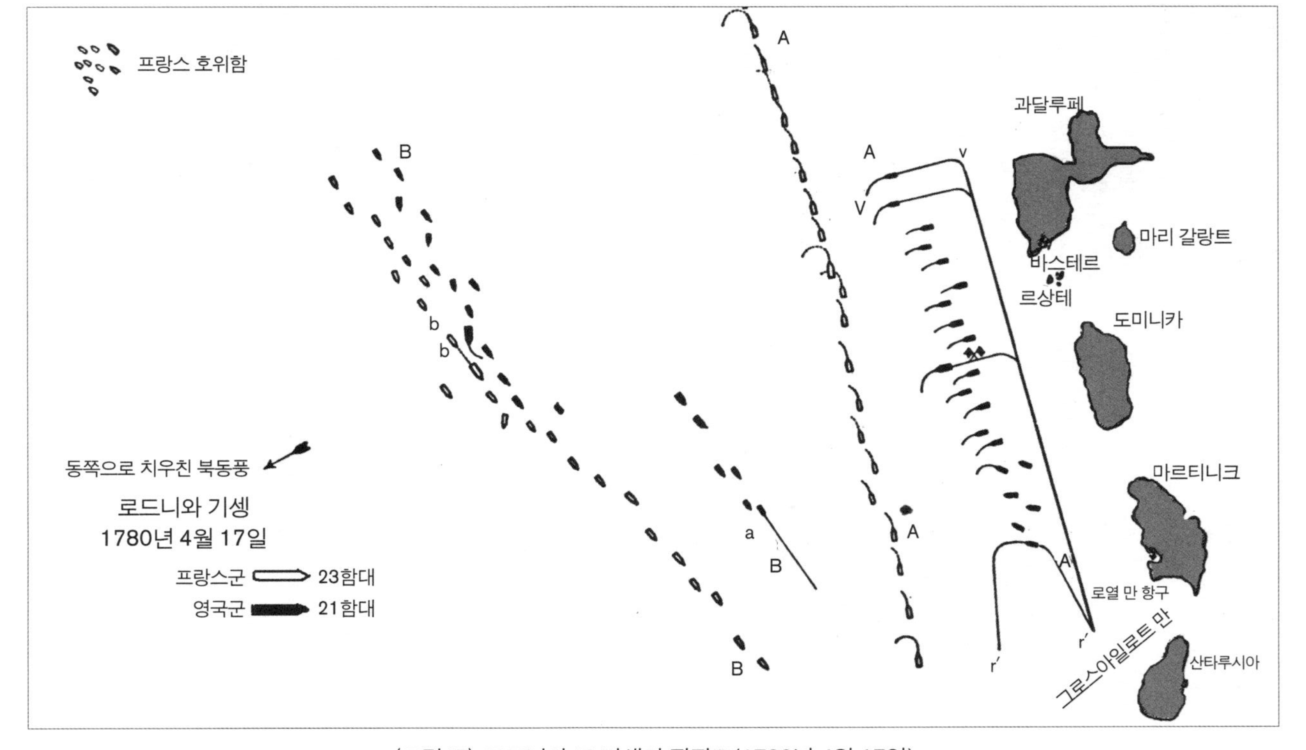

〈그림17〉 로드니와 드 기셍의 접전도(1780년 4월 17일)

러나 드 기셍은 로드니의 공격전술이 형편없었기 때문에 영국함대가 처음에 멀리 떨어져 있을 때에 자신의 함정 중 6~7척이 영국함대로부터 벗어날 수 있었다고 주장했다. 그리고 그는 로드니의 신호대로 영국함대가 따랐더라면 로드니를 포로로 잡을 수 있었을 것이라고 말한 것으로 전해지고 있다.[139] 그가 적의 위험성을 인식했다는 더 분명한 증거는 그 뒤에 벌어진 전투에서 풍하의 위치에 있지 않도록 신경썼다는 사실에서 알 수 있다. 로드니의 신중한 계획은 엉망이 되었지만, 그는 그 계획을 가지고 가장 완벽한 투사로서의 용기를 보여주었다. 그는 자국 함정들을 적함에 접근하도록 하여 적함을 물러나게 만들었으며, 반면에 그의 함정들은 돛대와 장대의 활대가 없어져 버리고 선체가 심한 피해를 입어 해상에 떠 있기조차 힘든 상태가 되어서야 비로소 전투를 중지했다.

전열 파괴

프랑스의 저술가들과 보타Botta[140]——그는 프랑스 당국으로부터

---

139) 양국 전열의 선두함정을 지휘하고 있던 카르케트Carkett 대령을 가혹하게 비난하면서 로드니는 다음과 같이 말했다. "귀관이 함정들을 지휘한 방식이 다른 함정들로 하여금 그렇게 나쁜 선례를 따르도록 만들었소. 그리하여 전열을 형성하라는 신호가 각 전대로 하여금 그 일정 거리(1,440피트)를 유지하라는 명령임을 잊어버리고, 선두전대가 중앙전대로부터 6마일 이상 떨어지도록 귀관이 지휘한 까닭에 가장 강력한 적의 세력 앞에 노출시켜버렸고, 적절한 지원을 받지 못하게 만들었소."(Life, vol. i, p. 351.)

상식적인 전술규칙에 따르면, 다른 함정들이 그들의 후미에서 멀리 떨어져 중앙전대 쪽에 접근했어야만 했던 것처럼 보인다. 이 전투에 참가하지 않았던 길버트 블레인Gilbert Blane 경과의 대화에서 로드니는 프랑스의 전열이 "마치 드 기셍이 우리가 그에게서 도망갈 것이라고 생각한 것처럼" 12마일 정도 길게 펼쳐져 있었다고 밝히고 있다(*Naval Chronicle*, vol. xxv, p. 402.).

지원을 받았을 것이다——에 의해 언급되었지만, 영국인의 보고에서는 보이지 않는 이 해전에서 발생한 한 사건은 프랑스 입장에서 공격에 대한 비판적 성격을 보여주고 있다. 그것에 따르면 로드니는 프랑스 함대사령관의 후미에 있는 함정 때문에 프랑스 전열에 공간이 생긴 것을 발견하고 그곳을 뚫고 지나가려 했다(b). 그러나 74문의 대포를 실은 데스탱*Destin* 호의 함장이 돛을 활짝 펴고 90문의 대포를 장착한 영국함정의 앞을 가로막았다. 이에 대해 라페이루즈 봉피스Lapeyrouse Bonfiles는 다음과 같이 말하고 있다.

> 데스탱 호의 행위는 칭찬받아 마땅하다. 프랑스함대는 구앵피M. de Goimpy의 용감한 행동이 없었더라면 틀림없이 패배했을 위험으로부터 벗어났다. 그 사건이 있은 후, 프랑스함대의 전체 의견이 그러했다. 그러면 우리의 전열이 파괴되었다는 것을 인정한다고 하더라도 그 다음에 우리 함대를 위협했던 것은 어떤 재난이었을까? 즉시 사이가 벌어져 있는 함정의 자리를 보충함으로써 우리 함대의 후미가 그 사고를 보완하는 일이 쉽지는 않았을까? 그러한 목적을 위한 기동은 아마 혼전을 야기했을지도 모르지만, 그러한 경우에는 가장 용감하고 헌신적인 함장들을 가진 함대가 유리했을 것이다. 그러나 제국 시대와 마찬가지로 그 당시에는 차단당한 함정을 나포된 함정으로 간주하는 원칙이 인정되고 있었는데, 그러한 믿음은 맞았다.

적의 전열이나 전투대형에 대한 파괴 효과는 여러 가지 상황에 달려 있다. 가장 중요한 개념은 발견되거나 만들어진 틈 사이를 뚫고 들

---

140) *History of the American Revolution.*

어감으로써 적을 둘로 분리시킨 다음 한쪽에 공격을 집중시켜 다른 한쪽이 쉽게 도움을 줄 수 없도록 하는 것이다. 함대가 종렬진을 형성했을 경우에 공격 대상은 대개 후미전대이다. 그 결과는 공격을 받은 대형의 밀집성, 차단된 함정의 수, 고립되어 수적으로 열세에 놓이는 시간 등에 의해 좌우될 것이다. 그 경우에 더욱 중요한 요소는 무너진 전열에서 발생하는 혼란인데, 이것은 정신적인 요소이다. 틈새가 벌어진 곳으로 다가오고 있는 함정들은 차단되고 후미는 중첩되는 한편, 앞에 있는 함정들은 계속하여 전진한다. 그러한 순간에는 결정적이며 즉각적인 행동이 요구된다. 그러나 예기치 못한 긴급상황에서 올바른 판단을 하고 그것을 즉시 행동으로 옮길 수 있는 사람은 매우 드물다. 자신이 모든 책임을 짊어져야 할 경우에는 더욱 그러하다. 그러한 혼란의 순간에 영국함대는 보다 나은 함정 운용술의 도움을 받을 수 있기를 바랐지만, 가망이 없는 일이었다. 왜냐하면 그 당시에 "용기와 헌신"뿐만 아니라 기량도 필요했기 때문이다. 이처럼 "전열을 파괴함으로써" 얻을 수 있는 모든 효과의 본보기는 1782년에 로드니가 벌인 대해전에서 찾아볼 수 있다.

로드니와 드 기셍의 후속 기동

드 기셍과 로드니는 그 다음달에 다시 두 번 전투를 했지만, 두 경우 모두 프랑스 함대사령관은 자국민이 선호하는 풍하 쪽의 위치를 차지하지 않았다. 한편, 12척의 전열함으로 구성된 스페인함대가 프랑스함대와 합류하기 위해 항해하고 있었다. 로드니는 그들을 도중에서 가로막기 위해 마르티니크의 풍상 쪽으로 항해했다. 그러나 스페인 함대사령관은 계속하여 북쪽으로 나아가다가 과달루페를 발견하고서 드 기셍에게 신호를 보냈다. 드 기셍은 동맹국 함대와 합류하여 그들을 항구까지 호위했다. 적의 월등한 수적 우세가 영국인들이 점령하고 있던 섬에 공포를 불러일으켰다. 그러나 스페인과 프랑스 함대가 서로 조화를 이루지 못하여 작전이 지연되고 있던 중 스페인 함대에 전염병이 번지면서 의도했던 작전은 헛수고가 되었다. 8월에 드 기셍은 15척의 함정을 이끌고 프랑스를 향하여 출항했다. 드 기셍의 목적지를 몰라 북아메리카와 자메이카를 염려한 나머지 로드니는 자신의 함대를 둘로 나누어 그 중 하나를 서인도제도에 남겨두고 나머지만 지휘하여 뉴욕으로 항진하여 9월 12일에 도착했다. 이렇게 하여 무릅쓰게 된 위험은 대단히 컸으며 변명의 여지도 없었다. 그러나 다행스럽게도 병력을 분산한 후 나쁜 결과가 발생하지는 않았다.[141] 드 기셍이 자메이카로 갔거나 워싱턴이 예상했던 대로 뉴욕으로 갔더라면, 로드니의 분리된 두 함대는 모두 그를 당해내지 못했을 것이다. 로드니는 하나의 전쟁터에 전 부대를 배치하는 대신에 두 개의 전쟁터에 소수의 부대를 각각 배치함으로써 한 번이 아닌 두 번의 재난을 당할 위험을 감당할 뻔했던 것이다.

프랑스군의 뉴욕 도착

북아메리카에 대한 로드니의 염려는 상당한 근거가 있었다. 그 해 7월 12일에 오랫동안 기다리고 있던 프랑스의 구원부대가 도착했다. 그것은 로샹보Rochambeau 휘하의 5천 명의 병사와 드 테르네De Ternay 휘하의 전열함 7척으로 구성되었다. 따라서 영국은 해상에서

141) 로드니가 그러한 행동을 한 이유에 대해서는 그의 생애에 대한 책 1권 365쪽과 376쪽을 보라.

는 여전히 우세했지만, 뉴욕에 병력을 집중시키지 않을 수 없었고 또한 캐롤라이나에서의 작전을 강화할 수 없었다. 육로를 통한 병력이동에 어려움이 따르고 또 거리도 멀었기 때문에, 라파예트는 프랑스 정부에 대해 함대를 더욱 증강시킬 것을 촉구했다. 그러나 프랑스 정부가 앤틸리스 제도에 대한 직접적인 이익에 대해 관심을 기울이는 것은 자연스럽고도 적절했다. 프랑스는 아직은 미국을 구할 때가 아니라고 생각했던 것이다.

로드니의 서인도제도로의 복귀와 영국과 네덜란드의 전쟁

1780년 10월의 태풍을 피하기 위해 잠시 자리를 비웠던 로드니는 그 해 후반기에 서인도제도로 돌아갔다. 그리고 곧 영국과 네덜란드 사이에 전쟁이 발발한 것을 알게 되었다. 1780년 12월 20일에 선포된 그 전쟁의 원인에 대해서는 나중에 언급하겠다. 그는 즉시 네덜란드령인 세인트 에우스타티우스St. Eustatius 섬과 세인트 마틴St. Martin 섬을 점령하고 그 밖에도 수많은 상선들을 나포했는데, 그 가치를 모두 합하면 천5백만 달러에 이르렀다. 아직은 중립을 취하고 있던 이 섬들은 미국 남북전쟁 당시의 낫소Nassau와 비슷하게 거대한 밀수품 창고 역할을 했는데, 그 밀수품들은 모두 영국의 수중으로 넘어갔다.

미국의 재난(1780)

1780년은 미국에게 우울한 한 해였다. 캄덴Camden 전투는 사우스캐롤라이나에 영국의 멍에를 씌우는 것처럼 보였으며, 적은 노스캐롤라이나와 버지니아를 지배하고자 하는 강한 의지를 가지고 있었다. 뒤이은 아놀드Arnold의 배신은 미국인들을 더욱 의기소침하게 만들었지만, 킹스 마운틴King's Mountain에서의 승리에 의해 약간 회복되었다. 그러한 상황에서는 프랑스 병사들의 실질적인 도움이 가장 반가웠다. 그러나 도와줄 목적으로 파견된 두 번째 원군이 영국함대에 의해 브레스트에서 봉쇄당했기 때문에 그것조차도 순탄하지 않았다. 결국 드 기셍이 나타나지 못하고 그 대신 로드니가 출현함으로써 미국이 프랑스의 군사행동에 걸었던 희망은 아무런 소용이 없게 되어버렸다.

서인도제도를 향한 드 그라스의 출항

드디어 열정적이고 결정적인 전투의 순간이 다가왔다. 1781년 3월 말에 드 그라스 백작은 26척의 전열함과 대규모 선단을 이끌고 브레스트 항을 출항했다. 그 중에서 5척은 아조레스Azores 군도 앞바다에서 쉬프랑의 지휘하에 동인도제도로 항진했는데, 이에 대해서는 나중에 좀더 자세하게 다루게 될 것이다. 드 그라스는 4월 28일에 마르티니크 섬을 볼 수 있는 장소에 도달했다. 후드Hood 제독(로드니는 세인트 에우스타티우스에 남아 있었다)은 포트 로열 앞에서 봉쇄작전을 펼치고 있었다. 그곳은 마르티니크 섬의 풍하 쪽에 있는 프랑스의 항구이자 병기창이었다. 후드의 감시선들이 적 함대의 출현을 알렸을 때, 그곳에는 4척의 전열함밖에 없었다. 후드는 두 가지의 목적을 가지고 있었다. 하나는 봉쇄당하고 있는 4척의 함정들이 다가오고 있는 함대와 합류하는 것을 막는 일이었고, 다른 하나는 접근하고 있는 함대가 자신과 산타 루시아 섬에 있는 그로스 아일로트 만 사이에 들어오지 못하도록 막는 일이었다. 후드의 함대는 이후의 24시간 만에 다

이아몬드 록Diamond Rock의 풍상 쪽으로 다가감으로써 이러한 결과를 초래하는 대신에 풍하 쪽에서 너무 많이 멀어져버렸다. 따라서 29일에 해협을 통과한 드 그라스는 함대와 섬 사이에 선단을 유지하면서 포트 로열을 향할 수 있었다. 이러한 잘못된 위치 때문에 후드는 로드니로부터 심한 질책을 받았다. 그러나 후드가 그렇게 한 것은 아마 바람이 약하고 조류가 풍하 쪽으로 흐르고 있었기 때문이었을 것이다. 어찌 되었든 간에 4척의 함정은 출항하여 주력함대와 합류했다. 이제 24척의 함정을 가진 프랑스에 비해 영국은 18척밖에 갖지 못했고, 게다가 프랑스함대는 풍상의 위치에 있었다. 그러나 드 그라스는 4대 3의 비율로 많은 함정을 보유하고 있었기 때문에 공격할 힘이 있었는데도 불구하고 공격하려고 하지 않았다. 그는 선단이 노출될 것을 두려워한 나머지 중대한 접전을 벌일 수 있는 기회를 놓쳐버렸던 것이다. 그가 자신의 함대를 지나치게 불신했기 때문이라고 말하는 사람이 있을지도 모른다. 그러나 그때가 싸우기에 적절한 시기가 아니었다면, 도대체 해군이 싸워야 할 때는 언제라는 것인가? 그는 영국함대와는 달리 원거리에서 포격을 함으로써 후진성을 드러냈을 뿐이었다. 그러한 행동을 옳다고 인정할 전통이나 정책이 과연 어디에 있겠는가?

기회를 놓쳐버린 드 그라스는 그 다음날인 4월 30일에 후드를 추격하려고 했다. 그러나 후드는 더 이상 싸울 이유가 없었으며, 원래 열세한 상태에 있던 그의 병력은 29일에 몇 척의 함정이 피해를 당해 더욱 열세한 상태에 있었다. 드 그라스의 많은 함정은 밑창에 동판을 붙이지 않았기 때문에 속력이 느려 후드를 따라잡을 수 없었다. 이것은 주목할 만한 사실이다. 왜냐하면 프랑스함정은 모형이나 크기 면에서 영국함정보다 일반적으로 빠르게 되어 있었다. 그러나 이러한 우수성은 프랑스 정부가 새로운 개선책을 채택하지 않았기 때문에 무용지물이 되고 말았다.

후드는 앤티가에서 로드니와 다시 합류했다. 잠시 포트 로열에 머문 후에 드 그라스는 그로스 아일로트 만에 대한 공격을 시도했는데, 그곳이 영국의 소유가 되면 자기 함대의 모든 움직임이 감시를 받게 되기 때문이었다. 그러나 이 공격은 실패했다. 그러나 그는 토바고를 공격하여 1781년 6월 2일에 항복을 받아냈다. 몇 차례의 소규모 작전을 전개한 후 그곳을 출항한 그는 7월 26일 아이티 섬에 있는 카프 프랑세Cape Français(현재 카프 하이티엔Cape Haytien)에 정박했다. 여기서 그는 미국으로부터 온 프랑스의 프리깃 함이 자신을 기다리고 있다는 사실을 알게 되었다. 이 프리깃 함은 워싱턴과 로샹보가 보낸 전문을 가지고 있었는데, 그 전문에는 전쟁 동안에 프랑스 제독이 취해야 할 중요한 행동에 대해 씌어 있었다.

남부 여러 지방에 대한 콘월리스의 침공

미국 남부의 여러 지방에 대한 영국의 침공은 조지아에서 시작되어 찰스턴을 점령하고 이어서 가장 남부에 있는 두 지방을 군사적으로 지배한 후, 북쪽으로 캄덴을 경유하여 노스캐롤라이나까지 확대되었다. 1780년 8월 16일에 게이트Gates 장군은 캄덴에서 완벽하게 패배했다. 그리고 그 뒤를 이은 9개월 동안 콘월리스의 지휘를 받은 영국군은 노스캐롤라이나를 침략하려는 시도를 계속했다. 우리가 다루고 있는 주제와 그에 대한 설명은 서로 동떨어진 점이 있기는 하지만, 이러한 작전들은 콘월리스에 의해서 다음과 같은 결과로 끝났다.

콘월리스의 윌밍턴에서의 철수와 버지니아로의 진군

그는 실제로 전투에서 많은 승리를 거두었다. 그러나 병력을 소모하여 해안 방면으로 물러났다가 결국에는 윌밍턴Wilmington까지 퇴각하여 거점으로 삼게 되었는데, 그곳에는 이러한 위급한 상황을 위한 보급소가 있었다. 그러자 그의 적이던 그린Greene 장군은 미국 병사들을 사우스캐롤라이나로 회군시켰다. 세력이 너무나 약해서 비우호적인 지방을 지배하거나 심지어 그곳을 통과할 꿈도 꾸지 못하게 된 콘월리스는 찰스턴으로 돌아가 그곳과 사우스캐롤라이나에서 산산조각이 난 영국군을 다시 확보할지, 아니면 북쪽으로 이동하여 다시 버지니아로 들어간 다음 그곳에서 필립Philips 장군과 아놀드 장군의 지휘하에 제임스 강을 원정하고 있는 소규모의 부대와 합류할 것인지 두 가지 중에서 선택해야 했다. 되돌아간다는 것은 지난 몇 개월 동안의 힘들고 지친 행군과 전투가 아무런 결과를 가져오지 못했다는 것을 인정하는 것이었으므로, 장군은 일단 뉴욕을 포기한다고 하더라도 체서피크가 전쟁하기에 좋은 곳임을 확신했다. 최고사령관이던 헨리 클린턴 경은 그의 이러한 견해에 절대 동의하지 않았으므로 콘월리스는 그에게 자문을 구하지 않고 자신의 계획을 곧바로 실행했다. 클린턴 경은 이에 대해 다음과 같이 기록했다. "체서피크에서의 작전은 해상에서의 근본적인 우세를 지니고 있지 않으면 대단한 위험에 빠질 수 있는 작전이다. 나는 그 작전이 가져올 치명적인 결과에 전율을 금할 수 없다." 그 문제를 자기 마음대로 결정한 콘월리스는 1781년 4월 25일에 윌밍턴을 출발하여 5월 20일에 피터스버그Petersburg에서 이미 그곳에 와 있던 영국군과 합류했기 때문이다. 이렇게 하여 한 곳에 모인 영국군의 병력은 7천 명이나 되었다. 사우스캐롤라이나로부터 찰스턴으로 이어지는 곳에서 영국은 이제 뉴욕과 체서피크라는 두 개의 중심지만 보유하게 되었다. 그런데 뉴저지와 펜실베이니아가 미국인의 수중에 있었기 때문에 두 지점 사이의 교통은 오로지 해상에 의지할 수밖에 없었다.

제임스 지방에서의 아놀드의 행동

콘윌리스의 행동을 비우호적으로 비판한 클린턴 자신도 체서피크에 대규모 부대를 파견하는 위험을 무릅썼다. 아놀드 휘하의 천6백 명의 병사는 제임스James 지방을 약탈하고, 그 해 1월에 리치몬드Richmond를 불태웠다.

프랑스함대의 뉴포트로의 출항

아놀드를 차단하기 위해 프랑스에서는 라파예트에게 천2백 명의 정예군에 대한 지휘권을 부여하여 병력을 버지니아로 파견했다. 또한 뉴포트에 있던 프랑스 전대는 체서피크 만 해역을 통제하기 위해 3월 8일 밤에 출항했다. 가디너스 만[142]에 있는 영국함대의 사령관 아부스노Arbuthnot 제독은 초계함으로부터 프랑스 전대가 출항했다는 소식을 듣고서, 그로부터 36시간 후인 10일 아침에 추격을 위해 출항했다. 부지런한 행동 덕분이었는지 아니면 행운이 따랐는지 몰라도 여하튼 간에 체서피크 만의 약간 외곽에서 양국 함대가 서로 조우했을 때, 영국함대는 앞서나가고 있었다(〈그림18〉, A, A). 영국함대는 적을 맞이하기 위해 즉시 기동하여 전열을 형성했다. 두 함대는 모두 당

142) 롱아일랜드의 동쪽 끝에 있다.

시에 서풍이 불었기 때문에 만 쪽으로 직접 나아갈 수는 없었다.

체서피크 앞바다에서 두 함대의 조우

두 함대의 병력은 비슷했는데, 각각 8척의 함정으로 구성되어 있었다. 그러나 영국측이 90문함 한 척을 지니고 있었던 데 비해, 프랑스는 대형 함정은 프리깃 함 한 척밖에 없었다. 그럼에도 불구하고 이 해전은 프랑스의 정책이 매우 적극적인 사령관의 행동을 결정한다는 점을 뚜렷하게 보여주는 경우가 되었다. 또한 이 해전은 상황을 직시하지 못한 원인을 작전의 숨어 있는 목적보다는 데투쉬Destouches 준장의 성격이나 아니면 다른 탓으로 돌리는 사례가 되고 말았다. 프랑스의 해군사를 읽는 독자들은 이러한 경우를 많이 접할 수 있다. 날씨는 매우 거칠고 위협적이었다. 그리고 풍향은 한두 차례 바뀌더니만 북동풍이 되었고, 파도는 높았지만 만 안으로 입항하는 데 지장을 줄 정도는 아니었다. 양국 함대는 이때까지 외해에서 좌현으로 돛을 펴고 있었는데, 프랑스함대가 앞서나가 영국 함수에서 11.15도쯤 풍상의 위치에 있었다(B, B). 이 지점에서 프랑스함대는 계속하여 영국함대보다 앞서 있는 위치에서(c) 풍하의 위치를 차지했다. 이 위치는 하갑판의 함포를 사용할 수 있다는 이점이 있었지만, 풍랑이 심한 해상상태 때문에 풍상의 위치로 돌아갈 수 없다는 단점도 있었다. 영국은 적의 전열과 평행되는 위치에 놓일 때까지 계속 항해하다가(a, b), 그러한 위치에 도달하자 통상적인 방법으로 공격하여 통상적인 결과를 얻었다(C). 선두에 있던 함정 세 척이 돛대에 심한 피해를 입었지만, 자신들의 화력을 적의 선두에 있는 함정 두 척에 집중하여 선체와 삭구에 심각한 손상을 입혔다. 그러자 프랑스의 선두전대는 도주

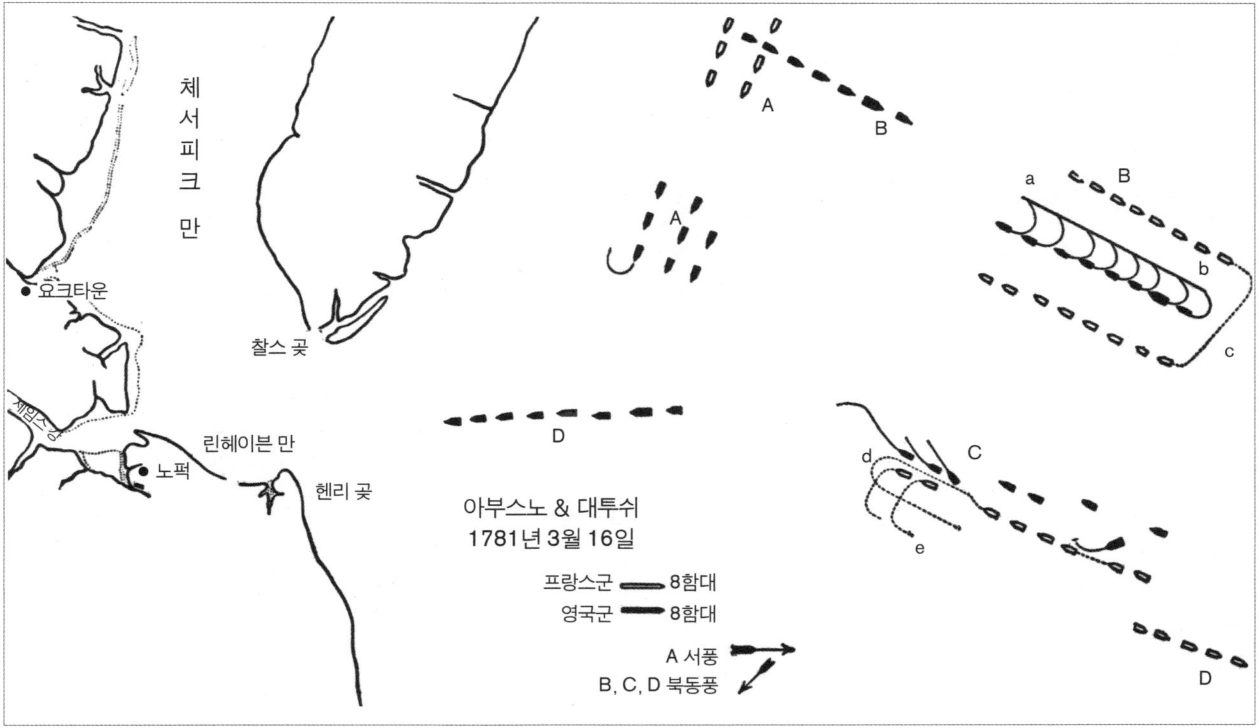

〈그림18〉 아부스노와 데투쉬의 작전도(1781)

했고, 이에 당황한 아부스노는 선두에게 다시 풍상 쪽으로 가도록 명령했다. 그러자 데투쉬는 일렬 종대로 나아감으로써 매우 깔끔하게 기동했다. 선두로 하여금 다른 현 쪽으로 돛을 펴도록 신호를 보내고서(e), 그는 나머지 함정들을 이끌고 나아가 기동 불능상태에 놓인 영국함정에 대해 비교적 신형함을 이용하여 현측사격을 한 후(d) 외해로 나갔다(D). 해전은 이렇게 끝났다. 이 전투에서 영국은 최악의 피해를 입었다. 그러나 그들은 특유의 목적에 대한 집념을 갖고서 비록 적 함대를 추격할 수는 없었지만 만으로 들어와(D) 아놀드와 합류함으로써 워싱턴이 그렇게도 원했던 프랑스와 미국의 계획을 좌절시켰다. 이 사건에 대한 기록을 주의 깊게 읽어보면, 전투 후까지 프랑스가 영국보다 더 우세한 병력을 갖고 있었으며, 실제로 그들이 승리를 장담하고 있었음은 의심할 여지가 없다. 그러나 원정에 대한 이면의 목적이 그들로 하여금 다시는 자신과 비슷한 규모의 함대와 자웅을 겨룰 시도를 할 수 없도록 만들었다.[143)]

콘월리스의 요크타운 점령

이렇게 하여 자국의 군대에 의해 해로가 열리고 유지되자, 영국은 2천 명 이상의 증원군을 뉴욕에서 출항하게 하여 3월 26일에 버지니

143) 프랑스 정부가 데투쉬의 행위에 만족하지 않았다는 것은 그 함대의 장교들에 대한 포상을 지연시킨 사실로 확실히 알 수 있다. 그리고 그 지연은 감정을 상하게 하고 많은 항의를 야기했다. 프랑스인들은 아부스노가 뉴욕 거리에서 야유를 받았으며, 자국 정부에 의해 소환되었다고 주장했다. 영국이 그의 요청을 받아들여 그를 본국으로 불러들인 것은 실수였다. 그러나 데투쉬에 대해서는 충분히 그럴 만했다. 이 두 사람은 이 사건에서 자국의 통상적인 해군정책을 뒤엎어버렸다.

아에 도착시켰다. 이어서 5월에 콘월리스가 도착함으로써 증원군의 숫자는 7천 명이 되었다. 8월 초에 콘월리스는 클린턴이 내린 명령에 따라 자신의 병력을 철수시켜 요크 강과 제임스 강 사이의 반도로 이동시킨 다음 요크타운을 점령했다.

워싱턴과 로샹보는 5월 21일에 만나 프랑스의 서인도 함대가 오면 뉴욕이나 체서피크 만 중 어느 한쪽을 공격하도록 한다는 결정을 내렸다. 이것은 카프 프랑셰에 있던 드 그라스가 받은 보고문의 주요 요지였다. 한편, 프랑스와 미국의 장군들은 병력을 뉴욕으로 이동시켰는데, 그곳은 자신들의 첫번째 목적을 보다 쉽게 이룰 수 있는 곳이었고, 또한 두 번째의 목적지를 선택할 경우 그 목적지에서 가까운 위치에 있었다.

워싱턴과 프랑스 정부는 어느 쪽을 선택하더라도 결과는 우세한 해양력에 달려 있다고 생각했다. 그러나 로샹보는 자신이 의도하고 있는 목적지가 체서피크 만인데, 프랑스 정부가 뉴욕을 공식적으로 포위공략할 수 있는 수단을 제공하는 것을 거부하고 있다고 사령관에게 비밀리에 알렸다.[144] 따라서 작전은 대규모 공동작전의 형태를 띠게 되었고 작전의 성공여부는 신속한 이동과 적으로 하여금 진정한 목표를 깨닫지 못하도록 하는 전술에 달려 있었다. 이 목적을 위해서는 해군이 갖고 있는 고유의 특성이 적합한 것으로 드러났다. 짧은 횡단거리, 깊은 수심, 그리고 항만에서 조종이 용이하다는 체서피크 만의 조건 때문에 이 계획은 해군의 판단에 비추어볼 때 칭찬할 만한 것이었다. 따라서 드 그라스는 난색을 표하지 않고, 토론과 지연을 야기할 수 있는 수정사항을 요구하지도 않은 채 기꺼이 그 계획을 받아

144) Bancroft, *History of the Unitied States.*

들였다.

하이티를 출항하여 체서피크로 향한 드 그라스

프랑스의 함대사령관은 이미 결정을 내린 상태였으므로 훌륭한 판단력과 신속함, 그리고 활력을 가지고 행동하기 시작했다. 워싱턴 장군의 급보를 가지고 왔던 바로 그 프리깃 함이 되돌아간 후 8월 15일이 되자 연합국 장군들은 그 함대가 올 예정임을 알고 있었다. 카프프랑셰의 총독은 스페인함대가 그곳에 정박한다는 조건으로(드 그라스가 그것을 주선해주었다) 3천5백 명의 병사를 할애했다. 그는 또한 미국군이 긴급하게 필요로 하는 자금을 아바나 총독으로부터 얻어냈다. 그리고 마지막으로 그는 프랑스 내각이 바라는 대로 호송선을 프랑스로 보내서 전력을 약화시키는 대신, 구할 수 있는 모든 함정을 체서피크 만으로 집결시켰다. 그는 가능한 한 자신이 온다는 사실을 감추기 위해 별로 사용하지 않는 항로인 바하마 해협을 통과하여 8월 30일에 28척의 전열함을 이끌고 체서피크 곶 바로 안쪽에 있는 린헤이븐Lynnhaven에 닻을 내렸다. 뉴포트에 있던 프랑스 전대——드 바라스De Barras가 지휘했으며, 8척의 전열함과 4척의 프리깃 함 그리고 18척의 수송선으로 구성되었다——가 그 집결지를 향하여 3일 전인 8월 27일에 출항했다. 그러나 그 함대는 영국함대를 피하기 위해 외해로 가는 먼 항로를 선택해야만 했다. 프랑스의 포병부대가 그 전대에 동승하고 있었기 때문에 어쩔 수 없었다. 워싱턴과 로샹보 휘하의 병사들은 8월 24일에 허드슨 강을 건너 체서피크 만 앞쪽을 향하여 이동했다. 이리하여 육군과 해군의 여러 부대가 공동 목표인 콘월리스를 향하여 모여들고 있었다.

영국은 모든 면에서 운이 없었다. 드 그라스가 출항한 사실을 알게 된 로드니는 후드 제독 휘하의 14척의 전열함을 북아메리카로 파견했다. 그리고 자신은 건강악화 때문에 8월에 영국으로 갔다. 직선항로를 채택했던 후드는 드 그라스보다 3일 먼저 체서피크 만에 도착했다. 그는 만 안쪽을 조사했으나 그곳이 텅 비어 있는 것을 알고서 뉴욕으로 갔다. 그곳에서 그는 그레이브스Graves 제독 휘하의 전열함 5척과 만났다. 선임장교였던 그는 그레이브스의 전대에 대한 지휘권을 인계받은 후, 드 바라스가 드 그라스와 합류하는 것을 저지하기 위해 체서피크 만을 향하여 8월 31일에 출항했다. 헨리 클린턴 경은 이틀 후까지도 프랑스와 미국의 육군이 콘월리스를 공격하기 위해 갔지만 출발이 너무 늦었기 때문에 추월할 수 없었을 것이라고 믿고 있었다.

영국함대와의 전투(1781)

그레이브스 제독은 체서피크 만에 도착하자 그 숫자로 보아 적임에 틀림없는 함대가 그곳에 정박해 있는 것을 발견하고는 매우 놀랐다. 그럼에도 불구하고 그는 그 함대와 접전하기 위해 만 안으로 들어갔다. 드 그라스도 출항했다. 24척에 비해 19척이라는 수적 열세에도 불구하고, 영국의 그레이브스 제독은 공격을 주저하지 않았다. 그러나 그의 용기에도 불구하고 전투방법이 서툴렀기 때문에 영국함대는 심한 피해를 입었을 뿐, 얻은 것이 하나도 없었다. 드 그라스는 영국함대의 공격을 저지하면서 드 바라스를 기다리기 위해 5일 동안 만의 외곽에 머물러 있었다. 그리고 항구로 돌아온 그는 드 바라스가 안전하게 정박하고 있음을 발견했다. 그레이브스는 뉴욕으로 돌아갔다.

콘윌리스의 항복(1781)

그가 돌아감과 더불어 콘윌리스를 기쁘게 해줄 마지막 구원의 기대도 사라져 버렸다. 그는 포위공격을 참을성있게 견디었지만, 가능한 단 하나의 방법인 바다의 지배가 적에게로 넘어갔으므로 영국군은 1781년 10월 19일에 항복하고 말았다. 이 항복과 더불어 영국이 이 식민지를 지배할 수 있는 희망도 사라져버렸다. 분쟁은 1년 이상 계속되었지만, 중요한 작전은 없었다.

영국 해군작전에 대한 비판

영국군의 작전이 이처럼 불행하게 끝나버린 것은 잘못된 전쟁관리와 불운이라는 두 가지 원인 때문이었다. 만약 로드니의 명령이 준수되었더라면, 후드의 함대는 자메이카에서 온 몇 척의 함정에 의해 보강되었을 것이다.[145] 또한 로드니가 뉴욕에 있는 그레이브스 제독에게 급파한 함정들에 장교가 탑승하지 않았다는 것도 잘못이었다. 그 함정들은 프랑스주재 미국 영사가 보낸 매우 중요한 보급품들을 도중에서 빼앗기 위해서 동쪽으로 항해했다. 영국의 내각은 이 수송선단이 도중에 차단되지나 않을까 염려하여 노심초사하고 있었다. 그러나 그 선단을 수행하고 있던 병력을 알고 있었던 제독은 서인도제도에서 허리케인이 닥쳐오고 있어서 해군의 활발한 작전이 대륙지역으로 옮겨지고 있던 그 시기에 아마도 잘못된 충고를 받아들여 사령부를 다른 곳으로 옮겼던 것처럼 보인다. 로드니의 공문이 뉴욕의 선임장교에 의해 즉시 보내졌지만, 그 공문을 싣고 가던 선박이 적 순양함에 의

---

145) *Life of Rodney*, vol. ii, p. 152 ; Clerk, *Naval Tactics*, p. 84.

해 해안가로 밀려 갔기 때문에, 그레이브스는 8월 16일 항구로 돌아올 때까지 그 공문의 내용을 알지 못했다. 그가 오고 있다고 후드가 보낸 정보도 역시 도중에 적에 의해 차단되었다. 후드가 도착한 이후에 해상으로의 진출이 어쩔 수 없이 지연된 것처럼 보이지는 않는다. 그러나 함대에 내려진 지시에는 오판이 있었던 것 같다. 뉴욕에서 8척의 함정을 이끌고 출항한 드 바라스가 드 그라스와 합류하기 위해 아마도 체서피크 만으로 향하고 있을 것이라는 사실은 알려져 있었다. 따라서 만약 그레이브스가 육지에서 잘 보이지 않는 순항기지를 체서피크 만 가까이에서 차지했더라면, 압도적인 세력을 가지고 프랑스함대와 만나게 되었을 것이다. 이러한 행동이 그가 취했어야 할 가장 적절한 행동이었을 것이다. 그러나 영국 제독은 불완전한 정보밖에는 가지고 있지 않았다. 영국인들은 프랑스인이 그레이브스의 병력과 대등한 병력을 가져오리라고는 전혀 생각하지 못했다. 그레이브스는 체서피크 만 근해에서 정찰하고 있던 순양함들의 부주의 때문에 응당 받았어야 할 적 함정의 숫자에 대한 정보를 얻지 못한 상태였다. 이 순양함들은 출항하라는 명령을 받았지만, 드 그라스가 나타나 자신들의 퇴로를 차단할 때까지 헨리 곶에 정박해 있었던 것이다. 그 순양함들 가운데 한 척은 프랑스에 의해 나포되었고, 다른 한 척은 요크 강으로 도망쳤다. 이 두 부하장교들의 직무태만——이 때문에 그레이브스는 중요한 정보를 모두 얻지 못했다——은 전반적인 결과에 큰 영향을 주었다. 드 그라스가 27~28척의 전열함을 이끌고 오고 있다는 사실을 그레이브스가 이틀만 미리 알았더라면, 그의 움직임에 어떤 변화가 일어났을까 하는 것은 쉽게 짐작할 수 있다. 그리고 자신의 19척을 갖고서 적과 맞서 싸우기보다는 잠복했다가 드 바라스를 공격한다는 결론을 내리는 일이 얼마나 자연스러운 일이었을까? "그레이브스 제독이 만약 드 바라스의 병력만 빼앗았더라면, 적의 포위군을 크게 마비시켰을 것이다(그 전대에는 포위공격을 하기 위한 군수품이 실려 있었다). 그렇게 되었더라면, 영국이 프랑스의 전반적인 작전을 완전히 방해하지 못하더라도, 양국 함대는 수적인 면에서 거의 비슷한 상태가 되었을 것이다. 그리고 이러한 일련의 결과에 의해 그 다음해 서인도제도로 진격하려던 프랑스군의 전진을 방해했을 것이며, 프랑스인과 미국인 사이에 불화를 조성하여[146] 미국을 절망의 구렁텅이로 빠뜨렸을 것이다. 그리고 드 그라스 휘하의 병력이 도착함으로써만 그러한 절망에서 벗어날 수 있었을 것이다."[147]

이것은 당시 해군전략에 대한 올바르고 분별력 있는 논평이다.

그레이브스 제독의 전술에 대해서는 다음과 같이 말할 수 있을 것이다. 그 함대가 빙 제독이 했던 것과 거의 비슷하게 전투에 뛰어들었다는 것, 매우 비슷한 실책이 발생했다는 것, 그리고 19척의 함정으로 적의 24척을 공격할 때 유능한 후드 제독 휘하의 7척이 잘못된 배치 때문에 전투에 뛰어들 수 없었다는 것이다.

드 그라스가 보여준 열정과 기량

프랑스측에서 보자면, 드 그라스는 다른 때에는 보여주지 못했던 놀라울 정도의 활력과 통찰력, 그리고 결단력으로 명예를 회복했다. 모든 함정을 이끌고 간 결정(그러한 결정 덕분에 드 바라스의 실패에도 전혀 영향을 받지 않았다), 자신의 이동을 숨기기 위해 바하마 해협을 통과한

---

146) 드 바라스는 우세한 병력에 의해 차단되지 않을까 두려워하여 체서피크 만으로 가기를 내켜하지 않았지만, 결국 워싱턴과 로샹보의 간청에 굴복하고 말았다.

147) *Naval Researches* : Capt. Thomas White, R. N.

것, 스페인과 프랑스 군 당국으로부터 군자금과 군대를 얻어낸 그의 솜씨, 브레스트를 떠난 직후인 3월 29일 로샹보에게 편지를 보내 미국인 수로안내인을 카프 프랑세로 보내달라고 요청한 선견지명, 드 바라스의 전대가 들어올 때까지 그레이브스 제독을 만족시켜 주었던 냉철함, 이 모든 것들은 칭송을 받을 만한 가치가 있다. 프랑스는 또한 카프 프랑세에서 호송선단을 기다리고 있던 '서인도제도 무역선' 200척을 붙들어둔 제독의 능력에 의해 큰 도움을 받았다. 그 상선들은 7월부터 작전이 끝나 군함들이 자유로이 호송을 할 수 있게 된 11월까지 카프 프랑세에 남아 있었다. 그 사건은 순수하게 군국주의적 국가에 비해 대의제 정부를 가지고 있는 중상주의 국가의 약점을 드러냈다. 그 당시의 한 장교는 이렇게 쓰고 있다. "만약 영국 정부가 또는 영국의 한 제독이 그러한 조치를 채택했더라면, 그 정부는 붕괴되었을 것이고, 그 제독은 교수형을 받았을 것이다."[148] 동시에 로드니는 선단과 함께 5척의 전열함을 파견할 필요성을 느끼고 있었고, 6척의 전열함은 자메이카로부터 온 무역품을 싣고 본국으로 갔다.

1778년 전쟁에서 난관에 부딪힌 영국의 입장

당시 정세의 난관을 이해하기보다는 1780년부터 1781년 사이에 영국함대를 서인도제도와 북아메리카로 분할한 것에 대해 비난하기는 쉬운 일이다. 그 난관은 이 대해전에서 전 세계에 흩어져 있던 영국의 군사적 입장의 어려움을 반영했다. 영국은 노출된 거점을 많이 가진 제국이었기 때문에 모든 곳에서 적에게 압도당하고 괴롭힘을 받았다.

148) White, *Naval Researches*.

유럽에서 해협 함대는 압도적인 적에 의해 최소한 한 번 이상 쫓겨 항구로 밀려갔다. 육상과 해상으로 빈틈없이 봉쇄당한 지브롤터에서는 상대편 연합국의 불화와 행동의 불일치를 틈타 우수한 기량을 가진 영국 해군이 필사적으로 저항하여 겨우 버티고 있었다. 동인도에서는 휴스 경이 후드에 맞선 드 그라스처럼 숫자나 기량 면에서 자신보다 훨씬 나았던 쉬프랑과 대항하고 있었다. 본국 정부가 포기한 미노르카는 우세한 적 병력 앞에 굴복했다. 그리고 역시 그보다 덜 중요한 영국령 앤틸리스 제도는 하나씩 함락되었다. 프랑스와 스페인이 해전을 시작할 당시 영국의 상황은 북아메리카를 제외하고는 모든 곳에서 수세에 몰려 있었고 군사적인 관점에서 볼 때 크게 잘못되어 있었다. 영국은 모든 곳에서, 그리고 모든 면에서 우수한 적이 자유롭게 선택한 시간과 장소에서 공격하기만을 기다리는 입장이었다. 실제로 북아메리카도 이 규칙에서 예외가 아니었다. 그곳에서 공격적인 작전을 몇 차례 감행했음에도 불구하고, 영국의 진정한 적이었던 상대편의 해양력에는 아무런 피해도 주지 못했다.

난관을 극복할 수 있는 가장 바람직한 군사정책

이러한 상황에서 국민적 자부심이나 예민함은 제쳐두고 영국이 취해야 할 군사적 지혜는 무엇이었을까? 이 문제는 군사문제를 연구하는 사람에게 바람직한 연구과제를 제공해줄 것인데, 즉석에서 쉽게 대답할 수 있는 것은 아니다. 그러나 몇 가지 분명한 진실은 지적할 수 있다. 우선 공격받은 제국의 어떤 부분이 지킬 가치가 가장 클 것인가를 결정해야만 했다. 당시 영국인들의 눈에는 영국 본토 다음으로 북아메리카 식민지가 가장 중요한 소유지였다. 다음으로 결정해야 할 것은 자연적인 중요성에 의해 어떤 지점이 보존 가치가 가장 클 것인가, 그리고 자체의 능력이나 주로 해군력 중심의 제국의 힘으로 가장 확실하게 보존할 수 있는 지점이 어느 곳인가가 결정되어야 했다. 예를 들어 지중해에서는 지브롤터와 마혼이 가장 중요한 지점이었다. 이 두 지점 모두를 유지할 수 있었을까? 함대가 쉽게 접근하여 지원할 수 있는 곳이 어디였을까? 두 곳을 모두 유지할 수 없다면, 한 곳은 포기하고 그곳의 방어에 필요한 병력과 노력을 다른 한 지점으로 이동할 필요가 있었다. 그러므로 서인도제도에서는 바베이도스와 산타 루시아의 전략적인 이점이 확실했기 때문에 함대가 숫자상으로 열세 상황으로 되는 즉시 그 밖의 조그마한 섬들로부터 수비대를 철수시킬 필요가 있었다. 자메이카 같은 커다란 섬의 경우는 전반적인 문제에 대해서 언급하면서 개별적으로 연구되어야 할 것이다. 그러한 섬은 대규모 병력에 의한 공격을 제외하고 소규모의 공격을 스스로 막아낼 수 있을지도 모른다. 따라서 바베이도스와 산타 루시아에서의 풍상위치에서 전체 영국군을 끌어내는 것이 잘한 일일 수도 있다.

이처럼 집중된 방어력을 가지고 영국의 막강한 무기인 해군력을 공격에 적극적으로 사용했어야만 했다. 자유국가와 민중의 정부가 자국의 해안 및 수도와 침략자 사이에 있는 병력을 감히 완전히 제거하는 경우는 드물었다. 그러므로 적이 합류하기 전에 발견하기 위해 영국해협 함대를 파견하는 일이 아무리 군사적으로 현명한 일이었다고 하더라도, 그러한 조치를 취하는 것 자체가 불가능했을지도 모른다. 그러나 영국은 보다 덜 중요한 지점에서 공격하면서 연합군의 공격을 예상했어야 했다. 이것은 지금까지 살펴본 여러 전쟁의 국면에서 사실로 드러났다. 만약 북아메리카가 첫번째 목표였다면, 자메이카와 다른 섬들은 과감히 버릴 각오를 했어야 했다. 그러나 로드니는

1781년에 자메이카와 뉴욕에 있는 제독들에게 내려진 로드니의 명령이 수행되지 않았으며 그리고 그 때문에 그레이브스의 함대가 수적인 면에서 적보다 열세에 놓이게 되었다고 주장했다.

뉴포트에 있던 프랑스함대(1780)

그러나 1780년에 드 기셍이 프랑스를 향해 떠났을 때, 로드니는 9월 14일부터 11월 14일까지의 짧은 북미 방문기간 동안 수적으로 훨씬 우세한 상황이었는데도 불구하고 7척의 전열함으로 구성된 뉴포트의 프랑스 전대를 왜 공격하려고 하지 않았을까? 그 프랑스함정들은 7월에 그곳에 도착해 있었다. 그들은 도착한 즉시 토목공사를 하여 진지를 강화했는데, 로드니가 해안에 나타났다는 소식을 듣고 대단히 놀랐다. 로드니가 뉴욕에서 지낸 2주일 동안 프랑스군은 부지런히 작업했다. 그들의 주장에 따르면, 프랑스군은 그 동안의 작업을 통해 영국의 모든 함대와 대항하여 용감하게 싸울 수 있는 진지를 만들었다. 프랑스 전대의 참모장은 이렇게 쓰고 있다. "우리는 두 번 놀랐다. 그 중에서도 특히 로드니가 도착했을 때, 우리는 그가 지나가는 길에 공격하지나 않을까 대단히 두려워하고 있었다. 그런데 그러한 시도가 성급하게 이루어지지 않아서 우리는 시간적 여유를 가질 수 있었다. 이제(10월 20일) 정박지는 모든 영국군에 맞서서도 싸울 수 있을 만큼 요새화되었다."[149]

프랑스군이 점령했던 진지는 매우 강력해졌음에 틀림없었다.[150] 그

---

149) Bouclon, *La Marine de Louis XVI.*, p. 281. 상당히 오해의 소지가 많은 제목이 달려 있는 이 책은 실제로 테르네 휘하의 프랑스 전대 참모장이었던 리베르즈 드 그랑셍 Liberge de Granchain의 전기이다.

곳은 90도가 약간 넘는 요각을 이루고 있었고, 고트 섬으로부터 당시 브렌튼스 포인트Brenton's Point라고 불리우던 곳——오늘날 한쪽은 포트 아담스Fort Adams이고 다른 쪽은 로즈 아일랜드이다——을 잇는 섬을 포함하고 있었다. 그 지점의 오른쪽 측면에 있는 로즈 아일랜드에는 36개의 24파운드 포가 설치되었고, 같은 규모의 포 12개는 왼쪽 날개에 해당하던 브렌튼스 포인트에 설치되었다. 로즈 아일랜드와 고트 섬 사이에는 4척의 함정이 서북서 방향에 있다가 입구로 접근하는 함정을 향해 발포했다. 그리고 고트 아일랜드와 브렌튼스 포인트 사이에 있던 나머지 함척 3척은 앞의 4척과 함께 교차사격을 했다.

여름 계절풍이 항구의 입구 쪽으로 불어닥치기도 했는데, 강풍이 부는 일도 자주 있었다. 상당한 피해를 입은 공격선이라 하더라도 정해진 위치까지 가는 데 별로 어려움이 없었을 것이 확실했다. 그러나 일단 적의 전열과 섞이게 되면 해안포대가 무력화되리라는 것도 확실했다. 로즈 아일랜드에 비치된 포대가 전열함의 2층 갑판포보다 별로 높지 않았고 또한 브렌튼스 포인트에 비치된 포대도 아마 그랬을 것이다. 그리고 이 두 지점에 놓여진 포는 수적인 면에서 전열함보다 훨씬 열세였다. 그러나 포곽은 설치되지 않았으며, 따라서 함정의 포도탄에 의해 침묵하게 되었을지도 모른다. 서쪽으로는 200야드까지 그리고 북쪽으로는 반 마일까지 로즈 아일랜드에 접근할 수 있었다. 로즈 아일랜드의 서쪽을 장악한 영국함대가 사격을 퍼부었기 때문에, 전열함을 포함한 프랑스군의 우익은 적의 진입을 막을 길이 없었다. 거리가 가깝고 포대의 위치가 높다는 점이 영국함대——프랑스

150) *Diary of a French officer*, 1781 ; *Magazine of American History for March*, 1880. 로드니가 뉴욕을 방문했을 당시에 진지를 만드는 작업은 1781년보다 훨씬 불완전했다. 당국은 한 해 뒤에 로즈 아일랜드Rose Island에 36파운드 포 20문을 제공했다.

의 7척에 비해 20척을 소유하여 수적으로 우세했다——로 하여금 이러한 행위를 할 수 있도록 해준 가장 중요한 요소들이었다. 만약 그곳에 있는 프랑스함정들을 파괴시켜 로즈 아일랜드를 정복하는 데 성공했다면, 영국함대는 만의 좀더 깊숙한 곳으로 들어가 퇴각하기에 좋은 바람이 불 때까지 기다릴 수 있었을 것이다. 그곳의 지형에 익숙하던 당시의 한 영국장교의 주장에 의하면,[151] 공격을 하면 성공할 것이 확실했다고 한다. 따라서 그는 스스로 선두함의 수로안내인 역할을 자청하면서 로드니에게 자주 공격할 것을 촉구했다. 그곳에서 프랑스측이 자신감을 보일 수 있었고 영국군이 그러한 자신감을 허용한 것은 넬슨과 나폴레옹의 전쟁과 이 전쟁 사이에 정신적 차이점을 분명하게 보여주었다.

영국의 수세적 입장과 열세

그러나 우리는 여기에서 이러한 시도를 독립된 작전으로서가 아니라 전쟁 전반과 연관시켜 보도록 고려해야 한다. 열세한 병력을 갖고 있던 영국은 곳곳에서 수세적 입장에 있었다. 그러한 입장에서는 필사적이라고 할 수 있을 정도의 활발한 행동 외에는 구원의 길이 없었다. 영국의 초대 해군장관은 로드니에게 다음과 같은 글을 보냈는데, 그것은 올바른 견해라고 할 수 있다. "우리가 모든 곳에서 우세한 병력을 가질 수는 없습니다. 함대사령관들이 귀관이 하는 것처럼 최선을 다하여 국왕 폐하의 모든 영토에 대해 관심을 가지고 돌보지 않으

151) 토마스 그레이브스Thomas Graves 경으로서 1801년 넬슨이 코펜하겐을 공격할 때 부사령관이 되었다. 그 해전은 여기서 말하는 것보다 훨씬 수로안내의 어려움으로 인해 절망적인 상태의 전투였다. *Naval Chronical*, vol. iii을 보라.

면, 우리의 적들은 우리가 어느 곳에선가 준비를 갖추지 못하고 있음을 알고 공격해올 것입니다."[152] 영국 사령관들은 자신들만으로는 감당할 수 없는 적의 공격이 있지나 않을까 하는 것을 부담감으로 갖고 있었다. 연합국 해군은 그러한 상황에 대한 열쇠였다. 따라서 뉴포트에 있는 것과 같은 적의 대규모 전대를 어떠한 위험을 무릅쓰고라도 격파했어야 했다. 이러한 행동노선이 프랑스 정부의 정책에 미친 영향은 고려해볼 가치가 있으며, 그 점에 대해서는 필자도 의심할 여지가 없다고 생각한다. 그러나 후드, 그리고 하우 정도를 제외하고는, 영국의 어떤 함대사령관도 그러한 단계에 이르지 못했다. 로드니는 대단히 유능한 사람이기는 했지만, 이제는 늙고 허약하여 훌륭한 제독이라기보다는 조심스러운 전술가였다고 할 수 있었다.

미국 독립전쟁에 미친 해양력의 영향에 대한 워싱턴의 견해

그레이브스의 패배와 그 뒤를 이은 콘월리스의 항복도 서반구에서의 해군작전을 종료시키지 못했다. 오히려 전체 전쟁을 통해 가장 흥미로운 전술적 위업을 달성하고 또 가장 멋진 승리를 거둔 전투들이 아직도 서인도제도에서 영국의 위신을 높여주고 있었다. 그러나 미국인에 대한 애국적인 관심은 요크타운 사건과 더불어 사라졌다. 미국 독립전쟁을 위한 전투들에 대한 언급을 마치기 전에, 다시 한 번 확인해두어야 할 것은 이 전쟁이 적어도 그렇게 빠른 시기에 성공리에 끝날 수 있었던 것은 바다에 대한 지배——해양력이 프랑스의 수중에 있었다는 점과 영국 당국에 의해 영국 해군이 부적절하게 배치

152) *Rodney's Life*, vol. 1, p. 402.

되었다는 점——때문이었다는 점이다. 이러한 확신은 한 사람의 권위에 의존하는 바가 컸는데, 그는 다른 누구보다도 국가 자원과 국민의 기질 그리고 전투의 어려움을 잘 알고 있었다. 따라서 그의 이름은 아직도 건전하며 과묵하고 과장되지 않은 상식과 애국심을 의미하는 최고의 권위가 되어 있다.

워싱턴이 말했던 모든 것의 요점은 라파예트가 보낸 1780년 7월 15일자 《프랑스군과의 작전계획과 관련된 각서*Memorandum for concerning a plan of operations with the French army*》에 잘 나타나 있다.

> 라파예트 후작은 다음과 같은 일반적인 생각을 로샹보 백작과 슈발리에 드 테르네에게 알리게 되어 기쁘게 생각하는 바임.
>
> 1. 어떤 작전에서도 그리고 어떠한 상황에서도 해군의 결정적인 우세를 근본적인 원칙으로 고려해야 하며, 모든 성공의 희망도 궁극적으로는 그러한 기본원칙에 달려 있음.

그러나 이것은 워싱턴의 견해 중에서 가장 공식적이고 결정적인 표현이기는 하지만, 그만큼 많은 저명인사들이 표현한 것 가운데 하나에 불과했다. 1780년 12월 20일에 프랭클린에게 쓴 편지에서 워싱턴은 이렇게 말하고 있다.

> 브레스트에서 봉쇄된 프랑스군 제2사단에 대해서도 실망했지만, 기대하고 있던 해군의 우세가 기대에 어긋나 훨씬 더 실망했습니다. 우리가 전쟁 초기에 가졌던 밝은 전망에도 불구하고 수동적인 전투를 하지 않을 수 없게 된 것은 주로 이 해군력의 열세 때문이었습니다. …… 최근에 우리는 콘윌리스 경을 돕기 위해 뉴욕 주둔 육군이

계속 파견되고 있는 것을 지켜볼 수밖에 없는 상황입니다. 우리 해군이 약하고 우리 육군의 대부분이 정치적으로 분산되어 있기 때문에, 우리는 남쪽에서 그들에 맞서 대응할 수 없고, 그곳에서 그들로부터 이익을 얻을 수 없습니다.

한 달 후인 1781년 1월 15일, 특수 임무를 가지고 프랑스로 파견된 로렌스Laurens 육군 대령에게 보낸 편지에서 그는 이렇게 말하고 있다.

자금을 빌리는 것 다음으로, 이 해역에서 꾸준히 해군의 우세를 유지하는 것이 가장 중요한 목표입니다. 그것이 이루어지면 적은 어려운 수세적인 입장으로 전환할 것입니다. …… 사실 우리가 해상통제권을 장악하여 유럽으로부터 오는 정규보급로를 차단한다면, 적이 어떻게 우리나라에서 대군을 유지할 수 있겠습니까? 자금 지원과 더불어 해상에서의 우위를 지킬 수 있으면, 우리는 전쟁을 활발한 공세로 전환할 수 있을 것입니다. 그것은 우리에게 가장 결정적인 요소들 가운데 하나가 될 것입니다.

그가 로렌스 대령에게 보낸 4월 9일자 편지에는 다음과 같은 구절이 들어 있다.

만약 프랑스가 우리 사태의 중요한 국면에서 시기적절하고 강력한 도움을 주는 것을 지체한다면, 그 이후에 어떤 도움을 우리에게 준다 해도 아무런 쓸모가 없을 것입니다. …… 한 마디로 말해서, 우리는 지금 막다른 골목에 몰려 있으며, 지금이 아니면 우리를 구해줄

> 사람이 결코 오지 않는다고 단언할 수 있는 이때, 왜 제가 이렇게 자세히 말해야 합니까? 만약 우리나라의 해안에 항상 우세한 함대를 유지하는 것이 전쟁의 전반적인 계획과 조화를 이룰 수 있다면, 적에게 보복하는 것이 얼마나 쉽겠습니까? 그리고 프랑스는 우리에게 자금을 지원해줌으로써 우리가 능동적인 상황에 놓일 수 있게 해줄 것입니다.

그가 간절히 바라는 것은 함정과 자금이었다. 그는 1781년 5월 23일에 슈발리에 드 라 뤼체른Chevalier de la Luzerne에게 다음의 편지를 보냈다. "우리가 이들 해역에서 열세상태인 상황에서, 어떻게 남부의 여러 주에 효과적으로 지원할 수 있으며 또한 그곳들을 위협하고 있는 적을 물리칠 수 있는 방법이 무엇인지 저는 정말 모르겠습니다." 능동적인 작전을 취할 시간이 점점 가까워지자 그는 더욱 자주 그리고 더욱 긴박하게 의견을 피력했다. 그는 1781년 6월 1일에 사우스캐롤라이나에서 많은 난관에 부딪힌 그린 소장에게 다음과 같은 편지를 썼다. "모든 관점에서 우리에게 제기된 문제들을 주의 깊게 살펴본 결과, 우리는 아직 바다에 대한 지배를 결의하지 않았기 때문에 남부의 여러 주에 대한 작전을 유리하게 이끌기 위해 먼저 뉴욕을 공격하기로 결정했습니다." 6월 8일 제퍼슨에게는 다음과 같이 편지를 보냈다. "인접해 있는 주로부터 내가 기대한 만큼 지원을 받을 수 있다면, 적은 뉴욕을 지원하기 위해 남부로부터 병력을 소집할 필요성을 느낄 수밖에 없을 것이고, 그렇지 않으면 그들이 대단히 중요한 지점으로부터 쫓겨날 수 있는 상당한 위험을 무릅쓰게 될 것입니다. 그리고 만약 우리가 다행히 해군의 우세를 얻게 된다면, 적은 필연적으로 파멸하게 될 것입니다. …… 우리가 해상에서 열세에 놓여 있는 동안에는, …… 절망에 빠져 있는 남부로 즉시 증원군을 파견하기보다는 군대를 일시적으로 전환함으로써 그 지역들을 구하도록 시도해야 합니다." 로샹보는 6월 13일자 그의 편지를 받았는데, 그 안에는 다음의 구절이 들어 있었다. "우리는 현재의 상황에서 뉴욕을 유일한 실질적 목표로 생각하고 있다는 것을 알아주십시오. 그러나 만약 우리가 해군의 우세를 확보할 수 있다면, 우리는 아마 훨씬 실질적이며 뉴욕만큼이나 가치 있는 다른 목표도 갖게 될 것입니다." 체서피크를 향하여 항해 중임을 알리는 드 그라스의 편지들을 8월 15일까지 받은 후, 워싱턴은 오랫동안 지연된 함대를 중심으로 한 버지니아에 대한 전투계획으로 가득 채워진 답장을 보냈다. 뉴욕에서 영국함대가 보강되었다는 소식을 듣자마자, 너무 길어서 여기에서 인용할 수는 없지만 드 그라스의 실망과 출항 목적이 담긴 9월 25일자의 편지가 도착했다. 위험이 어느 정도 줄어들자 워싱턴은 항복을 받은 다음날 드 그라스에게 확신이 담긴 답장을 보냈다. "요크의 항복 …… 그 영광을 귀하에게 돌립니다. 그곳의 항복은 우리의 매우 낙관적인 기대를 크게 앞당겼습니다." 그리고 그는 작전하기에 좋은 계절이 아직 많이 남아 있다고 판단하고 남부에서 계속 작전할 것을 촉구했다. "귀하가 도착하기 전에는 남부에서의 결정적인 이점을 전반적으로 우세했던 영국 해군력에게 제공해주었고 또한 영국은 병사와 보급품을 재빨리 수송할 수 있었습니다. 반면에 우리는 여러 가지 면에서 비용이 많이 들고 육군의 완만한 지상 행군으로 인해 소규모 전투에서 패할 수밖에 없었습니다. 그러므로 이 전쟁을 종결시키는 것은 귀하에게 달려 있습니다." 드 그라스는 이 요청을 거부했다. 그러나 그가 그 다음해에 협력하여 전투하겠다는 의도를 보이자 워싱턴은 즉시 이를 받아들였다. "귀하가 계신다면, 이 해역에서 귀하에게 절대적인 우위를 제공해줄 수 있는 해상병력이 절대적으로 필요하다는 것을 제가 주장할 필요는 없을 것입니다. …… 귀하는 지상군이 어떠한 노력을 기울인다고 하더라도 현재의 전쟁에서 해군이 최후의 결정권을 갖고 있다는 것을 알게 될 것입니다." 그는 2주일 후인 11월 15일에 프랑스로 출항하려고 준비 중이던 라파예트에게 다음과 같은 편지를 썼다.

> 귀하가 다음 전투의 작전에 대한 저의 생각을 알고 싶어하신다고 했으므로, 저는 지루한 논리전개를 생략하고 다음과 같이 한 마디로 말하려고 합니다. 다음 전투는 절대적으로 이 해역에 전개되어 있는 해군력에, 그것도 그 해군력이 내년 중 언제 나타나느냐에 달려 있습니다. 해상에서의 우세가 수반되지 않으면, 어떤 지상군도 결정적인 행동을 할 수 없습니다. …… 만약 드 그라스 백작이 2개월 동안만 더 그의 합동작전을 전개할 수 있었다면, 조지아와 캐롤라이나에서 영국의 병력을 완전히 근절시킬 수 있었으리라는 것은 누구든지 의심할 여지가 없습니다.

존경을 받는 미국 육군의 최고사령관이었던 워싱턴의 견해에 따르면, 그 자신이 매우 훌륭한 기량과 한없는 인내심을 가지고 지도했고 또한 수많은 시련과 실망 중에서도 영광스러운 결말을 맺은 그 전투에서 해양력의 영향력은 그처럼 지대했다.

이상에서 우리는 동맹국들의 순양함들과 미국의 사략선들이 영국의 통상에 미친 손실이 막대했음에도 불구하고 미국의 대의명분이 이 해협으로 돌려지고 있음을 알게 될 것이다. 이 사실과 통상파괴가 전쟁 전반에 다소 위협을 주었더라도 그 전쟁을 통해 얻은 결과가 대단하지 못했음을 미루어볼 때, 그러한 정책을 적용한 것이 전쟁의 중요한 결과에 비해 단지 부수적인 것이었을 뿐만 아니라 결정적인 효과도 보지 못했음을 분명하게 보여주었다.

제11장

유럽의 해전(1779~82)

유럽에서의 연합군의 작전 목표

앞 장에서는 미국 독립전쟁에 미친 해양력의 영향을 여러 가지 살펴보고 여러 번 언급한 워싱턴의 견해로 끝맺음을 했다. 지면이 허용한다면, 그의 의견은 영국의 최고사령관이었던 헨리 클린턴 경의 비슷한 견해에 의해 보충될 수도 있을 것이다.[153] 유럽에서 전개된 전쟁의 결과들도 전적으로 동일한 요인들에 의해 좌우되었다. 유럽에서 연합군은 세 가지 정도의 목표를 갖고 있었는데, 영국은 그 목표에 대해 각각 완전히 방어적인 자세를 취했다. 연합군의 첫번째 목표는 영국 본토였는데, 거기에는 침략을 위한 준비단계로서 영국해협 함대의 격파가 포함되었다. 그런데 이 계획이 진지하게 시도되었다고 말할 수는 없을 것 같다. 두 번째 목표는 지브롤터의 점령이었고, 세 번째는 미노르카의 함락이었다. 마지막 목표만이 성공적으로 달성되었다. 영국은 대단히 우세한 적 함대로부터 세 차례나 위협을 받았지만, 큰 피해를 입지 않았다. 지브롤터도 세 차례나 위험에 빠졌지만, 해군력의 열세에도 불구하고 영국 선원의 우수성과 행운 덕분에 무사했다.

153) 호기심이 많은 독자에게 B. F. Stevens, *Clinton Cornwallis Controversy*, London, 1888에 게재되어 있는 클린턴의 편지와 각서들이 참고가 될 것이다.

영국에 대한 스페인의 선전포고

어션트 앞바다의 케펠 해전 이후, 1778년과 1779년 전반기 사이에 유럽 해역에서는 함대끼리의 어떤 교전도 발생하지 않았다. 한편, 스페인은 영국과의 불화 때문에 프랑스와 적극적인 동맹관계를 맺었고 마침내 영국에 대해 1779년 6월에 전쟁을 선포했다. 그러나 두 부르봉 왕조의 국가들 사이에는 이미 그 이전인 4월 12일에 영국에 대한 적극적인 전쟁을 포함하는 조약이 체결되어 있었다. 이 조약에 의하면, 두 국가가 영국과 아일랜드를 침략할 때 스페인에게 미노르카와 펜서콜라, 그리고 모빌을 되찾아주기 위해 모든 노력을 다해야 하며 또한 두 왕실이 지브롤터를 탈환하기 전까지 영국과 어떠한 평화조약이나 휴전을 맺을 수 없으며 적대행위도 중지할 수 없었다.[154)]

연합함대의 영국해협 진입(1779)

준비가 완전히 갖추어질 때까지 선전포고는 연기되었지만 영국 정부는 같은 혈통을 지닌 양국의 관계에 주의를 기울이고 양국함대가 합류하는 것을 방해할 준비를 해야 했다. 실제로 브레스트에 대한 봉쇄가 확실하게 이루어지지 못했으므로, 도르빌리에——그는 지난해에 케펠의 적수였다——의 지휘하에 프랑스의 전열함 28척은 1779년 6월 3일에 아무런 방해도 받지 않은 채 그곳을 벗어날 수 있었다.[155)]

---

154) Bancroft, *History of the United States*, vol. x, p. 191.

155) 영국이 프랑스 한 나라에 대해 우세를 이용하는 데 실패했음에도 불구하고, 40척 이상으로 구성된 영국해협 함대는 브레스트 함대가 승무원이 부족한 상태에서 서둘러 항해함으로써 합류하는 것을 방해받지 않을까 두려워했다. 그런데 브레스트 함대는 그렇게 항해했기 때문에 순항하는 데 중요한 경험을 갖게 되었다. Chevalier, p. 159.

그 함대는 스페인 함정들을 만나기로 예정되어 있던 스페인 해안을 향해 항진했다. 그러나 7월 22일이 되어서야 비로소 모든 분견함대들이 합류할 수 있었다. 여름철의 7주라는 중요한 시간이 그렇게 무의미하게 지나갔다. 그러나 그것이 피해의 전부는 아니었다. 프랑스 함대는 오직 13주 분의 식량밖에 비축하지 않았으며 또한 66척의 전열함과 14척의 프리깃 함으로 구성된 스페인의 무적함대는 40일 분량의 식량밖에 소유하지 않은 상태였다. 게다가 함대에 질병도 퍼졌다. 연합함대는 영국함대가 바다에 있는 동안 해협으로 들어가는 데 성공할 만큼 대단히 운이 좋았지만, 적 함정 수의 절반에 불과했던 영국함대는 그 적 함정들 사이를 통과하는 데 성공했다. 연합함대는 단단하게 결속되지 못함으로써 비효율적인 준비에 따른 약점을 더욱 크게 만들어버렸다. 프랑스함대가 15주 동안 순항하여 얻은 결과는 영국해협 해안에 대한 뚜렷한 공포심을 갖게 되었다는 점과 전열함 한 척을 나포한 것뿐이었다.[156] 실패의 책임은 주로 준비를 잘 갖추지 못한 스

156) 수많은 함정으로 구성된 이 함대가 잘못 관리된 점들은 혼란을 야기할 정도로 너무 많기 때문에 각주로 처리하겠다. 프랑스함대는 4천 명의 승무원이 부족한 채로 서둘러 출항했다. 스페인함대가 합류하는 데에는 7주나 걸렸다. 그들이 합류했을 때, 합동 신호체제도 마련되어 있지 않았다. 여름철의 귀중한 5일이 이 결점을 보완하는 데 소비되었다. 양국 함대가 합류한 지 1주일 후가 되어서야 비로소 연합함대는 영국을 향해 항해할 수 있었다. 7주 동안 프랑스함대에 의해 소비된 식료품을 보급하기 위해 어떤 조치도 취해지지 않았다. 도르빌리에에게 내려진 원래의 명령은 포츠머스에 상륙하거나 와이트 섬Isle of Wight을 점령하는 것이었고, 그 목적을 달성하기 위해 대군이 노르망디Normandie에 집결해 있었다. 그런데 그가 영국해협에 도착하자마자 명령이 갑자기 바뀌어 팰머스Falmouth가 상륙지점으로 정해졌다. 8월 16일경이 되자 여름이 거의 끝나가고 있었다. 팰머스는 점령한다고 해도 대함대에 은신처를 제공해줄 수 없을 것 같았다. 그때 해협 밖에 있던 함대에 동쪽으로부터 강풍이 몰아닥쳤다. 이 때문에 함정에는 환자가 많이 발생하여 함정을 조종하거나 전투를 할 병력이 크게 부족하게 되었다. 그러므로 800~1,000명의 승무원 가운데 300~500명만이 점호를 받기 위해 모일 수 있었다. 이

페인함대에게 있었지만, 프랑스 내각은 함대가 부족한 것을 채워주지 않은 채 실패의 책임을 아무런 죄가 없는 도르빌리에에게 덮어씌웠다. 용감하고 훌륭했지만 운이 나빴던 이 제독은 외아들이던 대위마저 연합군에 퍼져 있던 페스트로 잃었지만, 비난을 면할 수 없었다. 깊은 신앙심을 가지고 있던 그는 트라팔가르 해전 이후 자살한 빌뇌브의 전철을 따르기를 거부했으며, 그 대신 사령관직을 버리고 은퇴하여 종교인으로서 생활을 했다.

지브롤터를 구하기 위한 로드니의 출항

유럽에서 1780년도에 미약하나마 바다에 대한 관심을 불러일으킨 곳은 카디스와 지브롤터 주변이었다. 이 요새는 전쟁이 발생한 즉시 스페인에 의해 포위되었다. 영국인들은 직접적인 공격을 잘 막아냈지만, 위험이 따르는 일이었던 식료품과 탄약의 보급은 심각할 정도로 이루어지지 않았다. 로드니는 이러한 상황을 타개하기 위해 20척의 전열함과 지브롤터와 미노르카로 갈 대규모 선단과 증원군, 그리고 서인도 무역선단을 이끌고 1779년 12월 29일에 출항했다. 서인도 무역선들은 주력선단에서 분리되어 4척의 프리깃 함의 보호를 받으면서 1월 7일에 목적지를 향해 출발했다. 그리고 다음날이 되자, 함대는 7척의 전열함과 16척의 보급선으로 구성된 스페인 전대를 나포하

처럼 관리상의 잘못은 함대의 전투력을 크게 감소시켜버렸다. 안전하고 접근하기 쉬운 정박지에서 노출된 4류 항구로 목표를 바꿈으로써 발생한 타격도 컸을 뿐만 아니라 가을과 겨울 동안에 작전을 할 기지를 확보한다는 희망이 사라짐으로써 커다란 재앙도 닥쳐왔다. 프랑스는 그 당시 영국해협에 최상의 피난처를 하나도 갖고 있지 않았다. 이 때문에 가을과 겨울철에 불어오는 대단히 강한 서풍에 의해 연합함대는 북해로 밀려났다.

는 데 성공했다. 그 보급선들 중 12척은 거기에 실린 식료품들과 함께 지브롤터로 인도되었다. 일주일 후인 16일 오후 1시에는 11척의 전열함으로 구성된 스페인 함대가 남동쪽에서 모습을 드러냈다.

스페인 랑가라 전대의 패배와 지브롤터의 구조

스페인함대는 접근하고 있는 적 선박들이 강력한 군함 없이 지브롤터로 가는 보급선으로만 구성된 것으로 생각하고서 그대로 머물러 있었다. 이것은 그들의 실수였는데, 강력한 적함의 존재를 알았을 때에는 도피하기에 너무 늦었다. 이 실수는 프리깃 함을 내보내 초계활동을 하지 않았기 때문에 발생했다. 스페인 제독이었던 돈 후앙 드 랑가라Don Juan de Langara는 실수를 깨닫자마자 적함을 피하려고 했다. 그러나 영국함정들은 선저에 동판이 부착되어 있어 속력이 빨랐으며, 로드니는 이를 이용하여 총추격신호를 보냈다. 로드니는 바람이 불고 있던 야간에 자신의 함대가 풍하의 위치에 있었으며 또한 위험한 사주가 있는데도 불구하고 적과 항구 사이로 진입하여 스페인 전열함 6척과 최고사령관을 나포하는 데 성공했다. 7번째의 함정은 폭파되었다. 악천후가 계속되어 나포된 함정 중 한 척이 난파되고 또 다른 한 척은 카디스로 밀려갔다. 많은 영국함정들도 대단히 위험했지만 다행히 며칠 후에 전 함대가 지브롤터 만으로 들어가는 데 성공했다. 미노르카로 갈 선단이 즉시 출항했으며, 그 선단을 호위하던 함정들이 2월 13일에 돌아오자, 로드니는 4척의 전열함을 이끌고 서인도제도를 향하여 곧 출항했다. 4척의 전열함을 제외한 나머지 함정은 노획물들과 함께 디그비Digby 제독의 지휘하에 영국으로 돌아갔다.

연합함대의 대규모 영국 선단 나포

당시 영국에서는 정치와 정당들의 파벌싸움이 심했으며 게다가 영국해협 함대도 열세였기 때문에 함대의 총사령관직을 기꺼이 맡으려는 인물을 찾기가 대단히 어려웠다. 존경받는 제독이자 산타 루시아를 점령한 적이 있었던 배링턴 제독은 기꺼이 후배의 지휘를 받는 부사령관으로 근무하겠다면서 최고사령관직을 거절했다.[157] 36척의 전열함으로 구성된 연합함대는 카디스에 집결해 있었다. 그러나 그들의 순항해역은 포르투갈 해안으로 한정되어 있었으며 유일하고도 매우 중요한 임무는 동인도제도와 서인도제도로 가는 군수품을 적재한 선단 전체를 나포하는 것이었다. 나포된 60척의 영국 선박이 3천 명 정도의 포로와 함께 카디스로 입항했다는 소식은 스페인 사람들을 대단히 기쁘게 만들었다. 10월 24일에 로드니와 전투를 벌이고 귀환한 드 기셍도 19척의 전열함으로 구성된 서인도 전대를 이끌고 카디스에 입항했다. 그러나 이렇게 집결한 거대한 연합함대는 아무런 일도 하지 않았고 프랑스의 함정들은 1781년 1월에 브레스트로 돌아가 버리고 말았다.

발트 해 주변국들의 중립(1780)

1780년의 전쟁은 이처럼 유럽에서 군사적으로 아무런 소득도 얻지 못했던 반면에, 해양력의 역사에서 도저히 그냥 지나칠 수 없는 한 사건이 발생했다. 그것은 무장중립이었는데, 그 선두에는 러시아가 있

---

157) *Life of Admiral Keppel*, vol. ii, pp. 72, 46, 403. 또한 Barrow, *Life of Lord Howe*, pp. 123~126도 보라.

었으며, 스웨덴과 덴마크가 후에 합세했다. 중립국 선박에 실린 적의 물품을 빼앗겠다는 영국의 주장은 중립국가, 특히 발트 해 국가들과 네덜란드를 포함한 여러 국가들이 받아들일 수 없는 것이었다. 그 전쟁 때문에 유럽의 통상 중 많은 부분은 이 중립국들과 오스트리아령 네덜란드의 수중에 들어갔다. 영국은 발트 해 국가들의 생산품이었던 식량과 해군용 물자가 적의 수중에 들어가는 것을 막는 데 특별한 관심을 보였다. 러시아가 제의하여 스웨덴과 덴마크가 서명한 이 무장중립 선언의 내용은 다음 네 가지였다.

(1) 중립국 선박은 봉쇄되지 않은 항구로 출입할 수 있을 뿐만 아니라 교전국의 항구를 출입할 수 있는 권리, 다시 말하여 교전국의 해상 무역을 유지할 권리가 있다.

(2) 전쟁 당사자들의 소유자산이라고 하더라도 중립국 선박에 선적되어 있으면 안전이 보장되어야 한다. 이것은 오늘날 우리도 잘 알고 있는 "자유선박에 실려 있으면 자유물품이 된다Free ships make free goods"는 원칙을 의미했다.

(3) 전쟁을 위한 무기, 장비, 그리고 군수품을 제외하고는 어떠한 물품도 수출입금지품이 될 수 없다. 이것은 또한 교전국 정부에 속하지 않는 한 해군용 물품과 식료품도 금지품에서 제외시켜야 한다는 것을 의미했다.

(4) 봉쇄가 구속력을 가지기 위해서는 봉쇄된 항구 근처에 적절한 해군력이 배치되어 있어야 한다.

이 전쟁에서 중립을 지켰던 당사자들이 정해진 최소한도의 무장한 연합함대만으로 이 원칙들을 지켜나가겠다고 천명했기 때문에,

이 협정은 무장중립이라는 명칭을 갖게 되었다. 이러한 각종 선언의 타당성에 대한 논의는 국제법에 속하는 사항이다. 그러나 영국과 같은 대해양국이라면 첫번째 항과 세 번째 항을 정당한 것으로 받아들이려 하지 않을 것이다. 그러한 해양국으로 하여금 그 항목들을 준수하도록 유도할 수 있는 것은 정책뿐이었다. 영국의 내각과 국왕은 이 무장중립선언에 대해 직접적으로 반박하지 않고서 그 원칙들을 무시하기로 결정했고 당시 저명한 야당의 골수분자들도 원칙적으로 그러한 노선을 지지했다.

네덜란드에 대한 영국의 선전포고

1세기 동안이나 영국과 동맹관계에 있었으면서도 루이 14세 시대처럼 친영파와 친프랑스파로 분할되어 있던 네덜란드 연방의 애매한 태도는 영국의 특별한 관심을 끌었다. 그들은 무장중립에 가담하도록 요청을 받았다. 비록 가담하는 데 주저했지만, 대다수의 연방은 그 제의에 호의적이었다. 그런데 이미 호송 중인 상선에 대한 검색을 거부한 네덜란드 군함에 대해 영국의 한 장교가 발포한 사건이 발생했다. 그러한 행위는 정당성 여부를 떠나서 네덜란드인들에게 영국에 대한 적개심을 불러일으키게 만들었다. 그러자 영국은 만약 네덜란드 연방이 중립동맹에 가담하면 선전포고를 선언하기로 결정했다. 영국 내각은 네덜란드 의회가 지체없이 무장중립선언에 서명하기로 했다는 정보를 1780년 12월 16일에 들었다. 따라서 영국 내각은 즉시 네덜란드의 서인도제도와 남아메리카에 있는 소유지들을 빼앗으라고 로드니에게 명령했다. 비슷한 명령이 동인도제도에 대해서도 내려졌다. 그리고 헤이그주재 대사는 소환되었다. 영국은 4일 후에 네덜란드에 대해 선전포고를 했다. 그리하여 네덜란드 상선과 식민지들이 영국 순양함들의 약탈 대상으로 추가되었다. 영국이 네덜란드 함대와 다른 적함들의 합류를 효율적으로 막을 수 있는 지리적 조건을 갖고 있었기 때문에, 네덜란드가 새로운 적국이 되었다고 해도 영국에 미친 영향은 별로 크지 않았다. 네덜란드의 소유지들은 프랑스군에 의해 구조된 것을 제외하고 곳곳에서 영국에게 넘어갔다. 한편 1781년 8월에 북해에서 발생한 영국과 네덜란드 전대 사이의 피비린내 나고 비교훈적인 전투는 과거 네덜란드인들의 용감성과 고집을 보여준 무력시위였다고 할 수 있다.

더비 제독의 지브롤터 식량 지원

1781년에 유럽 해역에서 대함대들의 활동은 미국의 독립문제에 결정적인 역할을 할 수도 있었지만, 결과는 보잘것없었다. 3월 말에 드 그라스는 26척의 전열함을 이끌고 브레스트를 출항했다. 그는 쉬프랑의 지휘하에 5척을 동인도제도로 29일에 파견했으며, 자신은 계속 나아가 요크타운에서 승리했지만 서인도제도에서 참패했다. 드 기셍은 18척의 전열함을 지휘하여 6월 23일에 브레스트를 출항하여 카디스로 향했고, 그곳에서 30척의 스페인함정과 합류했다. 이 대함대는 7월 22일에 지중해로 항진하여 만 4천 명의 병사를 미노르카에 상륙시킨 후, 영국해협으로 이동했다.

영국은 그 해에 처음으로 지브롤터에 닥쳐올 위험에 대비하기 시작했다. 이 포위당한 요새는 그 전해 1월 로드니가 방문한 이래 보급이 이루어지지 않고 있었기 때문에 무엇보다도 보급이 시급한 상태였다. 식료품의 상태가 나쁘고 그나마 부족했으며, 비스킷에는 벌레가 생겼고, 고기는 썩고 있었다. 역사상 가장 오래 걸리고 가장 극적인 포위공격의 와중에서 발생한 두려움과 공포에 떨고 있던 전투 부대원들의 고통은 장병 가족들을 포함한 평화스러운 주민들의 존재 때문에 훨씬 심했다. 28척의 전열함으로 구성된 대함대가 3월 13일에 포츠머스를 출항했는데, 동인도제도와 서인도제도로 가는 300척의 상선과 지브롤터로 가는 97척의 수송선과 보급선을 호송하는 임무를 갖고 있었다. 이 함대는 아일랜드 해안에서 지체함에 따라 그보다 9일 후에 출항한 드 그라스의 함대와 마주치는 것을 피할 수 있었다. 그 함대는 세인트 빈센트 앞바다에 도착할 때까지 아무 적을 만나지 않았는데, 카디스 항을 조사한 후 스페인의 대함대가 정박 중이라는 사실을 알게 되었다. 스페인함대는 전혀 움직이지 않았다. 따라서 더비Derby 제독은 아무런 방해도 받지 않은 채 4월 12일에 보급품을 지브롤터에 하역할 수 있었다. 동시에 그는 드 그라스가 했던 것처럼 소규모 전대를 동인도제도로 파견했는데, 그 전대는 곧 쉬프랑의 전대와 조우할 예정이었다. 지브롤터에 대한 스페인 정부의 열망을 생각해볼 때, 스페인함대가 전혀 움직이지 않은 것은 스페인 제독의 자신이나 지휘에 대한 신뢰성 부족 때문이었던 것처럼 보인다. 지브롤터와 미노르카를 구한 더비는 5월에 영국해협으로 되돌아갔다.

연합함대의 영국해협 재출현(1781)

거의 50척으로 구성된 연합함대가 8월에 접근하자, 더비는 토베이로 물러나 30척 정도의 함정을 그곳에 정박시켰다. 연합함대의 최고 사령관이자 앞에서 말한 로드니와의 전투 때 신중함을 보여주었던 드 기셍은 전투를 찬성하고 있었다. 그러나 프랑스의 일부 장교와 스페인 함대의 거의 전 장교가 작전회의council of war[158]에서 그의 의견에 반대했으며, 부르봉 왕가의 대연합은 그들 자신의 불화와 적의 단결로 인해 다시 위기를 맞게 되었다. 이처럼 거대한 연합함대가 집결했는데도 불구하고, 영국은 어떤 피해도 입지 않았으며, 결국 지브롤터도 무사하게 되었다. 그러나 영국의 성과는 영국함대가 노력하여 얻은 것이 아니었다고 할 수 있다.

서인도제도에서의 프랑스 선단의 파괴

연합함대는 그 해 말에 굴욕적인 재난을 당했다. 드 기셍은 대규모 상선단과 군대의 보급품을 실은 함정들을 호위하면서 17척으로 구성된 전열함을 지휘하여 브레스트를 출항했다. 영국에서는 켐펜펠트Kempenfeldt 제독이 지휘하는 12척의 함정이 드 기셍의 함대를 추격했다. 그는 고도의 전문적인 능력을 지닌 장교였는데, 그가 사망한 후 많은 시인들이 그의 비극적인 죽음을 찬미하기도 했다. 어션트에

158) 비트슨Beatson은 연합국의 작전회의에 대해 상세하게 다루고 있다(vol. v, p. 395). 어려운 상황에 부딪혔을 때 전쟁의 결정적인 유형이었던 통상파괴전에 호소함으로써 그 회의가 행동에 옮겨지기를 주저하는 경우는 증가했다. 보세Beausset는 "연합함대는 가장 중요하고 실행 가능한 목표, 즉 영국 본국으로 가는 서인도제도의 함대를 차단하는 것에 직접 모든 관심을 기울여야 했습니다. 이것은 거의 실패할 염려가 없는 조치였습니다. 또한 그 결과는 영국에 너무나 치명적이어서 전쟁의 전 기간 동안 다시는 서인도제도 함대를 구성할 수 없었을 것입니다"라고 주장했다. 라페이루즈-봉피스에 대한 프랑스인의 설명도 또한 본질적으로 같았다. 슈발리에는 자세한 사항을 언급하고 있지 않지만 다음과 같이 정확하게 말했다. "연합함대의 순항은 프랑스와 스페인의 명성에 해를 끼치는 것이었다. 이 양국은 대병력을 전개했지만, 아무런 결과도 얻지 못했다." 영국의 무역도 역시 거의 피해를 입지 않았다. 드 기셍은 "저는 영광스럽지 못한 순항을 한 후에 돌아왔습니다"라고 본국에 편지를 했다.

서 서쪽으로 155마일 떨어진 바다에서 프랑스함대와 마주친 그는 자신의 병력이 열세한 데도 불구하고 프랑스 선단의 일부를 차단했고[159] 며칠 후에는 폭풍우가 프랑스함대를 강타했다. 그렇게 해서 150척의 선박 중 2척의 전열함과 5척의 상선만이 서인도제도에 도착할 수 있었다.

포트 마혼 함락(1782)

1782년은 영국이 포트 마혼을 상실하는 사건으로 시작되었다. 영국은 6개월간 점령했던 그곳을 2월 5일에 잃었다. 그곳은 적의 심한 포격 때문에 방공호와 포대가 더러운 공기로 가득 찼으며, 야채가 부족하여 생긴 괴혈병이 번짐으로써 항복하지 않을 수 없었다. 방어를 하던 마지막 날 밤, 보호를 받아야 할 사람이 415명이었던 반면에, 임무를 제대로 수행할 수 있는 사람이 660명에 불과했다. 그 섬은 더 이상 방어될 수가 없는 상황이었다.

연합함대의 알제시라스 집결

연합함대의 전열함 40척이 그 해에 카디스에 집결했다. 네덜란드 함정들이 여기에 합류할 것으로 기대되었지만, 하우 경이 지휘하는

---

159) 이러한 프랑스의 재난은 훌륭한 기량을 갖고 있고 평소에 상당히 주의가 깊었던 드 기셍이 잘못 관리한 탓으로 돌릴 수 있다. 켐펀펠트가 그와 마주치게 되었을 때, 모든 프랑스의 군함들은 호송선단의 풍하 쪽에 있었고, 반면에 영국은 선단의 풍상 쪽에 있었다. 그러므로 프랑스는 제때에 적을 가로막을 수 없었다. 호송선단을 호위함의 풍하 쪽으로 이동시키는 차선책은 상선단의 규모가 너무 커서 적용될 수 없었다.

영국 전대가 네덜란드함정들을 항구로 되돌아가게 만들었다. 영국 해안을 목표로 한 어떤 적극적인 모험도 불가능하게 보였다. 그러나 연합함대는 여름 동안 영국해협의 입구에서 순항하거나 비스케이 만에 머무르고 있었다. 그 함대는 연합국 선박을 안전하게 출입할 수 있도록 하는 동시에 영국의 통상을 위협했다. 그럼에도 불구하고 하우는 22척의 함정을 가지고 전투를 피하면서 해협을 보호했을 뿐만 아니라 자메이카 함대가 안전하게 항구로 들어갈 수 있도록 해주었다. 해상을 통한 무역과 군대수송에 미친 피해는 양쪽이 거의 같았다고 할 수 있을 것이다. 그러나 이 매우 중요한 목적을 위해 해양력을 잘 사용했다는 영광은 보다 약자였던 영국측으로 돌아가야 한다.

여름철의 순항기간에 시달된 모든 명령을 실행한 연합함대는 카디스로 돌아갔다. 그 함대는 그곳에서 9월 10일에 지브롤터로부터 만의 반대편에 있는 알제시라스Algesiras로 항진했다. 그곳으로 간 목적은 지브롤터에 대해 해상과 육상을 통한 대규모 합동작전을 지원하면서 또한 지중해의 가장 중요한 곳을 손에 넣기 위해서였다. 그런데 이미 그곳에 있었던 함정을 포함하면, 전체 함정은 거의 전열함 50척에 가까웠다. 강력한 공격의 세부적인 내용을 살펴보는 것은 우리의 주제에 속하지 않지만, 그렇다고 관심을 끌 수 있는 사항들마저 전혀 언급하지 않고 지나갈 수는 없다.

실패로 끝난 연합군의 지브롤터 대공략(1782)

훌륭한 업적을 많이 남겼으며 또한 수비대의 꾸준한 인내심을 돋보이게 했던 3년에 걸친 포위공격은 이제 거의 끝날 단계에 있었다. 수비대가 얼마나 오랫동안 견딜 수 있을지 아무도 장담할 수 없었지만, 영국의 해양력은 요새의 교통로를 차단하려는 연합국의 노력을 저지시키는 데 성공했다. 그러나 그곳이 주력함대에 의해 정복되었다고도 할 수 있으며 또한 전혀 정복되지 않았다고도 할 수 있는 상황에서, 기진맥진한 교전 당사국들은 전쟁이 곧 끝날 것임을 예고했다. 따라서 스페인은 마지막 준비를 위한 노력과 군사적 재능을 배가시켰다. 이러한 스페인의 노력과 결정적인 전투가 임박하고 있다는 소식을 듣고서 유럽 각국으로부터 자원자와 군인이 모여들었다. 프랑스 부르봉 왕가의 두 국왕이 그곳으로 달려옴으로써 앞으로 진행될 드라마의 극적인 흥미가 한층 더 커졌다. 장엄한 결말을 장식하기 위해서는 국왕이 그 자리에 있을 필요가 있었다. 왜냐하면 포위하고 있는 측의 낙관적인 확신이 극작가의 확신과 더불어 만족스러운 대단원을 약속하고 있었기 때문이었다.

공격하는 쪽은 지브롤터와 본국 사이를 연결하는 지협에 300문의 포를 설치했는데, 공격하는 쪽이 가장 믿었던 것은 154문의 중포가 실려 있을 뿐만 아니라 장전과 발사가 가능하도록 정교하게 만들어진, 물 위에 떠 있는 10척의 수상포대였다. 이 포대들은 요새에서 약 900마일 떨어진 곳에 남북으로 열을 이루며 정박하고 있었다. 그 수상포대들은 40척의 포함과 40척의 폭탄선, 그리고 수비대에 대한 공격을 엄호하고 교란시킬 수 있는 전열함들의 지원을 받았다. 만 2천 명의 프랑스 병사들이 총공격——그 공격은 포격으로 수비대에게 충분히 피해를 주어 사기를 저하시킨 후 실시될 예정이었다——에서 스페인군을 보강해줄 수 있도록 수송되었다. 이번에 스페인군의 병력은 7천 명이었는데, 요새에 있는 수비군은 3만 3천 명이었다.

마지막 전투는 영국에 의해 시작되었다. 1782년 9월8일 아침에 영국군 사령관 엘리엇Elliott은 지협에 있는 보루에 대해 포격을 시작하여 큰 피해를 입히는 데 성공했다. 그는 목표를 달성하자 공격을 중단했는데 도전에 응하기 시작한 적은 그 다음날 아침부터 연속 4일 동안 지협 한 곳에서 하루에 6천5백 발의 포탄과 천백 발의 폭탄을 퍼부었다. 그리하여 9월 13일에 대단원의 막이 내리게 되었다. 그날 오전 7시에 10척의 수상포대가 만의 입구에서 닻을 올리고 이동하여 공격할 위치로 옮겼다. 그 포대들은 9시에서 10시 사이에 돛을 내리고 한꺼번에 일제사격을 시작했다. 포위당한 적들도 역시 맹렬하게 반격했다. 이 수상포대들은 잠시나마 그들의 바람을 성취해주는 것처럼 보였지만, 포가 빗나가거나 발사되지 않는 일들이 발생하기 시작했다. 또한 화재를 진압하기 위한 자동소화장치가 명중률을 높이는 데 오히려 장애물로 작용하기도 했다.

오후 2시경에 최고사령관이 승함하고 있는 기함에서 연기가 나기 시작했으며, 잠시 잡히는 듯하던 그 불길은 다시 타오르기 시작했다. 비슷한 불운이 다른 함정에서도 발생했다. 저녁때가 되자 포위당한 측의 공격이 우세를 보였다. 그리고 다음날 오전 1시가 되자 대부분의 수상포대들이 불길에 휩싸였다. 그들의 피해는 영국의 포함을 지휘하고 있던 해군장교의 행동에 의해 훨씬 증가되었다. 영국의 포함들은 연합군 대형의 측면에서 효과적으로 사격을 실시했는데 스페인 포함은 영국 포함의 이러한 활동을 저지하지 못했다. 결국 10척의 수상포대 중 9척이 정박된 상태에서 폭발해서 천5백 명이 죽거나 실종되었으며, 400명은 화염 속에서 영국 승무원들에 의해 구조되었다. 10번째의 수상포대는 영국 해군들에 의해 점령되어 불태워졌다. 수상포대의 실패와 더불어 공격하는 쪽의 희망은 완전히 사라져버렸다.

지브롤터에 대한 하우 제독의 재보급 작전

이제는 수비대를 아사시켜야 한다는 희망밖에 남지 않았으며, 이 목적을 이루기 위해 연합국 함대는 최선을 다했다. 하우 경이 34척의 전열함과 보급함으로 구성된 대함대를 지휘하여 출항했다는 소식이 알려졌다. 10월 10일에 강력한 서풍이 불어 연합함대는 피해를 당했다. 이 서풍 때문에 한 척이 지브롤터 포대의 사정거리 안에 있는 해안으로 밀려갔다가 결국 항복하고 말았다. 그 다음날 하우 제독의 함대가 출현했다. 영국 수송선들은 정박할 수 있는 좋은 기회가 있었지만 부주의 때문에 4척을 제외하고는 모두가 그 기회를 놓쳐버렸다. 나머지 수송선들은 함정과 함께 동쪽으로 나아가 지중해로 진입했고 연합국 함정들은 13일에 그 뒤를 추격했다. 그러나 연합함대는 항구와 하우의 구원부대 사이에 놓이게 되었고 또한 영국의 구원부대처럼 보급선 때문에 행동에 제약을 받지 않았음에도 불구하고, 연합군은 몇몇 영국 수송선들을 무사히 빠져나가 안전하게 정박할 수 있도록 허용하고 말았다. 이리하여 영국 군함에 의해 수송되던 식료품과 탄약뿐만 아니라 병사들도 아무런 방해를 받지 않은 채 양륙할 수 있었다.

하우 함대와 연합함대의 해전

19일에 영국함대는 일주일 안에 임무를 완수하고 1년 동안 지브롤터의 안전을 보장받은 후 동풍을 받으며 해협을 다시 통과했다. 연합함대는 그 뒤를 따랐고, 20일에 장거리 함포전이 벌어졌다. 연합함대는 풍상의 위치에 있었지만, 적에게 근접공격을 하지 않았다. 유럽에서 대단원의 막을 내리고 지브롤터를 성공적으로 방어한 이 극적인 장면에 참여한 함정의 수는 전열함 83척이었는데, 그 중 연합군의 함정은 49척이었고 또한 영국함정은 34척이었다. 연합군함정 49척 중 전투에 참여한 함정은 33척에 불과했다. 그러나 전투에 익숙하지 못한 수병들이 전면전에 참가했기 때문에, 연합국들이 최선을 다하지 않는 전투에서 하우 경이 무리를 하지 않았던 것은 잘한 일인 것 같다.

영국정부의 1778년 전쟁 수행

연합국측에서는 거대한 규모에 비해 실제로 연합작전이 잘 이루어지지 않았으며 또한 무기력했기 때문에 유럽 해역에서의 대해전은 그런 결과를 나타냈다. 반면에 영국측은 수적으로 대단한 열세였지만 확고한 목적, 고도의 용기, 그리고 훌륭한 선원정신을 보여주었다. 그러나 몇몇 위원회의 전쟁에 대한 개념이나 내각의 해양력에 대한 관리 등이 영국 해군의 기량과 헌신에 어울릴 만큼 훌륭했다고는 말할 수 없을 것 같다. 영국군이 패배할 확률은 포나 함정의 목록이 보여주는 것만큼 그렇게 크지는 않았다. 그렇지만 초기의 망설임이 당연한 것으로 인정된다고 하더라도 영국군은 시간이 흐르는 동안 연합국의 비효율성과 우유부단함이라는 약점을 알아차렸어야 했다. 데스탱과 드 그라스, 그리고 드 기셍이 명백하게 보여주었듯이 자신의 함정을 위험에 노출시키지 않으려 하는 프랑스군의 우유부단함과 스페인군의 비효율성과 태만함이 드러났을 때, 영국은 해상에 떠 있는 적의 조직화된 부대를 공격한다는 과거의 정책을 장려했어야 했다. 모든 전투가 시작될 때마다 적은 아마도 어쩔 수 없었겠지만 실제로 분리되어 있었다. 스페인군은 카디스에 그리고 프랑스군은 브레스트에 있었던 것이다.[160] 영국이 브레스트에서 빠져나오기 전에 프랑스군을 완전히 봉쇄하기 위해 모든 노력을 기울였더라면, 입구에서 연합함대의 주력을 차단할 수 있었을 것이고, 적의 대함대가 있는 위치를 정확하게 알아내어 연합함대가 대양에서 자유롭게 항해하게 되자마자 영국에게 다가온 불확실성을 확실히 제거할 수 있었을 것이다. 브레스트 앞에서 영국함대는 연합군의 중간 위치에 놓여 있었다. 초계함을 내보냈더라면, 영국함대는 프랑스보다 앞서서 스페인함대의 접근을 알 수 있었을 것이다. 영국은 훨씬 수가 많고 개별적으로 볼 때 효율적이었던 함정들을 상대로 하여 적을 제압할 수 있었을 것이다. 또한 스페인함대를 상대하기에 유리한 바람을 이용했더라면 연합군 함대를 항구 안에 묶어둘 수 있었을 것이다. 영국함대가 그렇게 하지 못한 가장 두드러진 실례는 1781년 3월에 드 그라스가 아무런 반격도 받지 않은 채 출항할 수 있었던 사실이었다. 우세한 병력을 가진 영국함대가 드 그라스보다 9일 먼저 포츠머스를 출항했지만, 아일랜드 해안에서 해군본부에 의해 지체했기 때문에 이러한 결과가 나왔던 것이다.[161] 그리고 또 하나의 실례는 그 해 말에 켐펀펠트가 열세한 병력을 가지고 드 기셍을 차단하도록 파견되었는데, 당시 본국에는 그 병력

160) 1780년 봄에 영국 해군본부는 영국해협에 있는 항구들에 45척의 전열함을 집결시켰다. 브레스트에 있는 전대는 12척 내지 15척으로 줄었다. …… 스페인을 기쁘게 하기 위해 프랑스의 전열함 20척이 카디스에 있던 코르도바Cordova 제독과 합류했다. 부대를 이처럼 배치한 결과, 영국은 해협함대를 이용하여 브레스트와 카디스에 있는 적 함대를 견제해야 했다. 적의 순양함들은 리자드Lizard와 지브롤터 해협 사이의 공간을 자유롭게 누비고 다녔다.(Chevalier, p.202.)

1781년에 "베르사이유 내각은 영국이 해협에서 보유한 함정들을 견제할 만큼 충분히 강력한 함대를 브레스트에 집결시켜야 한다는 필요성을 네덜란드와 스페인에 주지시켰다. 하지만 네덜란드인들은 텍셀에 남아 있었고, 스페인인은 카디스를 떠나지 않았다. 이러한 상황에서 40척의 전열함을 소유한 영국이 연합국함정 70척을 봉쇄하는 결과가 나타났다."(p.265.)

의 우열을 바꿀 수 있는 충분한 수의 함정이 있었다. 서인도제도로 항진할 로드니를 수행하기로 예정되었던 몇 척의 함정은 켐펀펠트가 출항할 때 준비를 하고 있었지만, 그 함정들은 로드니의 전투목적에 매우 큰 영향을 미칠 모험에 관여하려고는 하지 않았다. 두 부대가 연합했더라면, 드 기셍의 함정 17척과 귀중한 선단까지도 완전히 끝장낼 수 있었을 것이다.

사실 지브롤터가 영국의 작전에 큰 부담이었지만, 그것에 집착하는 국민의 본능은 당연한 것이었다. 영국 정책의 잘못은 너무나 많은 지점들을 차지하려고 시도했으며 반면에 함대를 재빠르게 집결시켜 연합함대의 전대들을 공격하지 않았다는 점이었다. 모든 상황의 열쇠는 바다에 있었다. 그곳에서 대승을 거두면 모든 문제를 해결할 수 있었을 것이었다. 그러나 곳곳에서 세력을 과시하고자 노력하는 동안에는 대승을 거두는 것이 불가능했다.[162]

북미는 여전히 무거운 부담이었으며, 그곳에 대한 영국 국민의 감정은 확실히 잘못된 것이었다. 지혜가 아닌 자존심 때문에 그들은 그

---

161) "한 문제가 의회의 안팎에서 동시에 들끓었다. 다시 말하면, 드 그라스 휘하의 프랑스함대를 차단하는 것이 다비Darby 중장 휘하의 영국함대의 일차적인 목표였는지 여부가 문제였다. 아일랜드로 가는 도중에 시간을 잃은 대신 그렇게 함으로써 그 기회가 사라졌다. 프랑스함대의 패배는 적이 동인도제도와 서인도제도에서 마련한 중요한 계획들을 분명히 전체적으로 방해했을 것이다. 그것은 영국령 서인도제도의 안전을 보증했을 것이다. 희망봉은 영국의 수중에 들어왔더라면 북아메리카에서의 움직임은 아주 다른 결말을 가져왔을 것이다."(*Beatson's Memoirs*, vol. v, p.341. 여기에는 서로 반대되는 주장들이 기록되어 있다.)

162) 이것은 전쟁의 원칙에서 가장 언어도단적이면서도 보편적으로 벗어난 것이다. 마치 가느다란 선을 그으려는 것처럼 적절하지 않은 곳곳에 수많은 전선지대를 가지게 된다. 무역과 지역적 이익을 서로 주장해서 정부로 하여금 쉽게 그러한 잘못을 저지르게 하는 경향이 있다.

곳에서 계속 투쟁했다. 연합국 국민의 개인이나 계급의 동정이 어떻든 간에, 그들 정부에게 미국의 폭동은 영국의 무력을 약화시킨다는 점에서만 가치가 있었다. 그곳에서의 작전은 앞에서 이미 보았듯이 해상통제에 달려 있었다. 그리고 그러한 해상통제력을 유지하기 위해서는 프랑스와 스페인과 전투를 벌이고 있는 곳으로부터 영국의 대규모 전대를 빼와야만 했다. 북미에서 일전을 성공하여 과거에 그랬듯이 영국의 우호적인 종속국으로서 미국이 영국 해양력을 위한 확고한 기지가 될 수 있었다면 큰 희생을 치를 만한 가치가 있었겠지만, 그러한 일은 이제 불가능하게 되었다. 그러나 영국은 실책으로 말미암아 자신들이 항구와 해안을 유지할 수 있도록 지원해주고 확보해주었던 식민지 개척자들의 호의를 잃었지만, 여전히 핼리팩스, 버뮤다, 그리고 서인도제도에 충분한 군사기지를 확보하고 있었다. 하지만 이 기지들은 우방국에 둘러싸이거나 자원과 인구가 풍부한 강력한 항구를 가져야만 하는 해군기지의 조건을 완전하게 갖추지 못했다. 영국은 북미에서의 전투 포기를 통해 연합국들보다 훨씬 강력해질 수 있었을 것이다. 사실 그곳에 있는 영국의 대규모 해군파견대는 1778년과 1781년에 겪었던 것처럼 해상을 통한 적의 신속한 움직임에 의해 압도당하기 쉬웠다.

더 이상 어떠한 군사적인 정복도 과거의 충성심을 되돌릴 수 없기 때문에 영국이 미국을 포기하는 것은 얼마 동안은 군사력의 강화에 도움이 되지 않고 군사력의 집중을 속박하는 모든 군사적 점령지들을 추가로 포기할 수밖에 없도록 만들었을 것이다. 대부분의 앤틸리스 제도가 이러한 상황에 놓여 있었으며, 그 제도를 최종적으로 소유하는 것은 해전에 달려 있었다. 수비대들은 바베이도스와 산타 루시아에서 살아남을 수도 있었을 것이며, 지브롤터와 마혼에서도 해상

제국이 결정될 때까지 수비대가 지킬 수 있었을 것이다. 그리고 영국은 뉴욕이나 찰스턴 같은 미국의 중요한 지점 한두 곳을 추가로 확보할 수도 있었다.

이와 같이 모든 짐을 벗어버리게 된 영국은 곧 공격적인 목적을 가지고 신속하게 목표를 집중했어야 했다. 그랬더라면 영국 해안에 전개되어 있던 60척의 전열함——그 중의 절반은 카디스 앞바다에, 그리고 나머지 절반은 브레스트 앞바다에 있었다——은 피해를 입은 함정을 교체하기 위해 모항에 대기 중이던 예비대와 함께 전력을 소비하지 않고도 영국 해군의 역할을 충분히 해낼 수 있었을 것이다. 이전의 역사를 전부 알고 있는 우리들뿐만 아니라 데스탱과 드 기셍, 그리고 나중의 드 그라스의 전술을 지켜본 사람들은 영국의 그러한 함대가 꼭 싸울 필요가 없었다고 생각할 수 있었을 것이다. 그렇지 않으면 지나친 세력 분산은 권고할 만한 것이 아니라 하더라도 브레스트 앞바다에 있던 함정 40척이 지브롤터와 마혼의 통제문제를 해결하는 결정적인 시기가 도래했을 때, 스페인함대의 해상 진출을 허용하여 영국의 나머지 전열함들로 하여금 결판을 내도록 할 수도 있었을 것이다. 두 가지 임무의 효율성을 고려하여 우리가 무엇을 해야 할지 알기 때문에, 그 결과에 대해서는 거의 의문이 있을 수 없다. 어쨌든 간에 지브롤터는 영국에 짐이 되는 대신에 그 이전과 이후에도 그러했듯이 영국의 강력함을 보여주는 하나의 요소가 되었을 것이다.

해양력의 영향

이웃한 대륙국가들 사이의 분쟁에서 결정적인 요소가 무엇이든지 간에 정치적으로 하찮고——무너져가는 제국이든, 무정부 상태의 공화국이든, 식민지이든, 고립된 군사기지이든, 아니면 소규모 섬들이든——멀리 떨어진 지역에 대한 통제 문제가 발생하면, 그것은 궁극적으로 해군력, 즉 바다에 떠 있는 조직화된 군사력에 의해 결정된다. 이것은 모든 전략에서 가장 두드러지게 나타나는 교통로의 확보를 의미한다. 지브롤터의 훌륭한 방어도, 아메리카에서의 전쟁의 결과도, 서인도제도에서의 결정적인 운명도, 그리고 인도의 소유 문제도 이러한 교통로의 확보에 달려 있었음에 틀림없다. 중앙아메리카 지협에 대한 통제도 정치적인 색채가 묻어 있기는 하겠지만 이 해상 교통로에 달려 있을 것이다. 그리고 터키도 대륙적인 위치와 주변의 상황에 의해 달라질 수도 있지만, 유럽의 동양 문제를 결정하는 데 역시 해양력이 중요한 요소가 될 것임에 틀림없다.

해군력의 적절한 사용

만약 이것이 사실이라면, 군사적인 우위를 차지한 세력이 결국 승리한다는 확신으로 미루어볼 때 군사적 지혜와 경제, 즉 시간과 돈은 바로 바다에 관한 문제로 낙착된다. 미국 독립전쟁에서 영국은 수적으로 열세였으며, 승리할 가능성도 더 적었다. 군사적인 면으로 고려하면, 식민지를 포기하는 것이 당연한 일이었다. 그러나 만약 국민적인 자존심이 이를 허용하지 않는다면, 영국이 취해야 할 올바른 길은 적의 무기유입을 봉쇄하는 것이었다. 영국군이 스페인과 프랑스 양국에 대해 각각 우세한 세력을 유지할 만큼 강력하지 않다면, 강력한 국가의 무기유입을 차단했어야 했다. 여기에 영국 해군본부의 첫 번째 실수가 있었다. 전쟁이 발발했을 때 이용할 수 있는 병력에 대한 해군장관의 진술은 사실이 아님이 드러났다. 케펠 제독의 제1함대는 겨우 프랑스함대와 비슷할 정도의 규모였다. 동시에 아메리카에 있던 하우 경의 함대는 데스탱의 함대보다 열세한 상태였다. 그런데 반대로 1779년과 1781년에는 영국함대가 스페인을 제외한 프랑스함대보다 우세했다. 그러나 아무런 반대도 없이 연합이 이루어졌으며, 또한 1781년에 드 그라스는 서인도제도로, 그리고 쉬프랑은 동인도제도로 각각 출항했다. 켐펜펠트가 드 기생을 대상으로 작전을 했을 때, 해군본부는 프랑스 선단이 서인도제도의 전투에 대단히 중요한 요소라는 점을 알고 있으면서도 제독에게 12척의 함정만을 주어 파견했다. 그리고 그 당시에 서인도제도로 갈 예정이었던 증원군 외에 다른 많은 함정들이 다운스에 정박해 있었는데, 그것은 폭스Fox가 "하찮은 목적"으로 간주했던 네덜란드의 무역을 좌절시키기 위해서였다. 프랑스-스페인 전쟁에 대해 말하면서 폭스는 주로 연합군이 대양으로 나가기 전에 공격해야 한다고 주장했다. 이러한 그의 주장은 고도로 전문적인 의견을 피력한 하우 경으로부터 지지를 받게 되는데, 하우 경은 켐펜펠트 사건에 대해 다음과 같이 말했다. "서인도제도의 운명뿐만 아니라 아마도 이 전쟁에서 정차 나타날 행운이 어떤 위험도 없이 비스케이 만에서 결정되었을지도 모른다."[163] 위험이 없는 것이 아니라 성공할 가능성이 큰 상황에서 치루어지는 전쟁에서 모든 행운은, 처음에 영국함대를 브레스트와 카디스에 집중시킴으로써 왔을 수 있었을 것이다. 이것에 비하면 지브롤터에 대한 어떠한 구조활동도 비효과적이었을 것이며, 서인도제도에 대한 어떠한 견제도 이보다 더 확실하지는 않았을 것이다. 상황이 그러했으므로, 미국이 프랑스함대에 도움을 요청했다고 하더라도 아무런 쓸모도 없

---

163) *Annual Register*, 1782.

었을 것이다. 드 그라스가 개입함으로써 결과가 호전되었는데, 그가 8월 31일에 도착했으며 또한 그가 처음부터 10월 중순까지 서인도제도에 있어야 한다고 발표되었다는 사실을 간과해서는 안 된다. 1778년과 1780년에 데스탱과 드 기셍 때문에 초래된 고통스러운 실망을 워싱턴이 다시 되풀이하지 않도록 해준 것은 운이 좋은 복합적인 상황 덕분이었다.

제12장

동인도제도에서 발생한 사건 (1778~81),
인도를 향한 쉬프랑의 브레스트 출항(1781),
인도양에서 거둔 쉬프랑의 혁혁한 전과(1782~83)

인도에 대한 프랑스 정부의 경시

비록 그 자체로서는 별로 주목할 만한 가치가 없을 뿐만 아니라 1778년에 해군이 거두었던 성과와도 거리가 멀었지만, 동인도제도에서 쉬프랑이 치른 해전은 흥미로운 동시에 대단히 교훈적이었다. 하지만 그 해전은 전쟁의 전반적인 결과에 영향을 주지 못했다. 1781년이 되어서야 비로소 프랑스 정부는 그 문제의 중요성에 걸맞는 지시를 동방에 있는 해군병력에게 내릴 수 있었다. 그러나 그 당시 인도반도의 상황을 볼 때, 영국의 세력을 뒤흔들어놓을 만한 기회가 있기는 했지만 아주 드물었다. 영국이 인도에서 맞서 싸웠던 적 가운데 가장 뛰어난 기량을 가진 가장 대담했던 사람은 히데르 알리Hyder Ali였는데, 그는 그 당시 마이소르Mysore 왕국을 다스리고 있었다. 그 왕국은 인도 반도의 남쪽에 있었기 때문에 카르나티크Carnatic와 말라바르 해안에 위협적인 존재였다. 10년 전에 히데르는 침입해오는 외국인들과의 전쟁을 독자적으로 매우 성공적으로 수행했으며, 정복지를 서로 되돌려 받는 조건의 평화적인 방법으로 종전을 맞이했다. 그런데 그는 마에의 함락으로 매우 화가 나 있었다. 다른 한편으로 같은 종족이면서 일종의 봉건제를 통해 느슨하게 결합되어 있던 마라타Mahratta라는 호전적인 종족이 영국과의 전쟁에 합세했다. 봄베이 근처의 푸나Poonah에 수도를 두고 있던 그 종족의 영토는 북쪽으로 마이소르에서 갠지즈 강까지 확장되어 있었다. 그러므로 봄베이, 캘커타, 그리고 마드라스에 있는 영국의 세 관할지역과 인접하여 있고 또 이 세 지역의 중앙에 위치해 있었으므로, 히데르와 마라타는 공동의 적에 대해 서로 지원할 수 있을 뿐만 아니라 공격작전을 할 수 있다는 지리적인 장점을 갖고 있었다.

마이소르 왕국과 마라타 족과 영국과의 전쟁

영국과 프랑스 사이의 전쟁 초기에 한 프랑스인이 푸나에 나타났다. 이 종족들이 말라바르 해안의 항구를 프랑스와의 합의하에 넘겨주었다는 사실이 총독이자 장군이었던 헤이스팅스에게 보고되었다. 헤이스팅스는 서둘러 즉시 전쟁을 하기로 결심하고 벵갈Bengal 육군 1개 사단을 줌나Jumna 강을 가로질러 베라르Berar로 파견했다. 또 다른 4천 명의 영국군은 봄베이를 향하여 행군했다. 그러나 지휘상의 잘못으로 그 부대는 포위되었으며, 결국 1779년 1월에 항복할 수밖에 없었다. 이러한 예상치 못한 실패는 영국의 적들에게 희망을 주고 힘을 증가시켜 주었다. 물질적인 피해는 유능한 지도자의 지휘하에 성공을 거두어 곧 보충되었지만, 마에의 상실은 그대로 남아 있었다. 마에의 함락에서 비롯된 히데르 알리의 분노는 마드라스 총독의 신중하지 못한 위협행동으로 배가되었다. 영국이 마라타 족과 싸우는 것을 보고 또한 프랑스의 군장비가 코로만델 해안에 도착할 것이라는 소식을 들은 그는 조용히 전쟁을 준비했다. 1780년 여름에 히데르의 기병들이 아무런 경고도 없이 언덕에서 내려와 마드라스의 성문 근처에 나타났다. 9월에 3천 명이 약간 넘는 영국인들이 전멸되었고, 또 다른 5천 명은 재빨리 마드라스로 퇴각함으로써 생명은 건질 수 있었지만 포와 모든 보급품을 잃었다. 마드라스를 공격할 수 없게 되자 히데르는 서로 분리되어 흩어져 있는 요새와 요지를 공격했고, 마침내 그 모든 곳들이 그의 지배하에 들어갔다.

도르브 백작 휘하 프랑스 전대의 도착

1781년 1월의 상황이 위와 같았을 때, 6척의 전함과 3척의 프리깃함으로 구성된 프랑스의 한 전대가 해안에 나타났다. 에드워드 휴스 경이 지휘하는 영국함대는 봄베이로 가버리고 없었다. 프랑스의 전대사령관이었던 도르브d'Orves 백작에게 히데르는 쿠달로르에 대한 공격을 지원해주도록 요청했다. 해상 지원이 끊겨 있었고 또한 원주민들에게 포위된 상황에 처했던 이 지역은 얼마 안 가서 함락될 것이 틀림없었다.

프랑스 전대의 무소득과 프랑스 섬으로의 귀환

그러나 도르브는 그 요청을 거부하고 프랑스 섬으로 돌아가고 말았다. 동시에 인도에 주둔하고 있던 영국군 중에서 가장 기량이 뛰어난 에어 쿠트Eyre Coote 경은 히데르에게 반격을 가했다. 그는 즉시 포위된 지점을 구하고, 봄까지 일련의 작전을 펼친 후 1781년 7월 1일에 전투를 했다. 히데르의 완전한 패배는 영국에게 넓은 땅을 넘겨주었으며, 카르나티크를 구했고, 최근에 프랑스가 점령했던 퐁디셰리에 대한 프랑스인들의 희망을 좌절시켰다. 그리하여 프랑스는 절호의 기회를 놓치고 말았다.

5척의 전열함을 이끈 쉬프랑의 브레스트 출항(1781)

한편, 전임자와는 아주 다른 성격을 가졌던 프랑스 장교가 동인도제도를 향해 출항했다. 1781년 3월 22일에 드 그라스가 브레스트에서 서인도제도를 향해 출항했을 때, 쉬프랑의 지휘를 받고 있던 5척의 전함으로 구성된 한 전대가 동행했던 사실을 기억할 것이다. 쉬프랑은 그 달 29일에 주력함대로부터 분리되어 몇 척의 수송선들을 이끌고 당시 네덜란드 영토였던 희망봉으로 향했다. 프랑스 정부는 인도로 가는 길목에 있는 이 유명한 기항지를 점령하기 위해 영국의 파견함대가 출항했다는 사실을 알게 되었는데, 쉬프랑의 첫번째 임무는 그곳의 안전을 보장하는 것이었다. 사실 존스톤Johnstone 제독[164] 휘하의 영국 전대가 먼저 출항하여 4월 11일에 포르투갈 식민지였던 케이프 베르데 제도에 있는 포르토 프라야Porto Praya에 정박하고 있는 중이었다. 그 전대는 2척의 전열함, 3척의 50문함, 프리깃 함과 조그마한 선박들 외에 대부분 무장한 35척의 수송선으로 구성되어 있었다. 존스톤이 정박한 것은 공격받을 것을 염려하거나 전투하기 위해서, 또는 항구의 중립성을 믿지 못해서가 아니라 자신의 목적지가 비밀이라고 판단했기 때문이었다.

브레스트에서 출항하던 순간에 서인도제도로 가기로 예정된 함정들 중 한 척이 쉬프랑의 전대로 배치되는 일이 생겼다. 그 배에는 장거리 항해를 하기에 충분한 물이 실려 있지 않았으며, 또한 그 밖에

---

164) 존스톤 총독으로 더 잘 알려진 이 제독은 미국과의 화해를 촉진하기 위해 1778년에 노스North 경에 의해 파견된 세 명의 책임자 중 한 명이었다. 그에게서 약간의 수상스러운 점이 발견되었으므로, 의회는 그와 편지하거나 교제하는 것을 명예를 훼손하는 행위라고 선언했다. 그에게 총독이라는 직위가 붙어 다니는 것은 한때 그가 펜서콜라의 총독이었기 때문이다. 그는 영국 해군에서 바람직하지 않은 명성을 가지고 있었다 (*Charnock's Biog. Navalis*를 보라).

다른 이유도 있었기 때문에 쉬프랑도 역시 포르토 프라야에 정박하기로 결정했다.

케이프 베르데 제도에서 영국 전대에 대한 공격(1781)

존스톤이 도착한 5일 뒤인 4월 16일, 쉬프랑은 아침 일찍 그 섬에 다가가서 정찰하기 위해 구리를 씌운 함정 한 척을 미리 보낸 다음 정박지로 향했다. 쉬프랑이 동쪽에서 접근했기 때문에 잠시 그 섬이 영국의 전대를 가려주었다. 그러나 8시 45분에 미리 파견했던 아르테지앙Artésien 호로부터 적 함정이 만에 정박해 있다는 신호를 받았다. 영국 전대의 남쪽이 무방비 상태였고 또한 그 전대 전체는 동서로 1.5마일에 걸쳐 산재된 상태로 정박해 있었다. 언제나 그랬듯이 북동쪽 함정들은 해안에서 가까운 곳에 정박하고 있었다(〈그림19〉).[165] 영국함정들은 그곳에서 서북서쪽으로 불규칙하게 위치해 있었다. 쉬프랑과 존스톤은 둘 다 놀랐으나, 존스톤이 더욱 크게 놀랐다. 그러므로 주도권은 프랑스 제독에게 넘어가게 되었다. 필요할 때 즉각 결정하는 능력은 선천적인 기질과 경험을 통해 교훈을 얻은 극소수의 사람만이 가질 수 있다. 정열적인 성격과 타고난 군사적인 천재성을 갖고 있던 쉬프랑은 자신이 근무한 적이 있던 드 라 클루 전대에 대해 보스카웬이 취했던 행동을 잘 알고 있었다. 보스카웬은 자국의 중립성을 강화하려는 의도를 가진 포르투갈의 세력을 염두에 두지 않은 채 행동했던 것이다. 그는 이 영국 전대가 틀림없이 희망봉으로 가고 있

165) 〈그림19〉는 Cunat, *Vie de Suffren*에서 인용했다.

다는 것을 알았다. 그의 유일한 문제는 먼저 희망봉에 도착하기 위해 계속 항진할 것인가 아니면 정박 중인 영국함대가 목적지로 전진하는 것을 방해하기 위해 공격할 것인가를 결심하는 것이었다. 그는 후자를 선택했다. 그는 비록 자기 전대의 함정들이 똑같은 속도로 항해하기 못했기 때문에 산재된 상태이기는 했지만, 기습의 이점을 놓치지 않고 즉각적인 공격을 결정했다. 휘하의 함정들에게 정박지에서의 전투지시에 대한 신호를 보낸 그는 74문의 대포를 실은 자신의 기함 에로*Héros* 호를 앞세우고 만의 동남쪽 끝에 바짝 접근한 채 돌아 영국의 기함(f)을 향해 나아갔다. 역시 74문함 한니발*Hannibal* 호(a-b선)가 그 뒤를 바짝 뒤쫓았으며, 64문함의 선두함 아르테지앙 호(c)도 그와 함께 행동하고 있었다. 그러나 두 척의 후미함들은 여전히 훨씬 뒤쪽에 처져 있었다.

영국 제독도 적을 발견하자마자 전투준비를 했지만, 자신의 명령을 수정할 시간이 없었다. 쉬프랑은 영국 기함의 우현 500피트 지점에 닻을 내렸다(우연하게도 영국 기함의 이름도 역시 히어로Hero였다). 그리하여 쉬프랑은 양쪽에 적함을 두고 포격을 시작했다. 한니발 호는 쉬프랑의 기함 앞쪽에(b) 닻을 내렸다. 그러자 서로의 위치가 너무 가까운 것을 알고서 쉬프랑의 기함은 닻줄을 늦추고 뒤로 물러났다(a). 그러나 항구의 중립성을 무시하려는 쉬프랑의 의도를 몰랐던 한니발 호의 함장은 전투를 개시하라는 명령에 복종하지 않고, 전투준비를 전혀 하지 않고 있었다. 갑판은 신속한 급수를 위해 올려놓은 물통으로 어지러웠으며 함포를 발포할 준비도 전혀 안 되어 있었다. 그러나 그 함장은 주저하는 실수를 하지 않았고 그 대신 대응사격을 할 수 없는 동안 적의 포격을 받으면서도 용감하게 기함의 뒤를 따랐다. 방향을 돌린 그는 사령관의 풍상 쪽을 지나가 능숙한 기량으로 자신

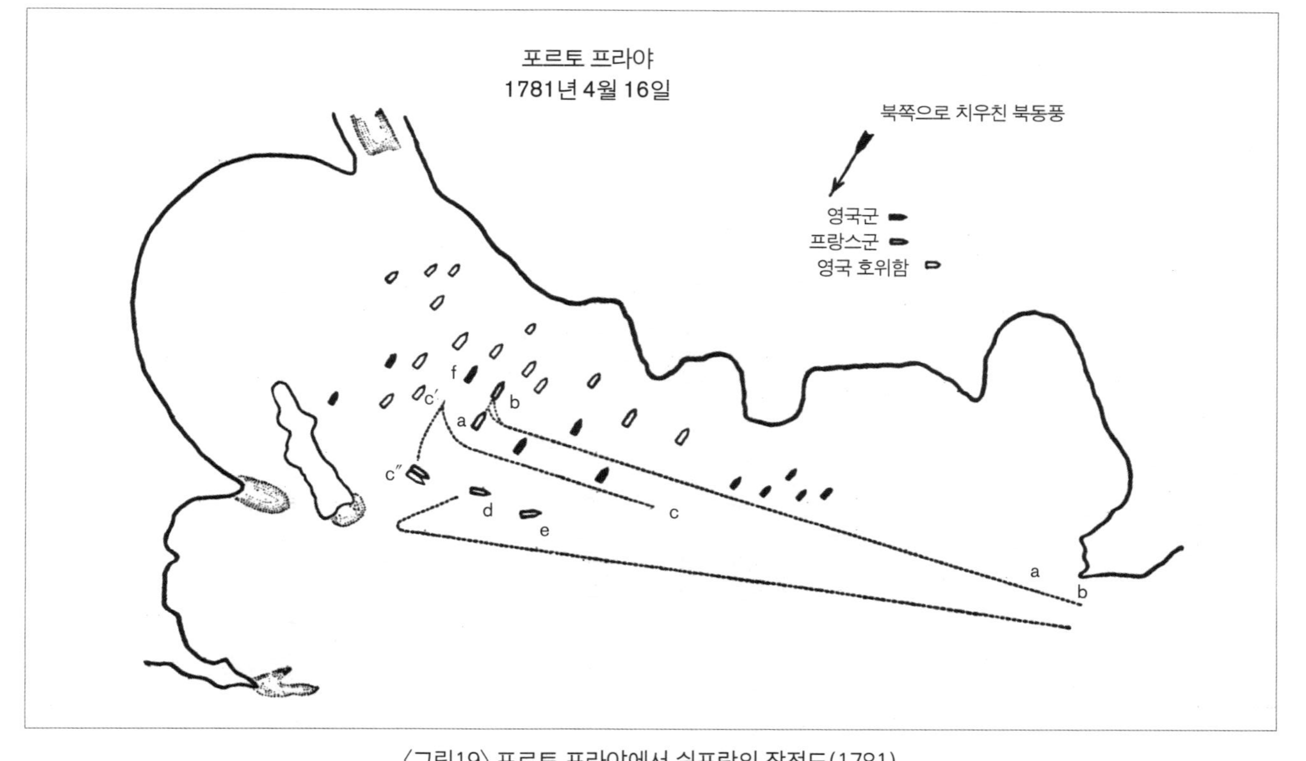

〈그림19〉 포르토 프라야에서 쉬프랑의 작전도(1781)

의 위치를 선택했으며, 초기의 실수를 만회하기 위해 죽을 힘을 다했다. 그리하여 이 두 함정은 양쪽 현측포를 모두 사용할 수 있게 되었다. 아르테지앙 호는 포연 속에서 동인도 선박을 군함으로 오인했다. 그 함장은 그 선박의 옆으로 따라가면서(c′) 막 닻을 내리려던 순간에 전사하고 말았다. 그 함정은 지휘관의 부재로 중요한 순간을 놓쳐버리고 근접전에서 멀어지게 되었으며, 동인도제도의 선박과 함께 표류했다(c″). 나머지 두 함정은 지나치게 늦게 도착했기 때문에 풍상쪽으로 접근하는 데 실패했으며, 그들 역시 전투장소에서 멀리 떨어져갔다(d, e). 그러자 쉬프랑은 자신의 기함을 포함하여 단지 두 척의 함정만이 적의 공격에 맞서고 있다는 것을 발견하고는 닻줄을 자르고 출항했다. 한니발 호도 그 뒤를 따랐지만, 너무나 큰 피해를 입었기 때문에 앞 돛대와 중간 돛대가 뱃전으로 넘어졌다. 다행히도 만을 빠져나올 수 있었지만 그 후 폐선이 될 정도로 심각한 피해를 입었다.

국제법 문제를 완전히 제쳐두더라도, 쉬프랑의 공격적인 행동과 그가 보여준 지혜는 군사적 측면에서 관심을 불러일으켰다. 그것들을 적절하게 판단하기 위해서는 그가 수행한 임무의 목적과 그것을 촉진하거나 방해하는 주요 요소를 고려해야 한다. 그의 첫번째 목적은 영국 원정대로부터 희망봉을 보호하는 것이었으며, 그 목적을 달성하기 위해서는 그곳에 먼저 도착하는 것이 중요했다. 그의 성공에 방해가 되는 것은 영국함대였다. 영국함대의 도착을 예상할 때, 그가 취할 수 있는 길은 두 가지였다. 하나는 영국함대보다 빨리 도착하기를 바라면서 희망봉을 향해 전진하는 것이고, 다른 하나는 적을 공격하여 그곳으로 전진하지 못하게 하는 것이었다. 영국함대가 어디에 있는지 알 수 없고 매우 적절한 정보가 없는 한, 추격은 시간낭비일 뿐이었다. 그러나 운이 좋아 자신의 적이 앞에 있다는 것을 알게 되었을 때, 쉬프랑의 천재성은 즉시 남부해역에서의 해상지배가 문제의 관건이 될 것이며, 그곳을 지배하면 즉시 문제가 해결될 것이라는 결론을 내리게 했다. 그 자신의 표현을 빌리자면, "영국 전대의 파괴는 그 원정대의 모든 목적과 계획을 좌절시킬 것이며, 우리로 하여금 오랫동안 인도에서 우세를 유지할 수 있게 해줄 것이다. 이 우세는 영광스러운 평화를 가져다줄 것이며, 영국이 나보다 먼저 희망봉에 도착하지 못하도록 해줄 것이다. 그러한 목적은 나에 의해 이루어졌으며, 내 임무의 중요한 목표였다." 그는 영국의 세력에 대해 잘못된 정보를 가지고 있어서 그 세력이 실제보다 큰 것으로 믿고 있었다. 그러나 그는 피해를 무릅쓰고 기습을 감행했다. 그러므로 즉각 싸우겠다고 결정한 것은 올바른 것이었으며, 순항계획을 순간적으로 연기한 것——말하자면 마음에서 지워버린 것——은 쉬프랑의 가장 탁월한 공적이었다. 그러나 그는 프랑스 해군의 전통과 프랑스 정부의 통상적인 정책에서 벗어나 버렸다. 그가 자신의 함장들로부터 기대했던 지원을 받지 못한 것은 완전히 그의 잘못이라고 할 수 없다. 그들이 사령관의 지시를 따르지 못했던 사고와 그들의 태만함에 대해서는 이미 언급했다. 그러나 그가 가장 훌륭한 3척의 함정을 휘하에 가지고 있었기 때문에 그는 기습에 의해 이익을 얻을 수 있었다. 그리고 예비함 2척이 적시에 올 것이라고 믿었던 그의 판단은 분명히 옳았다.

이 공격을 지휘한 결과

양쪽 현측포를 사용할 수 있도록, 즉 화력을 최대한으로 사용할 수 있도록 해준 그 자신의 함정과 한니발 호가 차지한 위치는 아주 훌륭했던 것으로 판단된다. 그 때문에 쉬프랑은 기습에 의해 그리고 적 전대의 무질서한 배치에 의해 주어진 이점을 완전히 이용할 수 있었다. 영국측의 설명에 따르면, 영국 전대가 무질서하게 배치되어 있었기 때문에 50문함 2척을 전투에 사용할 수 없었다. 이것은 존스톤에게는 불명예스러운 일이었지만, 공격을 재촉한 쉬프랑의 판단을 확인해주는 역할을 했다. 그가 만약 도움을 받았더라면, 그는 아마 영국 전대를 격파할 수 있었을 것이다. 상황이 이러했기 때문에, 그는 포르토 프라야에서 희망봉을 구했던 것이다. 그러므로 포르투갈의 중립성을 침해함으로써 야기된 외교상의 혼란과 프랑스 정부의 전통적인 해군정책에도 불구하고, 프랑스 정부가 기꺼이 그리고 전반적으로 이전까지 프랑스의 제독들이 취하지 않던 전투의 유효성을 인정한 것은 전혀 놀라운 일이 아니다.

쉬프랑의 해군 지휘관으로서의 탁월한 장점

아메리카에서 데스탱의 신중한 기동을 지켜본 적이 있고 또한 7년 전쟁에 참전한 적이 있는 쉬프랑은 해상에서 프랑스인들이 고통받게 된 이유를 해상전술 도입의 실패 탓으로 돌리고서 그 전술의 소심함을 비난했다. 그러나 준비되지 않은 상태에서 치러진 포르토 프라야의 해전 결과는 그에게 그 제도와 방법이 나름대로 쓸모있다는 확신을 주었다.[166] 그 후 그는 전술적 결합을 아주 훌륭하게 활용했는데, 특히 동방에서 일어난 초기 전투들에서 그러했다(후기의 전투에서 그가 전술적 결합을 포기한 것은 휘하 함장들의 불만과 실수에 실망했기 때문이었던 것으로 보인다). 그러나 그의 훌륭하고 탁월한 장점은 영국 해

166) La Serre, *Essais Hist. et Critiques sur la Marine Française.*

양력의 상징인 영국함대를 프랑스함대의 적으로 인식하되, 세력이 비슷할 때는 항상 먼저 공격해야 할 대상으로 인식했다는 점이었다. 그는 프랑스 해군이 계속하여 매달렸던 전투의 이면목표의 중요성을 잘 알고 있었다. 더욱이 그는 그러한 목표가 자국 함대의 경제적 운용이 아닌 적 함대의 격파를 통해 이루어질 수 있다는 점도 잘 알고 있었다. 그가 보기에 방어가 아닌 공격이 해양력을 확보하는 길이었고, 적어도 유럽에서 멀리 떨어진 지역에서 해양력은 육상에 대한 통제를 의미했다. 영국의 정책에서 나온 이 관점을 그는 용감하게 채택했으나, 해군에서 40년을 근무한 이후에는 반대의 입장으로 되었다. 그러나 그는 로드니를 제외하고는 그 당시의 어떤 영국인 제독에게서도 발견할 수 없었던 방법을 실질적으로 적용했다. 이리하여 그가 추구했던 길은 단순히 순간의 영감이 아니라 확실한 관점의 결과였다. 타고난 열정에 의해 얻은 것이었기 때문에, 그것은 지적인 확신이었다. 그는 산타 루시아에서 배링턴 전대를 격파하는 데 실패한 이후, 함정에 타고 있던 병사들이 영국 지상군을 공격하기 위해 상륙해버렸기 때문에 자기편 함정에 인원이 절반밖에 채워지지 않았던 상황을 항의하면서 데스탱에게 다음과 같이 편지를 썼다.

> 12월 15일에 두 번이나 실시한 포격(배링턴 전대를 대상으로 한 사격이었다)에서 별다른 성과를 얻지 못했고 또한 우리 지상군에 대한 불행한 견제가 있었음에도 불구하고, 우리는 아직 성공할 희망을 갖고 있습니다. 그러나 성공할 수 있는 유일한 수단은 적의 지상포대가 있더라도 우리의 우세한 병력으로 활발하게 공격하는 것뿐입니다. 우리가 그들을 밖으로 끌어내든가 그들의 항구에 정박한다면 적의 지상포대는 무력해질 것입니다. 우리가 지체한다면, 그들은 도피할지

도 모릅니다. …… 게다가 우리 함대에는 적정한 인원이 배치되어 있지 않기 때문에 출항도 전투도 할 수 없는 상황입니다. 바이런 제독의 함대가 도착하기라도 한다면 무슨 일이 일어나겠습니까? 승무원도 제독도 없는 함정은 어떻게 되겠습니까? 그들이 실패한다면 지상군과 식민지도 잃게 될 것입니다. 적의 전대를 격파합시다. 모든 면에서 부족한 상태에 있는 적의 지상군은 항복하지 않을 수 없을 것입니다. 그러고 나서 바이런이 도착하면, 우리는 기쁘게 그를 맞이하여 싸우면 됩니다. 저는 이러한 공격을 위해 관련을 맺고 있는 사람들과 계획들을 새로 세우고 집행해야 한다고 지적할 필요조차 없다고 생각합니다.

그는 또 그레나다 앞바다에서의 해전 이후, 바이런의 전대 중 피해 입은 함정 4척을 나포하는 데 실패한 데스탱을 비난했다.

영국함대의 위협으로부터 쉬프랑의 희망봉 구조

불행이 겹침에 따라 포르토 프라야의 공격은 당연히 얻었어야 할 결정적인 전과를 얻지 못했다. 존스톤은 출항하여 쉬프랑을 추격했다. 그러나 그는 자신의 병력이 프랑스의 단호한 결의에 맞서 싸우기에는 적합하지 못하다고 생각했으며 또한 풍하 쪽에서 추격하다가 시간을 낭비하지 않을까 두려워했다. 그러나 그는 아르테지앙 호가 빼앗았던 동인도제도의 선박을 되찾는 데 성공했다. 쉬프랑은 항해를 계속하여 6월 21일에 사이먼 만Simon's Bay의 한 곳에 닻을 내렸다. 존스톤은 14일 후에 그의 뒤를 추격했다. 그러나 미리 파견해 둔 함정으로부터 쉬프랑이 상륙했다는 소식을 듣고는 그 식민지에 대한 계획을 포기했다. 그 대신 그는 살다나 만Saldanha Bay에서 네덜란드의 인도회사 소속 선박 5척에 대해 통상파괴작전을 벌여 성공했다. 하지만 그것은 군사적 임무의 실패에 비하면 보잘것없는 성과였다. 그러고 나서 그는 전열함들을 동인도제도에 있던 휴스 경에게 보냈으며, 자신은 영국으로 귀국했다.

쉬프랑의 프랑스 섬 도착과 함대사령관직 계승

쉬프랑은 만이 확보된 것을 확인하고 프랑스 섬으로 출항하여 1781년 10월 25일에 도착했다. 그곳에서는 선임자였던 도르브 백작이 연합전대의 지휘를 맡게 되어 있었다. 필요한 수리를 마친 후, 함대는 12월 17일에 인도를 향하여 출항했다. 1782년 1월 22일에 영국의 55문 포함이었던 한니발 호를 나포했다. 2월 9일에 도르브 백작이 사망하자 쉬프랑은 준장의 계급으로 최고사령관이 되었다. 며칠 후에 마드라스 북쪽의 육지가 보이기 시작했다. 그러나 맞바람 때문에 2월 15일이 되어서야 비로소 그 도시를 볼 수 있었다. 9척의 대형 전함들이 요새포대의 보호하에 질서 있게 정박해 있는 것이 보였다. 그들은 에드워드 휴스 경이 지휘하는 함대로서 존스톤의 함대와는 달리 혼란에 빠져 있지 않았다.[167]

---

167) 이 투묘지에 있는 영국 전대에 대한 공격의 문제는 작전회의에서 논의되었다. 이 회의의 결론은 공격하지 말자는 쉬프랑의 제안을 받아들이는 것으로 결말이 났다. 뉴포트에 있던 프랑스 분견대를 공격하는 데 실패한 영국의 경우와 비교할 때, 후자의 경우 함정들로 하여금 강력한 위치를 떠나게 만드는 것을 의미하는 것이 없었다는 사실을 상기할 필요가 있다. 쉬프랑은 트링코말리나 다른 덜 중요한 지점들을 위협함으로써 휴스를 끌어내는 방안을 신뢰할 수 있었다. 그러므로 그는 공격하지 않는 것을 찬성했다. 한편, 뉴포트 앞에서 영국은 아마도 모욕을 당했을 것이다.

마드라스에서 쉬프랑 전대와 휴스 전대의 조우

존경받을 만한 이 두 제독들은 각각 자기 민족의 특징을 그대로 갖고 있었다. 휴스 경은 영국인의 완고한 고집과 뱃사람의 기질을 갖고 있었고, 반면에 쉬프랑은 프랑스인의 열정적이고 전술적인 재능을 갖고 있었다. 양쪽의 병력을 자세하게 설명하면 다음과 같았다. 프랑스 함대는 74문 포함 3척, 64문 포함 7척, 50문 포함 2척——한 척은 최근에 영국으로부터 빼앗은 한니발 호였다——을 가지고 있었다. 이에 비해 휴스 경의 병력은 74문 포함 2척, 70문 포함 1척, 68문 포함 1척, 64문 포함 4척, 그리고 50문 포함 1척으로 구성되어 있었다. 그러므로 프랑스측은 영국에 비해 12대 9의 비율로 결정적으로 유리했으며, 각 함정의 화력이나 같은 등급끼리의 함정의 화력에서도 프랑스는 이러한 이점을 유지하고 있었던 것 같다.

인도에서 해군의 전략적 지위에 대한 분석

그런데 쉬프랑이 그곳에 도착할 당시에 그 근처에는 어떤 우호적 항구나 정박지 그리고 어떤 보급기지나 수리를 위한 기지도 없었다. 프랑스의 항구들이 모두 1779년에 함락되었던 것이다. 희망봉을 구했던 쉬프랑이 신속하게 이동하기는 했어도 네덜란드의 인도 소유지들이 함락되는 것을 막을 만큼 빠르지는 않았다. 실론에 있는 트링코말리라는 중요한 항구가 쉬프랑이 마드라스에서 영국함대를 보기 한 달 전에 이미 영국의 수중에 넘어갔다. 그러나 이리하여 그가 모든 면에서 유리하게 된 반면, 영국은 모든 면에서 불리했다. 처음 그들이 서로 만났을 때 쉬프랑은 수적인 면과 공격력에서 우세했으므로 주도권 선택에서 모든 이점을 갖고 있었다. 휴스는 방어하는 데 어려움을 겪었는데, 그것은 수적 열세, 수많은 공격받기 쉬운 지점, 그리고 어느 쪽으로 공격을 받을지 모르는 불확실성 때문이었다.

인도의 지배가 바다의 지배에 달려 있다는 것은 30년 전과 완전히 같지는 않았지만, 여전히 사실이었다. 시간이 지나면서 영국의 세력은 강화되었지만 프랑스는 그만큼 약화되었다. 그러므로 쉬프랑이 적을 격파해야 할 필요성은 다셰나 그 밖의 다른 전임자들에 비해 훨씬 커졌다. 반면에 휴스는 영국의 소유지들에 있는 강력한 세력에 의지할 수 있었고, 따라서 그의 전임자들에 비해 책임감이 다소 적었다고 할 수 있다.

그럼에도 불구하고 바다는 여전히 앞으로의 전투에서 가장 중요한 요소였으며, 따라서 바다를 적절하게 지배하기 위해 적 함대를 격파하고 몇 군데의 확고한 기지를 확보할 필요성이 있었다. 기지 확보를 위해서는 트링코말리가 다소 건강에 해로운 기후를 가지고는 있지만 동쪽 해안에서 가장 좋은 항구였다. 그러나 그곳도 충분한 보급을 받을 만큼 영국군의 수중에 오래 남아 있지는 못했다. 따라서 휴스 경은 전투가 끝난 후 수리하기 위해 마드라스로 되돌아가지 않을 수 없었고, 바다를 다시 확보할 준비가 될 때까지 트링코말리를 그곳의 자원과 더불어 방치할 수밖에 없었다. 반면에 쉬프랑은 모든 항구에서 해군 보급품이 부족한 상태라는 것을 알고 있었고 따라서 트링코말리의 자연적인 이점에 대한 소유를 자신의 중요한 목표로 삼았다. 그리고 휴스 경도 역시 그러한 상황을 이해하고 있었다.

그러므로 휴스 경으로 하여금 공격에 나설 수밖에 없게 만들었던 영국 해군의 전통——그것은 휴스 경의 편지에서 분명히 나타나 있다——과는 별도로, 쉬프랑은 트링코말리로 이동하면서 적을 항구로부터 끌어내려는 기미를 보이고 있었다. 트링코말리가 그 자체만으로 중요한 역할을 한 것은 아니었다. 히데르 알리와 영국인들 사이의 전쟁이 쉬프랑으로 하여금 절박하게 본토에 있는 항구 하나를 함락하지 않을 수 없도록 만들었던 것이다. 그 항구에서 공동의 적에 대한 해안의 합동작전을 전개하기 위해 전대를 이용하여 3천 명의 병사들을 상륙시켜야 했고, 또한 그 항구를 통해 보급품, 특히 식량을 얻어야만 했다. 그러므로 이 모든 상황들이 휴스로 하여금 항구 밖으로 나와 프랑스함대에 피해를 주거나 방해할 길을 찾지 않을 수 없게 만들었다.

그의 전투 방식은 그 자신과 적의 기량, 또한 날씨라는 불확실한 요소에 달려 있었다. 그가 자신에게 유리한 관점, 다시 말해서 자기의 열세한 병력을 보충해줄 수 있는 유리한 상황이 아니라면 전투를 하지 않으려고 했는데, 그것은 상당히 바람직한 일이었다. 해상에 있는 함대는 육지의 어떠한 이점도 확보할 수 없기 때문에 열세한 함대에게 유리한 위치는 풍상 쪽이었다. 그 위치의 장악은 시간과 공격방법을 정할 수 있는 기회를 제공하며 또한 방어적으로 사용될 수 있는 공격위치는 환경만 허락한다면 언제든지 마음대로 공세를 취할 수 있게 해준다. 풍하 쪽의 위치는 열세한 함대로 하여금 도주하거나 적이 유리한 상황에서 전투하는 것을 제외하고는 선택의 여지가 없도록 만든다.

휴스의 기량에 대한 평가는 접어두고라도 그의 임무가 어려웠다는 점을 인정해야 한다. 그리고 그의 임무는 분명하게 두 요소로 생각할 수 있다. 첫번째 임무는 현재의 불평등한 격차를 줄이기 위해 프랑스함대에게 타격을 주는 것이었다. 두 번째는 쉬프랑이 트링코말리에 들어가지 못하도록 막는 것이었는데, 그것은 전적으로 함대에 달려 있었다.[168] 반면에 쉬프랑은 전투에서 그가 받을 피해보다 휴스에게 더 많은 피해를 입힐 수만 있다면 자신이 선택한 어떤 방향으로든지 자유롭게 나아갈 수 있었다.

쉬프랑과 휴스의 1차 접전(1782년 2월 17일)

쉬프랑은 2월 15일에 마드라스에 휴스의 함대가 있는 것을 보고 자신의 함대를 그보다 북쪽으로 4마일 떨어진 지점에 정박시켰다. 포대의 지원을 받는 적의 전열이 너무 강하기 때문에 공격하기 어렵다는 것을 알게 된 쉬프랑은 오후 4시에 다시 출항하여 남쪽으로 향했다. 휴스도 또한 심사숙고한 다음 출항하여 밤새 순풍을 받으며 남쪽으로 나아갔다. 새벽이 되자 그는 적 전대가 호송선단으로부터 분리되어 함정이 그로부터 동쪽으로 12마일 지점에, 그리고 수송선들이 그로부터 남서쪽으로 9마일 지점에 있다는 것을 알게 되었다(〈그림20〉 A, A). 이렇게 함정과 호송선단이 분산된 것은 영국함대를 접촉하지 못한 프랑스 프리깃 함들의 부주의 때문이었다. 휴스는 즉시 프랑스 전열함들이 뒤따라올 것임을 알면서도 호송선단(c)을 추격하여 성과를 거두었다. 그의 동판을 댄 함정들이 적에게 다가가 6척을 나포했는데, 그 중 5척은 영국측의 전리품이었고, 6번째 함정에는 군수품과

168) 이 작전에서 영국함대에 대한 트링코말리의 예속은 자체 항구들의 방어가 해군에 달려 있을 때 해군이 느끼는 당혹함과 잘못된 위치에 대한 탁월한 실례를 제공한다. 이것은 오늘날 많이 논의되는 요점을 압박하고 있으며 또한 최상의 해안방어가 해군이라고 지나치게 강하게 주장하는 사람들은 연구할 가치가 있는 사람들이다. 한 마디로 말해 이것은 의심할 수 없는 사실이다. 배에 타고 있는 적을 공격하는 것이 가장 훌륭한 방어책이다. 그러나 '방어'를 협의에서 보면, 그것은 사실이 아니다. 요새화되지 못한 트링코말리는 휴스가 사슬에 묶인 동물처럼 맴돌아야 했던 중심범위에 지나지 않았다. 그리고 이와 유사한 조건에서는 항상 같은 일이 일어날 것이다.

함께 300명의 병사들이 실려 있었다. 휴스가 먼저 승리했던 것이다.

물론 쉬프랑은 전력을 다해 추격을 했으며, 오후 3시가 되자 프랑스함정 중 가장 우수한 4척의 함정이 영국의 후미함정으로부터 2~3마일 되는 거리에 도착하게 되었다. 휴스의 함정들은 상당히 흩어져 있었지만 오후 7시가 되자 신호에 의해 다시 합류할 수 있었다. 양국의 함대는 밤새 순풍을 받으며 남동쪽으로 대치하고 있었다.

17일 새벽——이 날을 시작으로 두 주력함대는 7개월 동안 전투를 계속했다——에 양국 함대는 서로 6~8마일 정도 떨어져 있었는데, 프랑스함대는 영국함대로부터 북동쪽에 위치했다(B, B). 영국함대는 우현으로 돛을 펴고(a) 종렬진을 형성하고 있었는데, 미풍이 불거나 때로는 아예 바람이 불지 않아서 어려움을 겪고 있었다. 휴스 제독은 해풍이 불면 자신이 풍상의 위치에 놓이게 될 것이라고 믿고서 가까운 위치에서 교전하기 위해 이 방향으로 나아갔다고 설명하고 있다. 잦은 돌풍과 함께 바람이 북북동쪽으로부터 가볍게 불어왔으므로, 바람을 받으며 항해하고 있던 프랑스함대는 영국함대로 가깝게 접근했으며 더욱 빠른 속도로 다가갔다. 영국함대의 후미를 공격하려는 쉬프랑의 의도는 휴스 경의 진로에 의해 오히려 도움을 받게 되었다. 휴스는 자신의 후미가 뿔뿔이 흩어져 있는 것을 발견하고 함정들이 중앙에 접근할 수 있는 시간을 벌기 위해 후진하면서 횡렬진을 형성했다(b). 횡렬진을 형성하기 위한 기동은 오후 3시 40분까지 계속되었다. 그러나 그는 유리한 위치에 있는 적의 공격을 피할 수 없다는 것을 알고 좌현으로 돛을 편 채 적의 공격을 기다렸다(C). 자신의 잘못이건 아니건 간에, 이제 휴스는 우세한 병력의 적이 마음대로 할 수 있는 공격을 기다리며 최악의 상태에 빠지게 되었다. 그의 후미함이었던 이그제터*Exeter* 호는 아직 전열에 접근하지 못한 상태였다. 그

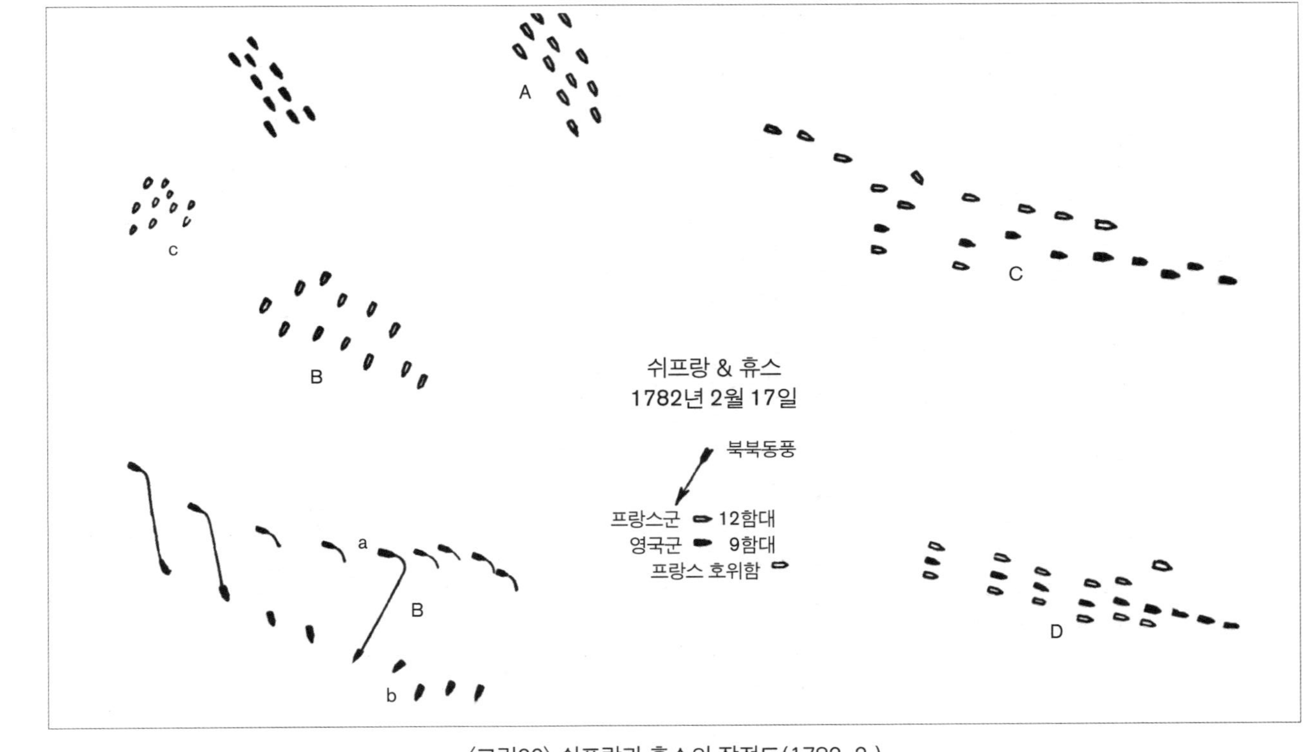

〈그림20〉 쉬프랑과 휴스의 작전도(1782. 2.)

러나 그 함정으로 하여금 돛을 우현으로 펴고서 진형을 형성하게 하고 나머지 함정들을 접근시킨다면, 이그제터 호를 전위함정으로 바꾸지 못할 이유가 없었다.

쉬프랑의 공격방법에 대해서는 그와 휴스가 각각 다르게 진술했다. 그러나 그 차이는 다만 세부적인 상황에 국한되었을 뿐이며 중요한 사항은 확실했다. 휴스는 다음과 같이 말했다. "적은 불규칙적인 복횡렬진을 이루고서 우리 전열의 후미 쪽을 향하여 전투가 발생할 때까지 계속 접근해왔다. 전투가 발생했을 때, 제1열에 있는 적 함정 3척은 이그제터 호의 오른쪽에 있었는데, 제2열에 있던 4척 이상의 함정은 쉬프랑의 기함이었던 에로 호의 뒤에서 제1열의 바깥쪽을 따라 우리의 중앙을 향하여 접근했다. 4시 5분에 적 함정 3척이 이그제터 호에 포격을 가하기 시작했다. 그러나 이그제터 호와 그 앞의 함정이 대응사격을 했다. 전투는 우리의 후미부터 시작되어 중앙으로 전개되었으며, 적의 기함이 제2열에 있던 다른 함정 3척과 함께 우리 함대의 중앙부분으로 진출했다. 그러나 전투 도중에 미풍이 불거나 아니면 거의 바람이 불지 않고 많은 비가 내렸기 때문에 우리의 중앙에 있던 수펍*Superbe* 호보다 더 앞쪽으로는 나아가지 못했다. 이러한 상황에서 적의 가장 우수한 함정 8척이 우리의 함정 5척에게 공격해왔다. 우리 전열의 선두인 먼머스 호, 이글*Eagle* 호, 버포드*Burford* 호, 워체스터*Worcester* 호 등은 충분한 바람이 불지 않아 적에게 접근할 수 없었기 때문에 전투에 참가할 수 없었다."

이제 어떻게 자신의 위치를 잡았는가에 대한 쉬프랑의 설명을 보기로 하자. 해군대신에게 보낸 보고서에서 쉬프랑은 다음과 같이 기록했다.

저는 수적인 우세보다는 적을 공격할 당시의 유리한 함대배치에 의해 영국 전대를 격파했어야 했습니다. 저는 영국의 후미를 공격하여, 전열의 6번째 함까지를 공격했습니다. 그리하여 저는 그 중 3척을 사용할 수 없게 만들었습니다. 따라서 우리가 이제 12척인 데 비해 적은 6척의 함정밖에 남지 않았습니다. 저는 주도권을 잡고 최상의 전열을 형성하라는 신호와 함께 오후 3시 30분에 전투를 시작했습니다. 그런 상태가 아니었다면, 저는 전투를 하지 않았을 것입니다. 4시에 저는 3척의 함정에게 적의 후미에 대해 두 배로 대응하라는 신호를, 그리고 전대에게는 총의 사정거리 안으로 접근하라는 신호를 각각 보냈습니다. 이 신호는 반복하여 내려졌지만, 실행되지 못했습니다. 저 스스로도 모범을 보일 수가 없었습니다. 왜냐하면 침로를 바꾸면 이중으로 겹치게 될 것 같은 3척의 선두함을 통제해야 했기 때문입니다. 그러나 후미로 급회전했던 브릴리앙*Brilliant* 호를 제외하고는 어떤 함정도 저의 기함만큼 적에게 가까이 접근하여 적의 사격을 많이 받은 함정은 없었습니다.

이 두 사람의 설명에서 나타난 중요한 차이점은 쉬프랑이 자신의 기함이 영국의 후미로부터 6번째 함에 이르기까지 영국의 전열을 통과했다고 주장한 반면, 휴스는 두 개로 나뉜 프랑스함대의 전열 중 하나가 영국함대의 후미로, 그리고 다른 한 전열이 중앙으로 접근했다고 말하고 있는 점이다. 후자가 더 나은 기동이라고 말할 수 있는데, 만약 쉬프랑이 주장하고 있는 것처럼 공격을 선도하는 함정이 적의 전열을 따라 후미로부터 6번째 함정까지 접근했다면, 그 함정은 6척의 함정으로부터 연속적으로 공격을 받아 무력해져서 아군의 전열에 혼란을 야기했을 것이기 때문이다. 쉬프랑도 또한 3척의 함정을 적의 풍하 쪽에 위치시킴으로써 적의 후미를 향해 접근하려 했다는 의도를 지적하고 있다. 실제로 프랑스의 함정 중 2척이 이러한 위치에 도달했다. 쉬프랑은 선두함이었던 자신의 기함을 적에게 더 접근시키지 않은 이유를 설명하고 있다. 그러나 그 뒤를 따르던 함정들도 더 이상 적에게 가까이 접근하지 않았기 때문에 휴스의 주의를 끌지 못했다.

인도에서 해군이 처한 상황에 대한 쉬프랑의 견해

프랑스 제독은 몇몇 휘하 함장의 나태함에 대해 화를 냈는데, 그것은 정당한 것이었다. 그는 자신의 부사령관에 대해 해군대신에게 불평했다. "저는 선두에 있었기 때문에 후미에서 무슨 일이 벌어지고 있는지 잘 알 수 없었습니다. 저는 트로믈랭Tromelin에게 가까이에 있는 함정들에게 신호를 보내라고 지시했습니다. 그는 그 지시를 실행하지 않고 단지 그 지시를 복창하기만 했습니다." 이러한 불평은 전적으로 정당한 것이었다. 전투가 벌어지기 10일 전인 2월 6일에 그는 부사령관에게 다음과 같은 편지를 쓴 적이 있었다.

> 만약 우리가 운이 좋아 풍상 쪽에 위치하게 된다면, 그리고 영국 함정이 기껏해야 8척이나 9척에 지나지 않는다면, 나의 의도는 그들의 후미에 대해 두 배로 대응하는 것이다. 귀관의 분대가 만약 후미에 위치하게 된다면, 그 위치에 의해 귀관은 몇 척의 함정이 적의 전열을 둘러쌀 수 있는지 알 수 있게 될 것이다. 그러면 귀관은 그 함정들에게 적에게 두 배로 대응하라는(이것은 풍하 쪽에서 전투하라는 것을 의미한다) 신호를 내릴 수 있을 것이다.[169] …… 어찌 되었든, 나는 귀관이 예하분대에게 전투에서 성공하기에 가장 적합하다고 생각하는

기동을 지시하기를 바란다. 트링코말리와 네가파탐을 점령한다면, 그리고 실론 전체를 점령할 수 있다면, 우리는 아마 총공세를 취할 수 있을 것이다.

이 마지막 두 문장은 인도양에서 쉬프랑이 처한 군사적 상황에 대한 견해를 보여주는데, 그는 첫째로 적 함대의 무력화 다음으로 특정한 전략적인 항구들의 점령을 요구했다. 이러한 판단이 옳았다는 것은 확실하며, 또한 그 판단이 항구를 첫번째 목표로 삼아야 하고 함대를 두 번째의 목표로 삼아야 한다는 프랑스의 보편적인 격언을 바꾸어버린 것도 확실하다. 쉬프랑은 총공격을 절실하게 필요로 했는데, 그러한 공세를 피하는 것이 휴스의 목표가 되었어야 한다는 것은 말할 필요도 없다. 풍상의 위치를 차지하려는 휴스의 시도는 결과적으로 볼 때 옳았다고 할 수 있다. 2월에 마드라스에서는 보통 오전 11시경에 동풍이나 남풍이 불어오기 때문에, 결과가 그의 생각과 어긋나기는 했지만 휴스는 일반적인 방법으로 적절하게 항해했다고 할 수 있다. 로드니와 접전했던 드 기셍이 오후에 불어오는 해풍의 방향을 참고로 함대의 진로를 정하여 성공을 거둔 적도 있었다. 무엇 때문에 휴스가 바람의 이점을 이용하려고 했는가는 그의 말에서 알아낼 수 있다. 그는 근접전을 벌이기 위해 바람을 이용하려고 했던 것이다. 그런데 그가 그러한 전술적 이점을 기술적으로 이용할 수 있도록 보장받은 것은 아니었다.

---

169) 〈그림20〉은 쉬프랑이 이 작전에서 취한 전투순서를 보여주고 있다. 적의 후미함정 5척은 아주 근접한 상대함정을 두 척씩 맞이했을 것이다. 바람 부는 쪽에 있던 프랑스 선도함은 더 멀리 떨어졌고, 그리하여 여섯 번째 영국함정을 공격하면서 맞바람을 받고 지그재그로 항해함으로써 후미를 강화하려고 시도했더라도 선두함정을 '억제할' 수 있었다.

쉬프랑의 전술적 과오

트로믈랭에게 한 말을 통해서 부사령관의 임무에 대한 쉬프랑의 생각을 알 수 있다. 그것은 트라팔가르 해전에 앞서 넬슨이 했던 말과 유사하다고 할 수 있다. 최초의 전투에서 그는 자신이 직접 공격을 지휘하고, 예비부대라고 할 수 있는 공격 부대의 절반의 지휘는 부지휘관에게 맡겼다. 하지만 불행하게도 그 부지휘관은 넬슨의 부지휘관이었던 콜링우드가 아니었기 때문에 그를 지원하는 데 실패하고 말았다. 쉬프랑의 기함이 선도함이 된 것은 어떤 특별한 이유가 있어서가 아니라 그 함정이 함대에서 가장 좋은 함정이었기 때문이었고, 또한 시간이 늦고 바람이 가볍게 불어서 적에게 재빨리 접근해야만 했기 때문이었던 것 같다. 그러나 여기에서 쉬프랑이 잘못 공격했다는 비판이 나타난다. 그 자신이 직접 함대를 지휘하고 있었기 때문에 필요에 의해서가 아니라 자연적으로 예하함정들은 그의 행동을 따를 수밖에 없었다. 그는 아주 훌륭한 전술적 이유에서 자신의 함정을 근접 사격거리 밖에 위치시키고 예하의 함정들로 하여금 근접전을 벌이라는 신호를 보냈지만, 예하 함장들은 그와 마찬가지로 거리를 둔 상태에서 전투를 했던 것이다. 명령과 행동사이의 불일치는 미국 남북전쟁의 빅스버그 전투에서도 나타났듯이 두 지휘관들 사이에 절대 발생해서는 안 되는 오해와 혼란을 야기한다. 이 오해가 발생하지 않도록 사전에 자신의 계획을 매우 철저히 준비하는 것이 최고사령관이 할 일이다. 특히 안개가 끼고 바람이 약하게 불어 해상에서의 유일한 통신수단인 신호를 식별하기 어려운 해상에서는 더욱 그렇다. 이러한 협조는 넬슨에게는 하나의 관례처럼 되어 있었으며, 쉬프랑에게도 낯선 것은 아니었다. 그는 3년 전에 데스탱에게 "함대를 지휘하는 사람들과 잘 조화된 배치가 필요합니다"라고 편지한 적이 있었다. 쉬프랑의 뒤를 따라 항해하다가 전투에 참가한 사람들에게는 변명이 통하겠지만, 후미에 있는 함정들, 특히 쉬프랑의 계획을 잘 알고 있던 부사령관에게는 그러한 변명은 허용되지 않는다. 쉬프랑은 필요하다면 자신이 직접 선도해서라도 후미의 함정들이 풍하 쪽으로 가도록 했어야 했다. 그의 두 함장들이 풍하 쪽에서 전투를 벌인 것으로 보아 바람은 충분히 불고 있었다. 전투를 벌였던 두 함장 중 한 명은 명령을 받지 않았음에도 "자신의 함정을 적의 뱃전에 접근시키는 함장의 행동은 크게 잘못된 것이 아니다"라는 넬슨의 말을 믿고 자기 자신의 용기와 의지에 따라 과감하게 전투를 했던 것이다. 그는 쉬프랑으로부터 특별히 칭찬을 받았는데, 그것이 그에게는 명예이자 보상이었다.

예하 함장들의 부적절한 쉬프랑 지원

부하들의 수많은 실패가 무능력 때문이든 아니면 당파정신이나 불충 때문에 생긴 것이든 간에, 그것은 보통의 군사작가들에게는 중요한 것이 아니다. 그러나 자기 군의 명예를 지키고자 애쓰는 프랑스 장교들에게는 아주 큰 흥밋거리였다. 여러 번 실망한 끝에 쉬프랑의 불만은 절정에 달하고 말았다.

> 나의 가슴은 배은망덕한 행위에 의해 찢어지는 것 같았다. 나는 영국 전대를 격파할 수 있는 기회를 놓쳐버렸다. …… 우리가 풍상 쪽에 있었고 게다가 앞서 있었기 때문에 적을 곧 따라잡을 수 있었지만, 아무도 그렇게 하지 않았다. 그들 중 몇 명은 다른 전투들에서는 용감하게 싸운 사람들이었다. 나는 이 모든 공포를 순항이 끝났으면 하는 바람과 악의, 그리고 무지의 탓으로 돌릴 수밖에 없다. 왜냐하

면 이보다 더 나쁜 상황을 상상할 수 없기 때문이다. 오랫동안 프랑스 섬에 있던 장교들은 뱃사람도 군인도 아니었다고 당신에게 감히 말할 수 있다. 그들이 해상에 있지 않았으므로 뱃사람이 아니고, 복종하지 않고 독단적으로 일하는 상인 같은 기질은 분명히 군인정신에서 벗어나기 때문이다.

휴스와의 네 번째 전투를 벌인 후에 쓴 이 편지를 통해 우리는 다음과 같은 사실을 알 수 있다. 그 편지에는 열정을 가지고 서둘러 마지막 전투에 뛰어들었던 쉬프랑 자신도 그 함대의 무질서에 일부 책임이 있을 뿐만 아니라 다른 환경적인 요인들도 작용했는데, 그 중에서 비난받고 있는 장교들의 성격이 가장 큰 문제였다. 한편으로 프랑스 해군이 우세한 병력, 우수한 기량, 그리고 열정을 가진 쉬프랑의 지휘하에 네 차례나 총공세를 펼쳤지만, 영국 전대는 그의 말대로 "여전히 존재하고 있었다." 영국의 전대는 존재했을 뿐만 아니라 단 한 척의 함정도 잃지 않았던 것이다. 여기서 끌어낼 수 있는 유일한 결론은 프랑스 해군작가의 다음과 같은 말일 것이다. "양이 질 앞에서 꼼짝 못했다."[170] 이러한 결함이 비효율성 때문이었는지 아니면 불만 때문이었는지는 중요하지 않다.

쉬프랑의 퐁디셰리로의 출항과 휴스의 트링코말리로의 출항

전투하는 현장에서 나타난 비효율성은 일반적으로 최고사령관의 자질이 한몫을 하는 군사행동에서 사라졌다. 2월 17일에 일어난 전

170) Troude, *Batailles Navales*.

투는 두 시간 동안 진행되었다가 오후 6시에 바람의 방향이 남동쪽으로 바뀜으로써 끝났다. 그리하여 영국은 풍상 쪽을 차지하게 되었고, 따라서 그 선두함들도 전투에 참여할 수 있게 되었다. 어둠이 내리고 오후 6시 30분이 되자, 쉬프랑은 전대로 하여금 우현으로 돛을 펴고 북동쪽으로 향하게 했으며, 반면에 휴스는 순풍을 받으며 남쪽으로 향했다. 프랑스 해군의 한 함장이었던 슈발리에에 의하면, 쉬프랑은 그 다음날 전투를 재개할 계획을 가지고 있었다고 한다. 만약 그렇다면, 그는 적에게 쉽게 접근할 수 있는 거리를 유지했어야 했다. 유리한 점이 없으면 싸우지 않겠다는 휴스 경의 정책으로 미루어볼 때, 그에게서 벗어난 이그제터 호가 많은 적의 집중공격에 시달려도 휴스는 아마 조용히 공격을 기다렸을 것이라는 추측을 불러일으킨다. 너무나도 명백한 이 사실 때문에, 쉬프랑은 자기 함대와 부하들의 실수를 고려하여 즉시 전투를 재개하지 않으려는 충분한 이유를 찾으려 했는지 모른다. 그 다음날 아침, 양국의 함대는 서로를 볼 수 없게 되었다. 북풍이 계속 불었고 또한 두 척의 함정이 피해를 입었으므로, 휴스 제독은 트링코말리로 돌아갈 수밖에 없었다. 그곳에는 함정을 수리할 수 있도록 보호시설이 되어 있는 항구가 있었다. 수송선들을 염려한 쉬프랑은 퐁디셰리로 돌아가 정박했다. 그때 그는 네가파탐으로 진군하길 바라고 있었다. 그러나 지상군 사령관은 쿠달로르에 대한 공격을 선택했다. 히데르 알리와의 협상과 준비를 마친 후, 육군은 포르토 노보의 남쪽에 상륙한 후, 쿠달로르를 향하여 진군했고 4월 4일에는 그곳을 점령했다.

한편, 자신의 첫번째 목표를 달성하고 싶어하던 쉬프랑은 3월 23일에 다시 출항했다. 그것은 영국으로부터 올 것으로 예상되던 두 척의 전열함을 차단하려는 의도에서였다. 그러나 그가 이러한 목적을 달성하기에는 너무 늦게 출항했다. 영국의 74문함 2척은 3월 30일에 마드라스에서 주력함대와 합류했다. 휴스는 트링코말리에서 2주일 동안 정비를 마친 후 3월 12일에 다시 마드라스에 도착했다. 증원함정이 합류한 직후, 그는 수비대를 위한 군수품과 병사들을 싣고 트링코말리를 향하여 출항했다. 4월 8일이 되자 역시 남쪽으로 향하고 있던 쉬프랑의 함대를 북동쪽에서 볼 수 있었다. 휴스는 가벼운 북풍을 받으며 계속 방향을 유지했다. 11일에 그는 트링코말리 북쪽 50마일 지점에 있는 실론 해안에 도착했는데, 그곳은 목적지에서 벗어난 곳이었다. 12일 아침에 프랑스 전대가 북동쪽에서 추격하기 위해 항해하고 있는 것이 보였다. 그 날은 로드니와 드 그라스가 서인도제도에서 마주친 날이기도 했는데, 이번에는 상황이 역전되었다. 이곳에서는 영국이 아닌 프랑스가 전투를 하고자 했던 것이다.

쉬프랑과 휴스의 2차 접전(1782년 4월 12일)

양국 함대의 함정들은 속도가 서로 달랐다. 각 함대에는 구리를 댄 함정과 구리를 대지 않은 함정들이 각각 있었다. 휴스는 자기 함대의 느린 함정들이 적의 빠른 함정들을 피할 수 없다는 사실을 알았다. 이러한 상황에서는 후미함정들을 포기할 결심을 하지 않으면, 퇴각하는 부대를 항상 위험한 전투로 몰아갈 수 있었고 그러한 상황은 효율성과 안전을 위해 전대 소속의 함정들로 하여금 최저 속력을 내지 않을 수 없게 만든다. 함정이 서로 분리된다는 위험을 야기할 수 있는 같은 원인에 의해 같은 날 또 다른 전투에서 드 그라스는 위험하게 기동하여 큰 피해를 입었다. 전투를 하기로 결심한 휴스는 아침 9시가 되자 우현으로 돛을 편 채 전열을 형성하고 해안 쪽으로 향했다(〈그림

21〉, A). 그 전대는 질서 있게 형성되었으며, 함정들은 400~500디엠 diem[171] 정도의 거리를 유지했다. 휴스의 초기 판단은 쉬프랑과 달랐다. 더욱이 그 판단은 자신의 기량을 믿었던 프랑스 사령관이 사용한 전술과는 완전히 다른 생각이었다. 그는 다음과 같이 말했다.

> 북동풍이 부는 가운데 우리로부터 6마일 떨어져 북동쪽을 향하고 있던 적은 함정들을 기동시키면서 위치를 계속 바꾸고 있었다. 12시 15분이 되자, 그들은 우리와 교전하기 위해 접근했다(a). 그 선두함 5척이 우리의 선두함들과 접전하기 위해 접근했고(b), 나머지 7척은 우리의 중앙에 있는 세 척 즉 수펍 호와 먼머스 호 그리고 모나르카Monarca 호를 향해 곧장 진격해왔다(b′). 1시 30분에 전투는 양국 함대의 선두에서 시작되었다. 3분 후에 나는 싸우라는 신호를 보냈다. 프랑스 사령관의 기함이었던 에로 호와 그 뒤를 따르던 로리앙L'Orient 호는 모두 74문함이었는데, 수펍 호[172]의 사정거리 안으로 다가왔다. 계속 그 위치에 있는 프랑스의 기함과 9분 동안 막대한 포격을 주고받았는데, 심각한 피해를 입기는 했지만 위치를 지키면서 다른 함정과 교전을 벌이고 있던 먼머스 호를 공격했고, 자기 후미에 있는 함정들이 우리 영국함대의 중앙에 있는 함정들을 공격하러 들어올 수 있도록 공간을 만들어주었다. 그곳에서 양국 함대는 가장 치열한 접전을 벌였다. 3시에 먼머스 호의 뒷돛대가 부러졌고, 몇 분 후에는 다시 중앙돛대마저 잃어 결국 전열에서 벗어나 풍하 쪽으로 밀려가고 말았다(C, c). 3시 40분에 갑자기 북풍이 불었다. 따라서

---

171) 400~500야드를 지칭한다.

172) 영국과 프랑스의 기함은 모두 예외적이라고 할 수 있을 정도로 컸기 때문에 그러한 이름을 갖게 되었다.

나는 우리 함정들이 육지 쪽으로 밀려가지 않도록 주의하면서 바람을 등지고 돌아 우현으로 돛을 편 전열을 형성하여 전투를 계속하라는 신호를 보냈다.

이곳에서 실제로 가장 격렬한 전투가 일어났다. 양국의 가장 훌륭한 전사였던 이 두 사령관이 벌인 가장 격렬한 전투에서 영국측은 11척의 함정에서 137명의 사망자와 430명의 부상자를 냈다. 피해자 중에서 중앙에 있던 기함과 그 앞에 있던 함정이 입은 피해——사망 104명과 부상 198명——는 전체 피해의 53%에 이르렀고, 그 수는 전대 전체병력의 18%에 해당되었다. 함정의 규모를 비교해볼 때 이러한 희생자 수는 트라팔가르 해전에서 복종렬진의 선두함들이 입었던 피해[173]보다 훨씬 큰 것이었다. 선체와 원자재 등의 물질적인 피해는 인명피해보다 훨씬 더 컸다. 작은 부분에 이렇게 집중공격을 받은 영국 전대는 완전히 절름발이가 되었다. 전투가 시작될 당시의 열세는 두 척의 함정이 추가로 빠짐으로써 더욱 심화되었다. 그러므로 쉬프랑은 더 큰 행동의 자유를 누릴 수 있었다.

그렇다면, 이러한 집중은 어느 정도까지가 쉬프랑의 의도였을까? 이것을 알아보기 위해 우리는 해군성에 기록되어 있는 쉬프랑의 보고서를 기초로 하여 작성된 프랑스의 두 저술가[174]의 설명을 볼 필요가 있다. 프랑스함대가 얻은 실질적인 이점은 개별 함정들이 입은 피

173) 트라팔가르 해전에서 넬슨의 기함으로서 100문함이었던 빅토리*Victory* 호에서는 57명이 사망하고, 102명이 부상한 데 비해, 74문함인 휴스의 함정에서는 59명이 사망하고 94명이 부상을 당했다. 콜링우드의 함정이었던 로열 소버린*Royal Sovereign* 호도 역시 100문함이었는데, 47명이 사망하고 94명이 부상을 당했다. 반면에 휴스와 전투에 참가한 64문함인 먼머스 호에서는 45명이 사망하고 102명이 부상당했다.

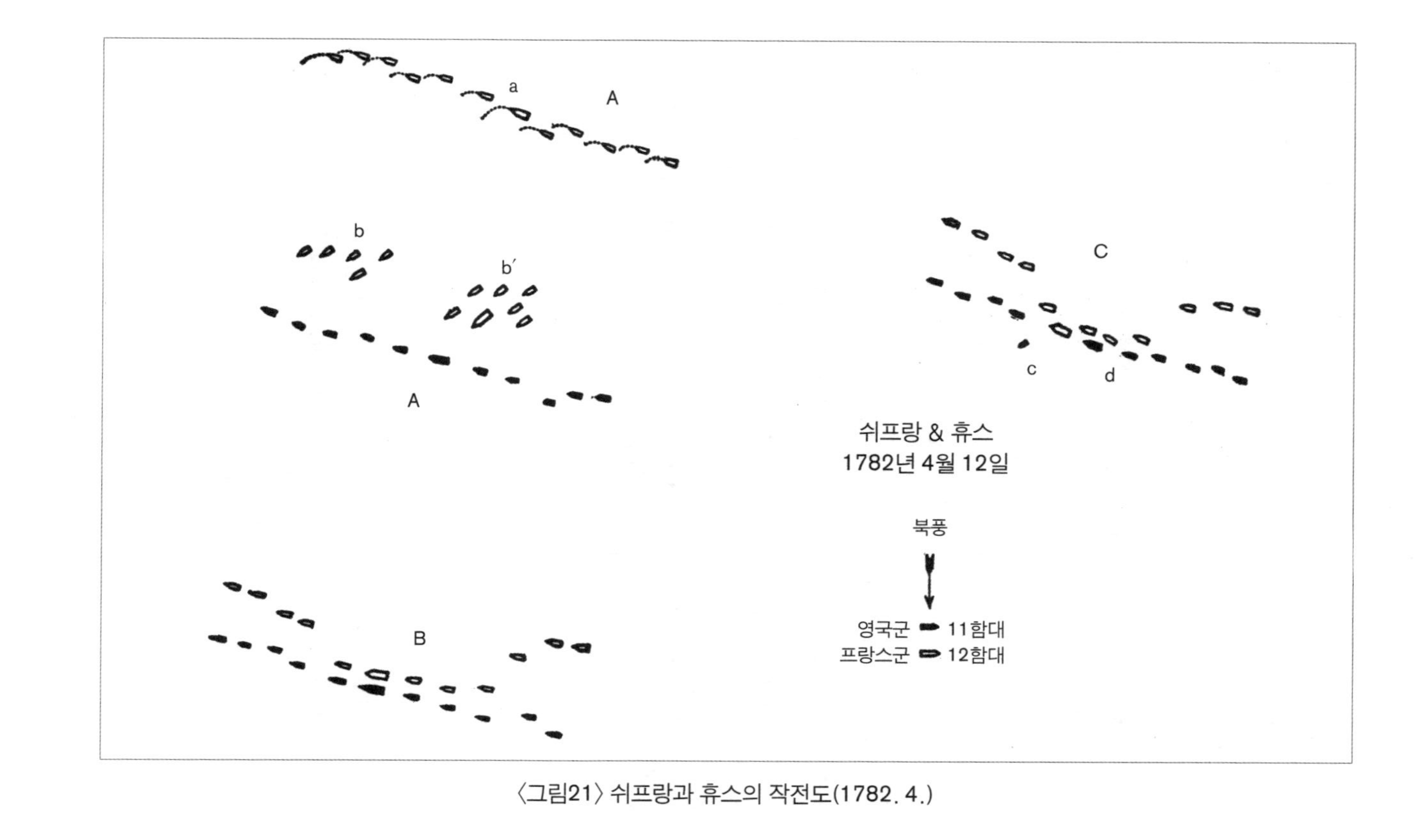

〈그림21〉 쉬프랑과 휴스의 작전도(1782. 4.)

해와 희생자 목록과 비교하여 살펴보아야 한다. 왜냐하면 영국과 프랑스 전대가 입은 피해의 양이 비슷하다고 하더라도, 영국함대의 피해는 두 척의 함정에 집중되어 있어 그들이 다시 전투에 투입되는 데 1~2개월이 걸렸지만, 프랑스함대의 피해는 12척에 골고루 나뉘어졌기 때문에 며칠 만에 다시 전투할 채비를 할 수 있었으므로, 전술적으로나 전략적으로나 승리는 프랑스측에 있었다고 확실하게 말할 수 있기 때문이다.[175]

쉬프랑의 해전술

쉬프랑은 휴스가 묘사한 것과 같은 공격을 하라는 지시를 내린 적이 없었다. 그는 영국의 11척에 비해 12척을 소유하고 있었으므로 적과 나란히 전열을 형성하여 적과 함 대 함으로 전투를 벌인다는 영국의 일반적인 전술을 추구할 것처럼 보였다. 그런데 그는 여기에 단순한 한 가지를 결합시켰다. 적과 대치하지 않는 12번째의 함정으로 하여금 풍하 쪽에서 영국의 후미함정을 공격하게 함으로써 영국함정 한 척을 프랑스함정 두 척 사이에 둔다는 것이다. 사실 휴스가 묘사한 것과 같은 선두와 중앙에 대한 집중공격은 종렬진의 중앙과 후미에 공격을 집중하는 것보다 전술적으로 불리하다. 이것은 증기함에서도 분명한 사실이다. 증기함은 동력을 잃을 염려가 적기는 하지만, 선두에서 후미에 이르기 위해 선회해야 하기 때문에 중요한 순간에 시간을 낭비하게 된다. 그러나 이 전투가 일어난 시기처럼 계절풍의 변화

174) Troude, *Batailles Navales*. ; Chevalier, *Hist. de la Marine Française*.

175) 이 주장은 너무나 분명하므로 강조할 필요가 없다. 그러나 해군들이 그것을 전반적으로 받아들일 수 있는 원칙 중 하나로 삼았는지 여부는 의문의 여지가 있을 것이다.

기라서 바람이 약하고 일정하지 않은 기상상태일 때의 범선은 특히 더 그러했다. 당대의 러시아인들을 경멸했던 넬슨은 선박조종술이 서툴러서 전열 전체가 혼란에 빠져버린 러시아함대의 선두를 주저하지 않고 공격하겠다고 주장하곤 했다. 그러나 그는 스페인함대가 더 낫다는 생각은 거의 하지 않았으면서도 트라팔가르 해전에서 공격의 무게를 연합함대의 후미 쪽에 두었다. 휴스 함대의 함장들과 같은 장교들로 구성된 해군에서는 후미 대신 선두를 공격하는 것이 아마 잘못이었을 것이다. 왜냐하면 죽음만이 후미함대를 전투로부터 벗어나게 할 수 있었을 것이기 때문이다.

함장 슈발리에가 쉬프랑의 공격을 묘사한 것이 있다. 그는 휴스가 우현으로 돛을 펴고 전열을 형성한 것을 언급하고 다음과 같이 말했다.

> 이러한 기동(휴스가 우현으로 돛을 펴고 전열을 형성한 것)을 프랑스함대도 따라했다. 그러므로 양국의 전대는 서북서쪽을 향하여 나란히 항해하게 되었다(A, A). 전열이 잘 형성되어 있었는데, 11시에 쉬프랑 제독은 각 함정들에게 일제히 기동하여 서남서쪽으로 방향을 바꾸라는 신호를 보냈다. 우리 함정들은 전열에서 지정된 지점을 유지하지 못했으며, 가장 좋은 함정들로 구성된 선두가 (늘상 그랬듯이) 가장 먼저 적의 사정거리 안에 들게 되었다. 1시에 영국함대의 선두함들이 프랑스 선두함인 방죄르*Vengeur* 호와 아르테지앙 호에 포격을 가하기 시작했다. 대응사격을 하기 위해 방향을 돌리던 이 두 함정은 즉시 다시 멀어지라는 명령을 받았다. 결전을 원했던 쉬프랑은 적이 자기 함정을 향해서 쏜 포격에 대응하지 않고 계속하여 침로를 유지했다. 수펍 호가 사정거리 안에 들어오자, 그는 풍상 쪽으로 방향

을 돌렸고(B), 포격을 개시하라는 신호를 기함의 주돛대 위에 올렸다. 휴스가 11척의 함정만을 가지고 있었기 때문에, 최고사령관이 정해준 위치에 따라 영국 함대의 후미를 공격하기로 되어 있던 비자르 *Bizarre* 호는 풍하 쪽에서 공격을 시작했다. 맨 처음 캐논 포 소리가 들린 순간에 우리의 형편없는 함정들은 제 위치에 있지 않았다. 사령관이 명령을 한 의도를 모른 채 글자만을 읽고서 각 함장들은 동시에 자기 앞의 함정들처럼 풍상 쪽으로 변침했다. 따라서 프랑스의 전열은 곡선을 그리게 되었고(B), 전열의 양끝인 선두에는 아르테지앙 호와 방좌르 호가, 그리고 후미에는 비자르 호와 아작스*Ajax* 호 및 세베르*Sévère* 호가 위치하게 되었다. 그 결과 이 함정들은 적의 전열과 포격을 교환하기에는 너무나 멀리 떨어져 있게 되었다.

두 함대의 상대적인 손실

쉬프랑을 존경하는 사람이 공문서를 본 후 쓴 이 모든 기록들을 보면, 프랑스의 최고사령관은 기초적이지만 실행하기 어려운 공격을 하려고 했음을 알 수 있다. 자유롭게 항해하면서 전열을 유지하기 위해서는 많은 훈련이 필요한데, 특히 쉬프랑의 함대처럼 함대가 속력이 다른 여러 등급의 함정들로 구성되어 있는 경우에 특히 그러했다. 수펍 호와 먼머스 호가 입은 극심한 피해는 집중공격을 받아 발생한 것이었을 뿐, 쉬프랑의 함정배치 때문은 아니었다. "전투 초기에 입은 피해 때문에 에로 호는 수펍 호 옆에 남아 있을 수 없었다. 돛줄이 잘려나갔을 뿐만 아니라 때맞추어 중간돛도 복구할 수 없었으므로 에로 호는 앞으로 계속 나아가 먼머스 호의 뱃전을 들이받은 뒤에야 멈출 수 있었다."[176] 이 설명은 이미 피해를 입고 있던 먼머스 호가 추가로고통을 받게 되었다는 것과 또한 훨씬 강력한 적을 만나게 되었다는 것을 의미한다. 이리하여 쉬프랑의 기함으로부터 벗어날 수 있었던 수펩 호는 이어 역시 중무장한 프랑스함정과 다시 교전을 벌이게 되었다. 그리고 먼머스 호가 풍하 쪽으로 밀려갔을 때, 프랑스의 기함도 역시 표류하여 잠시 함미포로 수펩 호를 향해 공격했다(C, d). 수펩 호는 동시에 두 척의 프랑스함정과 현측과 함미 쪽에서 전투를 벌이게 되었는데, 그들은 신호를 받고 또는 신호에 관계없이 사령관을 보호하기 위해 접근했던 것이다.

희생자 명단을 조사해보면, 프랑스측의 희생자가 영국측보다 훨씬 더 많은 함정들 사이에 분산되어 있는 것을 알 수 있다. 한 명의 사망자도 내지 않은 함정은 영국측이 3척인데 비해 프랑스측은 1척뿐이었다. 가장 치열한 전투에서 프랑스의 74문함 2척과 64문함 1척이 영국의 74문함과 64문함 1척씩에 집중공격을 한 것처럼 보인다. 그 함정들이 등급에 따라 동일한 세력을 가졌다고 생각해볼 때, 프랑스측은 영국측의 69문에 비해 106문이라는 현측포를 소유한 셈이었다.

휴스의 작전에 대한 영국의비판

전투하기에 앞서 3일 동안 휴스 경이 취했던 조치에 대해 비우호적인 비판이 있었다. 왜냐하면 프랑스함대가 영국함대보다 단지 1척 더 많은 세력을 갖고서 풍하 쪽에 머무른 시간이 많았고 또한 많이 분산되어 있었는데도 불구하고, 휴스 경이 프랑스함대에 대한 공격을 자제하고 있었기 때문이었다. 부연하자면, 그가 프랑스함대를 격퇴시

176) Chevalier.

킬 기회를 가졌다고 생각되었던 것이다.[177] 설명이 너무나 모호하기 때문에, 이 의견——아마 하급장교들이 사관실이나 갑판에서 한 이야기들을 반영하고 있을 것이다——에 대해 정확한 판단을 내릴 수는 없다. 두 함정의 위치에 대한 휴스의 보고는 애매했는데, 한 가지 중요한 점에서 프랑스측의 보고와 정면으로 모순되고 있다. 만약에 기회가 주어졌다고 해도 영국의 제독은 그 기회를 사용하기를 거부하고, 적을 추적하거나 피하지도 않고, 곧장 트링코말리로 항해하여 함정에 싣고 있던 병력과 보급품을 하역했을 것이다. 다시 말해서 그는 전투에서 영국의 해군정책을 따르지 않았으며, 오히려 적 함대를 공격하는 것보다 특별한 임무를 중요시하는 프랑스의 해군정책을 따라 행동했던 것이다. 만약 이러한 이유 때문에 그가 유리한 전투기회를 놓쳐버렸다면, 그는 그 이후의 전투 결과를 보고 그처럼 적 함대를 공격하지 않은 것을 굉장히 후회했음에 틀림없다. 그러나 정확한 정보가 부족한 가운데서도 주목해야 할 가장 흥미있는 점은 적 함대를 공격하는 것이 영국의 제독이 취했어야 할 첫번째 임무라는 점이 여론이나 전문적인 의견에 강하게 반영되었다는 점이다. 또한 그가 적에게 공격을 허용하지 않고 그가 공격을 했다면 훨씬 좋은 결과가 나왔을 것이라고 주장할 수도 있다. 사실 그의 휘하 함장들이 쉬프랑 휘하의 함장들보다 우수했기 때문에 분명히 악화되지 않았을 것이다.

전투가 끝나고 해질 무렵이 되자, 양국 전대는 모두 불규칙하지만 평균 90피트의 수심을 가진 곳에 정박했는데, 그곳에서 프랑스함정 3척은 선저를 수리했다. 그곳에서 두 함대는 서로 2마일 정도 떨어진 채 정비하면서 1주일 동안 머물렀다. 휴스는 먼머스 호의 상태가 아

177) *Annual Register*, 1782.

주 나빴기 때문에 프랑스함대가 공격할 것으로 예상하고 있었다. 그러나 쉬프랑은 함정의 수리를 마치고 19일에 출항하여 24시간 동안 주변을 배회하면서, 자신이 먼저 공격하지 않고 그 대신 영국함대가 먼저 공격해오기를 기다렸다. 그는 적의 상황을 너무나 예리하게 꿰뚫고 있어서 해군성에 자신의 행동을 정당화할 필요성을 느끼게 되었다. 따라서 그는 여덟 가지 이유를 제시했는데, 그것들은 여기에서 상술할 가치가 없다. 그가 제시한 마지막 이유는 휘하 함장들의 효율성과 전폭적인 지지가 부족했다는 점이었다.

쉬프랑의 성격

쉬프랑이 지나치게 신중했기 때문에 실수한 것 같지는 않다. 오히려 그의 최고사령관으로서의 가장 두드러진 결함은 적이 나타나면 초조함을 보이고 때때로 서둘러서 무질서하게 행동하는 열정이었다. 그가 수행한 전투의 세부적인 사항과 실행상태 그리고 그의 전술적인 결함을 보면, 쉬프랑은 그 자신의 성급함과 휘하 함장들의 결점들 때문에 전반적인 전투수행이나 전략에서 실패했음을 알 수 있다. 그러나 그러한 전투수행에서 사령관의 자질이 주로 작용할 때에는 그의 우수함이 두드러지게 나타나 멋진 성공을 거두었다. 그의 열정은 활력과 불굴의 정신을 드러냈으며, 더욱이 부하 장병들을 감화시키기까지 했다. 그의 뜨거운 프로방스인적 혈통의 열정은 어려움을 극복하고, 없는 곳에서도 자원을 만들어내며, 또한 모든 함정이 자신의 명령을 따르고 있다는 것을 느낄 수 있도록 만들었다. 적이 수리하기 위해 빈둥거리며 시간을 보내는 동안, 항구나 보급품이 없어도 계속 함대를 정비하며 전투를 수행한 그의 신속성과 천재성보다 더 시사적이고 더 가치 있는 교훈은 없다.

쉬프랑의 극복과 성공

그 전투의 결과, 영국함대는 먼머스 호가 수리될 때까지 6주일 동안 방어적인 상태로 남아 있을 수밖에 없었다. 불행히도 쉬프랑도 즉시 공격할 수 있는 상황에 있지 않았다. 그는 인력과 식량, 특히 예비 범장과 조범장치가 부족했다. 전투가 끝난 후에 보낸 공식적인 문서에서 그는 다음과 같이 썼다. "저는 조범장치를 수리할 수 있는 예비 자재를 갖고 있지 않습니다. 전대는 12개의 예비 중간돛대가 부족한 상태입니다." 보급품을 실은 선단이 푸앵 드 갈Point de Galles에 있을 것으로 예상되었는데, 그곳은 트링코말리를 제외한 나머지 실론 제도와 함께 아직 네덜란드의 소유였다. 그러므로 그는 트링코말리의 남쪽에 있는 바타칼로Batacalo에 정박해서 휴스와 영국 외항선들 사이에 위치하게 되었는데, 그곳에서 합류한 자신의 선단을 보호하기에 유리한 위치였다. 6월 3일에 그는 덴마크의 소유지였던 트랑크바르Tranquebar를 향해 출항했고, 그곳에서 그는 트링코말리에 있는 영국함대와 마드라스 사이의 영국 교통로를 방해하면서 2, 3주일 동안 머물렀다. 그곳을 떠나 그는 육군 사령관 및 히데르 알리와 접촉하기 위해 쿠달로르로 향했다. 그런데 히데르 알리가 프랑스 장군의 불충분한 협조에 불만을 품고 있음을 알게 되었다. 쉬프랑은 히데르 알리의 호감을 얻었고 히데르는 그 당시에 계획하고 있던 원정에서 돌아오는 길에 쉬프랑을 만나고 싶어한다는 의사를 전달했다. 왜냐하면 그의 정확한 직감대로 쉬프랑은 그가 의도했던 네가파탐에 대한 공격을 마친 후 영국함대를 추격하려 하는 중이었기 때문이다. 그에게는 편협한 감정이 없었다. 그는 항상 정치적이고 전략적인 필요성에서 술탄과 동맹을 맺고 해상과 내륙에 대한 지배를 확립할 필요가 있다는 생각을 갖고 있었다. 그리고 그렇게 하기 위한 우선 첫 단계가 영국함대를 무력화시켜 바다를 통제하는 것임을 그는 인식하고 있었다. 수많은 장애 속에서도 이 목적을 달성하기 위해 그가 보여주었던 활력과 불굴의 의지는 수많은 프랑스의 지휘관들――그들은 용기 면에서는 쉬프랑과 비슷했으나 잘못된 관습에 매여 있었고 또한 목표를 잘못 인식하고 있었다――중에서도 쉬프랑의 장점을 돋보이게 해주었다.

쉬프랑과 히데르 알리의 교신

한편, 휴스는 돛대에 피해를 당한 먼머스 호를 이끌고 트링코말리로 향했다. 그곳에서 전대를 재정비했고 환자를 치료하기 위해 상륙시켰다. 그러나 앞에서도 언급했던 것처럼, 영국 전대가 병기창과 보급항 역할을 할 수 있는 항구를 갖지 못했던 점은 분명한 사실이었다. 왜냐하면 그가 "나는 몇 척의 함정에 실려 있는 예비부품을 가지고 먼머스 호의 돛대를 다시 세울 수 있을 것이다"라고 말했기 때문이다. 그럼에도 불구하고 그의 물자는 프랑스함대보다 훨씬 풍부했다. 쉬프랑이 트랑크바르에서 트링코말리와 마드라스 사이의 영국 교통로를 염려하면서 보내고 있던 시간에 휴스는 조용히 트링코말리 항에 머물러 있다가, 쉬프랑이 쿠달로르에 도착한 다음날인 6월 23일에 네가파탐을 향해 출항했다. 양국의 전대는 이렇게 다시 서로에게 접근했고, 쉬프랑은 적이 자신이 따라잡을 수 있는 곳에 있다는 소식을 듣자마자 공격준비를 서둘렀다. 휴스는 그가 기동하기를 기다리고 있었다.

쉬프랑의 확고한 의지와 통찰력

출항에 앞서 쉬프랑은 다음과 같은 내용의 편지를 본국으로 보낼 기회를 갖게 되었다. "실론에 도착한 이래 우리 전대의 일부는 네덜란드인의 도움을 받아, 그리고 일부는 우리가 노획한 전리품으로 6개월 동안 작전할 수 있는 물품들을 실었다. 그리고 나는 1년 분 이상의 쌀과 밀가루를 준비했다." 이러한 업적은 프랑스함대가 긍지를 가질 수 있는 원천이었다. 이것은 항구도 없고 물자도 부족한 프랑스 제독이 적으로부터 물품을 조달하며 생활했다는 것을 의미하는데, 적의 보급선과 통상이 프랑스함대의 부족분을 보충해주었던 것이다. 이것은 쉬프랑의 풍부한 대비책과 순양함들의 활동 때문에 가능했다. 그러나 두 척의 프리깃 함을 가지고 있었던 쉬프랑은 이 함정들을 위해 약탈전에 크게 의존해야 했다. 3월 23일에는 식량과 물품들이 거의 고갈된 상태였다. 6천 달러의 돈과 선단에 실려 있는 식량이 그가 가지고 있는 자원의 전부였다. 그는 치열한 전투를 했기 때문에 조범장치와 인력, 그리고 탄약을 준비하는 데 많은 비용을 필요로 했던 것이다. 4월 12일 전투 이후, 그는 격렬한 전투를 한 번만 치를 수 있는 화약과 포탄을 가지고 있었다. 그런데 3개월 후에 그는 추가지원이 없이도 6개월 동안 해상에서 작전을 할 수 있다고 보고했다. 이러한 결과는 오로지 자신감과 위대한 정신력을 가진 그에 의해 이루어졌다. 파리에서는 이러한 결과를 기대하지 않고 있었다. 오히려 파리에서는 프랑스 전대가 재보급을 위해 프랑스 섬으로 귀환할 것이라고 예상하고 있었다. 기지로부터 굉장히 먼 곳에 떨어져 있는 프랑스 전대가 적대국의 해안에서 효율적인 상태를 유지하며 남아 있을 수 있으리라고 생각할 수 없었기 때문이다. 그러나 쉬프랑의 생각은 이와 달랐다. 그는 진정한 군인의 통찰력과 자신의 직업에 대한 적절한 감각을 가지고 인도에서의 작전성공이 바다의 지배에 달려 있으며, 따라서 자신의 전대가 계속하여 그곳에 남아 있어야 한다고 생각하고 있었다. 그는 항상 불가능하다고 생각되던 일을 시도하는 데 주저하지 않았다. 이러한 확고한 정신과 그의 천재성이 그 자신의 시대상황과 앞 세대의 환경과 함께 고려되어야 하며, 그에 대한 평가도 공정하게 이루어져야 한다.

본국 정부의 명령에 대한 쉬프랑의 불복

쉬프랑은 1729년 7월 17일에 태어났고, 1739년과 1756년의 전쟁 당시 군인으로 복무했다. 그는 툴롱 앞 바다에서 매슈스 제독과 1744년 2월 22일에 치른 해전에서 처음으로 적 함대로부터 함포사격을 받았다. 그는 프랑스혁명 이전의 사람이었다. 그는 나폴레옹과 넬슨이 비웃었던 데스탱, 드 기생, 그리고 드 그라스와 동시대인이었던 것이다. 혁명으로는 불가능한 일이 민중 봉기에 의해 얼마나 많이 가능해졌는지를 보여준 시기였다. 그러므로 당시에는 그의 행동과 태도가 독창적이라는 장점을 갖고 있었지만, 그의 고결한 성품을 입증하기에는 너무 빠른 시기였다. 전대를 정박지에 유지해두어야 할 필요성을 확신한 그는 부하장교들의 불평뿐만 아니라 정부의 명령까지도 과감하게 무시해버렸다. 그는 바타칼로에 도착했을 때 프랑스 섬으로 귀환하라는 자신 앞으로 온 명령서를 발견했다. 그러나 그는 그 명령에 따르고 책임감의 무거운 굴레에서 벗어나는 대신에, 현장에 있는 자신이 유럽에 있는 사람보다 현지에 필요한 것을 더 잘 알 수 있다는 이유를 들어 그 명령에 불복했다. 그러한 지도자는 육상에서 지휘했던 사람들보다 더 나은 하급장교나 동료를 가질 자격이 있다고 생각한다. 전반적인 해상전투의 상황을 고려해볼 때, 그가 영국의 동인도 세력을 타도할 수 있을 것인지는 의심스러울지도 모른다. 그러나 3개국의 모든 제독 중에서 쉬프랑만한 결과를 가져올 수 있는 사람이 없었던 것은 확실하다. 우리는 그가 심한 시련을 겪으면서도 항상 잘 극복한다는 사실을 알게 될 것이다.

쉬프랑과 휴스의 3차 접전(1782년 7월 6일)

7월 5일 오후에 쉬프랑의 전대는 쿠달로르 앞바다에 정박해 있는 영국 전대를 발견했다. 한 시간 후에 갑작스러운 돌풍이 프랑스함정 중 한 척의 주돛대와 뒷돛대를 쓸어가버렸다. 그로부터 얼마 안 있어 휴스 제독이 출항했고, 양국 전대는 밤중 내내 기동했다. 그 다음날에는 바람이 영국 쪽에 유리하게 불었고, 프랑스함대는 우현으로 돛을 펴고 남서풍을 받으며 남남동쪽을 향하여 전열을 형성하고 있었다. 돌풍의 피해를 입었던 프랑스함정이 수리하지 못해 기동 불능의 상태에 놓여 있었으므로, 전투에 참여하는 양국함정의 숫자는 11척으로 같았다. 오전 11시에 영국 전대는 풍상 쪽에서 함 대 함의 교전을 시도했다. 그러나 그러한 상황에서 항상 그랬던 것처럼, 후미함정들은 선두함정들만큼 적에게 가까이 접근할 수 없었다(〈그림22〉, position I). 함장인 슈발리에는 그들의 실패가 4월 12일에 있었던 프랑스 후미의 실패[178]에 버금가는 것이었다고 조심스럽게 지적했다. 그러나 그는 그 당시와 9월 3일의 해전에서 프랑스 전대가 후미만큼이나 선두에서도 실수를 했다는 점에 대해서는 지적하지 않고 있다. 사려가 깊은 독자라면 대부분의 프랑스 함장들이 영국 함장들에 비해 뱃사람으로서의 자질이 떨어진다는 점을 확실히 알고 있을 것이다. 이 해전에서도 프랑스의 4번함이었던 브릴리양 호(a)가 주돛대를 잃고 전열에서 벗어나(a′) 점차로 후미, 즉 풍하 쪽으로 뒤처졌다(a″).

전투가 절정에 달해 있던 오후 1시에 바람이 갑자기 남남동풍으로 바뀌어 함정들은 좌현 쪽 함수에서 바람을 받게 되었다(position Ⅱ). 버포드 호, 술탄*Sultan* 호(s), 워체스터 호, 이글 호로 구성된 4척의 영국함정은 바람이 불어오는 것을 보고 좌현으로 변침하여 프랑스 함대의 전열 쪽으로 향했다. 나머지 함정들은 우현으로 변침하여 뒤로 물러났다. 반면에 프랑스함정들은 브릴리양 호(a)와 세베르 호(b) 두 척을 제외하고 영국함대와 반대되는 방향으로 향했다. 그러므로 풍향이 바뀌면서 양국 전대의 주력을 서로 멀어지게 하는 결과가 초래되었다. 그러나 영국함정 4척과 프랑스함정 2척은 서로 더 가깝게 접근했다. 전술적인 질서는 무너져버렸다. 원래 자신의 위치에서 아주 뒤쪽으로 처져 있던 브릴리양 호는 영국 전대 후미의 워체스터 호와 이글 호의 포격을 받았다. 그 두 척의 함정은 적시에 변침하여 프랑스 함정 쪽으로 접근했던 것이다. 쉬프랑이 직접 브릴리양 호를 돕기 위해 접근하여(position Ⅲ, a), 영국함정을 몰아냈는데, 그 함정들은 또한 신호에 따라 서쪽으로 변침하여 접근한 다른 2척의 프랑스함정으로부터 위협을 받기도 했다. 이처럼 부분적인 전투가 벌어지고 있는 동안에, 위험에 처한 또 다른 프랑스함정 세베르 호(b)는 영국의 술탄

---

178) 영국 보고서는 두 후미를 분리한 거리의 원인에 대해 다른 이야기를 하고 있다. "이 작전에서 몬머스 호는 계속 대단한 역할을 할 예정이 아니었다. 바람이 유리하게 불었더라도 적의 후미가 바람 불어가는 쪽에서 멀리 있는 상황에서 영국 후미의 함정들은 그 자체의 전열순서를 크게 파괴하지 않은 채 적함에 접근할 수 없었던 것이다."(*Memoir of Captain Alms, Naval Chronicle*, vol. ii.) 그러한 모순들은 흔한 것이었으며 또한 특수 목적을 제외하고 조화될 필요도 없었다. 알름Alms은 일류 선원일 뿐만 아니라 결연하고 독립적인 행동을 할 수 있는 장교였던 것처럼 보인다. 그의 보고는 아마 정확했을 것이다

호(s)와 전투를 벌이고 있었다. 프랑스 함장인 실라르Cillart가 믿을 만한 사람이기는 했지만, 두 척의 영국함정으로부터 공격을 받고 있었다. 함정의 위치로 볼 때, 영국의 버포드 호가 공격을 가했을 수도 있다. 어쨌든 세베르 호는 국기를 내렸고, 술탄 호가 그 배로부터 방향을 돌리는 순간 포격을 재개하여 그 영국함정에 종사縱射를 가했다. 프랑스 함장에 의해 항복명령이 내려져서 공식화되어 있는 항복의 표시로 국기가 하강되고 있는 순간에 그 부하들이 불복하여 적에게 공격을 가했던 것이다. 그 결과 그 함정이 전략을 사용한 것으로 되어 버렸다. 그러나 이것이 의도적으로 이루어졌다고 말할 수는 없다. 다른 함정들의 위치가 그러한 상태였으므로 술탄 호는 자신의 노획물을 확보할 수 없었다. 다른 프랑스함정들이 접근해와서 그 노획물을 되찾아갔음에 틀림없다. 그러므로 허약한 함장에 대한 부하들의 분개는 정당화되었고 그들의 명령 거부는 전투의 열기 속에서 그리고 수치스러운 감정하에서 돌출한, 예기치 않은 행동으로서 용서받을 수 있을지도 모른다. 그럼에도 불구하고 정직하고 굳은 신뢰는 그러한 잘못을 저지른 부하들의 석방을 사령관의 행동이 아닌 다른 방법을 통해 요구했던 것처럼 보인다. 쉬프랑에 의해 해임되어 본국으로 보내진 그 함장은 국왕에 의해 해임되었는데, 그는 자신의 행동을 변호하려 했기 때문에 심한 비난을 받기도 했다. “실라르 함장은 프랑스 전대가 물러나는 것을 보고는——브릴리양 호를 제외한 모든 함정이 다른 방향으로 돛을 펴고 있었다——더 이상 방어하는 것이 무익하다고 판단하여 항복의 표시로 국기를 내리게 했다. 그 함정과 전투를 하고 있던 영국함정은 즉시 함포사격을 중단했다. 그리고 우현 쪽에 있던 한 척의 함정이 물러났다. 그 순간에 세베르 호는 우현 쪽으로 물러나며 돛을 팽팽하게 했다. 그러나 실라르 함장은 아직 인원

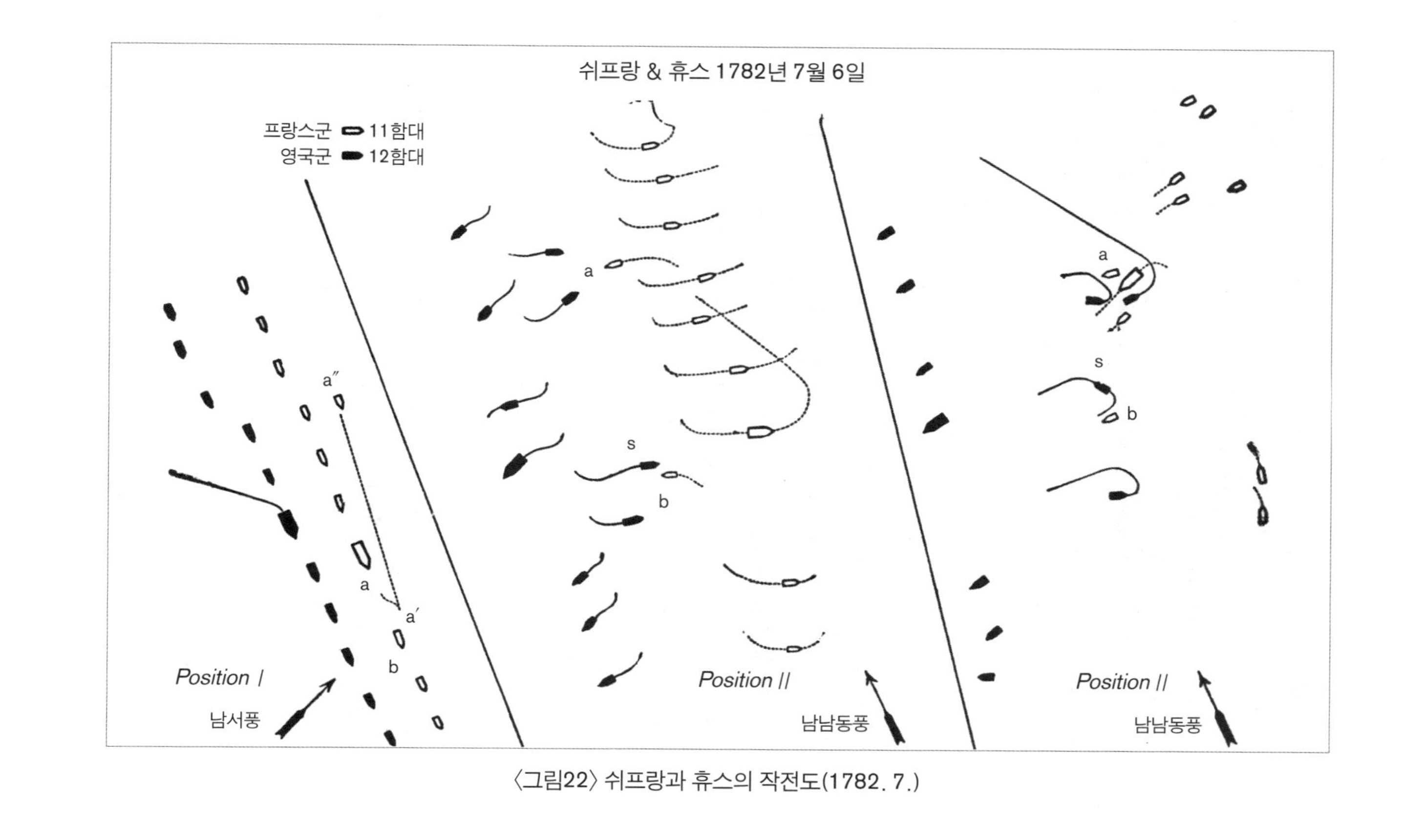

〈그림22〉 쉬프랑과 휴스의 작전도(1782. 7.)

이 배치되어 있던 아래쪽 갑판의 포로 다시 사격을 재개하면서 자신의 전대로 재합류했다."[179]

휴스의 자질

이 해전은 쉬프랑이 인도 해안에서 치렀던 다섯 번의 전투 중 하나일 뿐인데, 그 전투에서는 영국 제독이 공격자였다. 이 해전에서는 전술이 결합된 어떤 군사적인 개념도 찾아볼 수 없다. 그러나 휴스는 계속 재능과 생각하는 습관, 능숙한 뱃사람으로서의 예견, 그리고 더 설명할 필요가 없는 용기를 보여주고 있다. 그는 진정으로 18세기 중엽의 일반 해군장교들 중에서 가장 존경받을 만한 대표적인 인물이다. 그러나 반면에 그는 가장 중요한 분야에 대해 무지했다는 비난도 면할 수 없다. 그가 자세한 사항에 대해 잘 알고 있지 못했다는 것, 굽힐 줄 모르는 완고함, 그리고 혼란의 여지가 많은 신호를 만들었다는 점 등도 짚고 넘어가야 할 것들이다.

영국 제독과 함장들의 감투정신

로마의 군대가 장군들의 실수를 자주 메워주었듯이, 영국 함장과

---

179) Troude, Batailles Navales. 세베르 호의 깃발이 내려지는 것을 쉬프랑의 배에서도 볼 수 있었다. 그러나 그는 기를 매달고 있는 밧줄이 총에 맞아 끊겨나간 것으로 생각했다. 그 다음날, 휴스는 술탄 호의 함장을 파견하여 자신들이 공격했던 함정을 양도해줄 것을 요구했다. 물론 프랑스측에서는 그 요구를 받아들이지 않았다. 이에 대해 트루드는 다음과같이 말했다. "세베르 호를 차지하기 위해 정지했던 술탄 호는 이 전투의 희생양이었다. 그 함정은 아무런 대응도 하지 못한 채 프랑스함정으로부터 집중적인 함포세례를 받았던 것이다."

승무원들도 제독의 실수——그것은 함장이나 승무원들이 알지 못했거나 알아도 인정하지 않을 실수였다——로 잃었던 것들을 보상해 주었다. 쉬프랑과의 해전에서처럼 그들의 굳건한 자질이 적나라하게 드러난 적이 없었는데, 그 이유는 다른 어떤 곳에서도 그런 것들을 필요로 하지 않았기 때문이다. 4월 12일의 먼머스 호와 2월 17일의 이그제터 호의 경우보다 더 절망적인 상황에서 압도적인 적의 세력에 대해 훌륭하게 저항한 예는 찾아볼 수 없다. 이그제터 호의 사례는 인용할 만한 가치가 있다. "전투가 끝나갈 무렵, 이그제터 호가 난파될 것 같은 상황에서 함장은 킹King 준장에게 함정을 어떻게 해야 할 것인지 물었다. 적함 두 척이 다시 그 함정을 향하여 접근하고 있었기 때문이다. 그는 '배가 침몰할 때까지 싸우는 것 외에는 다른 방법이 없다'고 간결하게 대답했다."[180] 그러나 그 함정은 살아남았다.

세 함장에 대한 쉬프랑의 지휘권 박탈

하지만 쉬프랑은 그때에 휘하 함장들의 잘못된 행위 때문에 참을 수 없을 정도로 화가 나 있었다. 실라르는 본국으로 보내졌다. 그 외에도 두 사람이 지휘권을 잃었다. 그들은 모두 상당한 영향력을 가지고 있었으며, 그 중의 한 명은 쉬프랑의 친척이었다. 이러한 조치가 아무리 필요하고 적절한 것이었다고 할지라도, 쉬프랑만이 그러한 결심을 할 수 있었을 것이다. 그는 당시 자신의 계급이 대령에 지나지 않고, 제독이라고 하더라도 부하를 그렇게 처벌할 수 없다는 사실을 알고 있었다. 그는 편지를 썼다. "귀하는 아마 제가 더 빨리 엄격한 조

180) *Annual Register*, 1782.

치를 취하지 않은 것에 대해 화가 나셨을지도 모릅니다. 그러나 규정 때문에 그러한 권한은 제독들에게조차 주어져 있지 않다는 점을 기억해주시기 바랍니다. 하물며 저야 어떻겠습니까?"

휴스 제독의 온건한 조치

쉬프랑의 뛰어난 활력과 군사적 능력이 그와 휴스 사이의 문제에 영향을 끼치기 시작한 것은 7월 6일의 전투가 끝난 직후였다. 두 사람 사이의 전투는 치열했다. 그러나 군사적인 능력이 발휘되기 시작했다. 마지막 전투에서 양국 전대의 인명피해는 3대 1 정도로 영국측에 유리했다. 반면에 영국측은 동력이라고 할 수 있는 돛과 돛대 부분에서 더 큰 피해를 입었다. 저녁이 되자 영국 전대는 네가파탐 앞바다에, 그리고 프랑스 전대는 풍하 쪽인 쿠달로르 앞바다에 각각 정박했다. 7월 18일에 쉬프랑이 다시 출항할 준비를 했다. 그런데 바로 그날, 휴스는 함정의 수리를 마무리짓기 위해 마드라스로 가기로 결심했다.

쉬프랑의 트링코말리 공격과 점령

쉬프랑은 히데르 알리를 공식적으로 방문해야 했기 때문에 출항을 연기했다. 방문을 마친 후에 그는 바타칼로를 향하여 출항하여 8월 9일에 도착한 후, 프랑스로부터 증원군과 보급품을 기다렸다. 21일에 증원군과 보급품이 도착했다. 이틀 후에 그는 이제 14척이 된 전열함을 이끌고 트링코말리로 출항하여 25일에 그 도시의 앞바다에 정박했다. 그 다음날 저녁에 병사들이 상륙했고, 포대의 지원을 받아 활발하게 공격했다. 30일과 31일에 그 지역 방어세력의 중심이 되어 있던 두 곳의 요새가 함락되었으며, 이 대단히 중요한 항구는 프랑스의 수중으로 넘어갔다. 휴스가 곧 출현할 것이라고 확신한 쉬프랑은 그 지역의 총독이 요구한 모든 전쟁의 권리와 권한을 기꺼이 허락했다. 이틀 후인 9월 2일 저녁에 프랑스의 초계함이 영국 전대를 발견했다.

트링코말리 함락의 전략적 중요성

쉬프랑이 매우 활동적이며 효과적으로 부대를 지휘했던 6주 동안, 영국 제독은 함정을 수리하고 재정비하면서 조용하게 정박해 있었다. 그렇게 지연한 것이 불가피한 것이었는가에 대해서는 정확한 정보가 없기 때문에 무엇이라고 말할 수 없다. 그러나 그 당시 영국 뱃사람들의 잘 알려진 태도를 고려해볼 때, 만약 휴스가 자신의 경쟁상대였던 쉬프랑처럼 지칠 줄 모르는 정력을 갖고 있었더라면 트링코말리의 운명을 결정한 며칠간을 이용하여 그곳을 구하기 위해 싸웠을 것임은 의심할 여지가 없다. 사실 이러한 결론은 그 자신의 보고서에 의해 뒷받침되고 있는데, 그는 8월 12일에 함정들이 거의 정비를 마친 상태였다고 보고했다. 그는 트링코말리에 대한 공격을 염려하면서도 20일까지 출항하지 않았던 것이다. 이 항구를 잃음으로써 그는 동쪽 해안을 포기할 수밖에 없었다. 따라서 그는 북동계절풍의 접근을 염려해야만 했으며, 인도에서 원주민 통치자에 대한 정치적인 효과는 말할 것도 없고 중요한 전략적인 이점을 쉬프랑에게 넘겨주게 되었다.

두 전대의 수리자재 여건 비교

이 두 제독에 대한 비교를 좀더 철저하게 하기 위해서는, 그들이 수리용 물자에 대해 어떻게 다른 입장에 있었는가를 주목할 필요가 있다. 6일의 해전이 있은 후, 휴스는 마드라스에서 돛대와 삭구, 밧줄, 비축품, 식량, 그리고 필요한 다른 물자를 얻을 수 있었다. 쉬프랑은 쿠달로르에서 아무것도 얻을 수 없었다. 그의 전대가 최상의 전투태세를 갖추기 위해서는 하부돛대와 활대, 삭구, 돛, 뿐만 아니라 19개의 새 중간돛대도 필요했다. 바다를 차지하기 위해 프리깃 함과 소형함정에서 떼어낸 돛대들이 전열함에 설치되었으며, 영국함정에서 노획한 물품들을 프리깃 함에 비치했다. 따라서 쉬프랑은 좀더 많이 필요한 돛대와 목재를 구하기 위해 말라카 해협으로 함정들을 파견했다. 선체수리용 목재를 구하기 위해 해변가에 있는 집들을 헐었다. 이러한 어려움은 정박지의 성격——거친 바다에 그대로 노출되어 있었다——과 근처에 있는 영국 전대의 존재에 의해 가중되었다. 그러나 사령관이 작업을 직접 감독했기 때문에 그 어려움들이 조금씩 극복되어 갔다. 마치 뉴욕에서 하우 경이 그랬던 것처럼, 쉬프랑은 인부들 사이에 항상 모습을 드러내어 사기를 북돋아주었던 것이다. "지나친 비만이었지만 쉬프랑은 젊은이처럼 불붙는 듯한 열정을 보여주었다. 그는 작업이 진행되는 곳에는 어디든지 있었다. 그의 강력한 추진력 때문에 매우 어려운 임무들이 믿을 수 없을 정도로 신속하게 수행되었다. 그럼에도 불구하고 장교들은 그에게 함대의 상황이 나쁘며 전열함을 위한 항구가 필요하다는 것 등을 요구했다. 그는 대답했다. '우리가 트링코말리를 점령할 때까지는 코로만델 해안의 노출된 투묘지가 해결책이다.'"[181] 실제로 트링코말리에서의 성공은 코로만델 해안에서의 이러한 행동 덕분이었다. 쉬프랑이 가지고 싸웠던 무기는 시대에 뒤떨어진 것이었다. 그러나 그의 고집과 자원의 풍부함이 가져온 결과는 불멸의 역사적 교훈이었다.

영국 정부의 강력한 증원군 파견

두 최고사령관의 성격이 인도에서의 전쟁에 영향을 미치고 있는 동안, 본국에서도 양자 사이의 균형을 누가 더 먼저 회복할 것인지에 대한 문제를 논의하고 있었다. 포르토 프라야의 전투 소식이 전해진 후, 영국 내각은 휴스 전대를 강화하기 위해 1781년 11월에 대규모 원정대를 발족하여 정력적인 장교가 지휘하는 6척의 전열함으로 하여금 그 원정대를 호송하도록 명령했다. 프랑스는 안전을 염려하기보다는 비밀을 보장하기 위해 비교적 소규모로 이루어진 구원군을 보냈다. 따라서 쉬프랑은 수많은 장애물들과 싸우면서 자신을 도와주기 위해 파견된 구원군들이 유럽 해역을 벗어나기도 전에 도처에서 나포되었거나 프랑스로 되돌아갈 수밖에 없었다는 소식을 듣고 굴욕감을 느꼈다. 사실 지브롤터 북쪽 해역에서는 소규모 파견대의 안전이 거의 보장되지 않고 있었다. 이리하여 그의 활동 덕분에 갖게 된 이점들이 결국 희생되는 상황이 되어버렸다. 트링코말리가 함락될 때까지는 프랑스가 바다에서 우위를 차지하고 있었다. 그러나 그로부터 6개월 후에 리처드 빅커턴Richard Bickerton 경이 이끄는 영국 증원군이 도착함으로써 균형은 역전되고 말았다.

쉬프랑은 여느 때처럼 신속하게 트링코말리를 점령하자마자 즉각 다음 행동을 준비했다. 함정에서 상륙되었던 병력과 캐논 포가 즉시

---

181) Cunat, *Vie de Suffren*.

다시 함정에 실렸으며, 항구는 방어에 충분한 병력의 수비대 덕분에 확보되었다. 역사에 알려진 것처럼 자신에게 맡겨진 임무를 아주 훌륭하게 수행했을 뿐만 아니라 해양력의 영향력과 영역도 멋지게 증명했던 이 훌륭한 쉬프랑은 쓸데없이 항구의 방어라는 짐을 함정들에게 지워줌으로써 자기 전대의 기동을 속박하거나 중요한 정복활동을 위험에 빠뜨리게 할 시도를 전혀 하지 않았다. 휴스가 나타났을 때, 영국 전대가 단 한 번의 전투로 이제는 적절한 수비가 이루어지고 있는 요새를 빼앗는다는 것은 이미 불가능한 상태였다. 의심할 여지없이 프랑스의 해양력을 파괴하거나 몰아낸 후에야 비로소 성공적인 전투를 통해 그와 같은 결과를 가져올 수 있었다. 그러나 쉬프랑은 어떤 재난이 발생하더라도 영국 전대에 맞서 자신의 전대를 지켜낼 수 있을 것이라고 믿고 있었다.

항구는 자체 방어에 의존해야만 했다. 함대의 활동영역은 대양이며, 함대의 목적은 방어보다는 공격이고, 또한 함대의 목표는 어느 곳에서든지 발견될 수 있는 적 함대이다. 쉬프랑은 이제 다시 해상지배를 좌우하는 영국함대가 자기 앞에 있다는 사실을 알게 되었다. 그는 계절이 바뀌기 전에 영국함대에 강력한 증원군이 도착할 것이라는 사실을 알고 공격을 서둘렀다. 제시간에 도착하지 못하여 실패한 것 때문에 굴욕감을 느끼고 있던 휴스에게는 주저할 겨를이 없었다. 그런데도 그는 현명하게 판단하고 질서 있게 남동쪽으로 퇴각했다. 쉬프랑의 말을 빌리면, 가장 느린 함정들 때문에 빨리 나아갈 수도 없고 또한 항로도 여러 번 바꾸었기 때문에 프랑스함대는 새벽에 추격을 시작했는데도 오후 2시가 되어서야 비로소 적을 따라잡을 수 있었다. 영국함대의 목적은 쉬프랑의 함대를 항구의 풍하 쪽으로 끌어내는 것이었다. 그곳에서 프랑스함대가 꼼짝할 수 없게 된다면, 쉬프랑이 다시는 풍상의 위치를 차지할 수 없을 것이라고 생각했다.

쉬프랑과 휴스의 4차 접전(1782년 9월 3일)

프랑스의 전대는 영국의 12척에 비해 전열함 14척으로 구성되어 있었다. 이러한 우세는 인도의 군사적인 상황에 대한 평가와 더불어 전투하고자 하는 쉬프랑의 열망을 강화시켰다. 그러나 그의 함정들은 좋지 않은 상태에서 항해하고 있었으며, 미숙련자들에 의해 아주 형편없이 조종되고 있었다. 짜증나는 추격이 오랫동안 계속되는 상황은 쉬프랑의 급한 성질을 자극했다. 그는 지난 2개월 동안 함대의 작전을 독려한 것처럼 하고 싶어 미칠 지경이었다. 무질서해진 함정들을 제자리에 오도록 하기 위해 신호와 기동을 계속 되풀이했다. 프랑스함대가 접근하는 것을 주의 깊게 살펴보고 있던 영국 제독은 다음과 같이 말했다. "때로는 접근하다가 함정을 멈추는 등, 아직 어떻게 하겠다는 결정을 내리지 못한 듯 무질서하게 움직이고 있었다." 그런데도 쉬프랑은 앞으로 계속 나아갔으며, 오후 2시에는 항구로부터 25마일 떨어진 지점으로 이동하고 있었다. 그 당시 프랑스함대의 전열은 부분적으로만 형성된 채 적의 공격거리 안에 있었고, 마지막으로 공격자세를 취하기 전에 질서를 회복하기 위해 풍상 쪽으로 가라는 신호가 올랐다. 이 신호를 따르기 위해 기동하는 동안 발생한 몇 가지 실수가 상태를 호전시키기보다는 악화시켜버렸다. 마침내 인내심을 잃은 쉬프랑은 공격하라는 신호를 30분이나 늦게 보냈으며(〈그림23〉, A), 그 뒤를 이어 곧 사정거리 안으로 접근하라는 또 다른 신호를 보냈다. 이러한 그의 신호는 느릿느릿 마지못해 실시되었다. 그러자 그는 함포를 발사하라고 지시했는데, 그것은 보통 해상에서 신호를 강조할 때 사용하는 관습이었다. 그러나 불행히도 그의 병사들은 그 포소리를 공격개시의 신호로 잘못 받아들였고, 그리하여 기함의 모든 함포가 발사되었다. 기함의 일제사격을 알게 된 다른 함정들도 사정거리의 절반밖에 도달하지 못했는데도 사격을 시작했다. 그 당시 함포의 여건으로 미루어볼 때, 아무런 쓸모도 없는 일에 포탄을 소비해버린 셈이었다. 따라서 결국 보잘것없는 항해술과 일련의 실수들 때문에 그 해전은 수적인 우세에도 불구하고 프랑스측에 크게 불리한 상태에서 시작되었다. 돛을 짧게 펴서 조종하기 쉽도록 퇴각하고 있던 영국함대는 질서를 잘 유지하며 조용히 기다리고 있었다. 반면에 그들의 적이었던 프랑스함대는 무질서한 상태였다(B). 프랑스함대의 함정 7척은 너무나 앞으로 나아가 있어서 되돌아오려는 중이었으며,[182] 이제 영국의 선두함정보다 너무 멀리 떨어진 앞쪽에서 불규칙적인 대형을 이루고 있었다. 따라서 그들은 전투에서 거의 아무런 역할을 할 수 없었다. 또한 중앙도 역시 혼란에 빠져 있었는데, 함정들이 서로 얽혀 있어서 서로의 포격을 방해하고 있었다. 그러한 상황에서 전투는 쉬프랑의 기함(a)과 그를 지원하고 있던 다른 두 척의 함정이 맡게 되었다. 한편, 후미에 있던 소규모 전열함 한 척이 대형 프리깃함의 지원을 받으며 영국함대의 후미와 전투를 벌이고 있었다. 그러나 이 두 척의 함정은 완전히 압도당하여 곧 퇴각하고 말았다.

182) B에서 볼 수 있는 급회전을 위한 곡선은 바람의 방향이 바뀐 후의 함정들의 이동을 나타내는데, 바람의 방향이 실질적으로 전투를 끝내게 만들었다. 함정들 자체는 전투대형을 보여주고 있다.

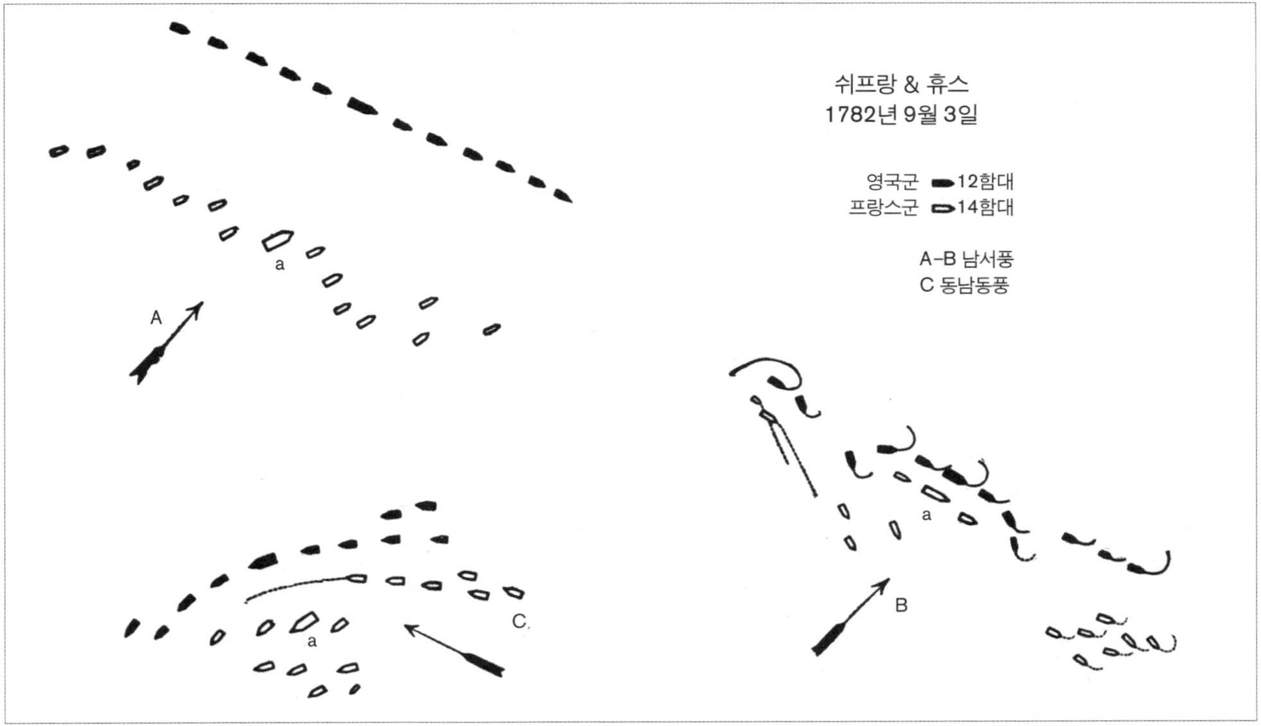

〈그림23〉 쉬프랑과 휴스의 작전도(1782. 9.)

프랑스의 실수와 피해

군사 작전은 거의 최악의 상황에서 전개되었다. 전투에 나선 프랑스함정들은 서로를 전혀 뒷받침해주지 못했다. 그들은 너무 무리지어 있어서 서로의 포격을 방해했고, 필요없이 적에게 더 큰 표적만 제공하는 꼴이 되어버렸다. 자신들의 노력을 집중하기는커녕 중앙에 남은 함정 세 척이 거의 아무런 지원도 받지 못한 채 영국의 전열로부터 집중공격을 받게 되었다.[183] "시간이 지나면서 우리 함정 세 척(B,a)은 영국함대의 중위와 정면에서 전투를 벌였고, 선두와 후미에서 종사당하여 심각한 피해를 입었다. 2시간이 지난 후 에로 호의 돛은 걸레조각이 되었으며, 모든 삭구가 잘려나가 더 이상 함정을 움직일 수 없었다. 그리고 일뤼스트르*Illustre* 호는 뒷돛대와 큰돛대를 잃었다." 이러한 혼란 속에서 그러한 공백은 대단히 적극적인 쪽에게 좋은 기회를 제공했다. 쉬프랑의 참모장은 자신의 일기에 "적이 그때 풍상 쪽으로 침로를 바꾸었다면, 우리는 아마 차단당해 격파되어버렸을 것이다"라고 기록했다. 적절한 함대배치가 이루어지지 않은 채 벌인 전투의 실패는 많은 결함이 결합되어 나타났다. 프랑스함대에서 참전한 함정은 14척이었다. 그들은 84명의 전사자와 255명의 부상자를 냈다. 이러한 인명피해 중에서 4분의 3에 해당하는 64명의 사망자와 178명의 부상자가 3척에서 나왔다. 이 3척의 함정들 중 2척은 큰돛대와 뒷돛대 그리고 앞돛대를 잃었다. 다시 말해서 무력하게 된 것이다.

이것은 휴스의 함정 2척이 4월 12일에 당했던 재난과 비교될 수 있는데, 규모는 4월 12일보다 이때가 훨씬 컸다. 그 당시에 영국 제독은

---

183) 적은 주위에 반원을 형성하여 풍하 쪽으로 키를 잡고서 접근과 후퇴를 반복하며 앞뒤에서 종사를 해댔다. *Journal de Bord du Bailli de Suffren*.

풍하의 위치에 있었고 또한 수적으로도 열세한 상황이라 적의 의도대로 공격을 당할 수밖에 없는 입장이었지만, 이번에는 피해가 공격자 측에서 발생했으며 그것도 수적으로 우세할 뿐만 아니라 바람의 이점도 안고 있어서 공격방식을 선택할 수 있는 상황에서 발생한 피해였다. 이 전투에서 휴스는 비록 모험심과 전술적인 기량이 부족하기는 했지만, 완전한 신뢰를 얻게 되었음에 틀림없다. 그는 퇴각방향의 선택에서 판단력을 그리고 함정관리에서 훌륭한 관리능력을 보여주었다. 휴스의 적대자를 정당하게 비난하는 것은 어려운 일이다. 쉬프랑은 휘하의 함장들에게 비난의 화살을 돌렸다.[184] 그러나 다음과 같은 상황들이 적절하게 지적되어야 한다. 그렇게 비난을 받은 수많은 장교들이 그 이전에는 쉬프랑이나 다른 제독의 휘하에서 임무를 훌륭하게 수행했다는 점, 추격할 때 함정의 대형이 불규칙했으며 또한 쉬프랑의 신호가 잇따라 나와서 혼란을 야기했다는 점, 마지막으로 몇몇 함장들의 미숙함과 당연히 허용되었어야 할 기회가 프랑스로부터 등을 돌렸다는 점 등을 지적해야만 한다. 이러한 재난 중 일부는 쉬프랑의 경솔하고 불 같은 성급함에서 비롯되었다는 것은 분명한 사실인 것 같다. 그는 아주 풍부하고 훌륭한 자질을 갖고 있었지만, 이러한 결점이 신중한 적수 앞에서 무의식 중에 나타나게 되었던 것이다.

두 함대 함장들의 자질 비교

휴스의 보고서에는 함장들에 대한 불평이 발견되지 않는 점은 주목

---

184) 이 책의 같은 장 앞부분에서 이미 인용한 비난을 참조하라. 그는 "우리가 영국 전대를 격파시킬 기회를 네 번이나 가졌으며, 아직도 그러한 기회가 남아 있다는 것은 놀라운 일이다" 라고 부언했다.

할 만하다. 전투에서 6명의 함장이 전사했는데, 그는 그들 각자에 대해 단순하고 분명하게 진정한 감사를 표했으며, 생존자들에 대해서는 칭찬하면서 특별한 상을 주기도 했다. 두 지휘관, 그리고 양국의 개별적인 함장들 사이의 이러한 두드러진 차이는 해전에서 독특한 교훈이 되었다. 이 해전에서 배울 수 있는 궁극적인 가르침은 처음부터 모든 군사軍史에서 나타나는 것과 완전하게 일치하고 있다. 쉬프랑은 천재성, 정력, 대단한 강인함, 건전한 군사적 사고방식을 갖고 있었던 뛰어난 뱃사람이었다. 휴스는 전문가로서 갖추어야 할 모든 기술적인 지식을 확실히 갖고 있었고, 각 함장들을 잘 다루는 만큼 함정도 잘 다루었지만 제독에게 필요한 자질을 갖추었던 흔적은 보이지 않는다. 다른 한편으로 영국 부하들의 기량이나 충실성에 대해 다시 언급하지 않는다고 하더라도, 프랑스의 각 함정들이 일반적으로 영국함정에 비해 훨씬 형편없이 운용되었던 것은 확실하다. 쉬프랑은 영국 전대들이 부하장교들의 자질 차이에 의해 압도당한 재난으로부터 4번이나 구조되었으며, 그 중 3번은 분명한 사실이라고 주장했다. 훌륭한 병사들이 자질이 부족한 지휘관을 보완해주는 경우가 자주 있기는 하지만, 결국 더 훌륭한 지휘관이 승리하게 되는 것이다. 이것은 1782년과 1783년에 발생한 인도 해역의 사건들에 의해 입증되었다. 전쟁은 분쟁을 단축시키기는 했지만, 문제를 명백하게 해결하지는 못했다.

쉬프랑 휘하 함정 2척의 좌초와 손실

9월 3일의 해전은 7월 6일의 전투와 마찬가지로 바람이 남동풍으로 바뀌면서 끝나게 되었다. 남동풍이 불어왔을 때, 영국의 전열은 바람 불어가는 쪽을 향해 진형을 다시 형성했다. 프랑스 전대도 역시 바람불어가는 쪽으로 항진했다. 그리고 풍상 쪽에 있게 된 선두함들은 기동이 어려워진 자국 함정들과 적함들 사이에 놓이게 되었다(C). 해질 무렵이 되자, 휴스는 자신만만한 적에게 큰 타격을 준 사실에 만족한 채 트링코말리를 탈환하겠다는 희망을 버리고 북쪽으로 향했다.

쉬프랑의 자질 중 많은 부분을 차지하고 있던 확고한 정신은 트링코말리 앞바다에서의 해전 직후 강렬하게 작용했다. 항구로 돌아오는 길에 74문함 오리앙*Orient* 호가 부주의 때문에 좌초되어 다시 항해할 수 없게 되었지만, 유일한 위안은 그 배의 돛대로 돛을 잃은 다른 두 척의 함정을 구했다는 점이었다. 그리고 프리깃 함에서 빼내온 돛대가 피해를 입은 다른 함정과 교체되었으며, 프리깃 함의 장병들도 역시 전투에서 잃은 인원을 보충하는 데 필요했다. 여느 때처럼 함정들이 활발하게 수리되었으며, 항구의 방어도 완전한 준비를 갖추었다. 그러고 나서 9월 30일에 전대는 코로만델 해안을 향하여 출항했다. 왜냐하면 그곳에 대해 상당한 관심을 가지고 있던 프랑스 본국이 출항을 요구했기 때문이었다. 전대는 4일 만에 쿠달로르에 도착했다. 그리고 이곳에서 또 다른 형편없는 장교가 닻을 들어올리면서 64문함 비자르 호를 난파시켜버렸다. 이리하여 2척의 함정을 잃은 쉬프랑은 다음에 15척을 가지고 적함 18척과 맞설 수밖에 없었다. 전쟁의 전반적인 결과는 개개인의 능력과 주의력에 대단히 많이 좌우된다고 할 수 있다. 휴스는 지난번 전투가 끝나자마자 북쪽으로 90마일 지점에 있는 마드라스에 가 있었다. 그는 자신의 함정들이 크게 피해를 입었다고 보고했다. 그러나 피해가 각 함정에 골고루 분산되어 있다는 이유로 프랑스함대에게 철저한 피해를 입히는 데 실패했다고 하기는 어려울 것 같다.

빅커턴 제독의 영국 증원군 도착

이 계절에는 4, 5개월 동안 남서쪽에서 불어오는 계절풍이 북동풍으로 바뀌어 좋은 항구가 별로 없는 반도의 동쪽 해안으로 불어닥쳤다. 그 바람 때문에 일어나는 큰 파도는 선박이 해안으로 접근하지 못하게 만들며, 따라서 함대는 지상군을 지원할 수 없게 되었다. 또한 계절풍의 변화 때문에 엄청난 허리케인이 발생하는 일도 자주 있었다. 그러므로 양국 사령관은 머무르는 것 자체가 위험하다고 생각했고 때로는 쓸모없는 지역은 포기할 수밖에 없었다. 전대의 여건으로 미루어보건대, 휴스는 트링코말리를 잃지 않았더라면 영국에서 곧 도착할 것으로 생각되는 증원군과 보급품을 그곳에서 기다릴 수도 있었다. 트링코말리는 위생상태가 좋지 않은 곳이었지만, 확실하고 좋은 위치였다. 빅커턴은 이미 봄베이에 도착한 후 5척의 전열함을 이끌고 마드라스로 항해하는 중이었다.

악천후 속에서 봄베이를 향한 휴스의 항해

상황이 이러했기 때문에, 휴스는 10월 17일에 출항하여 폭풍에 밀려서라도 당분간 봄베이에 가 있을 필요가 있다고 생각했다. 4일 후에 빅커턴이 마드라스에 도착했지만, 휴스 제독을 만날 수 없었다. 능동적인 성격의 그는 즉시 다시 항해에 나서 11월 28일에 봄베이에 도착했다. 휴스의 함정들은 며칠 후에 사나운 비바람에 밀려 한 척씩 흩어지거나 피해를 입었다.

한편, 트링코말리를 차지하고 있었던 쉬프랑은 어떤 행동을 할 것인지 결심하기가 쉽지 않았다. 그 항구는 안전하여 영국함대의 공격을 두려워하지 않아도 되는 곳이었다. 반면에, 위생에 좋지 않은 계절풍이 부는 동안, 장병들의 건강을 유지하는 데 필요한 식량을 그곳에서 구할 수 있을지는 의심스러웠다. 결국 그 항구는 그 위치나 대비 상황으로 보아서는 전략적 가치가 있었지만, 물자가 부족했다. 트린코말리의 반대쪽에 있는 아셈Achem을 대체항구로 사용할 수 있었는데, 그 항구는 벵갈 만의 반대쪽으로서 수마트라 섬의 서쪽 끝에 있었다. 이곳은 기후도 좋았고, 식량을 보급할 수 있었으며, 상륙하기에 좋은 북동계절풍의 말기가 되면 코로만델을 다시 점령하기 위해 봄베이에 있는 항구보다 더 빨리 함정들을 파견할 수 있는 이점을 갖고 있었다.

인도에서의 영국과 프랑스의 군사적 상황

그러나 이러한 고려사항은 쉬프랑 앞에 놓여 있는 정말로 어려운 문제 앞에서는 단순한 요소에 지나지 않았다. 이 해전의 작은 결과가 큰 전쟁을 발생시킬 수 있다는 점, 그리고 많은 것이 그의 결심에 달려 있다는 점을 명심해두어야 할 것이다. 증원군을 소규모 부대로 나누어 몇 번에 걸쳐 파견한다는 프랑스의 정책 때문에 많은 피해가 속출했다. 뿐만 아니라 뿔뿔이 흩어져 있는 지휘관들 사이에서도 불확실성이 만연되었다. 이러한 불확실성과 피해, 그리고 증원군의 지연은 인도의 정치적 상황에 커다란 영향을 주었다. 쉬프랑이 처음 해안에 도착했을 때, 영국은 이미 히데르 알리와 마라타 족을 수중에 넣고 있었다. 마라타 족과의 평화조약은 1782년 5월 17일에 조인되었지만 마라타 족 내부의 반대파 때문에 비준서는 12월까지 교환되지 못했다. 마라타 족과 히데르 알리의 궁정에서는 파견부대에 관심을 가졌기 때문에 양쪽 대표가 프랑스함대로 파견되었다. 프랑스 쪽에서는 의심스럽기는 했지만 조약에 대한 어떠한 확실한 정보도 얻을 수 없었다. 모든 것은 그들 자신과 영국 사이의 상대적인 군사력에 달려 있었던 것이다. 천재라는 명성, 트링코말리의 점령, 그리고 전투에서의 승리 등 쉬프랑의 존재와 행동이 프랑스가 보여줄 수 있는 전부였다. 쿠달로르에 갇혀 있던 프랑스 육군은 히데르 알리에게 돈과 식료품, 그리고 증원군을 의존하고 있었다. 프랑스함대도 역시 그에게 돈과 돛대, 탄약과 곡물을 요청했다. 반면에 영국은 지상군을 잘 유지하고 있었다. 전체적으로 상황은 좋지 않았지만, 그들은 함정을 한 척도 잃지 않았다. 빅커턴의 강력한 전대가 봄베이에 도착했다는 사실도 알려졌다. 무엇보다도 프랑스에게는 돈이 없었던 반면, 영국은 돈을 아낌없이 사용하고 있었다.

드 뷔시 휘하 프랑스 증원군의 도착 지연

프랑스군이 원주민들로부터 지원을 받지 않은 채 영국군을 공격하는 것은 불가능했다. 프랑스군으로서는 히데르가 영국과 평화조약을 맺지 못하도록 막는 일이 급선무였다. 프랑스군은 본국 정부의 부적절한 지원과 잘못된 조치를 잘 인식하고 있었다. 인도주재 지상군과 해군에 대한 지휘권은 드 뷔시 장군에게 있었는데, 그는 한때 뒤플레와 더불어 훌륭한 장교였지만 지금은 64세의 통풍 걸린 환자에 지나지 않았다. 드 뷔시는 비밀리에 1781년 11월에 2척의 전열함을 이끌고 카디스를 출항하여 테네리프Teneriffe로 항해했다. 그곳에서 그는 12월에 브레스트를 출항한 선단과 합류할 예정이었다. 그런데 이 선단은 영국측에 나포되었으며, 결국 두 척만이 탈출하여 드 뷔시에게 가는 데 성공했다. 그는 목적지를 향해 계속 항해했다. 그리고 희망봉에 이르렀을 때 그는 빅커턴의 강력한 전대가 항해 중이라는 사실을 알았으며, 따라서 그곳에 자신의 많은 병사들을 상륙시켜야겠다고 생각하게 되었다. 그는 5월 31일에 프랑스 섬에 도착했다. 18척의 수송선으로 이루어진 선단이 4월에 인도를 향해 출항했지만, 역시 영국에게 차단되고 말았다. 4척의 전열함 중 2척과 10척의 수송선이 영국 함대에게 나포되었고, 나머지는 브레스트로 되돌아갔다. 3차 파견대는 운이 좋아서 5월에 희망봉에 도착했다. 그러나 그 파견대도 역시 함정과 승무원들의 상태가 좋지 않았기 때문에 그곳에서 2개월 동안이나 지체했다. 이러한 실망스러운 사건들이 겹치자 드 뷔시는 희망봉으로부터 오기로 되어 있는 함정들이 합류할 때까지 프랑스 섬에 남아 있기로 결정했다. 이 중요한 순간에 쉬프랑은 사태가 어떻게 돌아가고 있는지 알지 못했다.

쉬프랑 전대의 아셈 항으로의 이동

드 뷔시 장군은 기후가 나빠지는 계절이 되기 전에 자신이 해안에 도착할 수가 없기 때문에 아셈에서 만나자는 편지를 쉬프랑에게 보냈다. 이러한 불확실함은 히데르 알리에게 고통스러운 인상을 주었다. 9월까지는 뷔시가 도착할 것으로 예상하고 있던 알리는 그 대신에 빅커턴의 도착과 오랜 동지였던 마라타 족의 배반 소식을 들었을 뿐이었다. 쉬프랑은 자신 있는 것처럼 거짓으로 행동을 해야만 했고, 히데르 알리는 쉬프랑의 업적과 성격의 영향을 받은 데다가 그가 확신하고 있는 것처럼 보였으므로 전쟁을 계속하기로 결심했다. 이러한 상황에서 쉬프랑의 전대는 10월 15일에 아셈으로 출항하여 11월 2일에 그곳에 닻을 내렸다.

쉬프랑의 인도 연안으로의 복귀

쉬프랑이 그곳에 도착한 지 3주일 후에 뷔시로부터 병사들 사이에 전염병이 퍼져 출발을 늦출 수밖에 없다는 연락이 왔다. 따라서 쉬프랑은 서둘러 해안으로 돌아가기로 결심하고 12월 20일에 출항했다. 1783년 1월 8일, 그는 쿠달로르에서 북쪽으로 500마일 떨어진 곳에 있는 간잠Ganjam 앞바다에 정박했다. 그곳은 그가 원하기만 하면 언제든지 풍향의 조건이 좋을 때 출항할 수 있는 장소였다. 그의 목적은 해안에 있는 선박뿐만 아니라 해변가의 영국인 공장을 공격하는 것이었다. 이제 파도가 잠잠해지는 때가 많았다. 그러나 12일에 나포한 영국함정으로부터 히데르 알리가 사망했다는 놀랍고도 실망스러운 소식을 듣자, 그는 모든 작전을 취소한 채 즉시 쿠달로르를 향해 출항했다. 그는 자신이 그곳에 나타남으로써 수비대의 안전을 지켜주고 동맹국들을 계속 유지할 수 있기를 바랐다. 그는 그곳에 2월 6일에 도착했다.

드 뷔시 장군의 도착

4개월 동안의 쉬프랑 부재기간에도 드 뷔시가 병사들을 이끌고 그곳에 도착하지 못한 데 비해, 양쪽 해안에 모습을 드러낸 빅커턴의 도착은 프랑스의 이익을 크게 잠식하고 있었다. 마라타 족 사이의 조약이 비준되어 싸움에서 벗어나게 되고 증원군을 맞이하게 된 영국군은 서해안의 말라바르 국왕을 공격했다. 이러한 견제작전의 효과는 새로운 왕을 동해안에 옹립하려는 프랑스의 노력에도 불구하고 동쪽 해안에까지 영향을 미쳤다. 프랑스 섬에서 병에 걸려 있던 병사들은 11월 초순이 되자 거의 회복했다. 그러나 드 뷔시가 지체하지 않고 그때라도 즉시 출항했더라면, 그와 쉬프랑은 카르나티크에서 완벽한 해상통제력과 우월한 지상군을 가지고 합류할 수 있었을 것이다. 휴스는 2개월이 지난 후까지도 모습을 드러내지 않고 있었다.

이와 같이 그곳에 홀로 있게 된 쉬프랑은 마이소르의 새로운 왕 티푸-사입Tippoo-Saib과 연락을 취한 뒤 트링코말리로 갔다. 그리고 그곳에서 3월 10일에 비로소 3척의 전열함과 수많은 수송선을 이끌고 온 드 뷔시와 합류했다. 병사들을 전쟁터로 보내고 싶은 마음에 쉬프랑은 가장 빠른 함정들을 이끌고 3월 15일에 출항하여 그 다음날 포르토 노보에 상륙했다. 그는 4월 11일에 트링코말리로 되돌아오다가 항구 입구에서 17척의 전열함을 가진 휴스의 함대와 만나게 되었다. 쉬프랑은 자기 함대의 일부만을 이끌고 있었으므로 아무런 전투도 발생하지 않았고, 영국함대는 마드라스로 돌아갔다. 이제 남서계절풍이 불기 시작했다.

해변에 주둔한 프랑스군의 감소

그 이후 2개월 동안 일어난 사소한 작전들은 살펴볼 필요가 별로 없다. 티푸는 반도의 다른 쪽에서 전투를 하고 있었으며, 드 뷔시는 거의 아무런 활동도 하지 않고 있었다. 반면에 휴스가 우세한 병력을 이끌고 근해에 머물고 있었으므로, 해안에 있던 프랑스군의 상황은 더욱 나빠져갔다. 영국함대가 18척으로 구성된 데 비해 15척의 함정만을 가지고 있던 쉬프랑은 자신이 돌아오기 전에 트링코말리가 함락될까 염려하여 풍하 쪽으로 가는 것을 꺼리고 있었다. 이러한 상황에서 영국 병사들은 마드라스로부터 진격하여 쿠달로르를 우회한 후, 해상으로 쿠달로르 해안에 상륙하여 남쪽에 진지를 구축했다. 보급선과 경순양함들이 지상군 근처의 해안가에 정박했다. 그러는 동안에 휴스는 대형전함을 이끌고 남쪽으로 20마일 정도 떨어진 곳에 정박했는데, 풍상 쪽에 있었기 때문에 다른 곳들도 지원할 수 있었다.

쿠달로르에 주둔한 드 뷔시 부대에 대한 영국군의 포위

쉬프랑이 그 뒤에 취한 행동들에 대해 신뢰할 수 있도록 하기 위해, 육해군 최고총사령관이었던 드 뷔시가 쉬프랑에게 트링코말리를 떠나 자신을 지원하러 오라고 명령하지 않았다는 사실을 강조할 필요가 있다. 드 뷔시는 자신이 심각한 위험에 처해 있다는 것을 느끼면서도 지상군이 쿠달로르에 갇히거나 영국함대에 의해 봉쇄되었다는 소식을 듣기 전에는 트링코말리를 떠나지 말도록 쉬프랑에게 명령했다. 쉬프랑은 이 편지를 6월 10일에 받았지만 더 이상 기다리지 않았다. 그는 그 다음날 출항했으며, 그로부터 48시간 후에 그의 프리깃함이 영국함대를 발견했다. 프랑스 지상군은 바로 그 13일에 격렬한 전투를 벌인 후 매우 약한 방벽을 배경으로 쿠달로르에 갇히고 말았다. 이제는 모든 것이 쉬프랑 함대의 행동에 달려 있었다.

쉬프랑의 쿠달로르 주둔군 구조 작전

쉬프랑이 나타나자마자 휴스는 이동하여 그 도시로부터 4, 5마일 떨어진 지점에 정박했다. 3일 동안 강풍이 계속 불었다. 계절풍이 다시 불기 시작한 16일에는 쉬프랑이 휴스 함대에게 접근했다. 휴스는 풍하 쪽에 정박한 상태로 전투를 하고 싶지 않았으므로——이것은 옳은 판단이었다——출항했다. 그는 적의 육군과 해군의 결합을 방지하는 것보다 기상이 더 중요하다고 생각했기 때문에 우세한 병력을 갖고 있으면서도 남풍이나 남남동풍을 받는 위치로 나왔던 것이다. 쉬프랑은 휴스와 같은 방향으로 돛을 펴고 그날 밤과 그 다음날에 몇 차례의 기동을 했다. 대양으로 나가기를 싫어했던 프랑스함대는 17일 오후 8시에 쿠달로르 앞바다에 정박하고서 최고사령관과 연락을 취했다. 수비대 중 천2백 명이 함대의 결원이 된 포수를 보충하기 위해 서둘러 승함했다.

쉬프랑과 휴스의 5차 접전(1783년 6월 20일)

예측하지 못했던 서풍이 20일까지 불었기 때문에 휴스는 유리한 위치를 차지할 수 없었다. 결국 그는 공격을 받아들이기로 결정하고 기다렸다. 쉬프랑은 15척의 함정으로 18척의 영국함대를 공격하기 시작했으며, 오후 4시 15분에 시작된 포격은 6시 30분까지 이어졌다. 양측의 피해는 거의 비슷했다. 그러나 영국함대는 전쟁터와 자국의 육군을 포기하고 마드라스로 돌아가버렸다. 쉬프랑은 쿠달로르 앞바다에 정박했다.

영국 육군은 크게 당황했다. 그들이 의존하고 있던 보급선들이 20일의 전투가 벌어지기 전에 철수했으며, 그 결과 그들은 되돌아갈 수 없게 되었다. 티푸의 경기병대는 영국 육군의 육상 교통로를 괴롭히고 있었다. 25일에 영국 지휘관은 다음과 같이 기록했다. "함대가 떠나간 후, 쉬프랑의 성격과 이제 우리를 고립시켜버린 프랑스측의 완전한 우세를 생각하면 한순간 쉴 틈도 없이 마음이 괴롭다." 그러나 그의 걱정은 강화가 결정되었다는 소식에 의해 해소되었다. 그 소식은 마드라스에서 평화교섭단이 29일에 쿠달로르에 도착하면서 전해졌다.

쉬프랑 작전의 결정적인 특징

양국 사령관의 상대적인 장점에 대해 의심스러운 점이 있다면, 마지막 전투의 며칠간이 그 의문을 해소시켜줄 것이다. 휴스는 자신이 전투를 포기한 이유로 환자들의 수가 많고 식수가 부족했다는 점을 들고 있다. 그러나 쉬프랑의 어려움도 역시 그만큼이나 컸다.[185] 그리고 쉬프랑이 트링코말리에서 이점을 갖고 있었다면, 그것은 그의 훌륭한 지휘력과 적극성이었다. 그가 15척의 함정을 가지고 18척의 함정을 가진 영국함대로 하여금 봉쇄를 포기하도록 만들었다는 사실, 그렇게 하여 지상군을 포위에서 벗어나게 해주었다는 사실, 승무원들의 전투력을 강화시켰으며 결정적인 전투를 추구했다는 사실은 강력한 인상을 준다. 이러한 강한 인상은 사실을 중시한다고 하여 과소평가될 수 없다.[186] 아마도 휴스의 자신감은 몇 차례에 걸친 쉬프랑과의 대결에 의해 산산이 부서졌던 것 같다.

쉬프랑의 귀국

휴스가 드 뷔시에게 보낸 평화의 통지가 비공식적인 편지에 의존했다고는 하지만, 그들은 계속적인 유혈사태를 지나치게 정당화하

---

185) 쉬프랑의 함정 중에는 함정 정규인원의 4분의 3 이상이 배치된 것이 한 척도 없었다. 또한 지상군과 인도의 토착인이 이 감축된 승무원의 절반을 구성하고 있었다는 사실도 부언해야만 한다.

186) "저는 진급하여 해군 소장이 되었습니다. 이제 저는 이전에 했던 것보다 그때 이후

려고 했다. 인도에 있는 양국 당국자들에 의해 협상이 시작되었고, 적대행위는 7월 8일에 중단되었다. 2개월 후에 퐁디셰리에서 공식적인 문서가 쉬프랑에게 도착했다. 그 문서들에 대한 그의 견해를 인용할 필요가 있다. 왜냐하면 그의 말은 의연하게 행동하면서도 지니고 있던 우울한 확신을 보여주고 있기 때문이다. "평화를 주신 하느님, 축복받으소서! 인도에서 저희는 법률을 강제할 수단을 가지고 있기는 했지만, 모든 것을 잃을 수도 있었다는 것은 분명 사실입니다. 저는 저를 이곳에서 떠날 수 있도록 해줄 명령을 기다리는 데 조급해하고 있습니다. 전쟁만이 어떤 짜증나는 일도 참을 수 있게 해줍니다."

쉬프랑에 대한 프랑스의 열렬한 환영

1783년 10월 6일에 쉬프랑은 마침내 프랑스로 귀국하기 위해 트링코말리를 출항했다가 도중에 프랑스 섬과 희망봉에 기항했다. 고국으로 가는 항해는 계속 열광적인 환호 속에서 이루어졌다. 그는 각 항구에 들를 때마다 각국의 모든 계층의 사람들로부터 열광적인 갈채를 받았다. 그 중에서도 그를 가장 기쁘게 한 것은 영국 함장들이 보여준 존경심이었다. 그럴 만도 했다. 군인으로서 그만큼 평가를 받은 인물도 없을 것이다. 휴스와 쉬프랑이 조우했을 때마다 마지막 경우

한 일이 훨씬 가치 있다고 진심으로, 그리고 귀하에게만 말하고 싶습니다. 귀하는 트링코말리의 함락과 그곳에서의 전투에 대해 알고 계실 것입니다. 그러나 전투의 말기, 즉 3월과 6월 말 사이에 벌어졌던 일이 제가 해군에 들어간 이래 치렀던 어떠한 것보다 훨씬 특별한 것이었습니다. 그 결과 영국함대가 위험에 빠지고 많은 지상군을 잃었으며, 그 때문에 우리 국가는 큰 도움을 받을 수 있었습니다." 1783년 9월에 쓴 쉬프랑의 편지, *Journal de Bord du Bailli de Suffren*에서 인용.

를 제외하고 영국함정은 12척을 넘지 않았다. 그러나 쉬프랑의 노력에 대항하다가 영국 함장 6명이 목숨을 잃었다. 쉬프랑이 희망봉에 도착했을 때, 휴스의 함정 중 9척이 그 항구에 정박하고 있었다. 용감한 이그제터 호의 킹 준장을 비롯한 그 6척의 영국 함장들은 마음에서 우러나 쉬프랑을 방문했다. 쉬프랑은 이에 대해 다음과 같이 기록했다. "네덜란드 사람들은 나를 마치 그들의 구세주처럼 받아들였다. 그러나 나를 가장 기쁘게 했던 것은 여기에 있는 영국인들이 보여준 존경과 칭송이었다." 그는 본국으로 돌아오자마자 많은 상을 받았다. 프랑스를 출발할 때는 대령이었지만, 소장이 되어 귀환했다. 그리고 그가 돌아온 즉시 국왕은 그에게 네 번째의 해군 중장 계급을 수여했는데, 그 계급은 그가 죽을 때까지 유지되었다. 오직 그 자신이 혼자서 이룩한 그 영광은 실제 전투뿐만 아니라 되풀이되는 불운과 부족함 때문에 낙담해 있을 때마다 항상 간직했던 꿋꿋함과 불굴의 정열 및 천재성에 대한 찬사였다.

쉬프랑의 탁월한 군인 자질

적의 포화가 빗발치는 전투현장과 작전에서 보여준 그의 전반적인 불굴의 의지는 전투수행능력과 더불어 쉬프랑의 뛰어난 장점이었다. 그리고 그 의지가 적 함대를 찾아내어 분쇄하겠다는 분명하고 절대적인 확신과 결부될 때, 솔선수범하는 군인의 성격을 볼 수 있었다. 그러한 솔선수범은 그를 이끄는 불빛이었으며, 그러한 의지는 그를 지탱시켜준 정신적인 지주였다. 함정들의 행동과 기동을 통일시킨다는 함정의 조련사라는 의미에서의 전술가로서 그는 부족함이 있는 것처럼 보일 수도 있다. 그리고 아마도 그 자신도 약간의 불만을 갖고 있었겠지만, 자신에게 가해지는 비판의 정당성을 인정할 것이다. 기본적이거나 발전된 전술적 특징이 소심했든 아니든 간에, 그의 행동에는 격언을 만들 수 있는 무엇인가가 있었다. 그러나 이러한 비난에 대한 그의 불만은 현명한 것이 아니었다. 정확하고 획일적으로 기동할 수 있는 능력은 함정들의 모든 능력을 증진하는 데 너무나 필요한 것이기 때문에 가볍게 평가되어서는 안 된다. 그것이야말로 쉬프랑이 목표로 삼았던 노력 집중을 위한 필수요소였다. 그러나 그가 사전 배치를 통해 그 집중을 확보하려고 항상 주의를 기울였던 것은 아니다. 역설적으로 들릴 수도 있지만, 규칙적인 기동을 할 수 있는 함대만이 때때로 그러한 규칙성에서 벗어날 수도 있는 것이다. 훈련이 습관화되어 그 훈련과는 다른 변화 국면에도 익숙해 있는 함장들만이 전쟁터에서 개별적인 전투기회를 신속하게 포착할 수 있는 것이다. 하우와 저비스는 넬슨이 성공할 수 있는 여건을 미리 준비했음에 틀림없다. 쉬프랑은 휘하의 함장들에게 너무나 많은 것을 기대했다. 그는 그렇게 기대할 권리를 갖고 있었지만, 상황을 미리 인식하지 못했다. 그러한 확실한 배짱은 선천적으로 혜택을 받은 소수를 제외하고는 연습과 경험을 통해서만 얻을 수 있는 것이다.

그러나 그는 역시 위대한 인물이었다. 아무리 그를 깎아내린다고 해도 영웅적인 일관성, 위험이 닥쳐왔을 때 발휘되는 두려움을 모르는 책임감, 행동의 신속함, 그리고 천재성——이러한 천재적인 확실한 직감 덕분에 그는 프랑스군의 전통을 타파했으며, 해군에 적합한 중요한 원칙은 적 함대를 격파함으로써 바다에 대한 통제력을 확보하는 공격적인 행동이라고 주장했다——등은 여전히 남아 있다. 만약 그가 대위 시절에 넬슨이 경험한 것과 같은 준비심을 갖추었더라면, 휴스의 전대는 증원군이 도착하기 전에, 쉬프랑의 병력보다 열세했을 때 격파되었을 것이라는 점은 의심할 여지가 없다. 그리고 영국함대와 더불어 코로만델 해안도 역시 틀림없이 프랑스에 넘어갔을 것이다. 이러한 상황이 인도 반도의 운명과 평화조약의 조건에 어떤 영향을 미쳤을 것인가는 추측할 수밖에 없다. 그 자신의 바람은 인도에서 우세를 확보함으로써 그 결과로 영광스러운 평화를 가져오는 것이었다.

쉬프랑의 여생과 사망

쉬프랑에게는 전쟁에서 활약할 기회가 더 이상 주어지지 않았다. 그는 지상에서 명예를 누리며 남은 생애를 보냈다. 그는 1788년에 영국과의 분쟁이 발생하자 브레스트에서 창설된 함대의 사령관으로 임명되었지만 파리에서 떠나기 전 12월 8일에 60세의 나이로 갑자기 사망했다. 지나치게 뚱뚱하고 뇌졸중에 걸리기 쉬운 기질을 가지고 있었기 때문에 그가 자연사했다는 데 대해서는 의심의 여지가 없는 것처럼 보였다. 그러나 몇 년이 지난 후, 그가 인도에서의 공식적인 행동에서 비롯된 결투로 사망했다는 소문이 돌았다. 전쟁터에서의 그의 숙적이었던 영국의 휴스 경은 1794년까지 장수하다가 사망했다.

제13장

요크타운 함락 이후 서인도제도에서 발생한 사건, 드 그라스와 후드의 교전, 세인트 해전, 1781년과 1782년

대륙에서 서인도제도로의 해상 분쟁지 이동

콘월리스의 항복은 아메리카 대륙에서의 전쟁에 실질적인 종지부를 찍었다. 이 전쟁의 목적은 프랑스가 자국의 해양력을 식민지 개척자들을 지원하는 데 투입했을 때 분명히 드러났다. 그러나 한 시기의 결정적인 특징이 하나의 인상적인 사건으로 요약되는 경우가 자주 나타난다. 내륙으로 깊이 들어간 만을 가진 길다란 해안과 육로보다는 해로로 이동하는 것이 더 편리하게 되어 있는 그 대륙의 자연적인 특성 때문에, 군사적인 문제는 처음부터 바다의 통제와 그 이용에 달려 있었다. 1777년에 윌리엄 하우 경이 자신의 지상군을 버고인의 전진을 지원하는 대신에 체서피크로 이동하도록 잘못 지시하는 바람에 새러토가에서 놀랄 만한 성공을 거두게 되었는데, 이때 새러토가에서 6천 명의 정규지상군이 그 지방의 민병대를 항복시켰다는 소식은 유럽 사람들을 놀라게 만들었다. 요크타운이 함락될 때까지 그 후 4년 동안, 그 곳에 어느 나라의 해군이 나타나는가에 따라 또는 영국 사령관들이 보급 문제를 걱정하지 않고 해상에서 작전을 할 수 있는지 여부에 따라 전세가 달라졌다. 결국 커다란 위기상황에서 모든 것은 프랑스함대와 영국함대 중 어느 함대가 먼저 나타나느냐 또는 양국 함대 중 어느 쪽이 상대적으로 더 강력한가에 달려 있었음이 판명되었다.

해상 분쟁지는 즉시 서인도제도로 이동했다. 그곳에서 잇따라 발생한 사건들은 쉬프랑의 전투와 지브롤터의 마지막 구조작전이 수행되기 전에 일어났다. 그러나 그 사건들은 별개로 다루어야 할 만큼 자체적으로 많은 특징을 내포하고 있으며, 한 사건이 그 자체로서 극적인 결말을 형성하면서 또 다른 사건으로 연결되는 디딤돌 역할을 하면서 전쟁의 결말과 평화조약의 조건과 밀접한 관련을 맺고 있었다. 승부가 나지는 않았지만 훌륭한 해군의 승리로서 해전에 대한 설명으로 마무리하는 것이 좋을 것 같다.

서인도제도를 향한 드 그라스의 출항

요크타운의 점령은 1781년 10월 19일에 완료되었다. 드 그라스는 11월 5일에 함대가 남쪽에서 수행되고 있는 전쟁을 도와주어야 한다는 워싱턴과 라파예트의 주장을 거부하고 체서피크 만을 떠났다. 그는 서인도제도의 프랑스 지상군을 지휘하고 있던 부예Bouillé 남작이 대담한 기습작전으로 네덜란드령 세인트 에우스타티우스St. Eustatius를 탈환한 다음날이었던 26일에 마르티니크에 도착했다. 해군과 육군의 이 두 사령관은 바베이도스에 대한 합동 원정에 나섰지만, 무역풍이 심하게 불어 좌절되고 말았다.

프랑스함대의 세인트 크리스토퍼 원정(1782년 1월)

이 원정에서 실패하자 프랑스군은 세인트 크리스토퍼 섬(세인트 키츠 섬이라고도 한다. 〈그림24〉)을 향해 나아갔다. 1782년 1월 11일에 프랑스함대는 6천 명의 지상군을 싣고 그 섬의 주요도시인 바스 테르 Basse Terre의 서쪽 앞바다에 정박했다. 아무런 저항도 없었고, 단지

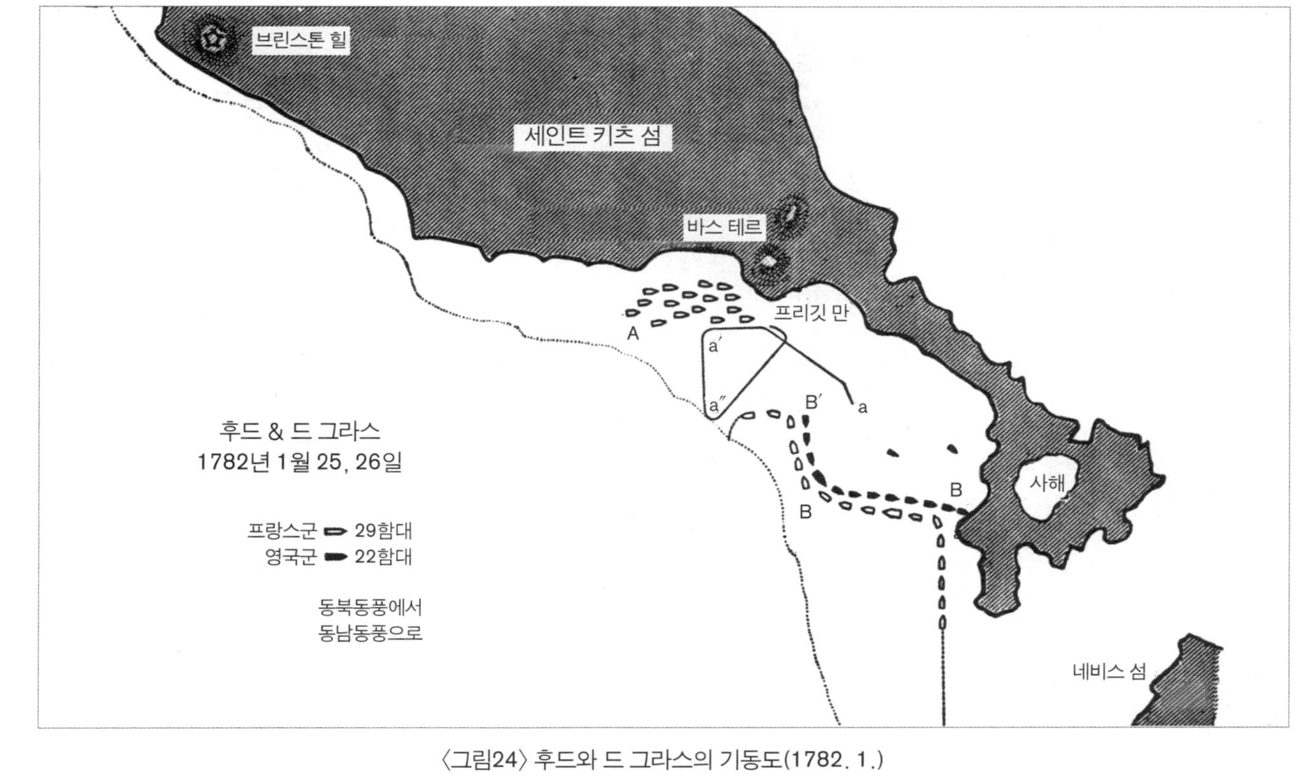

〈그림24〉 후드와 드 그라스의 기동도(1782. 1.)

600명의 소규모 수비대가 북서쪽으로 10마일 떨어진 브림스톤 힐 Brimstone Hill 요새로 퇴각하고 있었다. 그곳에서는 이 섬의 풍하 쪽 해안을 내려다볼 수 있었다. 프랑스 지상군이 상륙하여 추격했지만, 공격하기에 너무나 견고했기 때문에 포위작전을 시작했다.

프랑스함대는 바스 테르의 정박지에 여전히 정박한 상태로 남아 있었다. 한편 드 그라스를 본토에서부터 계속 추격해온 새뮤얼 후드 Samuel Hood 경에게 이 곳에 대한 공격 소식이 전해졌다. 그는 로드니가 계속 부재중이었으므로 그곳의 해군 최고사령관직을 맡고 있었다. 그는 14일에 바베이도스를 출항하여 21일에 앤티가에 정박했고, 그곳에 남아 있던 전 병력이라고 할 수 있는 700명 정도의 지상군을 승함시켰다. 23일 오후에 함대는 세인트 키츠 섬을 향해 출항했는데, 다음날 새벽에 적을 공격할 수 있는 거리에 이를 수 있도록 돛을 조절했다.

수비대를 구하기 위한 후드의 시도

프랑스함대는 29척의 함정으로 구성되어 있었지만 영국 함대는 22척으로만 구성되었으며 또한 병력이나 함정 등급에서도 전반적으로 프랑스함대가 우세했으므로, 후드의 원래 계획과 수정된 계획을 이해하기 위해서는 지형조건을 자세히 살펴볼 필요가 있다. 후드의 시도는 결국 아무런 효과도 거두지 못했지만, 그 후 3주일 동안의 행동은 전체 전쟁을 통해 가장 훌륭한 군사적 시도였기 때문이다. 좁은 해협 하나를 사이에 두고 분리되어 있어서 전열함이 활동할 수 없는 세인트 키츠 섬과 네비스 섬(〈그림24〉와 〈그림25〉)은 실제로 하나나 다름없었으며, 섬의 축이 북서쪽과 남동쪽으로 되어 있었기 때문에 무역풍이 불어올 경우에는 함정들이 네비스 섬의 남단으로 돌아야 했다. 그리고 네비스 섬의 남단으로부터 그 섬의 풍하 쪽에 있는 모든 정박지로 순풍이 불고 있었다. 바스 테르는 네비스 섬의 서쪽 지점(포트 찰스Fort Charles)으로부터 12마일 거리에 있었고, 정박지는 동쪽과 서쪽에 놓여 있었다. 프랑스함대는 무질서한 상태로 그곳에 정박하고 있었는데(〈그림24〉, A), 적이 공격해오리라고 생각하지 못한 채 서너 줄로 무리지어 있었다. 따라서 그 정박지의 서쪽 끝에 있는 함정들은 풍상 쪽으로 나아가지 않고서는――풍상 쪽으로 나아가는 것은 힘들었으며 또한 포격을 받는 상황에서는 위험한 항해가 되지 않을 수 없었다――그 정박지의 동쪽 끝으로 나아갈 수 없었다. 또한 지적해두어야 할 더욱 더 중요한 점은 동쪽에 있는 모든 함정들의 위치 때문에 남쪽에 있는 함정들이 보통의 바람을 받으며 쉽게 접근할 수 있었다는 점이다.

그러므로 앞에서 말한 대로 전투준비를 갖추고 이른 새벽에 그곳에 도착한 후드는 자신의 전체 함대를 이용하여 동쪽에 있는 함정들에게 집중공격을 퍼부어서(a, a′) 소수의 적에게 함포사격을 집중시킬 생각이었다. 그리고 적의 포격을 피하기 위해 처음에는 바람을 받다가 나중에는 바람을 거슬러 변침하여 공격하기 위해 선택한 적 함정이 있는 부분을 원을 그리면서 길게 나아가려고(a′, a″) 생각했다. 대담한 그 계획은 원칙적으로 올바른 것이었다. 좋은 원칙을 따른 작전은 실패할 가능성이 거의 없다. 그리고 만약 드 그라스가 이전보다 준비가 부족했다면, 더욱 더 결정적인 결과조차도 바랄 수 있었다.[187)]

---

187) a, a′, a″ 곡선은 바람이 동남동풍이 불 것으로 생각하여 후드가 자신의 함대를 거느리고 지나가려고 계획했던 선을 나타낸다. B, B, B 지점은 그 다음날의 진행사항을 가리키는 것으로, A 그림과는 전혀 관계가 없다.

그러나 가장 잘 만들어진 계획도 실패할 수가 있다. 정찰 임무를 수행 중이던 한 대위가 야간에 함대 앞에 있는 한 척의 프리깃 함을 정지시켜 전열함과 부딪히게 만드는 서투른 행위를 함으로써 후드는 기회를 놓쳐버리고 말았다. 그 전열함이 기동을 지연시켰을 뿐만 아니라 상당한 피해도 입었기 때문에, 그 함정을 수리하는 데 몇 시간을 허비하고 말았다. 이리하여 프랑스함대는 적이 접근하고 있다는 경고를 받게 되었다. 후드의 공격의도를 의심하지는 않았던 드 그라스는 후드가 자신의 풍하 쪽으로 가서 브림스톤 힐의 포위를 방해하지나 않을까 두려워했다. 그러한 행동은 열세에 있는 병력이 하기에는 너무나 성급한 일이었으므로 드 그라스가 왜 그러한 생각을 하게 되었는지 이해하기 어렵다. 또한 정박해 있다는 자신의 위치상의 약점을 무시해버린 것도 설명하기 어려운 일이다.

두 함대의 기동

24일 오후 1시에 영국함대가 네비스 섬의 남단을 돌고 있는 것이 발견되었다. 3시에 드 그라스는 출항하여 남쪽으로 항진했다. 해질 무렵이 되자, 후드 역시 마치 퇴각하는 것처럼 방향을 돌려 남쪽을 향했다. 그러나 그는 적에 대해 풍상의 방향에 있었고, 이러한 이점을 밤새 유지했다. 새벽이 되자 양국 함대는 네비스 섬의 풍하 쪽에 있었다. 영국함대는 섬 가까운 곳에 그리고 프랑스함대는 섬으로부터 9마일 떨어진 지점에 있었다(〈그림25〉). 기동하는 데 얼마간의 시간이 소비되었다. 후드는 프랑스 제독을 풍하 쪽에 머무르게 할 목적으로 이러한 기동을 했다. 그는 첫번째 시도에 실패했기 때문에 자신보다 기량이 미숙한 적이 떠난 지 얼마 되지 않는 정박지를 장악하려는 대담

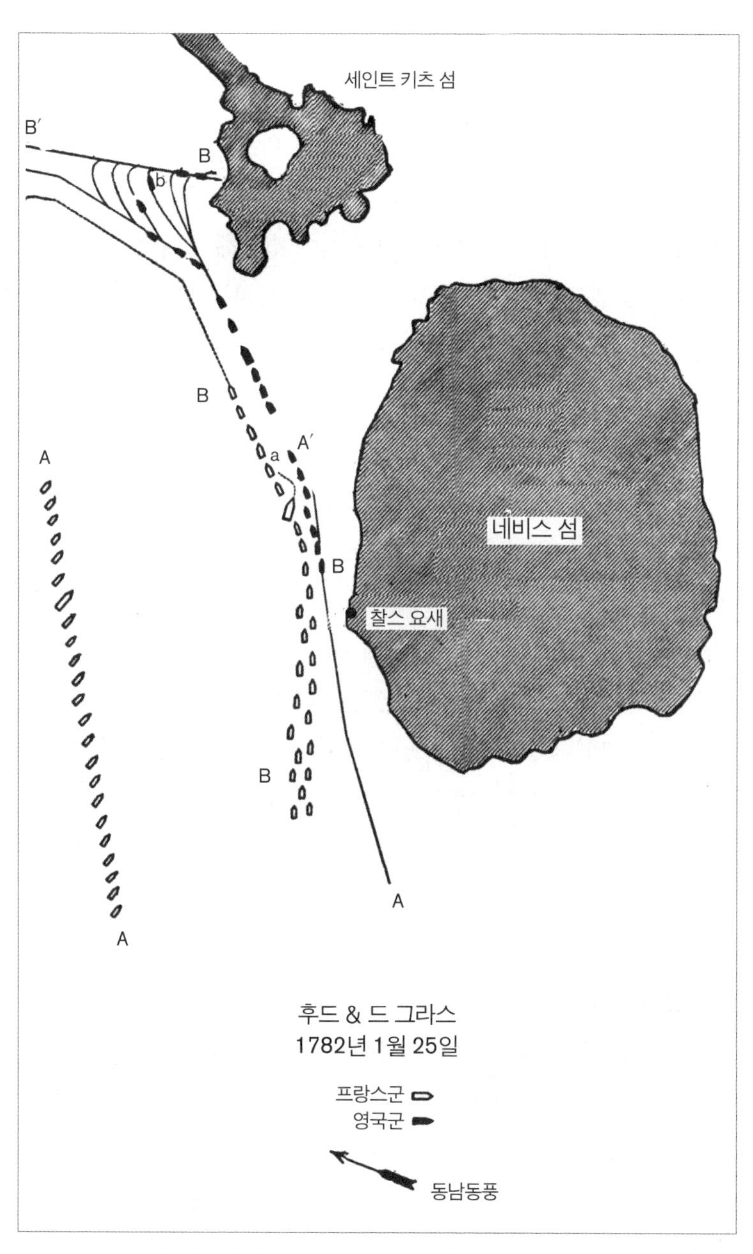

〈그림25〉 후드와 드 그라스의 기동도(1782. 1.)

한 의도를 가지고서 확고한 태도를 취했다. 앞으로 보게 되겠지만, 그는 이 점에서 성공했다. 그러나 그가 이처럼 위험이 큰 기동을 한 행위의 정당성을 이해하려면, 후드가 그렇게 함으로써 브림스톤 힐의 포위부대와 그 함대 사이에 위치하게 된다는 점을 알아야 한다. 그렇지 않고 프랑스함대가 브림스톤 힐 근처에 정박해 있다면, 영국함대는 남쪽으로부터 도착하는 프랑스측의 보급품과 파견병들을 도중에서 차단할 준비를 하고 프랑스함대와 마르티니크에 있는 자국 기지 사이에 놓이게 된다. 간단히 말해서 후드가 있고자 했던 위치는 적 교통로의 측면이었는데, 그 섬만으로는 갑자기 그곳에 투입된 대규모의 지상군에게 오랫동안 보급을 할 수 없었기 때문에 더욱 더 유리한 곳이었다. 게다가 양국 함대는 증원군을 기다리고 있었다. 로드니가 이미 항해 중이었으므로 그가 먼저 도착하여――실제로 그랬다――세인트 키츠 섬을 구해줄 것으로 예상되었지만, 결과적으로 그곳을 구하지는 못했다. 요크타운이 점령된 지 4개월 후였다. 영국의 사정은 점점 악화되었다. 어떤 일이 당연히 이루어져야만 했지만, 어떤 것은 운에 맡겨질 일이었다. 후드는 자기 자신과 휘하의 장교들을 잘 알고 있었다. 뿐만 아니라 그는 적에 대해서도 잘 알고 있었던 것 같다.

드 그라스와 후드의 접전

정오에 네비스 섬의 언덕이 기대와 흥미를 가진 구경꾼으로 뒤덮여 있을 때, 영국함대는 서둘러 우현으로 돛을 펴고 바스 테르를 향하여 함수를 북쪽으로 돌렸다(〈그림25〉, A, A′). 그 순간에 프랑스함대는 종렬진을 형성한 채 남쪽을 향하고 있었지만, 즉시 회전하여 사열진(함수가 적의 뱃전을 향하는 진형)을 형성했다(A, A). 2시에 영국함대 는 후드가 닻을 내리라는 신호를 내릴 수 있을 정도로 훨씬 앞서 있었다. 2시 20분에 프랑스함대의 선두가 영국함대의 사정거리 안에 들어왔고(B, B, B), 곧 사격이 시작되었다. 프랑스함대는 영국함대의 후미함정들에게 공격을 집중시키고 있었다. 영국의 후미함정들은 매우 긴 종렬진에서 흔히 그러하듯이 상당히 간격이 벌어져 있었는데, 특히 이 경우에는 후미에서 네 번째 함이었던 프루던트*Prudent* 호의 속도가 느렸기 때문에 간격이 더 벌어졌다. 120문함으로서 드 그라스의 제독기를 게양하고 있던 프랑스 기함 빌 드 파리*Ville de Paris* 호가 이 벌어진 틈을 향하여 진격했지만, 영국의 70문함 캐나다*Canada* 호에 의해 그러한 시도는 좌절되었다. 캐나다 호의 함장은 콘월리스 경의 동생이었는데, 그는 후미를 지원하기 위해 돛을 전부 줄임으로써 거대한 적함의 앞에 위치했던 것이다. 그(a)의 함정 바로 앞에 있던 레절루션*Resolution* 호와 배드포드*Bedford* 호도 당당하게 그의 행동을 뒤따랐다. 이제 상황이 다양하게 변했고 현장은 대단히 활기를 띠게 되었다. 공격에서 벗어나 있던 영국의 선두는 지정된 위치에 신속하게 닻을 내리고 있었다(b). 중앙에 위치한 함대사령관은 휘하 함장들의 기량과 행동을 믿고 앞에 있는 함정들에게 돛을 펴고 위험한 상황에 있는 후미에 상관없이 자신의 위치를 찾으라는 신호를 보냈다. 영국의 후미함들은 가까운 곳에서 압박을 받으면서 수적으로도 압도되고 있었지만, 전혀 흔들림이 없이 돛을 짧게 펴고 한 척씩 적의 포격하에서 전열을 찾아 닻을 내렸다(B, B′). 프랑스함대는 이전에 자신들의 정박지였던 곳을 자신들보다 더 약하지만 현명한 적에게 넘겨주고 다시 종렬진으로 남쪽으로 향했다.

드 그라스가 차지했던 투묘지를 확보한 후드

그리하여 후드가 멋지게 차지한 정박지는 드 그라스가 그 전날 머물렀던 정확히 그 장소는 아니었다. 그러나 그들이 차지한 정박지가 프랑스의 정박지를 엄호하고 통제할 수 있었으므로, 적이 떠난 그 장소를 차지하고자 했던 후드의 생각은 결과적으로는 옳았다. 그날 밤과 그 다음날 아침에 걸쳐 함정의 진형이 바뀌고 강화되었는데, 결국 다음과 같이 형성되었다(〈그림24〉, B ,B′). 선두함정은 바스 테르로부터 4마일 남동쪽에 떨어진 곳에 정박했는데, 그 위치는 해안과 대단히 가까워서 다른 함정이 그 안쪽으로 지나갈 수 없었고 또한 바람이 분다고 해도 바깥쪽으로 둘러쳐져 있는 여울이 엄호하는 위치에 있었기 때문에 거기까지는 영향을 주지 못했다. 전열은 그 지점으로부터 서북서쪽으로 12내지 13번째의 함정까지(1.25~1.5마일의 거리) 이어졌고, 그곳에서부터는 점점 큰 각도로 북쪽으로 꺾여 제일 뒤에 있는 6척의 함정은 남북으로 벌어진 전열을 형성했다. 그리하여 후드의 기함이었던 90문함 바플레*Barfleur* 호는 형성된 돌출각의 정점에 위치하게 되었다.

프랑스함대가 자신들이 이전에 차지하고 있던 정박지를 되찾는 것은 불가능하지 않았을 것이다. 그러나 후드가 자신이 얻은 장소에 머물러 있는 한, 이미 언급했던 상황들 때문에 프랑스함대가 풍하 쪽에서 행동하는 것은 불가능했다. 그러므로 후드를 몰아낼 필요성이 있었지만, 앞에서 이미 묘사한 전술적인 위치 때문에 이러한 행동을 하기에는 지나치게 어려운 상황이었다. 후드의 왼쪽 측면은 여울에 의해 보호되었다. 반대쪽 측면을 통과하면서 후드의 정면에 대해 사격하려는 시도는 후미함정 6~8척으로부터 현측 일제사격을 받도록 되어 있었다. 전방에 있는 함정들은 바스 테르로 가는 접근로를 통제하고 있었다. 북서쪽으로부터 후미에서 그를 공격하는 것은 무역풍 때문에 불가능했다. 이러한 어려움 외에도 항해하면서 정박해 있는 함정을 공격해야 한다는 어려움까지 있었는데, 정박 중인 함정은 돛대를 잃어도 즉각적인 지장을 받지 않았다. 또한 정박해 있는 함정은 스프링[188]을 펼쳐서 아주 쉽게 뱃전을 공격하기 쉬운 방향으로 움직일 수 있었다.

드 그라스의 후드 제독 공격

그럼에도 불구하고 수치심을 느낀 드 그라스는 공격하는 것 자체를 당연한 방책으로 생각하여 그 다음날인 1월 26일에 전투를 감행했다. 질서정연하게 배치된 영국의 전열에 대해 단종렬진을 형성한 29척의 함정이 공격하는 방식은 아주 잘못된 것이었다. 그러나 그날의 지휘관이 누구였더라도 전통적 전투질서로서 적 함대를 격파할 수는 없었을 것이다.[189] 후드가 의도했던 것은 바로 그 점이어서 관습적인 전투대형을 취한 적 함대의 의표를 찌르려고 했다. 원래 프랑스함대가 정박했던 투묘지였다면, 그는 적의 집중포격에 거의 노출되지 않은 채 프랑스함대의 동쪽에 있는 함정들에게 접근할 수 있었겠지만, 당시의 상황은 그렇지 않았다. 프랑스함대는 남쪽에서 진형을 형성한 후, 후

188) 스프링spring은 정박해 있는 함정의 함미에서 닻까지 연결되어 있는 밧줄을 의미했는데, 이것을 이용하여 원하는 방향으로 함정을 돌릴 수 있었다.

189) 토베이에 투묘한 영국 전대를 공격하기 위한 원정의 임무를 띤 동맹함대의 작전회의에서 이 조치에 반대한 사람은 다음과 같이 주장했다. "연합함대 전체는 종렬진을 형성한 영국 전대에 접근할 수 없었다. 물론 횡렬진을 형성해야만 하며, 또한 홀로 행동하는 적함을 가라앉히고, 그리하여 분산에서 비롯되는 가장 큰 위험을 적 함대로 하여금 느끼게 하고 함대 전체를 갈기갈기 찢어야 한다." Beatson, vol. v, p. 396.

드 전열의 동쪽을 향하여 항해하는 중이었다. 프랑스의 선두함이 이미 언급했던 위치에 도달했을 때 바람이 함정 쪽으로 불어왔으므로 영국 전열의 세 번째 함에 겨우 접근할 수 있었다. 영국 전열의 선두에서 4척의 함정이 스프링을 이용하여 프랑스의 선두함정에 사격을 집중시켰다. 영국측에서는 프랑스 선두함정이 플뤼통*Pluton* 호였을 것으로 추측했다. 그렇다면 그 배의 함장은 달베르 드 리용*D'Albert de Rions*이었을 터인데, 쉬프랑은 그를 프랑스 해군에서 가장 뛰어난 장교라고 말한 적이 있었다. 당시 그곳에 있었던 한 영국인 장교는 이 상황에 대해 다음과 같이 기록했다. "현측에 가해진 충격이 너무나 커서 함정의 판자조각들이 날아다녔다. 확고한 의지를 가진 영국함대의 정확한 집중포격을 피할 수 없었다. 프랑스함대의 선두에 선 그 함정은 영국의 전열을 지나가야 했기 때문에, 모든 영국함정의 첫 포격을 받았다. 이제 그 함정은 너무나 엉망으로 파괴되어서 세인트 에우스타티우스로 함수를 돌리지 않을 수 없게 되었다." 그러므로 그 뒤를 따르는 모든 프랑스함정들도 영국 전열을 따라 지나갈 때마다 끊임없이 연속적으로 영국의 사격을 받았다(〈그림24〉 B, B). 그날 드 그라스는 두 번째의 공격에서도 똑같은 진형을 취했지만, 영국의 선두는 무시해버리고 후미와 중앙에 대해 집중적으로 공격을 퍼부었다. 이것 역시 프랑스군의 사기가 떨어진 상태에서 취해진 공격이었기 때문에 더욱 아무 효과가 없었던 것 같다.

후드의 위치 고수

그때부터 2월 14일까지 후드는 근해에서 남쪽으로 순항하고 있는 프랑스함대가 보이는 곳에 자신의 위치를 유지하고 있었다. 1일에 켐펀펠트로부터 파견된 함정 1척이 도착하여 서인도제도로 향하는 프랑스의 증원군이 분산되었다는 정보를 그에게 주었다. 그 정보를 들은 후드는 틀림없이 로드니가 도착하기만 하면 자신의 대담한 시도가 성공할 수도 있다는 희망을 다시 품었을 것이다.

수비대와 세인트 키츠 섬의 항복

그러나 그렇게 되지는 않았다. 브림스톤 힐을 훌륭하게 방어했지만, 결국 12일에 프랑스군에 의해 함락되고 말았다. 13일에 드 그라스는 이제 33척에 이르는 전열함으로 구성된 자신의 함대를 이끌고 네비스 섬에 닻을 내렸다. 14일 밤에 후드는 휘하의 모든 함장들을 기함에 소집하여 그들의 시계를 자신의 시계에 맞추도록 한 다음, 오후 11시에 모든 함정이 차례대로 아무런 신호나 소리를 내지 않은 채 닻을 끊고 프랑스측에 노출되지 않고 평온하게 그 섬의 남단을 돌아 북쪽으로 항해했다.

후드 행동의 공훈

전략적으로나 전술적으로나 후드의 개념과 세력 배치는 아주 훌륭했으며, 그러한 지시를 수행한 그와 휘하 함장들의 기량과 확고한 의지에 의해 더욱 빛을 발했다. 단일 군사작전의 입장에서 볼 때, 이것은 아주 뛰어난 작전이었다. 그러나 그 당시 영국의 전반적인 상황을 고려하면, 제독의 자질에 대해서도 훨씬 높이 평가해야 한다.[190] 세인

---

190) 카드놀이에서처럼 전쟁에서도 득점상황은 제때에 지시되어야 한다. 그리고 자신

트 키츠 섬 그 자체만 생각하면, 큰 위험을 무릅쓸 가치가 없었을지도 모른다. 그러나 영국의 해전을 수행하면서 정력과 대담성을 가져야 한다는 것, 그리고 위대한 성공으로 영국 국기를 휘날리게 해야 한다는 점은 가장 중요한 것이었다. 영국은 물질적으로 성공하지는 못했다. 기회가 충분하기는 했지만, 그 기회가 후드에게서 등을 돌리고 말았던 것이다. 그러나 함대의 모든 장병들은 당당하게 책임을 다한 후 확신과 대단한 성취감을 느꼈음에 틀림없다. 보다 중요한 문제에 봉착했을 때 만일 후드가 함대사령관이었다면 그리고 그가 체서피크만에서 부사령관이 아니라 사령관이었다면, 콘윌리스가 구조되었을지도 모른다. 적이 떠나간 정박지를 점령하기 위한 작전은 거의 같았을지도 모른다. 그리고 이 두 상황은 교훈이라는 측면에서 쉬프랑의 쿠달로르 구조와 비교될 만하다.

의 개인적 행동이 일반적인 결과에 미치는 효과를 결코 고려하지 않는 사령관은 정치적이든 군사적이든 간에 어느 곳에서든지 상황조건이 그에게 어떤 것을 요구하든지 위대한 장군의 본질적인 자질을 결여하고 있다. "웰링턴Wellington이 시우다드 로드리고Ciudad Rodrigo에서 프란시스코Francisco의 각면보角面堡를 강습했을 때와 첫날 밤에 포위를 했을 때 사용한 대담한 방식, 그리고 방어의 불길이 어떤 방식으로든지 가르쳐주기 전에 또한 해자의 외벽이 불쑥 나타나기 전에 그가 그곳을 공격했을 때 사용한 대담한 방식은 그곳의 갑작스러운 함락의 참된 원인들이었다. 군사적 그리고 정치적 사태는 모두 규정의 무시를 정당화했다. 웰링턴 장군이 자신의 공격명령을 '시우다드 로드리고는 오늘 밤 강습을 받아야만 한다'라는 문장으로 끝냈을 때, 그는 그 명령이 정확하게 이행되리라는 것을 잘 알고 있었다." (Napier's *Peninsular War*)

"폐하의 군대의 명예와 해양 전쟁의 국면이 대단한 수준의 시도를 요구하고 있다고 판단한 저는 정규제도에서 벗어나는 것이 타당하다고 스스로 느꼈습니다."(Sir John Jervis's *Report of the Battle of Cape St. Vincent*).

드 그라스의 행동 비판

드 그라스의 행동 역시 전쟁의 특정한 경우뿐만 아니라 전반적인 상황에 대해서도 고려해야 한다. 이와 같이 그가 무시했던 매우 비슷한 다른 상황과 비교하여 저울질해본다면 그의 군사적 능력에 대한 공정한 평가가 이루어질 수 있다. 그러나 이러한 비교는 별로 오래되지 않은 최근의 전투에 대해 이루어지는 것이 더 좋다. 여기에서 할 수 있는 가장 큰 도움이 되는 비평은 엄격한 의미에서 함대의 행동을 소위 특정 작전으로 불리는 것에 종속시킨다는 프랑스의 일반적인 원칙에 따랐기 때문에 적어도 50% 이상 우세한 병력을 갖고서도 정박해 있는 후드의 함대를 격파하는 데 실패했다는 것이다. 좋지 않은 원칙이 결과적으로 비참한 결과를 낳는다는 것보다 더 교훈적인 것은 없다. 후드는 주도권을 장악할 수 있는 위치를 차지하고 있었지만, 공격적인 목적을 위해서는 열세한 상태에 있었다. 풍상의 위치에 머물러 있는 한, 드 그라스는 마르티니크와 교통을 유지할 수 있었고 또한 브림스톤 힐이 함락되기 이전에도 필요할 때 지상군과 교통을 유지할 수 있을 정도로 충분히 강했다. 이 사건이 보여주고 있듯이 세인트 키츠 섬의 정복이라는 특별한 작전은 영국함대가 그곳에 있었음에도 불구하고 성공할 수 있었을 것이다. 그리고 "프랑스 해군은 항상 몇 척의 함정을 나포하는 것보다는 확실한 정복이라는 영광의 길을 선호했다."

그때까지 드 그라스는 평생 근무해온 해군의 전통에서 벗어나는 어떤 실수도 저지르지 않았을지도 모른다. 그러나 그 섬의 함락 이전에 그리고 영국함대가 떠나기 며칠 전에 그는 자신에게 합류한 두 척의 전열함으로부터 유럽에서 오리라고 기대하고 있던 선단과 증원군이 분산되어버렸다는 소식을 들었다.[191] 그때 그는 로드니가 도착하기 전에는 자신의 함대가 강화될 수 없다는 것과 영국측이 자신보다 우세해질 것이라는 사실을 알게 되었다. 그는 실제로 33척의 전열함을 지휘하고 있었는데, 몇 마일 앞에는 22척의 영국 전열함이 프랑스 측의 공격을 기다리며 그가 알고 있는 장소에 남아 있었다. 그러나 그는 영국함정들이 도주하도록 내버려두었다. 그 자신의 설명을 보면 정박 중인 적에 대해 그가 전혀 공격할 의사를 갖고 있지 않았음을 분명히 알 수 있다.

> 브림스톤 힐이 항복한 그 다음날 후드를 가까운 곳에서 감시하고, 그가 정복당한 섬에서 출항하자마자 싸울 기회가 있었습니다. 그러나 우리는 식량이 고갈된 상태였습니다. 우리는 36시간 분의 식량밖에 갖고 있지 않았습니다. 몇 척의 보급함이 네비스에 도착해 있었으며, 따라서 우리가 싸우기 전에 먼저 살아야 했던 것을 인정하실 겁니다. 저는 가능하면 빨리 필요한 보급품을 선적하기 위해 항상 풍상 쪽에 위치하여 1.5리그 정도의 거리를 두고 적을 감시하면서 네비스로 갔습니다. 후드는 밤중에 아무런 신호도 보내지 않은 채 철수해버렸고, 저는 그 다음날 아침에 그가 뒤에 남기고 간 환자들만을 발견할 수 있었습니다.[192]

다시 말하여 후드는 더할 나위 없는 대담함과 기량을 갖고서 자신의 입장을 유지했는데, 자신이 성공적으로 저항할 수 있는 기회를 잡

---

191) 그 분산은 드 기생의 선단에 대한 켐펀펠트의 공격과 1781년 12월에 있었던 돌풍에 의해 발생했다.

192) Kerguelen, *Guerre Maritime de 1778*. 1783년 1월 8일자 파리 소인이 찍혀 있는 드 그라스가 케르귈랑Kerguelen에게 보낸 편지.

게 되자 자신에게 압도적으로 불리한 상황에서 적의 공격을 기다리기를 거부했다. 식량에 대한 드 그라스의 이러한 말을 어떻게 받아들여야 할까? 그가 한 달 전에 함정에 실려 있는 식량이 얼마나 지속될 수 있는지 몰랐다는 말인가? 그는 영국함대가 후드의 출항 4일 전에 증원될 것과 자신이 현재의 함정을 가지고 다가오는 해전을 치러야 한다는 사실을 몰랐을까? 그리고 영국함대의 위치가 훌륭한 판단과 전문적인 기량, 그리고 대담함 등에 의해 정해졌다고 하더라도 영국함대의 약점이 없었을까? 함정이 풍하 쪽으로 향하지 않았을까? 만약 풍하 쪽 함정들이 풍상 쪽으로 공격하려고 시도했다면, 그는 적을 "봉쇄"할 수 있을 정도의 함정을 갖고 있지 않았을까? 그가 만약 적의 선두함에 접근할 수 없었다면, 그가 선택한 적 전열의 아래쪽으로 세 번째나 그 다음에 따라오는 함정들에 대해 2중이나 3중으로 대응할 만한 병력을 갖고 있지 못했단 말인가? 산타 루시아에서의 비슷한 상황에 대해 언급한 쉬프랑의 다음의 편지는 이 사건이 발생하기 3년 전에 씌어졌지만, 마치 그 사건을 예언하는 것처럼 보인다.

> 1778년 12월 5일에 이루어진 두 번에 걸친 함포사격이 보잘것없는 결과만을 가져왔지만, 우리는 아직도 승리할 수 있다고 생각합니다. 그러나 승리할 수 있는 유일한 길은 적 전대를 활발하게 공격하는 것입니다. 그러면 그들은 육상의 지원에도 불구하고 우리 함대가 우세하기 때문에 당해낼 수 없을 것입니다. 그들의 육상 지원은 우리가 적의 전대를 바다로 끌어내거나 그들의 정박지에 우리가 정박하기만 하면 아무런 효과도 없게 될 것입니다. 만약 우리가 지체하면 수많은 상황이 그들을 구해줄 것입니다. 그들은 밤에 출항함으로써 이익을 얻을 수 있을지도 모릅니다.

영국함대가 패배할 수 있는 순간을 넘겼다는 데에는 의심할 여지가 없다. 그러나 전쟁의 결과는 반드시 응분의 조치에 따라 나타나는 법이며, 결국은 최선을 다하는 것이 가장 피해를 줄이는 길이다. 몇 가지의 단순한 요소——다가오는 전투에서 적 함대가 지배적 요소이며 그러므로 드 그라스의 진정한 목표는 그 함대의 일부가 분리되었을 때 그것을 지체없이 격파하는 것이라는 점——만 지켰더라면, 드 그라스는 커다란 실수를 범하지 않았을 것이다. 그러나 만약 그가 그러한 행동을 했더라면, 프랑스 해군의 관습에서 벗어나는 예외가 되었을 것이라는 점을 지적해두는 것이 좋을 것이다.

로드니의 서인도제도 도착

비록 자신이 인정하지는 않았지만, 이제 프랑스의 제독이었던 드 그라스가 이러한 실수——즉 보잘것없는 섬 하나를 차지한 대신 영국함대를 놓쳐버린 것——의 결과를 인정해야 할 때가 다가왔다. 로드니는 1월 15일에 12척의 전열함을 이끌고 유럽에서 출항하여 항해하기 시작했다.

앤티가에서 로드니와 후드의 합류

2월 19일에 로드니는 바베이도스에 닻을 내렸으며, 바로 그날 후드는 세인트 키츠 섬으로부터 앤티가에 도착했다. 25일에 로드니와 후드의 전대는 앤티가의 풍상 쪽에서 합류하여 34척의 전열함으로 구성된 함대를 형성했다.

드 그라스의 마르티니크로의 귀환

다음날 포트 로열에 정박한 드 그라스는 로드니의 추격으로부터 벗어날 수 있었다. 그러나 영국의 제독은 산타 루시아로 돌아갔는데, 그곳에서 영국에서 온 3척의 전열함과 다시 합류하여 그의 함대는 37척으로 증가했다. 대규모 선단이 프랑스로부터 오고 있다는 사실을 알게 되자, 로드니는 그 선단이 도착하기 전에는 적으로부터 아무런 시도도 없을 것이라고 생각하고 함대의 일부를 풍상 쪽으로 순항하여 북쪽으로 과달루페까지 항해하도록 했다. 그러나 선단을 지휘하고 있던 프랑스 장교는 영국의 이러한 행동을 눈치채고 과달루페 섬의 북쪽 항로를 따라 3월 20일에 마르티니크에 있는 포트 로열에 도착했다. 그와 함께 프랑스로부터 파견된 군함이 도착함으로써 드 그라스의 함대는 33척의 실전용 전열함과 50문함 2척으로 증강되었다.

연합군의 자메이카 탈취 계획

이 해에 프랑스와 스페인의 공동목표는 자메이카 정복이었다. 50척의 전열함과 2만 명의 병사들이 카프 프랑세에서 합류하기로 예정되어 있었고 그들 중 일부는 이미 그곳에 도착해 있었다. 연합함대 사령관에 임명된 드 그라스는 프랑스의 섬들에 있는 모든 이용 가능한 병사와 보급품을 마르티니크에 집결시켜 연합함대의 합류지점으로 호송할 예정이었다. 로드니가 저지하려고 하는 것은 바로 이것이었다.

로드니의 산타 루시아 기지 건설

그 후 며칠 동안 중요한 작전이 전개될 지역은 남북으로 150마일에 이르는 거리로서 산타 루시아 섬, 마르티니크, 도미니카, 과달루페를 포함한다(〈그림17〉을 참조). 이때 산타 루시아 섬은 영국령이었고, 나머지는 프랑스의 수중에 있었다. 마지막이자 결정적인 전투가 도미니카와 과달루페 사이의 약간 서쪽에서 발발했다. 이 두 섬은 23마일 떨어져 있었다. 그러나 과달루페 섬 남쪽 10마일 지점에 있는 세인트Saints로 불리는 3개의 작은 섬에 의해 그 거리는 13마일로 좁혀진다. 드 그라스의 의도는 곧장 카프 프랑세[193]로 직행하는 대신에 우호적이거나 중립적인 섬 주변을 우회하는 항로를 택하는 것이었다. 그 이유는 만약 선단이 영국함대로부터 압박을 받으면 그 섬들을 피난처로 이용할 수 있다는 생각 때문이었다. 영국함대는 계속 추격하여 도미니카 앞바다에서 프랑스함대를 따라잡아 드 그라스로 하여금 이 계획을 포기하고 선단을 과달루페 섬의 남단에 있는 바스 테르로 보내지 않을 수 없게 만들었다. 그러고 나서 그는 함대를 이끌고 해협을 통과하여 섬의 동쪽을 돌아 항해했다. 이렇게 함으로써 영국함대가 보급선단으로부터 멀어지게 하고 보급선단과 행동을 같이할 경우에 생기는 행동의 제한에서 벗어나려고 했다. 그러나 여러 척의 함정에서 사고가 발생하여 이러한 시도가 불가능하게 되자, 그는 절망적이고 연합함대에 치명적인 전투를 치를 수밖에 없게 되었다.

마르티니크와 산타 루시아에 정박해 있던 두 함대의 거리는 30마일 정도였다. 동풍이 불고 있었으므로 서로 상대편 쪽으로 쉽게 나아갈 수 있었다. 그러나 바람이 자주 불지 않거나 미풍이 불어오고 또한 서쪽을 향한 강한 해류는 산타 루시아 섬을 떠나 북쪽에 있는 섬으로 향하는 함정들을 풍하 쪽에 놓이게 하는 경향이 있었다. 몇 척의 프리

193) 〈그림28〉 북대서양의 지도를 참조.

깃 함들이 마르티니크 앞바다에 있는 초계함들과 그로스 아일로트 만에 있는 로드니의 기함 사이를 신호로 연결시켜주었다. 양국의 기지에서는 모든 것이 떠들썩한 상황이었다. 프랑스측은 대규모 군사작전에 필요한 준비로 바빴고, 영국측은 할 일이 그보다는 적었지만 다가올 전투에 대한 기대와 준비를 갖추고 있었다.

프랑스함대의 출항과 로드니의 추격 작전

4월 5일에 로드니는 프랑스 병사들이 승함하고 있다는 정보를 얻었고 8일 새벽에는 초계활동을 하고 있는 프리깃 함들로부터 적이 항구를 떠나고 있다는 신호를 받았다. 영국함대는 즉시 출항했다. 정오가 되자 36척의 전열함 모두 항구를 벗어날 수 있었다. 오후 2시 30분에 선두에서 항해하고 있던 프리깃 함들이 프랑스함대를 발견했으며, 해가 지기 직전에는 주력함대의 돛대까지 볼 수 있었다. 영국측은 밤새 북쪽으로 침로를 유지했고, 9일 새벽이 되자 도미니카와 정횡의 위치에 놓이게 되었지만, 바람이 잔잔하여 대부분 제자리에 머물고 있었다. 해안에 더 가까운 북쪽과 동쪽에서는 프랑스함대와 선단이 출현했다. 33척의 전열함 외에 소규모 함정들도 있었다. 선단은 150척으로 구성되었는데, 2척의 50문함이 그 선단을 특별히 책임지고 있었다. 육지와 가까운 곳에서 밤과 이른 아침에 여느 때처럼 불규칙적이고 변덕스러운 바람이 불어 이 수많은 함정들은 흩어지고 말았다.

1782년 4월 9일의 해전

15척의 전열함은 무역풍을 받으며 도미니카와 세인트 섬들 사이의 해협에서 풍상의 위치에 있었다. 나머지 전열함과 대부분의 선단은 바람이 불지 않아서 도미니카 근처에 여전히 남아 있었다(〈그림26〉, Position Ⅰ, b). 그러나 프랑스함정들은 점차 1척씩 육지 부근에서 불어오는 가벼운 바람을 받기 시작했다. 앞바다에 있는 영국함대에까지 미치지 않는 이 바람을 이용하여 프랑스함정들은 그 섬에서 빠져나와 계속 바람이 불어오는 해협 쪽으로 들어감으로써 해군력의 주요 요소라고 할 수 있는 기동력을 갖춘 주력함대의 세력을 증가시켰다. 동시에 남동쪽으로부터 가벼운 바람이 불어와 후드가 지휘하는 영국함대의 선두는 주력으로부터 분리되어 고립되어 있는 두 척의 프랑스함정 쪽(i)으로 갔다. 이 두 척의 함정은 밤 동안에 풍하 쪽에 남게 되어 영국함대를 움직이지 못하게 만들었던 바람이 없는 지역에 위치하게 되었다. 따라서 그들은 뱅뱅 돌기만 할 뿐 이동할 수가 없었다. 그들이 영국함정의 사정거리 안에 거의 놓이게 된 순간 북서쪽으로부터 가벼운 바람이 불어와 영국함대로부터 간신히 벗어날 수 있었으며, 나아가 해협에 있는 자국의 함대에 접근할 수도 있었다.

영국함대의 선두가 세인트 해협의 입구에 도착하여 무역풍을 받을 때까지 앞으로 전진할수록 바람이 점점 강해졌다. 드 그라스는 선단에게 과달루페로 들어가라는 신호를 보냈다. 그 명령에 잘 따른 선단은 오후 2시쯤에는 북쪽으로 사라져 완전히 볼 수 없게 되었고, 그 이후 모습을 드러내지 않았다. 풍하 쪽에 처져 있었다고 앞에서 설명했던 2척의 프랑스함정은 유리한 바람을 받고 있는 영국함대의 선두로부터의 위협에서 아직 벗어나지 못한 상태였다. 영국의 선두함정들이 주력부대의 중앙과 후위부대로부터 많이 떨어져 있게 되자, 드 그라스는 자신의 선두부대에 전투를 시작하라고 명령했다. 이 명령을 받은 선두부대와 그 밖의 함정 세 척이 명령에 복종함으로써 함정의

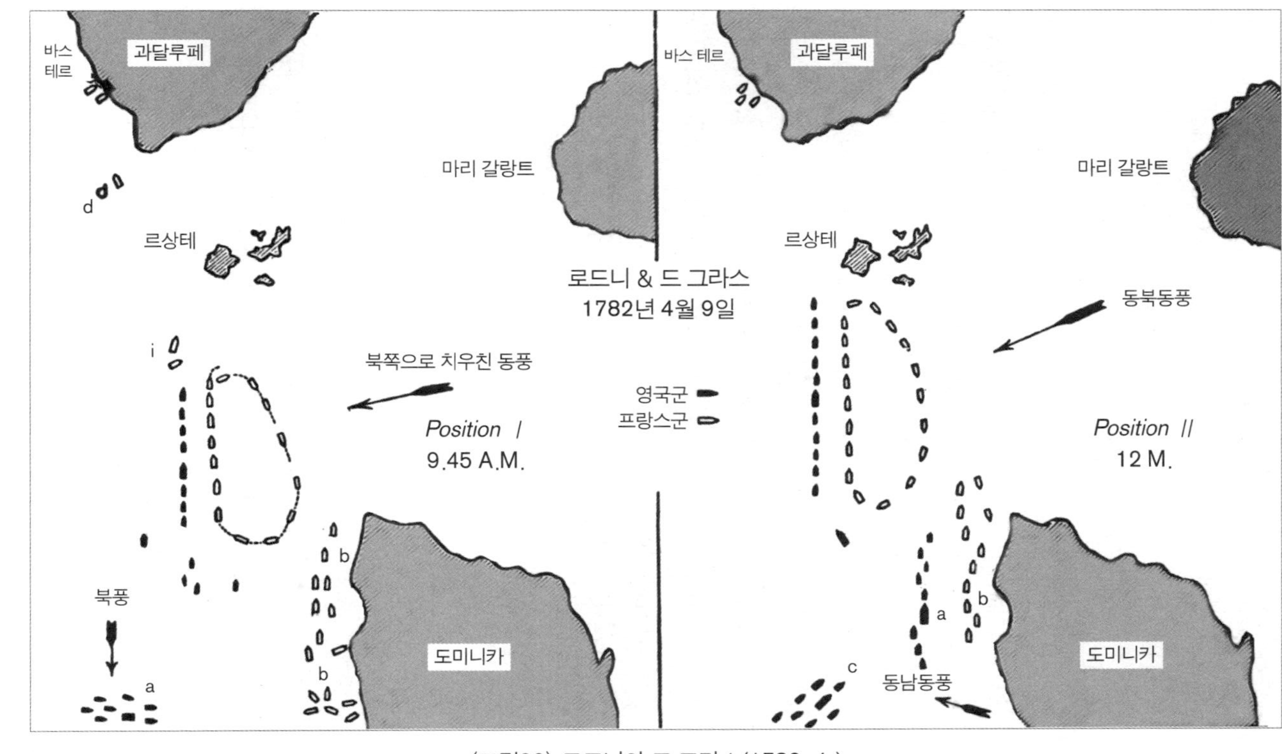

〈그림26〉 로드니와 드 그라스(1782. 4.)

수는 14~15척이 되었다. 오전 9시 30분에 시작된 전투는 이따금 중지하면서 오후 1시 15분까지 계속되었다. 후드는 주력함대와의 간격을 더 이상 벌리지 않도록 함정들에게 정지명령을 내리지 않을 수 없었다. 프랑스측은 항해를 계속하여 영국함대의 후미 쪽으로 접근하면서 사정거리의 반에 불과한 거리를 유지한 채 풍상 쪽으로 나아갔다(〈그림26〉, Position Ⅰ). 프랑스함대는 각 함정들이 영국함대의 선두함을 지나가게 되었기 때문에, 침로를 바꾸어 영국함정을 공격하기 위한 위치에 다시 이르게 될 때까지 남쪽으로 항해했던 것이다. 그들은 계속하여 영국함대의 풍상 쪽에 위치하면서 불규칙적인 타원형을 그리면서 기동했다. 8~9척의 영국함정에 대한 공격이 시작되었는데, 이 숫자는 불규칙한 바람이 불어옴에 따라 도미니카 근처의 잔잔한 해역으로부터 영국함정이 차례로 빠져나옴으로써 점점 늘어났다. 그러나 프랑스도 역시 비슷한 피해를 입었다. 이 접전이 벌어지는 동안, 로드니의 기함을 포함하여 8척(position Ⅰ, a)으로 구성된 영국의 중위전대의 일부는 주의 깊게 관찰한 덕분에 육상과 해상의 바람이 부딪힘으로써 생기는 잔잔한 바람을 느낄 수 있었다. 그 위치에서는 그러한 바람을 앞에서보다 더 빨리 느낄 수 있었다. 오전 11시경에 그 바람이 불어오자마자 그들은 북쪽으로 향했고, 이제는 영국의 선두부대와 그것을 공격하는 부대가 모두 풍상 쪽 뒤쪽에서 불어오는 바람을 받게 되었다(position Ⅱ, a). 이것을 보고 영국의 선두부대를 공격하던 프랑스함정들은 침로를 바꾸어 당분간 전투를 포기하고, 자국의 중앙부대와 합류하기 위해 남쪽으로 향했다. 이러한 행동을 취한 것은 로드니가 이끄는 8척의 영국함정이 그들 사이에 놓이게 되는 것을 막기 위해서였다. 11시 30분에 대부분의 프랑스함대는 육지에서 벗어나게 되었으므로 다시 우현으로 돛을 편 채 전열을 형성했는데,

반면에 영국의 후미는 여전히 무풍지대에 놓여 있었다. 프랑스함정들의 수가 많았기 때문에 영국 전열의 길이를 따라 남북으로 늘어설 수 있었던 반면, 영국의 전열은 선두와 중앙부대 사이에 커다란 틈을 두게 되었다(position Ⅱ). 그러므로 후드에 대한 공격이 맹렬하게 재개되었다. 그러나 프랑스함대의 중앙과 후위부대(b)는 바람을 받고 있어서 거리를 유지할 수 있었으며, 로드니가 이끄는 분대와 상당한 거리를 유지했다. 1시 15분에 프랑스함대는 영국의 전열 전체가 바람을 받기 시작한 것을 알고 포격을 중단했다. 로드니는 2시에 적이 철수했으므로 전투 신호기를 내렸다.

이 해전에 대한 비판

4월 9일의 이 전투는 실제로 함포전에 불과했다. 프랑스의 64문함 카통*Caton* 호가 피해를 입었으므로 과달루페로 보내졌으며, 두 척의 영국함정이 기동불능 상태가 되었지만 함대에서 벗어나지 않은 채 피해받은 곳을 수리할 수 있었다. 그러므로 물질적인 피해로 볼 때, 영국측이 승리했다. 드 그라스 백작이 이 날 사용한 전략에 대해서는 의견이 갈라지고 있는데, 그 차이는 이면작전이나 적 함대를 격파할 기회가 제독의 행동을 결정하는가의 원칙에 대한 이견이다. 이 경우의 진상은 다음과 같았다. 후미의 모든 함정과 중앙부대의 4척을 포함한 16척의 영국함정(position Ⅱ, c)은 전혀 사격을 할 수 없었다. 모든 프랑스함정은 전열의 처음부터 마지막까지 전투에 참여할 수 있는 위치에 있었다. 전투가 시작되었을 때에는 8~9척의 영국함정이 15척의 프랑스함정을 맞아 싸웠다. 그러나 전투가 끝날 무렵에는 프랑스의 33척에 비해 영국측 함정은 20척만이 전투에 참여할 수 있었는데, 이 상태는 4시간 내내 계속되었다. 그러므로 드 그라스는 적어도 수적으로는 자신의 함대보다 우세한 함대의 존재를 발견했지만, 신의 은총으로 인해 그 함대가 분리되어 거의 절반의 함정이 전투에 참여할 수 없게 된 것을 알게 되었다. 그는 바람의 방향 면에서도 유리했고, 휘하에 훌륭한 함장들을 두고 있었다. 그가 15척의 함정으로 후드의 9척의 함정을 공격하지 않은 것은 무엇 때문이었을까? 그 9척의 함정이 철저하게 격파되었더라면, 그 이후 로드니의 행동은 좌절되었을 것임에 틀림없다. 프랑스측은 3일 후 패배하면서 5척의 함정을 잃었다. 그러나 그 이후에 열린 군법회의는 프랑스 해군에 대한 교훈을 다음과 같이 정의하고 있다. "우리 함대의 일부만을 갖고 교전을 계속할 것인가를 결정하는 것은 전투의 이면계획을 염두에 둔 제독의 신중한 행위로 생각되어야만 한다." 이에 따라 프랑스의 한 전문가는 만약 공격이 결정된다면 병력에 효율성이 나타나도록, 그리고 각 함정이 더 적은 피해를 입도록 신중해야 한다, 그렇지 않으면 결국에는 돛대를 잃음으로써 풍상 쪽으로 돌아오지 못하게 된 함정을 일일이 지원해야 하는 사태가 발생하게 될 것이라고 표현했다.

재추격과 프랑스의 함정 사고

드 그라스에게는 대단히 유리한 상황에서 영국함대를 공격할 기회가 1년에 세 번이나 있었다.[194] 하지만 이제 그의 운은 다했다. 전투의 이면계획이 한 전투와 몇 척의 함정 손실에 의해 얼마나 결정적으로 영향을 받는지는 3일 후에 나타나게 된다. 9일부터 12일 아침까지 프

194) 1781년 4월에 18척을 보유한 영국에 비해 그는 24척, 1782년 1월에는 22척에 비해 30척을 보유했으며, 그리고 1782년 4월에도 20척에 비해 30척을 보유했다.

랑스함대는 무질서한 대형으로 풍상 쪽에서 세인트와 도미니카 사이를 계속 항해하고 있었다. 9일 밤에 영국측은 함정을 수리하기 위해 정지해 있었다. 그 다음날 추격이 재개되었지만, 프랑스함대가 추격자들보다 훨씬 앞서 나아가고 있었다. 10일 밤에 야송*Jason* 호와 젤레 *Zélé* 호가 충돌하는 사고가 발생했다. 후자는 당시 프랑스함대의 골칫덩어리였다. 그 함정은 9일 전투 때 적에게 나포될 뻔한 함정들 중 한 척이었고, 또한 마지막 재난의 원인이기도 했다. 야송 호는 피해 때문에 과달루페로 돌아가지 않을 수 없었다. 11일에 주력함대가 세인트 섬의 풍상 쪽에 있었지만, 젤레 호와 다른 한 척이 풍하 쪽으로 너무 뒤처져 있어서 드 그라스는 그들을 지원하기 위해 행동을 같이 했고, 이 때문에 얻었던 기반을 많이 잃었다. 그날 밤 젤레 호는 다시 충돌했는데, 이번에는 드 그라스의 기함이 상대였다. 기함은 몇 개의 돛을 잃었고 당시 항로상의 위치로 보아 완전한 잘못의 책임이 있던 전자는 앞돛대와 제1사장을 잃었다. 제독은 프리깃 함이었던 아스트레*Astrée* 호에 신호를 보내어 젤레 호를 예인하게 했다. 여기에서 잠시 유명하지만 비극적인 이야기를 소개하려고 한다. 아스트레 호의 함장은 운이 나쁜 탐험가였던 라페이루즈였는데, 그가 두 척의 함정과 그 함정에 탄 모든 승무원들과 함께 사라져버린 일은 오랫동안 풀리지 않은 수수께끼로 남아 있었다. 프리깃 함이었던 그 배가 젤레 호를 예인하여 항해에 나서는 데는 2시간이 소비되었는데, 그 당시의 기상과 긴급한 상황을 고려할 때 그것은 별로 능숙하게 이루어진 작업은 아니었다. 그러나 오전 5시까지 그 두 척의 함정은 카통 호와 야송 호, 그리고 선단들이 이미 도착해 있던 바스 테르를 향하여 항해하는 중이었다. 이리하여 프랑스함대는 마르티니크를 출항한 후 3척의 전열함이 전열에서 이탈했다.

세인트 해전(1782년 4월 12일)

그 기동 불능으로 예인된 함정이 바스 테르를 향하여 항해한 지 얼마 되지 않아서 4월 12일을 알리는 동이 텄다. 그날은 해군 연대기에서 이중으로 기념할 만한 날이다. 실론 앞바다에서 격렬한 전투를 벌인 후 지친 상태로 정박 중이던 휴즈와 쉬프랑의 전대에는 해가 비치지 않았었지만, 로드니와 드 그라스가 전투를 시작할 때에는 햇살이 빛나고 있었다.[195] 로드니와 드 그라스가 벌인 그 당시의 전투는 한 세기 동안 치른 해전 중 가장 큰 결과를 가져왔다. 그 전투는 비록 결전이 되지는 못했지만 일련의 사건에 매우 큰 영향을 주었다. 그 전투는 약간 인위적이고 이상한 상황에서 전개되었는데, 특히 그 당시에는 대단히 대담하고 결정적인 것으로 보였던 "적 전열의 돌파"라는 기동을 한 것으로 유명하다. 이러한 기동에 대해 대단한 논쟁을 불러일으킨 해전이라는 점도 덧붙여둘 만하다. 자세한 상황을 알려주는 믿을 만한 목격자들의 진술이 많지만, 주로 풍향의 불확실성 때문에 대단히 혼란스럽고 모순되는 내용이 많다. 그러므로 지금 그 내용을 최대한으로 정리하는 것 이상의 작업은 불가능하지만 그 해전의 중요한 모습들은 아주 정확하게 묘사할 수 있는데, 바로 여기에서 처음으로 간단하게나마 소개하려고 한다. 큰 사건에 걸맞는 색깔과 생명력을 주는 상세한 내용은 나중에 여기에서 소개되는 개요에 덧붙여질 수 있을 것이다.

오전 2시에 어디론가 가버렸던 영국함대는 새벽녘(5시 30분 경)[196]

195) 트링코말리에서 세인트까지의 시간 차이는 9시간 반이었다.

196) 4월 9일부터 12일까지 활동에 대한 설명은 주로 그 당시의 매슈스 대위의 삽화와 묘사, 그리고 역시 영국의 해군으로서 훨씬 나중에 출간된 토머스 화이트Thomas White 함

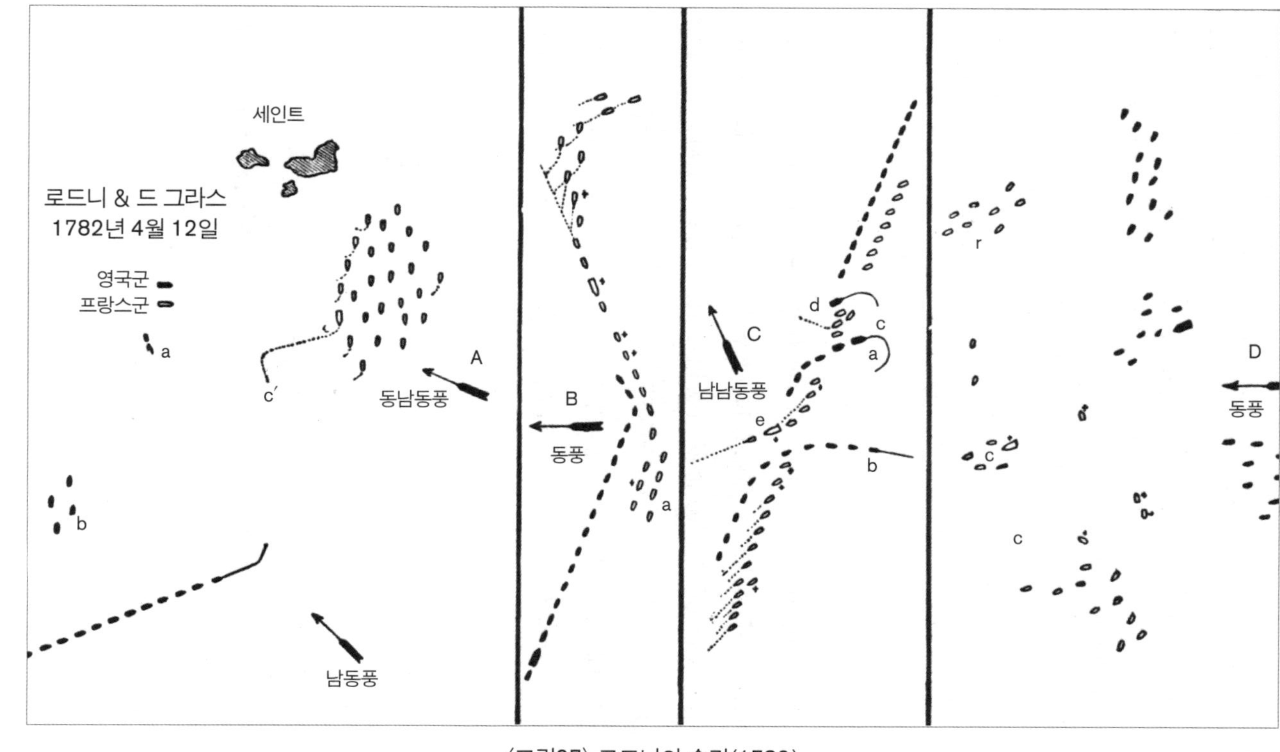

〈그림27〉 로드니의 승리(1782)

에 보통 그 시간에 부는 남풍보다 더 강한 남동풍[197]을 받으며 우현으로 돛을 편 채 나타났다(〈그림27〉, A). 그 함대는 당시 북북동쪽에 있는 세인트로부터 15마일, 그리고 북동쪽에 있는 프랑스함대로부터 10마일 떨어진 거리에 있었다. 프랑스함대는 밤중에 일어난 충돌사건 때문에 상당히 분산되어 있었다. 따라서 동쪽 선두에 있는 함정과 후미에 있는 함정 사이의 거리는 8~10마일 정도였다.[198] 그리고 기함 빌 드 파리 호는 후미에 속해 있었다. 젤레 호에 대한 염려 때문에 프랑스의 드 그라스 제독은 다른 함정들과 함께 돛을 짧게 한 채 좌현으로 돛을 펴고 남쪽을 향하고 있었다(A). 영국함대는 바람을 받으며 우현으로 돛을 펴고 동북동쪽을 향했는데, 날이 밝아 시야가 좋아지자마자 프랑스 함대를 발견했다. 그 당시 프랑스 함대의 상황은 "풍하 쪽에 넓게 분산되어 있었고, 드 그라스의 함정들 중 한 척(젤레 호)이 함수 갑판을 가로질러 돛대들을 쓰러뜨린 채 프리깃 함에 의해 예인되는 중"이었다. 프랑스함대를 더욱 더 풍하 쪽으로 끌어내기 위해 로드니는 젤레 호를 추격하도록 4척의 함정(b)을 파견했다. 드 그라스는 이것을 보자마자 로드니가 바라던 대로 자신의 함대에 피하라는 신호를(c) 보내는 동시에 풍상 쪽으로 전열을 형성하라는 신호를 보냈다. 영국함대의 전열 또한 신속히 형성되었으며, 추격하던 함정

장의 *Naval Researches*에 주로 의존하고 있다. 그들은 모두 목격자였으며, 두 가지 내용 모두 프랑스와 영국의 다른 진술들에 의해 검증을 받았다. 매슈스와 화이트는 새벽녘에 있었던 영국의 침로 변경에 대한 로드니의 보고서와 의견을 달리하고 있다. 그러나 로드니의 보고서는 전투가 끝난 직후에 찰스 더글라스 경Sir Charles Douglas에게 보낸 개인적인 편지에 의해 인증되고 있으므로 이 책에서는 이것을 따르고 있다.

197) 로드니의 참모장이었던 찰스 더글라스에게 보낸 편지. *United Service Journal*, 1833, Part I, p. 515.

198) 드 그라스는 선두와 후미와의 거리를 3리그로 본 반면, 그 함장들 중 몇 명은 그것을 5리그 정도의 거리로 판단했다.

들도 오전 7시에 소환되었다. 드 그라스는 현재의 침로를 유지한다면 풍상의 이점을 모두 잃어버리게 된다는 사실을 알게 되자 좌현 쪽으로 방향을 바꾸었다(c′). 바람 방향이 그에게 유리한 동남동풍과 동풍으로 바뀌자 영국함대의 속도가 느려졌으며, 양측 함대가 바람의 이점을 얻기 위해 서로 반대로 돛을 펴고 경쟁을 벌이다 결국에는 비슷한 상황이 되어버리고 말았다. 그러나 항해술——그 항해술 때문에 그 전날에 영국측이 차지했던 풍상 쪽으로 접근할 수 있었다——의 우세 덕분에 이기게 되었다. 만약 젤레 호에 대한 염려만 없었더라면 영국함대를 깨끗이 이길 수 있었을 것이다(〈그림27〉, B). 프랑스의 선두함들은 양 함대의 침로가 서로 만나는 지점에 먼저 도착하여 통과했으며, 반면에 영국의 선두함이었던 말버러*Marlborough* 호는 프랑스 전열의 6번함과 10번함(여기에 대해서는 여러 가지 의견이 많다) 사이를 돌파했다. 물론 전투는 이때 시작되었는데, 프랑스 전열의 9번째 함이었던 브라브*Brave* 호가 7시 40분에 말버러 호에 대해 함포사격을 시작했다. 프랑스의 전열을 돌파할 의도가 없었기 때문에, 영국의 선두함은 로드니가 보낸 신호에 따라 도피하여 적의 후미 쪽으로 항해했고, 모든 함정들이 그 뒤를 따랐다. 이리하여 양국 함대는 서로 반대편으로 돛을 편 상태에서 통상적인 전투를 했지만, 결정적인 전투가 되지는 않았다. 그러나 바람이 약하여 함정들이 3~4노트의 속도로 "미끄러지듯이" 서로를 지나쳤기 때문에 이러한 상황에서 보통 행해지는 것보다 훨씬 치열한 교전이 전개되었다. 양국의 전열이 교차점 남쪽에서 다시 갈라지게 되었을 때, 드 그라스는 함대에 남남서 방향으로 4포인트 피하라고 신호를 보냈다. 이렇게 함으로써 그의 선두(B, a)가 영국의 후미와 전투를 벌이게 된 한편, 영국의 후미함정은 프랑스의 선두부대에 타격을 줄 수 없었다.

로드니의 프랑스 전열 돌파

그러나 프랑스함대가 계속 항로를 유지한다면, 두 가지의 위험한 요소가 나타날 수 있었다. 하나는 함대의 방향이 남쪽이나 남남서쪽을 향하고 있었기 때문에 그대로 가면 도미니카 북단 주변의 무풍지대로 들어갈 수밖에 없었다는 점이었다. 다른 하나는 불확실한 풍향 때문에 적이 남쪽으로 방향을 바꾸면 프랑스함대의 전열을 통과하여 풍상의 위치를 차지할 수 있었다는 점이었다. 그렇게 된다면 프랑스함대가 피하고자 했던 결정적인 전투를 하게 될 가능성이 있었다. 이러한 일은 실제로 발생했다. 드 그라스는 오전 8시 30분에 일제히 회전하여 영국함대와 같은 방향으로 움직이라는 신호를 보냈지만 불가능했다. 두 함대가 너무나 가깝게 있었기 때문에 그렇게 기동할 수 없었던 것이다. 그러자 그는 다시 풍상 쪽으로 가까이 접근하여 일렬로 움직이도록 신호를 보냈는데, 그것마저 역시 실시되지 못했다. 그리고 9시 5분에 그들이 두려워했던 위기를 맞게 되었다. 바람이 남풍으로 바뀌어 아직 영국함대로부터 멀리 떨어지지 못한 상태에서 프랑스함대는 속력을 늦추어버렸다. 모든 영국함정이 그들의 풍하 쪽에 위치하게 된 것이다(〈그림27〉, C). 포미더블*Formidable* 호에 있던 로드니는 이때 드 그라스의 기함으로부터 뒤쪽으로 네 번째에 있는 함정을 따라잡았다. 바람 방향이 다시 바뀜에 따라 로드니는 프랑스함대의 전열을 통과하게 되었는데, 그 뒤를 5척의 함정이 뒤따르고 있었다(C, a). 그리고 거의 같은 순간에 그의 뒤를 따르던 여섯 번째 함(C, b)이 모든 후미의 함정들을 이끌고 로드니 옆에 생긴 빈 공간을 통과했다. 이리하여 프랑스의 전열은 바로 옆에 있는 것 같은 가까운 거리에서 영국함대의 종렬진이 통과함에 따라 두 곳에서 돌파되고 말았다. 그러므로 프랑스함대는 전열이 상호지원과 각 함정의 포격을 방해하지 않도록 구성되어야 한다는 원칙을 이탈할 수밖에 없었다. 반면에 영국함대는 그 원칙에 충실했다. 프랑스함대는 영국의 복종렬진 사이에 끼이게 되었으므로 전열을 돌파당한 상태에서 풍하 쪽으로 가지 않을 수 없었다. 따라서 이러한 상태에서 기존의 전열을 포기하고 그 대신 나뉘어져 있는 세 무리의 함정을 하나로 통일할 수 있는 새로운 전열을 형성할 필요가 있었다. 그러나 전열의 새로운 구성은 일반적으로 대단히 어려운 일인데, 하물며 사기가 떨어지고 또한 우세한 적——적 함대도 역시 전열을 제대로 형성하고 있지는 않지만, 훨씬 나은 상황에 있어 벌써 승리감을 느끼고 있었다——을 앞에 둔 상황에서는 그 어려움이 두 배로 가중될 수밖에 없었다.

프랑스 사령관과 전열함 5척의 항복

프랑스측이 전열을 다시 형성하려고 시도했다는 어떠한 증거도 없다. 재집결하기는 했지만, 허둥지둥 도피하는 무질서한 한 무리일 뿐이었다. 바람 방향이 자주 변하고 전대들이 이동함에 따라 프랑스함대는 정오가 되자(〈그림27〉, D), 중앙전대(c)가 선두전대(v)의 풍하 쪽으로 북서 2마일 지점에, 그리고 후미전대(r)가 중앙전대로부터 풍하 쪽으로 더 멀리 위치하게 되었다. 양쪽 함대에 모두 바람이 아주 없거나 약하게 불어왔다. 오후 1시 30분에 동쪽으로부터 약한 바람이 불어오자, 드 그라스는 다시 좌현으로 돛을 펴고 전열을 형성하라는 신호를 보냈다. 신호에 따라 휘하의 함정들이 전열을 형성하는 데 실패하자, 그는 3시와 4시 사이에 우현 쪽으로 돛을 펴고 전열을 형성하라는 신호를 다시 보냈다. 두 가지의 신호와 전반적인 흐름으로 볼 때 프랑스함대가 깨어진 전열을 다시 형성할 시간을 갖지 못했다는 것, 그리고 모든 기동들이 불가피한 것은 아니었지만 대부분 풍하 쪽으로 떠밀려갔다는 것(D)을 알 수 있다. 그러한 기동에서 가장 큰 피해를 입은 함정들은 뒤쪽으로 처질 수밖에 없는데, 이 함정들은 1척씩 차례로 영국함대에 나포되었다. 영국측은 정식 명령이 없이도 상호지원이 잘 되었기 때문에 프랑스의 피해 함정들을 추격했다. 오후 6시가 지난 직후에 드 그라스의 기함이었던 빌 드 파리 호는 새뮤얼 후드 경의 기함이었던 바플레 호에게 깃발을 내리고 항복했다. 프랑스측의 설명에 의하면, 그 기함은 그 당시 9척의 함정에 의해 포위되어 있었기 때문에 싸우다가 비참한 최후를 맞을 수밖에 없었다. 프랑스 국왕에 의해 대도시의 이름을 따 명명된 크기가 대단히 큰 배였을 뿐만 아니라 이전에는 한 번도 프랑스 함대사령관이 전투에서 포로가 된 적이 없었다는 사실 덕분에 로드니의 승리는 아주 빛났다. 다른 4척의 함정도 역시 나포되었는데,[199] 이 함정들에는 자메이카를 공략할 때 사용하기 위한 대포들이 실려 있었다.

해전의 세부 내용

4월 12일에 일어난 세인트 해전의 두드러진 특징은 위와 같았는데, 프랑스에서는 이 해전이 도미니카 해전으로 알려져 있다. 이제는 명확한 설명을 위해 생략했던 사건에 영향을 준 요인들에 대해서 알아볼 때가 되었다. 날이 밝았을 때, 프랑스함대는 크게 분산되어 있었고 또한 진형도 갖추지 못한 무질서 상태였다.[200] 드 그라스는 젤레 호

---

199) 나포된 프랑스함정들의 위치는 세 번의 연속적인 전투단계인 B, C, D에 십자가로 표시되어 있다.

200) 전열을 형성하라는 신호가 내려졌을 때, 가장 앞에 있던 함정들과 프랑스의 기함

에 대한 걱정 때문에 함대의 기동을 서둘렀으므로 전투가 벌어진 순간에 프랑스함대는 전열을 구성하지 못하고 있었다. 선두함정들은 제자리에 있지 못했고(B, a) 또한 나머지 함정들도 자신들의 위치로부터 너무 멀리 떨어져 있었기 때문에, 후미부대를 지휘하여 마지막으로 전투에 합류한 드 보드레이는 전열이 적의 소총사격권 안에 형성되어 있었다고 말했다. 이와는 반대로 영국은 질서정연하게 전열을 유지하고 있었고, 유일하게 바뀐 점은 함정들 사이의 간격을 1400피트에서 700피트로 줄인 것뿐이었다. 프랑스의 전열을 기분좋게 돌파한 것은 미리 의도했던 것이 아니라 풍향의 변화에 따라 프랑스의 함정들이 무질서해져서 함정들 사이의 간격이 더욱 더 벌어졌기 때문에 가능했다. 한편 로드니가 이끄는 함정들이 통과한 틈은 북쪽에 있던 디아뎀*Diadème* 호가 뒤로 밀리면서 다른 쪽으로 방향을 잡게 되어 더욱 더 벌어지게 되었다(C, c). 찰스 더글러스 경은 기함이 돌파한 곳에서의 즉각적인 효과는 "가장 가까이에 있던 적함 4척을 북쪽에 c라고 표시되어 있는 지점으로 몰아넣고, 그 뒤를 따라 접근한 것이었다. 이제 단 하나의 대규모 사격목표가 된 이 불운의 함정들은 한꺼번에 듀크*Duke* 호, 나무르*Namur* 호, 그리고 90문함이었던 포미더블 호로부터 현측사격을 받았는데 빗나간 것이 하나도 없었다"고 말했다. 기함의 바로 앞쪽에서 항해하고 있던 듀크 호(C, d)는 프랑스 전열의 풍하 쪽에서 선두함을 따라 항해하는 중이었다. 그러나 그 함정의 함장은 포미더블 호가 적의 전열을 통과하는 것을 보자마자 자신도 그것을 본받아 프랑스 전열 중 혼란에 싸인 북쪽을 지나 양현측에서 공격할 수 있는 위치에 왔다. 그때 공격을 받던 프랑스함정들 중 한 척

빌 드 파리 호의 거리는 대략 6~9마일 사이였다.

이었던 마냐님*Magnanime* 호의 항해일지에는 양쪽에 한 척씩 2척의 3층 갑판을 가진 영국함정으로부터 사격을 받았다고 기록되어 있다.

이리하여 전열이 파괴되자마자, 로드니는 전열을 유지하라는 신호깃발을 내리고 근접전을 하라는 신호기만을 올리고서 동시에 이제 막 적 후미의 북쪽을 지나온 선두전대에게는 중앙전대로 접근하여 재합류하라고 명령했다. 적진을 돌파할 때 입은 돛과 돛대의 피해 때문에 이 명령을 이행하는 데에는 많은 시간이 걸렸다. 로드니의 기함과 그와 함께 있던 함정들은 진로를 바꾸었다. 후드의 지휘를 받고 있던 후미는 중앙전대와 합류하기 위해 다시 북쪽으로 가는 대신에 잠시 바람을 받으며 정지해 있다가 함대의 나머지 함정들로부터 상당히 떨어진 거리에서 무풍지대에 들게 되었다.

로드니의 기동 효과에 대한 분석

적의 전열을 돌파한 로드니의 지혜로운 행동에 대해 의견이 분분했지만, 대부분이 그의 행동을 두둔했다. 하지만 찰스 더글러스 경의 아들이었던 로드니의 참모장은 다음과 같은 점에 대해 상당히 긍정적인 증거를 제출했다. 그 증거는 결과에 대해 전적으로 책임을 지고 있는 사람에 대한 믿음을 상당히 감소시키는 것이었는데, 이러한 행동은 더글러스의 제안을 로드니가 어렵게 승낙함으로써 가능하게 되었다. 그러한 기동의 가치는 어떠한 개인적인 명성의 문제보다 훨씬 더 중요했다. 그러한 행위가 칭찬을 받을 만한 것이 아니며 로드니가 그러한 행동을 하게 된 것도 스스로 선택한 것이 아니라 주변상황 때문에 어쩔 수 없었다고 주장하는 사람들도 있기는 하다. 이 사람들은 프랑스함대 후미의 풍하 쪽에서 계속 항해를 하여 프랑스의 후미부대에 영국 전열 전체의 사격을 가하고, 다시 침로를 바꾸어 프랑스의 후미를 이중으로 공격하는 편이 더 나았을 것이라고 주장한다. 이러한 주장은 접전 이후에 변침하거나 회전하는 것이 전투에 참가한 함정들의 일부에서만 가능하다는 것, 그리고 적이 매우 심각한 피해를 입지 않은 한 이미 지나쳐버린 적을 따라잡는 것이 아주 어렵다는 사실을 간과한 데에서 비롯된 것이다. 그러므로 어션트 해전의 틀림없는 재판이라고 할 수 있는 이러한 공격은 함대끼리 서로 반대편 방향을 향하여 지나칠 때 적 전열의 일부에 사격을 집중시키지 못하고 전열 전체에 골고루 분배하는 결과를 초래한다. 로드니의 침로 변경은 프랑스의 후미함정 11척(D, r)으로 하여금 적으로부터 부분적인 사격만 받으면서 풍하 쪽으로 나아가게 만든 반면에, 영국의 선두전대가 프랑스함대 전체의 사격을 받도록 만들었다. 그러나 이 함정들은 풍하 쪽으로 밀려남에 따라 아주 중요한 순간에 전투현장으로부터 완전히 벗어나게 되었고, 너무나 위치를 이탈했기 때문에 자국 함대를 도와줄 수 없었는데, 이것은 드 그라스의 선두함정 3척이 후드 분대에 의해 이미 분산되어 있었기 때문이다. 프랑스의 선두에 있던 13척의 함정은 자신들이 마지막으로 받은 신호를 따르면서 바람을 안고 항해했다. 드 그라스와 함께 있던 6척의 함정(C, e)도 역시 후드의 분대에 의해 선두가 분리되지 않았더라면 같은 행동을 취했을 것이다. 그러므로 로드니 자신의 독자적인 행동의 결과로 프랑스함대를 두 부분으로 분리하여 서로 6마일이나 떨어진 거리에 위치하게 했으며, 그 두 부분 중 한쪽은 지나치게 풍하 쪽에 있게 되었다. 바람 때문에 유리해진 영국함대는 프랑스의 풍하 쪽에 있던 함정 11척을 쉽게 "억제할 수 있었고", 압도적인 병력으로 풍상 쪽에 있던 19척의 함정을 포위할 수 있는 곳에 위치할 수 있었을 것이다. 그러나 실제 상황은 전열에 두 개의 가지가 생김으로써 약간 달라졌다. 드 그라스와 행동을 같이 한 6척의 함정은 풍상측 분대로부터 2마일 거리에, 그리고 풍하 쪽 분대로부터 4마일 거리(D)에 위치함으로써 양 분대 사이에 놓여 있었다. 그러한 상황에서는 프랑스함대의 전체에 퍼져 있는 혼란에 따른 사기의 효과를 제외한다면 영국측에게 전술적 이점이 별로 없었던 것처럼 보인다. 여기에 덧붙여 가장 중요한 교훈은 전열을 통과할 때 영국 함포의 효력에서 찾아볼 수 있다. 나포된 5척의 함정 가운데 3척은 후미에 명중되었다.[201] 같은 조건하에서 각 함정들이 앞뒤에 있는 함정들을 지원하고 또한 적의 전열과 평행으로 나아가면서 사격을 주고받는 대신, 전열을 영국함정에 의해 돌파당한 부근에 있던 프랑스 함정들은 모든 적함으로부터 연속적인 사격을 받았다. 이리하여 후드가 지휘하는 13척의 함정들은 프랑스 선두전대의 후미에 있던 세자르 호와 엑토르*Hector* 호에 사격을 집중시켜 상당한 피해를 입혔다. 같은 방식으로 로드니가 이끄는 6척의 함정도 글로리외*Glorieux* 호를 지나가면서 사격하여 같은 결과를 가져왔다. 이렇게 "종렬진으로 기동하면서 사격을 집중하는 것"은 전열의 측면에 포격을 집중하는 것과 거의 같은 결과를 초래했는데, 이것은 특별한 관심의 대상이 되었다. 왜냐하면 성공적으로 이루어지기만 하면 더할 수 없이 강력한 공격이 되기 때문이었다. 자신들의 유리한 상황을 재빨리 포착하기만 했더라면, 영국측은 실제로 포미더블 호가 그랬던 것처럼 적전열의 틈새

---

201) 나포된 프랑스함정 중 나머지 2척은 빌 드 파리 호와 아르당Ardent 호였다. 전자는 고립된 상황에서 함대사령관의 깃발을 게양하고 있었기 때문에 적 함정들이 주변에 몰려들어 사냥감이 되었고, 후자는 64문함으로서 선두에서 최대속력으로 사령관이 승함한 기함 부근으로 대담하게 접근하려고 시도했다가 나포된 것처럼 보인다. 후자는 1779년 영국해협에서 동맹국인 스페인의 무적함대에 의해 나포되었던 바로 그 함정이었다.

를 통과하면서 양현측 사격을 했을지도 모른다. 그러나 그들은 우현쪽 함포만을 사용했으며, 많은 사람들이 자신들에게 주어졌던 기회를 너무 늦게서야 비로소 깨달았음에 틀림없다. 그러므로 로드니의 행동이 가져온 당연한 결과는 공격력을 가지고 바람을 이용한 점, 적의 전열의 일부에 대한 사격집중, 적에게 실제로 대단히 컸던 혼란을 일으켜 그들을 분리시켜 더 전술적으로 유리한 상황을 도입했다는 점이었다. 프랑스함대가 좀더 신속했더라면 그들이 좀더 빨리 집결할 수 있었을 것이라고 말하는 것은 별로 타당하지 않다. 좋은 기회를 제공하는 기동이 적의 즉각적인 기동에 접하게 되었다고 해서 그 장점을 잃는 것은 아니다. 이것은 마치 검을 찌를 때 적절하게 피한다고 해서 그 가치가 없어지지는 않는 것과 같다. 선두함정이 항해하고 있을 때 후미함정들이 침로를 바꾸었기 때문에 프랑스함대는 더 심하게 분리될 수 있었다. 그러나 그들의 움직임은 기민했다. 그 함대를 보다 잘 운용했다면, 두 부분으로 나뉘어진 프랑스함대가 했던 것보다 더 빨리 하나로 합칠 수는 있었을 것이다. 프랑스함대가 취했더라면 좋았을 다른 행동이 제시되고 있는데, 그것은 적의 후미를 통과한 다음에 침로를 바꾸어 적의 후미전대를 추격했으면 어떨까 하는 것이다. 그렇게 되었으면 똑같은 입장에서 전투를 하게 된 양국 함대는 아마도 비슷한 피해를 입었을 것이다. 실제로 양쪽 함대에는 실행할 수 없는 신호기들이 수없이 많이 오르내렸다.

해군 장비의 개선에 따른 전술적 결실

두 함대 사이에는 전술적인 운용과는 별도로 전술적인 이점을 제공한, 언급할 가치가 있는 장비 면에서의 차이도 있었다. 프랑스함정들은 상태가 더 나았고, 동급의 영국함정과 비교해볼 때 중무장을 하고 있었다. 활동적이고 타고난 천재성을 지닌 유명한 찰스 더글러스는 포술에 대해 특별한 관심을 가지고 있었다. 그는 함포 분야에서 33척의 프랑스함정이 36척의 영국함정에 비해 84문함 4척만큼 우세했을 뿐만 아니라 젤레 호, 야송 호, 카통 호를 잃은 후에도 74문함 2척만큼 우세했다고 평가했다. 프랑스의 라 그라비에르La Gravière 제독은 이 무렵에 프랑스의 함포가 영국보다 전반적으로 중포였음을 인정하고 있다. 조선술과 크기의 우세가 프랑스함정으로 하여금 항해와 전술 면에서 앞서나갈 수 있게 해준 것이다. 따라서 드 그라스가 풍상 쪽으로 갈 수 있었던 이유 중 일부는 이러한 점들에 힘입은 바 크다고 할 수 있다. 왜냐하면 9일에는 함포의 사정거리 안에 있었지만, 11일 오후에는 영국 기함의 마스트에서 프랑스함대의 3~4척만을 겨우 볼 수 있는 거리로 멀어질 수 있었기 때문이다. 드 그라스를 유리한 위치로부터 끌어내어 로드니로 하여금 목적을 달성할 수 있도록 해준 것은 불운한 젤레 호와 마냐님 호의 서투른 행동 때문이었다. 프랑스함대가 하나의 무리로서 더 빠른 속력을 냈다고 말하기는 어렵다. 왜냐하면 프랑스함정들이 일반적으로 전열을 잘 유지하기는 했지만, 영국만큼 선저를 동판으로 입히는 작업이 일반화되어 있지 않았던 탓에 함정 중 동판을 대지 않아 벌레에게 부식된 것이 몇 척 있었기 때문이다.[202] 비록 로드니가 9일에 일어난 전투 이후에 피해입은 함정을 수리하기 위해 잠시 머물러 있었던 것에서 부분적으로 비롯되기는 했지만, 영국 장교들은 프랑스의 항해술이 보다 훌륭했다

202) 드 보드레이 후작의 공식 편지. Guérin, *Histoire de la Marine Française*, vol. v, p. 513.

는 점을 인정했다. 그 해전을 설명하면서 프랑스함대가 계속하여 캐논 포 사정거리의 반 정도되는 지점에 있었다고 언급한 적이 있다. 이것은 영국측이 캐러네이드 포와 가벼운 대구경포를 많이 가지고 있었다는 전술적인 이점을 무력화시켰는데, 이러한 영국의 무기들은 근접전에서 대단한 위력을 발휘하지만, 원거리에서는 쓸모가 없었다. 그 공격작전을 위임받았던 부사령관 드 보드레이는 만약 자신이 캐러네이드 포의 사정거리 안에 들어섰더라면 자신이 이끄는 함정들이 돛이나 돛대를 즉시 잃었을 것이라고 말했다. 영국의 분대가 위치하고 있었던 상황에서 공격하지 않았던 판단이 어떠하든지 그 목적이 추격으로부터 벗어나기 위한 것이었다면, 9일에 있었던 그 부사령관의 전술은 모든 점에서 대단히 훌륭했다. 그는 자신의 함대를 최소한으로 노출시키면서 적에게 최대의 피해를 주었던 것이다. 12일에 드 그라스는 캐러네이드 포의 사정거리 안으로 들어감으로써 그의 모든 전략적 정책을 희생시켰을 뿐만 아니라 이러한 이점도 넘겨주고 말았다. 가볍기 때문에 쉽게 조종할 수 있고 또한 사정거리가 짧은 대구경포는 특히 근접전에서 위력적이며 원거리 포격에서는 거의 쓸모가 없다. 나중에 작성한 보고서에서 드 보드레이는 다음과 같이 기록했다. "이 새로운 무기들의 효력은 소총의 사정거리 안에 있을 때 가장 위력적이었다. 그리고 4월 12일의 전투에서 우리 함대에게 가장 큰 피해를 준 것도 바로 그것이었다." 또한 영국함정 중 최소한 몇 척에서는 또 다른 포의 기술혁신이 이루어져 있었는데, 그것들은 정확성과 발사율 그리고 사격범위가 증진됨으로써 포의 위력이 보강되었다. 이러한 기술혁신은 조준하는 사람이 포를 발사할 수 있게 만든 발사장치에 의해 가능했다. 또한 포가에 돌출부와 곡선부분을 설치하여 앞뒤로 훨씬 크게 움직일 수 있었기 때문에 보통보다 훨씬 더 넓은 범위를 사격할 수 있었다. 함대와는 상관없이 단일함 사이의 전투에서는 이러한 개선 덕분에 적이 응사할 틈을 주지 않은 채 조준할 수 있는 위치를 확보할 수 있게 되어 나타난 전술적 이점이 놀랄 만한 결과를 가져다준다는 것을 보여주었다. 함대 간 전투에서는 포를 앞쪽으로 옮겨다닐 수 있게 됨으로써 자신이 받을 수 있는 것보다 더 오래 더 많은 포격을 적에게 할 수 있게 되었고, 공격의 틈을 줄일 수 있게 되었다.[203] 이처럼 시대에 뒤떨어지고 이제는 낡은 것이 되어버린 전투방법은 결코 쓸모없는 것이 아니었다는 교훈을 주고 있는데, 그것은 다발식 후장총과 어뢰를 이용한 현대화된 공격경험과 결코 다르지 않다.

단기간 이루어진 해군 작전의 교훈

사실 1782년 4월 12일에 일어난 해전의 모든 과정은 군사적 교훈으로 가득 차 있다. 우리는 끈질긴 추격, 유리한 위치를 차지하는 것, 노력의 집중, 적 병력의 분산, 그리고 작지만 중요한 전쟁물자 개선이 가져다주는 효율적인 전술문제 등을 그 전투를 통해 생각해볼 수 있다. 적을 하나하나 격파할 기회를 놓치지 않아야 한다는 주장은 4월 9일의 해전이 4월 12일의 전투에 영향을 미쳤다는 사실을 확신하지 못한 데에서 비롯되었다. 프랑스함대를 물리친 다음에 자메이카에 대한 공격을 포기한 것은 이면의 목적을 달성하는 진정한 길이 자신들을 위협하는 세력을 격파하는 것임을 보여준다. 약간 미묘한 문제이기는 하지만, 이 사건의 완전한 교훈을 도출하는 데 반드시 필요한 비판 한 가지가 있을 수 있다. 그것은 승리에 뒤따르는 방법과 전반적

---

203) *United Service Journal*, 1834, Part II, pp. 109와 그 이후를 참조.

으로 전쟁에 미친 효과에 대한 비판이다.

로드니의 프랑스함대 추격 실패

범선은 돛대나 돛에 피해를 입기 쉽다는 것, 다시 말해서 해군력의 중요한 요소라고 할 수 있는 기동력에 피해를 입기 쉽다는 점 때문에 오랜 시간이 흐른 후에 어떤 일이 일어날 수도 일어나지 않을 수도 있었다고 말하기는 어렵다. 그것은 항해일지에 기록된 실제 피해뿐만 아니라 함정마다 다를 수 있는 보수 수단, 장병들의 정력과 자질의 문제이다. 그러나 4월 12일에 매우 활발하게 추격하여 얻은 이점을 활용한 영국함대의 능력에 대해 말하면, 우리는 두 명의 매우 뛰어난 인물을 들 수 있다. 한 명은 부사령관이었던 새뮤얼 후드 경이었고, 다른 한 명은 함장이자 사령관의 참모장이었던 찰스 더글러스였다. 후드는 20척의 함정들이 나포될 뻔했다는 의견을 가지고 그 다음날 로드니에게도 그렇게 말했다. 반면에 참모장은 실패와 자신의 제안을 받아들이는 사령관의 태도 때문에 자신의 직위를 사임하려고 진지하게 생각할 정도로 마음을 상한 적이 있었다.[204]

추격 실패의 원인과 실제 상황

충고하거나 비판하는 것은 쉽지만, 그 상황에 직접 놓여 있던 사람을 제외하고는 완전한 책임감을 느낄 수 있는 사람은 없다. 전쟁에서 어떤 모험이나 노력이 없이는 중요한 결과를 얻을 수 없다. 그러나 이

---

204) *United Service Journal*, 1834, Part II, p. 97에 실린 하워드 더글러스Howard Douglas의 편지를 보라. 또한 이 사람이 쓴 *Naval Evolutions*을 보라. 필자는 새뮤얼 후드가 쓴 편지를 찾을 수 없었다.

두 장교의 판단이 정확했다는 것은 프랑스 보고서의 결론에 의해 확인되고 있다. 로드니는 많은 함정들이 피해를 입고 있었다는 점과 격전의 결과로 나타난 다른 문제들을 언급하면서 자신이 추격하지 않은 사실을 정당화하고 있다. 그러고 나서 그는 자신이 추격했더라면 "그날 밤 26척의 전열함이 한 무리를 이루어 도주하고 있던" 프랑스함대에 의해 무슨 일을 당하게 되었을지 모른다고 말했다.[205] 프랑스함대가 그날 낮에 했던 행동을 생각한다면, 이러한 가능성은 그의 상상력으로 보아 당연한 것이었다. 그러나 26척의 전열함[206]이 한데 모여 있었다는 점을 보면, 드 그라스가 항복한 후 드 보드레이는 함정들에게 자신의 주위로 모이라는 신호를 보냈지만 그 다음날 아침까지 10척밖에는 모이지 않았으며, 14일까지 그러한 상태로 있었다. 그 후 며칠 동안 5척의 함정이 시간 간격을 두고 그에게 합류했다.[207] 그는 이 함정들을 이끌고 카프 프랑세에 있는 정박지로 갔는데, 그곳에서 다른 함정들이 합세하여 전체 함정 수는 20척이 되었다. 전투에 참가했던 함정 중 나머지 5척은 600마일이나 떨어진 쿠라소아Curaçoa로 도주했는데, 5월이 되어서야 비로소 함대에 합류할 수 있었다. 그러므로 "26척으로 구성된 함대"는 실제로 존재하지 않았다. 오히려 프랑스함대는 형편없이 분산되어 있었으며, 그 중 몇 척은 고립되어 있기까지 했다. 피해상황에 대해 말하면, 영국함대가 적보다 더 많은 피해를 입었다고 생각할 이유는 없었던 것처럼 보인다. 이 문제에 대한 흥미있는 진술이 길버트 블레인Gilbert Blane의 편지 속에 나타나 있다.

205) *Rodney's Life*, vol. ii, p. 248.

206) 모두 합해서 25척이었다.

207) *Guérin*, vol. v, p. 511.

사상자를 영국함정으로 수송해준다는 것이 사실이라는 것을 프랑스 장교들이 믿도록 하는 데 큰 어려움이 있었습니다. 그들 중 한 사람은 항상 우리가 입은 피해를 거짓으로 세계에 알리곤 했다고 말하면서 나에게 반박했습니다. 그래서 나는 그를 포미더블 호의 갑판으로 데리고 가 그곳에 몇 개의 포탄 구멍이 있는지 또한 그 함정의 삭구가 얼마나 조금밖에 피해를 입지 않았는지 보여주고, 그 정도의 피해로 그 당시 우리가 14명의 사망자 이상의 피해를 볼 수 있을 것 같은지 물었습니다. 그러한 피해자 수는 로열 오크*Royal Oak* 호와 모나크*Monarch* 호를 제외하고는 우리 함대에서 가장 큰 피해였습니다. 그는 자신들의 것보다 우리의 화력이 더 잘 유지되었으며 잘 관리된 것 같다고 인정했습니다.[208]

그러므로 전력을 다해 그러한 이점을 추구하지 않았던 것은 의심할 여지가 없다. 그 전투가 일어난 지 5일이 되기 전에 후드의 전대는 산 도밍고로 파견되었는데, 그들은 전투를 하기 전에 함대로부터 분리되어 카프 프랑세로 가고 있던 야송 호와 카통 호를 모나 수로 Mona Passage에서 나포했다. 이 두 척의 함정과 그들과 같이 있던 2척의 소형선박이 승리의 부산물이었다. 영국의 전쟁상황에서 이러한 신중함이 불러온 실패는 로드니의 군사적인 명성에 커다란 타격을 주어 성공한 사령관들 사이에 그의 이름을 올릴 수 없게 만들었다. 그는 한때 자메이카를 구했지만, 기회가 있었음에도 불구하고 프랑스 함대를 격파하지 못했던 것이다. 그 역시 드 그라스와 마찬가지로 눈앞에 있는 목표물 때문에 전반적인 군사적 상황과 그 상황을 지배하

208) *Rodney's Life*, vol. ii, p. 246.

고 있는 요소들을 보지 못했던 것이다.

로드니의 실패가 강화조건에 미친 영향

이러한 태만함의 결과와 이 유명한 해전에서의 우유부단함을 평가하기 위해 우리는 1년 뒤인 1783년 2월에 강화조건을 둘러싸고 의회에서 벌어졌던 논쟁에 귀를 기울일 필요가 있다. 많은 고려사항들을 토론하기 위해 모인 각료들은 평화조약을 둘러싼 조건에 대해 찬반 논쟁을 벌였다. 그러나 그 논쟁의 요지는 교전국 양쪽의 재정과 군사적 조건을 비교한다면 그러한 상황이 정당화될 수 있는지 아니면 영국이 겪은 희생을 감수하기보다는 차라리 전쟁을 계속하는 것이 낫지 않았는가 하는 것이었다. 재정상황에 대해서 말하자면, 평화를 주장하는 사람들이 그려놓은 우울한 그림에도 불구하고 그 당시 다른 나라들과 비교할 때 영국이 상당한 자원을 가지고 있었다는 점에는 의심할 여지가 없다. 군사력에 대한 문제는 실제로 해군력에 대한 문제였다. 국방성은 영국의 전열함 수가 겨우 100척 정도인 반면에 프랑스와 스페인의 전열함은 네덜란드 전열함을 제외하고도 140척에 이른다고 주장했다.

열세가 이렇게 분명한데, 우리가 지난 전쟁의 경험을 통해서 혹은 우리 병력의 새로운 배치를 통해서 성공하기를 바랄 수 있겠는가? 서인도제도에서 적함 40척에 대항하기 위해 우리는 46척 이상의 전열함을 소유할 수 없었다. 그 46척의 함정은 카디스 만에서 평화조약이 맺어지던 날에 만 6천 명의 병사들을 태우고 아바나와 산 도밍고에서 온 12척의 전열함들과 합류하기로 되어 있는 세계의 저쪽을 향하여 항해 준비를 하고 있었다. …… 우리 는 이 막대한 함대의 정해진 목표라고 할 수 있는 자메이카를 잃는 것으로 서인도제도에서의 전투가 막을 내리게 되었다는 것을 걱정하지 않아도 될까?[209]

이러한 것들은 크게 고려해야 할 공인된 일파의 논리였다. 같은 일파의 구성원이었던 케펠 경은 양국 함대의 수적 비교가 정확하다는 것을 부인했다. 그는 전에 해군 참모총장으로 재직했는데, 조약에 찬성하지 않았다는 이유로 그 직위에서 물러나 있었다.[210] 영국 해군과 마찬가지로 영국의 정치가들도 당시 실제 병력을 평가할 때 다른 나라의 해군력을 크게 깎아내리는 경향을 가지고 있었다. 그럼에도 불구하고 로드니가 자기 자신의 장점에 의해서보다는 우연히 차지한 승리의 완전한 성과를 누릴 수만 있었다면, 사기와 물질적인 면에서의 상황평가는 상당히 달랐을 것이다.

4월 12일 해전에 대한 로드니의 견해

작자 미상으로 되어 있었지만 그 안의 내용을 보면 길버트 블레인 경에 의해 씌어졌을 것으로 추정되는 편지가 1809년에 공개되었다. 함정에 근무하는 군의관으로서 로드니와 오랫동안 친밀한 관계를 유지하고 있었으며, 마지막 항해 때 많은 고생을 했던 그는 "로드니 제독이 1782년 4월 12일에 승리했다고는 거의 생각하지 않았다. 그는 1780년 4월 17일에 있었던 드 기셍과의 작전에 자신의 명성을 더 걸고 있었으며, 열세한 함대를 가지고 프랑스 해군에서 최고라고 생각

---

209) *Annual Register*, 1783, p. 151.

210) *Annual Register*, 1783, p. 157을 보라. 또한 Life of Admiral Keppel, vol. ii, p. 403도 보라.

하는 그러한 장교를 물리칠 기회를 찾고 있었다. 만약 그의 휘하 함장들의 불복종만 없었더라면, 그는 불멸의 명성을 얻을 수 있었을 것이다."[211] 로드니에 대한 이러한 평가에 대해 의문을 가진 사람은 아마 없을 것이다. 그러나 운명은 그 자체가 찬란하고 그의 자질이 가장 적게 반영된 전투에 의해 그의 영광이 결정되어야 한다고 정해버렸다. 따라서 운명은 그가 당연히 평가받을 가치가 있는 성공까지도 거부했다. 그의 장점과 성공이 결합되었으며 그의 생애에서 가장 중요한 전투였던 세인트 빈센트 앞바다에서의 랑가라 함대의 격파는 세상에서 거의 잊혀져갔다. 그러나 그 해전의 성공은 해군으로서의 최상의 자질을 요구하는 것이었으며, 호크의 콩플랑 추격과 비교될 수 있을 정도의 가치가 있었다.[212]

지휘관으로서 로드니의 성공

사령관에 임명된 이래 2년 반 동안 로드니는 몇 차례 중요한 일에 성공했다. 그리고 그 동안에 스페인과 프랑스 그리고 네덜란드 제독을 한 명씩 포로로 잡았다. "그 당시에 그는 적으로부터 나포한 12척의 전열함을 영국 해군에 추가했고, 5척을 더 파괴시켰다. 그리고 그보다 가장 두드러진 일은 유일한 일급군함으로 간주되던 빌 드 파리

211) *Naval Chronicle*, vol. xxv, p. 404.

212) 그러나 이 작전에서도 기함의 함장이었던 영Young의 탓으로 돌릴 수 있는 사건에 대한 이야기가 있다. 길버트 블레인 경은 몇 년 후에 이렇게 말했다. "해질 무렵이 되었을 때, 추격을 계속할 것인지의 여부가 문제시되었다. 사령관과 함장 사이에 몇 번에 걸친 논의가 이루어진 후에, 사령관이 풍향으로 행동의 제약을 받고 있었으므로 풍하쪽에서 전투하고 또한 계속 같은 항로를 유지하는 것으로 결정되었다." (*United Service Journal*, 1830, Part II, p. 479.)

호를 나포한 것이다. 그 함정은 그때까지 어느 나라의 어느 제독에 의해 나포되어 항구로 옮겨진 것보다도 가장 좋은 함정이었다."

로드니의 소환

그러한 그의 공적에도 불구하고 당시 영국 육군과 해군 사이에 널리 만연되어 있던 당파성 때문에 노스 경의 내각이 물러나자마자 그는 소환되었으며,[213] 별로 유명하지 않은 후임자는 그의 승리 소식이 도착하기도 전에 이미 출항해버렸다. 그 당시에 실망과 낙담으로 가득 차 있던 영국에서 그의 승리 소식은 극도의 기쁨이었으며, 제독의 이전 행위에 대한 비난을 잠재웠다. 국민들은 그를 비판할 기분이 아니었으며, 그가 성취한 결과를 과장해서 생각했고, 그가 크게 실패할 것이라고 생각한 사람은 아무도 없었다. 그러한 인상은 오랫동안 영국인에게 남아 있었다.

이 해전이 전쟁에 미친 효과에 대한 잘못된 견해

1830년 말에 출판된 로드니의 전기에 따르면, "프랑스 해군은 영국이 4월 12일에 얻은 결정적인 승리에 의해 아주 결정적인 피해를 입어 세력이 크게 감소되었기 때문에 더 이상 바다의 제패를 놓고 대영제국 해군과 겨룰 수 없게 되었다." 이것은 정말 어처구니없는 말이었다. 이 주장은 1782년에는 통용되었지만, 곧 잠잠해졌다. 사실 영국이 그렇게 된 이유는 프랑스 해군의 치욕스러운 행위가 아닌 재정

---

213) 로드니는 열성적인 토리 당원이었다. 그 당시 케펠, 하우, 배링턴 같은 거의 모든 다른 제독들은 휘그 당원이었다. 이 당파성은 영국 해군력에게 참으로 불행한 일이었다.

난 때문이었다. 그리고 만약 영국이 자메이카를 구할 수 없다는 평화파의 주장에 과장이 있었다면, 영국이 조약에 의해 반환한 다른 섬들을 무력으로 회복할 수 없었다는 것도 아마 당연한 일이었을 것이다.

드 그라스의 그 후 경력

드 그라스에 대한 기억은 아메리카에서의 그의 훌륭한 임무수행과 항상 연관되었다. 라파예트의 회상이 도덕적 공감대를 시기적절하게 확대시켰듯이, 그의 이름은 프랑스가 신생 공화국의 투쟁사에 제공한 물질적 원조를 로샹보의 이름보다 오히려 더 대표하고 있다. 그의 활동적인 경력을 마감한 심각한 재난에 이은 그의 생애는 독자들의 흥미를 끌지 않을 수 없다.

빌 드 파리 호가 항복한 후, 드 그라스는 노획물을 실은 영국함대를 따라 자메이카로 갔다. 그곳에서 로드니는 자신의 함정들을 수리했고, 드 그라스는 자신이 정복하고자 했던 곳에 포로로 나타났다. 5월 19일에 포로가 된 그는 그 섬을 떠나 영국으로 향했다. 영국 해군장교들과 국민들에 의해 그는 승리자가 정복당한 사람들에게 쉽게 보여줄 수 있는 동정심과 호의적인 대우를 받았는데, 그러한 과정에서 그의 개인적인 용기가 완전히 꺾였던 것은 아니다. 그는 용감한 프랑스인을 보여달라고 모여 외치는 대중들에게 런던의 자기 방 발코니에서 자신의 모습을 드러내는 것을 거부하지 않았다고 한다. 자신이 처해 있는 진정한 위치를 알지 못하는 이러한 품위 없는 행위는 프랑스의 국민들에게 분노를 불러일으켰다. 그러한 분노는 그가 불운했던 4월 12일에 대해 언급할 때 자기 부하들의 행위를 지나치게 그리고 가차 없이 비난하면서 더욱 더 커졌다. 길버트 블레인 경은 이에 대해 다음과 같이 기록했다.

> 그는 차분하게 자신의 불행을 견디었다. 그는 양심을 걸고 자신의 임무를 다했다고 말하고 있다.……그는 자신의 불행을 열세한 상태에 있던 병력 탓으로 돌리는 것이 아니라 다른 함정에 타고 있던 장교들의 직무유기 탓으로 돌리고 있다. 그가 부하 장교들에게 모이라는 신호를 보냈고, 자신을 지원하라고 소리까지 질렀지만, 그들이 자신을 모른 체 해버렸다고 주장하고 있다.[214]

프랑스함대 장교들에 대한 재판

이상은 드 그라스가 주장한 요점이었다. 그는 전투가 있던 다음날에 영국 기함에서 보고서를 작성하면서 "대부분의 휘하 함장이 그 날의 불운을 불러왔다. 몇몇 함장들은 내 신호에 따르지 않았으며, 또 다른 함장들 특히 그의 앞뒤에 있던 랑그독 호와 쿠론*Couronne* 호의 함장은 나를 포기해버렸다"고 기록했다.[215] 그러나 그는 공적인 보고서만 작성한 것이 아니었다. 그는 런던에 포로로 머무르는 동안에 똑같은 내용의 소책자를 몇 권 간행하여 유럽 전체에 유통시켰다. 그러자 프랑스 정부는 장교가 타당한 이유도 없이 자기가 속했던 군의 명예를 더럽힐 수는 없다고 생각하고, 모든 혐의자들을 색출하여 가차 없이 처벌하기로 결정했다. 랑그독 호와 쿠론 호의 함장들은 파리에 도착하자마자 구금되었으며, 그 사건과 관련된 모든 서류와 항해일지 등이 압수되었다. 그러한 상황하에서는 드 그라스가 "자신에게 손을

214) *Rodney' Life*, vol. ii, p. 242.

215) Chevalier, p. 311.

내밀어 도와주려는 사람이 하나도 없는" 프랑스로 돌아온 것이 하나도 이상하지 않다.[216] 1784년이 되어서야 비로소 기소된 모든 사람들과 목격자들은 군법회의에 출석했다. 그러나 재판결과는 그가 비난했던 모든 사람들의 행위를 가장 적절한 방식으로 완전하게 규명했고, 밝혀진 실수들에 대해서는 관용을 베풀어 가벼운 처벌을 했을 뿐이다. 한 프랑스 저술가는 다음과 같이 신중하게 말했다. "그럼에도 불구하고 30척의 전열함을 지휘하는 사령관이 사로잡히는 신세가 되었다는 것은 전 국민의 유감을 불러일으킬 만한 역사적인 사건이다."[217]

법정의 판결

전투 중 사령관의 행위에 대해서 법정은 젤레 호의 위험이 그렇게 오래 함대의 행동을 제약할 정도는 아니었으며, 영국함대에서 남쪽으로 5마일 떨어진 거리에 있었고, 영국함대에는 불지 않았던 미풍을 받고 있어서 오전 10시에 바스 테르로 들어갈 수 있었으며, 모든 함정들이 전열에 복귀할 때까지는 전투가 벌어지지 말아야 했고, 그리고 마지막으로 함대가 남쪽으로 계속 항해함으로써 도미니카 북단에 있는 잔잔한 해역으로 들어갈 수 있었기 때문에 영국과 같은 침로로 전열을 형성했어야 했다는 점들을 12일 아침에 밝혀냈다.[218]

---

216) Kerguelen, *Guerre Maritime de 1778. Letter of De Grasse to Kerguelen*, p. 263.

217) Troude, *Batailles Navales*. 이와 관련하여 다음과 같은 사실에 주목하는 것도 흥미있을 것이다. 즉 프랑스 사령관이 항복했을 때, 그 근처에 있던 함정들 중 한 척은 플뤼통 호였는데, 그 함정은 가장 후미에 있어야 했음에도 불구하고 그 위치에 있게 된 점에 대해 에 대해 그 배의 함장 달베르 드 리용은 칭송받을 가치가 있다.

218) Troude, vol. ii, p. 147.

판결에 대한 드 그라스의 항의와 국왕의 질책

드 그라스는 법정이 밝혀낸 사항들에 불만을 품고, 경솔하게도 그 재판에 항의하며 새로 재판할 것을 주장하는 편지를 해군대신에게 보냈다.

해군대신은 그의 항의를 받고서 국왕의 이름으로 답장을 썼다. 그는 크게 문제되고 있던 소책자들과 그리고 법정 증언으로 드러난 그 소책자 내용에 대한 반박에 대해 언급한 다음과 같은 엄중한 말로 결론지었다.

> 그 전투에서의 패배는 함장들 개개인[219]의 실수 탓으로 돌릴 수 없습니다. 귀하가 불행한 결과에 대한 좋지 못한 여론에서 벗어나기 위해 몇몇 장교들의 명예에 대해 전혀 근거가 없는 비난을 했다는 점이 법정에서 판명되었습니다. 귀하는 오히려 자신의 병력이 열세한 상태에 있다고 생각했던 판단상의 오류, 전쟁의 불확실한 운, 그리고 귀하 자신이 통제하지 못했던 상황에 대해 변명해야 했습니다. 전하께서는 귀하가 그날의 불행을 막기 위해 자신이 할 수 있는 최선을 다했다고 믿기를 바라고 계십니다. 그러나 전하께서는 법정에서 누명이 벗겨진 해군 장교들에 대한 귀하의 공정하지 못한 처사에 대해서는 관대해질 수 없습니다. 이러한 면에서 귀하의 행동에 불만을 가지신 전하께서는 귀하가 어전에 나오는 것을 금지하셨습니다. 저는 유감스럽게도 전하의 명령을 전하는 동시에, 이러한 분위기에서는 고향으로 물러나는 것이 좋겠다는 충고를 덧붙이는 바입니다.

219) 개별 함정들의 지휘관을 지칭한다.

드 그라스, 로드니 그리고 후드의 사망

드 그라스는 1788년 1월에 사망했다. 그의 행복한 적수 로드니는 귀족의 작위와 연금을 받으면서 1792년까지 살았다. 후드도 역시 귀족 작위를 받았고, 프랑스 혁명전쟁 초기에 훌륭하게 함대를 지휘하여 그 밑에서 근무한 넬슨으로부터 열광적인 찬사를 받았다. 그러나 그는 해군성과의 날카로운 의견대립으로 자신의 명성을 더 이상 높이지 못한 채 물러나고 말았다. 그는 1816년에 92세의 나이로 사망했다.

제14장

1778년의 해양전쟁에 대한 비판적 논의

1778년의 순수한 해양전쟁

영국과 부르봉 왕가 사이에 일어난 1778년의 전쟁은 미국혁명과 밀접한 관계가 있지만, 한 가지 점에서는 독자적인 것이기도 했다. 이 전쟁은 순수한 해양전쟁maritime war이었다. 동맹국이었던 프랑스와 스페인은 영국의 정책에 따른 대륙분쟁에 말려들지 않기 위해 신중하게 행동했을 뿐만 아니라 투르빌시대 이래 실현되지 못해온 영국과 프랑스 양국 사이의 해상균형도 이제 어느 정도 이루어지고 있었다. 분쟁이 발생하게 된 목표, 즉 그 전쟁이 노린 목표였던 분쟁지점들은 대부분 유럽으로부터 멀리 떨어진 곳에 있었다. 그리고 지브롤터를 제외하고는 어떠한 분쟁도 대륙과는 관련이 없었다. 지브롤터는 울퉁불퉁하고 험한 지형으로 된 돌출부의 끝단에 위치했으며 또한 프랑스와 스페인에 의해 중립국으로 분류되어 있었다. 그러므로 직접적인 이해관계가 있는 국가를 제외하고는 어떤 나라도 그곳을 둘러싼 분쟁에 휘말릴 염려가 없었다.

이와 같은 상황은 루이 14세의 즉위부터 나폴레옹의 몰락까지 벌어진 어떤 전쟁에서도 존재하지 않았다. 루이 14세가 통치하던 기간에는 프랑스 해군이 영국과 네덜란드 해군에 비해 병력이나 장비 면에서 우세한 시기가 있었다. 그러나 그 나라 군주의 정책과 야심이 항상 대륙확장을 지향했으며 또한 그 당시 프랑스 해군력이 적절한 기반을 갖고 있지 못했으므로, 해군력의 우세는 일시적인 현상으로 끝나버리고 말았다. 18세기의 처음 75년 동안은 프랑스 해양력이 실질적으로 영국의 해양력을 전혀 견제하지 못했다. 그리고 영국 해군은 유능한 경쟁상대가 없었기 때문에 군사적인 교훈이 내포된 작전을 세울 수 없었다. 프랑스 공화정과 제정시대의 후기에 발발한 전쟁에서 프랑스 해군은 함정의 숫자나 화력 면에서 영국과 비슷했지만, 그것은 여기에서 부연설명할 필요가 없는 원인들에 의한 프랑스 장병들의 사기저하 때문에 외관상의 환상에 그치고 말았다. 프랑스와 스페인 해군은 몇 년 동안 용감하지만 무기력한 노력을 기울임으로써 트라팔가르 해전에서 처절하게 패배하고 말았다. 프랑스는 이 패배로 넬슨과 그의 동료장교들에 의해 이미 간파당했던 프랑스 해군의 비효율성을 세계에 널리 알리게 되었다. 넬슨이 그러한 사실을 간파하고 있었음은 프랑스와 스페인 해군에 대한 넬슨의 태도와 그들에 대한 전술에서 그가 어느 정도 보여준, 상대를 경시하는 듯한 자신감으로 미루어보아 알 수 있다. 트라팔가르 해전 이후 나폴레옹은 "행운의 여신이 자기를 도와주지 않은 유일한 전쟁터로부터 눈을 돌렸다. 따라서 그는 바다 외의 곳에서 영국을 추격하기로 결심했다. 그는 해군의 재건에 나섰지만, 어느 때보다도 격렬해진 분쟁에서 해군에게 어떤 역할도 맡기지 않았다. …… 제국의 최후의 날이 될 때까지 그는 재건되어 열의와 자신감에 넘치던 해군에게 적과 겨뤄볼 수 있는 기회를 주려고 하지 않았다."[220] 이리하여 영국은 의심할 여지없이 바다의 여왕으로서의 확고한 위치를 계속 유지할 수 있게 되었다.

220) Jurien de la Gravière, *Guerres Maritimes*, vol. ii, p. 255.

1778년 전쟁의 특별한 의미

그러므로 해전을 연구하는 사람들은 다음과 같은 점에서 특별한 의미를 찾으려 할 것이다. (1)이 대전쟁에 참가한 국가들이 전쟁기간의 전체에 대해 혹은 크고 명확하게 한정된 부분에 대해 가졌던 전반적 수행과 관련된 계획과 방법 (2)처음부터 끝까지 그들의 전투에 일관성을 주거나 주어야만 했던 전략적 목적 (3)마지막으로 해전으로 지칭할 수 있는 어떤 한정된 기간에 좋든 나쁘든 간에 영향을 미쳤던 전략적 움직임. 오늘날조차 어떤 특정한 전투가 전술적 교훈——지금까지 이 책을 써온 것은 이 교훈을 추출하려는 목적에서였다——을 전혀 갖지 못한다는 것은 있을 수 없는 일이다. 역사적으로 보면 모든 전술체계는 그 나름대로 적절하게 적용된 시대가 있었다. 해전연구자들에 대한 이 전술체계의 유용성이 유사하게 모방하도록 표본을 제공하는 것이 아니라 오로지 정신적 훈련과 올바른 전술적 사고를 위한 습성을 길러주는 데 있다는 것은 의심의 여지가 없는 사실이다. 다른 한편으로, 대접전을 앞두고 그것을 준비하면서 취하는 모든 행동이나 또는 노련미와 정열을 바쳐 실질적인 교전을 하지 않은 채 전쟁의 중요한 목적을 달성하려는 모든 행동은 그 시대에 쓸모 있는 무기체계보다는 차라리 다양하고 항구적인 요소들에 의해 이루어진다고 보는 것이 타당할 것이다. 이와 같이 볼 때, 이 모든 행동은 전쟁에서 중요한 목적을 달성하는 데 없어서는 안 될 일종의 영속적인 가치를 갖는 원칙으로 받아들여야 할 것이다.

전쟁의 비판적 연구를 위한 연속적인 단계

어떠한 목적으로 시작되었든 간에——그 목적이 어떤 지점이나 거점을 소유하는 데 있다 하더라도——원하는 장소를 직접 공격하는 것은 군사적 견지에서 볼 때 그것을 얻기 위한 가장 좋은 방법이 아닐 수도 있다. 그러므로 군사작전이 지향하고 있는 목적이 교전 상대국 정부가 얻고자 하는 목표가 아닐 수도 있다. 그것은 목표라는 독자적인 이름을 가지고 있다.

'목적'과 '목표'의 구분

어떤 전쟁을 비판적으로 연구하기 위해서는 우선 각 연구자들의 눈앞에 각 교전상대국이 바라고 있던 목적을 분명하게 보여줄 필요가 있다. 그리고 다음으로는 선택된 목표가 달성될 경우에 그 목적을 훌륭하게 성취할 수 있을지를 고려해야 한다. 마지막으로 그 목표를 달성하기 위해 취했던 여러 가지 군사행동의 장단점을 연구할 필요가 있다. 그리고 그러한 조사가 얼마나 상세하게 이루어질 것인가는 연구자 자신이 계획한 작업범위에 달려 있을 것이다. 그러나 자세한 세부사항에 얽매이지 않는 주요 특징만을 보여주는 윤곽을 훨씬 철저하게 검토한다면, 일반적으로 문제점이 확실하게 드러나게 될 것이다. 그리고 그러한 중요한 윤곽이 완전히 이해된다면, 세부사항들은 쉽게 밝혀져 제자리를 차지하게 될 것이다. 여기에서는 이 책의 범위에 걸맞을 정도로만 그러한 윤곽을 제시하고자 한다.

1778년 전쟁의 참전국

1778년 전쟁의 주요 참가국 중 한쪽은 영국이었고, 다른 한쪽은 프랑스와 스페인이라는 커다란 왕국을 지배하고 있던 부르봉 왕가였다. 이미 본국과 순탄하지 못한 분쟁을 벌이고 있던 아메리카 식민지들은 자신들에게 아주 중요했던 이 사건을 크게 환영했다. 한편, 네덜란드는 영국에 의해 무리하게 전쟁으로 끌려들어가 얻은 것 없이 많은 것을 잃기만 했다. 아메리카인들은 영국의 손에서 벗어나겠다는 매우 단순한 목적만을 가지고 있었다. 그들은 가난했고 또 적의 통상을 괴롭히고 있는 몇 척의 순양함을 제외하고는 해양력도 크게 부족한 상황이었다. 따라서 그들은 필연적으로 지상전으로 노력을 제한하게 되었다.

각 교전국들의 목적

그 노력은 프랑스와 스페인 동맹국에 유리한 견제작용을 하여 대영제국의 자원을 고갈시키는 역할을 했으나 영국은 그 전쟁을 포기함으로써 즉시 전쟁을 중단시킬 수 있는 입장에 있었다. 반면에 지상으로 침략당할 염려가 없던 네덜란드는 동맹국 해군을 도와서 가능한 한 외적 피해를 최소화하여 전쟁으로부터 벗어나기만을 바라고 있었다. 그러므로 이 작은 두 나라의 목적은 전쟁을 중단시키는 데 있었다고 할 수 있다. 반면에 프랑스와 스페인은 전쟁을 계속함으로써 상황이 변화되기를 바라고 있었는데, 그 점이 바로 그들의 목적이기도 했다.

영국의 전쟁목적도 역시 매우 단순했다. 영국은 자국의 가장 유망한 식민지와 분쟁에 끌려들어감으로써 그 싸움이 점점 확대되어 그 식민지 자체를 잃을지도 모르는 상황에 놓이게 되었다. 영국은 아메리카인들이 분리되기를 원하자 그곳을 강압적으로 지배하기 위해 무기를 들었다. 영국이 그러한 행동을 하게 된 목적은 당대인들에게 위대한 나라와 불가분하게 연결되어 있는 해외 영토의 상실을 막는 것이었다. 그 식민지 거주자들의 주장을 스페인과 프랑스는 능동적으로 지원하게 되었다. 영국 군사계획의 목표 변화가 추진되었을지도 모르고 또 추진되었어야 했지만, 영국인들의 목적에는 아무런 변화도 일어나지 못했다. 대륙의 식민지들을 잃을지도 모른다는 위험은 적이 그것들을 얻게 되면서 크게 증가했다. 그것은 또한 영국인에게 다른 중요한 영토를 잃을지도 모른다는 위협을 느끼게 해주었는데, 그 중 일부는 현실로 나타났다. 결국 영국은 전쟁의 목적에 대해서 아주 수동적이었다. 영국은 많은 것을 잃게 되지 않을까 염려했으며, 기껏해야 자신들이 소유하고 있던 것을 유지하기만을 바라고 있었다. 그러나 영국은 네덜란드를 전쟁으로 끌어들임으로써 군사적 이점을 얻게 되었다. 영국은 적의 세력을 증대시키지 않고서도 몇 곳의 중요하지만 방어가 허술한 군사기지와 상업기지들을 자국의 공격권 안에 둘 수 있게 된 것이다.

프랑스와 스페인의 관점과 목적은 훨씬 복잡했다. 영국에 대한 전통적인 적의와 최근 몇 년간의 사건에 대해 복수하기를 바라고 있던 정신적인 요소가 강하게 작용했음에는 틀림없다. 또한 프랑스에서 자유를 얻기 위한 투쟁을 벌이고 있는 식민지 사람들에 대한 상류사회 인사들과 철학자들의 동정심도 큰 힘이 되었다. 그러한 정서적인 고려가 국가의 행위에 강력하게 영향을 미쳤겠지만, 그것을 만족시킬 수 있는 명확한 수단이야말로 기술하고 연구할 만한 가치가 있는 것이다. 프랑스는 북아메리카 영토를 회복하기를 바랐을지도 모른다. 그러나 그 당시 식민지에 살고 있던 세대들은 옛 투쟁을 너무나 생생하게 기억하고 있었기 때문에 캐나다에 대한 프랑스의 어떠한 바람도 인정하지 않았다. 혁명기 아메리카 사람들을 특징짓고 있었던 프랑스에 대한 조상 대대로의 강한 불신이 당시 프랑스로부터 효과적인 도움과 동정을 받은 것을 감사하는 마음 덕분에 잊혀지고 있었다. 그러나 당대인들은 프랑스가 그러한 요구를 다시 하게 된다면, 최근에 갈라섰지만 같은 민족이었던 영국과 아메리카인 사이에 양보에 의한 화해——영국인들 중 강하고 고결한 마음씨를 지닌 사람들이 계속 주장하고 있었다——가 촉진될 수도 있다고 이해했는데, 프랑스도 역시 그것을 느끼고 있었다. 그러므로 프랑스는 이러한 목적을 드러내지도 않았으며, 마음에 품고 있지도 않았던 것 같다. 오히려 프랑스는 당시 영국의 지배하에 놓여 있거나 최근까지 지배를 받고 있었던 아메리카 대륙의 어떤 부분에 대한 모든 요구를 공식적으로 포기하고 있었다. 그러나 프랑스는 서인도제도의 어떤 섬들을 정복하거나 보유하는 문제에서는 행동의 자유를 요구하고 있었는데, 그렇게 되면 아메리카를 제외하고는 모든 영국의 식민지들이 프랑스의 공격을 언제라도 받을 수 있었을 것이다. 그러므로 프랑스가 노리고 있던 중요한 목적은 영국령 서인도제도와 영국 수중에 들어가 있던 인도의 지배, 그리고 미국에 유리하도록 충분히 견제한 후 적당한 시기에 미국의 독립을 확보하는 것이었다. 당시의 세태를 특징짓고 있던 배타적 무역정책에 의해 이러한 중요한 소유지를 잃는다는 것은 영국의 번영이 걸려 있던 통상의 규모를 감소시킬 것으로 예상되었다. 다시 말하여, 영국을 약화시키고 프랑스를 강력하게 만드는 것이 프랑스의 목적이었다. 사실 분쟁이 좀더 커지는 것이 프랑스에게 활력을 주는 동기였다고 말할 수도 있다. 모든 목적은 최상의 목적에 공헌할 수 있도록 하나로 집약되었다. 그 최상의 목적이란 영국에 대한 정치적 우세와 해상에서의 우세를 확보하는 것이었다.

마찬가지로 영국에게 굴욕을 당하면서도 프랑스처럼 활기를 보이지는 않았던 스페인의 목적은 프랑스와의 연합을 통해 영국보다 우위에 서는 것이었다. 그러나 스페인이 입은 피해나 스페인에 의해 특별히 추구되고 있던 목적에는 프랑스의 광범위한 관점에서 쉽게 찾아볼 수 없었던 명확함이 있었다. 그 당시 살아 있던 스페인 사람들 중 누구도 미노르카, 지브롤터, 자메이카에 스페인 국기가 휘날렸던 사실을 기억하지는 못했지만, 흘러간 시간조차도, 자부심이 강하고 끈기가 있는 국민에게 영토상실을 감수하도록 할 수는 없었다. 또한 캐나다에 대해 품고 있던 것과 같은 미국인의 전통적인 반대는 플로리다의 두 지방에 대한 스페인의 주권을 부활한 데 대해 표명되지 않았다.

이상의 것들이 프랑스와 영국 두 나라가 추구하고 있던 목적이었는데, 그들의 개입으로 말미암아 미국 독립전쟁의 전체적인 성격도 바뀌었다. 양국이 전쟁에 개입하면서 주장한 구실이나 대의명분 중에 그러한 목적들이 나타나지는 않았다는 것은 말할 필요도 없다. 그러나 당시 현명한 영국인이 연합한 양 부르봉 왕가의 행동기반을 단 몇 마디의 말로 적절하게 표현한 프랑스의 공식문서에서 다음과 같은 구절에 주목한 것은 당연하다고 할 수 있다. 그것은 "프랑스와 스페인 양국이 각각 입은 피해에 대해 복수한다는 것, 그리고 영국이 이미 강제로 빼앗아 대양에서 유지하고 있다고 주장하는 전제적 제국에 종말을 가져다주는 것"이라는 구절이었다. 결국 전쟁의 목적에 대해 동맹국들은 공세를 펴고, 반대로 영국은 수세에 몰려 있었다.

영국의 대해양제국 건설

이처럼 바다에서 영국이 누리고 있다고 비난받았던 전제적인 제국은 영국의 실질적이고 잠재적인 위대한 해양력, 다시 말하여 영국의 통상과 군함, 세계 각지에 퍼져 있던 상업기지, 식민지, 그리고 해군

기지에 의존하고 있었다. 그때까지 이곳저곳에 흩어져 있던 영국의 식민지들은 정감의 끈으로 영국과 결속되어 있었다. 또 그것들은 모국과 밀접한 통상적 연관을 통해 얻는 이익과 영국의 우세한 해군이 계속 존재함으로써 확보된 보호라는 강력한 동기에 의해 영국과 결속되어 있었다.

식민지 반란의 위협

그러나 이제 아메리카 대륙에 있는 식민지들에서 일어난 폭동에 의해 영국 해군력의 기반이었던 항만들의 강력한 유대에 구멍이 생기게 되었다. 한편, 아메리카 대륙에 있는 식민지들과 서인도제도 사이의 막대한 통상 이익은 그 폭동의 결과로 발생한 적대행위 때문에 많은 피해를 입었고, 또한 서인도제도 주민들의 감정도 둘로 나뉘는 경향을 보여주었다. 그 싸움은 단지 소유지 확보라는 정치적 문제나 통상 이용이라는 경제 문제 때문에만 발생하지는 않았다. 그것은 가장 중요한 군사적 문제도 포함했는데, 이것은 서인도제도와 더불어 캐나다와 핼리팩스를 연결하는 대서양 해안의 일부를 망라하고 있는 일련의 해군기지들이 굉장한 속도로 번창하고 있는 선원들의 지원을 받아 한 나라(영국)의 수중에 남아 있게 될 것인가의 문제였다. 영국은 그때까지 계속 명쾌한 적극성을 가지고 거의 항상 성공을 거두는 전대미문의 해양력을 행사해왔다.

영국함대의 수적 열세

이러한 이유로 영국은 해군력의 방어적인 요소라고 할 수 있는 해군기지를 계속 유지하는 데 곤란을 겪어 당황하게 되었다. 한편으로 공격적 요소라고 할 수 있는 영국함대는 프랑스와 스페인의 함정 증가로 위협을 받고 있었다. 이제 거의 대등하거나 우세한 군사력을 갖게 된 프랑스와 스페인은 영국이 지금까지 자국의 소유라고 주장해 왔던 분야인 바다에서 영국과 맞서 싸울 수 있게 되었다. 지난 1세기 동안 영국이 바다를 통해 얻은 부는 유럽에서 발발한 전쟁에서 결정적인 요소였는데, 이제 그러한 영국을 공격하기에 가장 유리한 순간이 다가온 것이다.

목표의 선택

다음 문제는 공격지점의 선택이었다. 그것은 공격하는 측이 꾸준히 큰 노력을 기울일 것임에 틀림없는 첫번째 목표와 방어하는 측을 견제하여 그 세력을 분산시킬 두 번째의 목표를 선택하는 일이었던 것이다.

그 당시 프랑스의 가장 현명한 정치가 중 한 사람이라고 할 수 있는 튀르고Turgot는 아메리카 식민지들이 독립하지 않는 것이 프랑스에 더 이익이라고 주장했다. 만약 식민지가 피폐해져서 지치게 된다면, 그들의 힘을 영국에게 보태주지 못할 것이며 또한 식민지의 중요한 군사적 지점들을 보유하게 된다면, 그것이 그곳들을 계속 억압할 필요성 때문에 본국의 약점으로 작용할 것이라고 그는 주장했던 것이다. 비록 이 주장이 아메리카의 궁극적인 독립을 바라고 있던 프랑스 정부에 의해 널리 받아들여지지는 않았지만, 그 주장에는 전쟁에 대한 정책을 효과적으로 이루고 있는 여러 가지 참된 요소들이 포함되어 있었다. 만약 해방으로 미국에 이익을 주고자 하는 것이 주요 목적이라면, 전쟁의 무대는 자연히 아메리카 대륙이 되고 또한 그 대륙의 주요한 군사지점들이 작전의 주요 목표가 되어야 했을 것이다. 그러나 프랑스의 첫째 목적이 미국에 이익을 주는 것이 아니라 영국에 피해를 주는 것이었기 때문에, 프랑스는 대륙 전쟁을 끝내도록 돕는 것이 아니라 격렬한 싸움이 계속되도록 하는 것이 좋다고 군사적으로 현명한 판단을 했다. 프랑스에게는 그것이 미리 만들어져 있던 견제였으며, 영국에게는 국력의 소모였다. 프랑스는 미국에서 반란을 일으킨 사람들이 필사적으로 저항할 수 있을 만큼만 지원해주면 되었다. 그러므로 13개 식민지의 영토는 프랑스의 주요 목표가 될 수 없었고, 스페인의 목표는 더더욱 아니었다.

도처에서 상황의 열쇠로 등장한 함대

프랑스인들에게는 영국령 서인도제도의 상업적 가치가 매력적인 목적이었다. 프랑스인들은 그 지역의 사회적 상황에 잘 적응하여 이미 그곳에 상당히 넓은 식민지를 보유하고 있었다. 게다가 프랑스가 아직도 보유하고 있는 소앤틸리스 제도 중 가장 좋은 두 섬, 즉 과달루페와 마르티니크 외에도 그 당시에 프랑스는 하이티 섬의 서쪽 절반과 산타 루시아를 보유하고 있었다. 따라서 프랑스가 전쟁에서 승리하여 영국령 앤틸리스 제도 대부분을 자국의 보유지에 추가하게 되었고, 이에 따라 열대지방의 속령을 당당하게 마무리하고자 희망했던 것도 당연하다고 할 수 있을 것이다. 한편으로 프랑스가 스페인의 국민적 감정 때문에 자메이카에 발을 들여놓지는 않았지만, 동맹국이면서도 더 약한 스페인을 위해 그 멋진 섬을 다시 탈환해줄 수 있었을지도 모른다. 그러나 탐나는 영토라는 이유로 소앤틸리스 제도를 전쟁 목적지로 정하더라도, 너무나 해상지배에 의존해 있었기 때문에 그 섬 자체가 적당한 목표가 될 수는 없었다. 그러므로 프랑스 정부는 해군 지휘관들에게 빼앗을 수 있는 섬이라 할지라도 점령하지 말도록 명령했다. 그들은 섬에 있는 수비대들을 포로로 붙잡고, 방어시설을 파괴한 다음 곧 퇴각했다. 마르티니크 섬의 훌륭한 군항이었던 포트 로열, 카프 프랑세, 그리고 아바나의 강력한 동맹국 항구에는 적당한 규모의 함대가 사용할 수 있는 기지들이 있었는데, 이 기지들은 양호하고 안전하며 잘 분산되어 있었다. 한편으로 프랑스함대가 산타 루시아라는 중요한 섬을 일찍 잃게 된 것은 프랑스함대의 관리 소홀과 영국 제독의 훌륭한 전문적 능력 때문이었을 것이다. 그러므로 서인도제도의 육상에서는 두 경쟁국이 거의 비슷하게 필요한 지원 거점을 갖고 있었다. 그 이후로는 다른 거점의 점령이 함대의 수와 질에 달려 있었기 때문에 단순히 상대방의 거점을 점령한다고 하여 군사력을 강화시키는 결과를 가져올 수 없었다.

능동적인 해군전쟁의 본질적 요소

안전하게 점령지역을 확장하기 위해 가장 필요한 것은 지역뿐만 아니라 전쟁지역 전반에 걸쳐서도 해상의 우위를 확보하는 것이었다. 반면에 그 목적물의 가치 이상으로 많은 비용을 필요로 하는 지상군이 보강되지 않는 한, 그 점령은 불안정했다. 이리하여 서인도제도에서 상황의 열쇠를 주고 있는 것은 함대였으며, 함대는 군사적 노력을 기울일 진정한 목표가 되었다. 그리고 이 전쟁에서 서인도제도의 항구들이 실제로 군사적으로 유용했던 것은 유럽과 아메리카 대륙 사이에 놓여 있었기 때문이며, 지상군이 겨울용 막사에 들어가게 될 때 함대가 그곳으로 후퇴할 수 있었기 때문에 더욱 더 중요했다. 영국군에 의한 산타 루시아의 점령과 1782년 실패로 끝난 자메이카에 대한 공격계획을 제외하고는 서인도제도에서 육상에서의 전략작전은 한 번도 실시되지 않았다. 그리고 전투에 의해서나 운이 좋아 병력을 집중하여 해군의 우위를 확립할 때까지는, 바베이도스나 포트 로열과 같은 군항에 대한 어떤 시도도 불가능했다. 다시 한 번 말하자면, 그 상황의 열쇠를 쥐고 있는 것은 함대였다.

해군력, 즉 무장함대가 아메리카 대륙에서 발생한 전쟁에 미친 영향에 대해서는 이미 워싱턴과 클린턴의 견해를 통해 지적한 바 있다. 한편 동인도제도의 상황은 그 자체가 하나의 전쟁터로 간주되었으며 또한 쉬프랑의 전투라는 제목으로 이미 광범위하게 논의한 바 있으므로 여기에서는 그곳의 모든 상황이 우세한 해군력에 의한 해양지배에 달려 있었다는 말만을 되풀이해도 될 것 같다. 다른 기지가 없었던 프랑스에게 필수적이었던 트링코말리의 점령은 산타 루시아를 점령했을 때처럼 기습적으로 이루어졌는데, 그곳의 점령은 적 함대를 격파함으로써 또는 우연히 적 함대가 그 해역에 없었던 경우에만 성공할 수 있었다. 북아메리카와 인도에서 건전한 군사정책은 진정한 목표가 적 함대임을 지적하고 있다. 본국과의 교통도 역시 함대에 의존하고 있었다. 이제 유럽만이 남아 있었다. 전 세계의 전쟁과 유럽과의 연관이 너무나 중요하기 때문에 하나의 분리된 전쟁터로 다루는 것은 우리에게 별로 이로울 것이 없다. 유럽에서 정치적 변화가 전쟁의 목적이 되었던 것은 지브롤터와 미노르카 뿐이었다고 간단하게 지적할 수 있다. 그 중에서 지브롤터는 스페인의 재촉에 의해 전쟁기간에 줄곧 동맹국의 주요 목표가 되었다. 이 두 지점의 보유도 역시 확실하게 해양지배에 달려 있었다.

다른 모든 전쟁에서와 마찬가지로 해양전쟁에서도 다음의 두 가지가 가장 중요하다. 하나는 작전을 시작할 수 있는 국경 지방의 적당한 기지인데, 이 경우에는 해안에 위치한 기지를 의미한다. 다른 하나는 계획하고 있는 작전에 알맞는 규모와 질을 가진 조직적인 군사력으로, 함대가 이에 해당된다. 만약 전쟁이 지금 다루고 있는 경우처럼 지구상의 먼 곳까지 확대되면, 그 멀리 떨어져 있는 각 지역에 이차적이거나 임시적인 기지로 사용할 수 있는 함정을 위한 항구를 확보하는 것이 필요할 것이다. 이 이차적인 기지와 주요 기지, 즉 본국에 있는 기지 사이에는 안전한 교통로가 유지되어야 한다. 그리고 안전한 교통로의 확보는 두 지점 사이의 해양에 대한 군사적 통제에 의존하게 될 것임에 틀림없다. 이러한 통제는 해군에 의해 실시되어야 한다. 해군은 모든 방면에서 적의 순양함들을 소탕하여 자국 선박이 안전하게 지나다닐 수 있도록 함으로써, 또는 원거리 작전지원에 필요한 보급선들을 함대가 직접 호송함으로써 해상의 통제를 강화하게 된다. 첫번째 방법은 국력의 광범위한 분산노력을 목표로 삼고 있고, 두 번째는 호송선단이 있는 지점으로 국력을 집중시키는 것을 목표로 삼고 있다. 어떤 방법이 채택되든지 항로를 따라 적절한 간격을 두고 배치되어 있는 좋은 항구, 예를 들어 희망봉이나 모리셔스를 군사력을 이용하여 소유한다면, 그러한 교통로는 강화될 것임에 틀림없었다. 이러한 종류의 기지들은 항상 필요했지만, 지금은 그 필요성이 두 배로 증가했다. 왜냐하면 요즈음은 이전보다 더 자주 식량과 연료를 보급할 필요가 있기 때문이다. 본국과 해외에 있는 강력한 지점의 결합과 그 지점들 사이의 교통로의 상황이 전반적인 군사정세에서 전략적 특징으로 불릴 수도 있을 것이다. 그리고 작전의 성격은 이러한 전반적인 군사정세와 서로 대항하고 있는 함대의 상대적인 전력에 의해 결정되어야 한다. 지금까지 알기 쉽도록 하기 위해 전투 지역을 유럽과 아메리카, 그리고 인도로 나누어 설명했는데, 각 지역마다 바다의 지배가 결정적인 요소였으며, 따라서 적 함대가 진정한 목표였다는 점을 강조해왔다. 이제는 지금까지의 생각을 전쟁의 전 지역에 적용하여 그 결론이 얼마만큼 유효한가, 그리고 만약 유효하다면 양쪽의 작전 성격이 어떤 것이어야 하는가를 알아볼 때이다.[221]

1778년 전쟁에서 작전 기지

1. 유럽

유럽에서 영국의 본국 기지는 영국해협에 있었는데, 그 해협에는 플리머스와 포츠머스에 두 개의 중요한 해군 공창이 있었다. 연합군 기지는 대서양에 있었는데, 중요한 군항은 브레스트와 페롤, 그리고 카디스였다. 이 항구들의 배후였던 지중해 해안에는 툴롱과 카르타헤나의 조선소가 있고, 그 맞은편에는 미노르카의 포트 마혼이라는 영국 기지가 있었다. 그러나 포트 마혼은 완전히 배제해도 좋을 것 같다. 왜냐하면 영국함대가 지중해에까지 전대를 파견할 능력이 없었으므로, 포트 마혼은 전쟁 기간 동안 줄곧 방어적 역할만 했기 때문이다. 반면에 지브롤터를 감시 임무에 적합한 함정들의 기지로 활용했더라면, 그곳은 그 위치 덕분에 해협 안에서 파견되는 파견군이나 증원군을 효과적으로 감시할 수 있는 기지가 되었을 것이다. 그러나 이것은 실현되지 않았다. 영국의 유럽함대는 영국해협에, 즉 본국

221) 〈그림28〉 대서양 지도를 보라.

의 방어에 매달려 있었고, 지브롤터는 그곳에 있는 수비대에게 보급품을 공급할 필요가 있는 아주 드문 경우에만 방문했을 뿐이다. 그러나 포트 마혼과 지브롤터가 맡은 역할에는 차이가 있었다. 포트 마혼은 그 당시에 전혀 중요하지 않았기 때문에, 전쟁 말기에 6개월에 걸친 포위 끝에 함락될 때까지 연합군으로부터 별 주의를 끌지 못했다. 그러나 가장 중요하다고 생각되었던 지브롤터는 초기부터 대규모 함대의 공격을 받았고, 영국에 아주 유리한 귀중한 견제역할을 해주었다. 유럽에서 자연적인 전략적 정세의 중요한 특징에 대한 이러한 견해에 다음과 같은 것을 덧붙이는 것도 타당할 것이다. 네덜란드가 동맹국 함대에게 원조하는 쪽으로 기울고 있었을지 모르지만, 그 교통선이 영국해협에 있는 영국 기지를 따라 가야만 했기 때문에 원조는 매우 불확실했다. 네덜란드는 실제로 연합국에 도움을 주지 못했다.

2. 북아메리카

북아메리카에서 전쟁이 시작되었을 때, 전쟁의 국지적인 기지는 뉴욕, 내러갠셋, 그리고 보스턴이었다. 앞의 두 곳은 당시에 영국군이 보유하고 있었는데, 그 위치와 방어의 용이함, 자원 때문에 아메리카 대륙에서 가장 중요한 기지였다. 보스턴은 미국인들 수중에 넘어가 있었으므로 동맹국에 의해 사용되었다. 그러나 1779년에 영국인들의 적극적인 작전방향이 남부로 선회함으로써 실제적인 전쟁방향에 의해 보스턴은 주요 작전지역에서 배제되었기 때문에 별로 중요한 곳이 아니었다. 그러나 만약 허드슨 강과 샹플랭 호수를 잇는 선을 유지하고 군사적 노력을 동쪽으로 집중시켜 뉴잉글랜드를 고립시키는 작전을 선택했더라면, 이 세 항구는 그 전쟁에서 아마 결정적으로 중요한 역할을 하게 되었을 것이다. 뉴욕 남쪽의 델라웨어와 체서피크 만은 해상작전을 전개하기에 아주 매력적인 지역이었음에 틀림없다. 그러나 입구의 넓이, 대양 근처에 있는 해군기지를 쉽고 적절하게 방어할 수 있는 지점이 없다는 점, 여러 지점을 보유하려는 시도 때문에 육상 부대가 널리 분산된다는 점, 그리고 1년 내내 병에 걸리기 쉬운 지점이었다는 점 때문에 이 지역은 최초의 작전계획에서 주요 지역으로부터 제외되었음에 틀림없다. 그러므로 그것을 전쟁을 위한 지방기지에 포함시킬 필요는 없다. 영국군은 주민들이 자신들을 지원해줄 것이라는 헛된 기대를 갖고 북미의 최남단까지 진출했다. 그들은 그 주민 대부분이 자유보다는 안정을 선호한다고 하더라도 그들의 성질로 보아 혁명 정부에 반기를 들지 않으리라는 점을 생각하지 못했다. 그 주민들이 억압을 받고 있었기 때문에 반기를 들 것으로 생각했으므로 영국인들은 이 작전의 성공여부를 주민들의 반기에 의존했는데, 그 결과는 매우 불운하게 끝나버렸다. 이 전쟁의 국지적 기지는 찰스턴이었는데, 그곳은 최초의 원정대가 조지아에 상륙한 지 18개월 후였던 1780년 5월에 영국인의 수중으로 넘어가 있었다.

3. 서인도제도

서인도제도에서 전쟁의 가장 중요한 지방기지는 앞에서의 설명을 통해 이미 알고 있는 바이다. 영국의 기지로는 바베이도스, 산타 루시아, 그리고 중요도가 보다 떨어지는 앤티가가 있었다. 풍하 쪽으로 천마일 떨어진 곳에는 자메이카가 있었는데, 그곳의 킹스턴Kingston에는 천혜의 자연조건을 가진 조선소가 있었다. 연합국이 보유하고 있는 것 중 가장 중요한 곳은 아바나와 마르티니크에 있는 포트 로열이었고, 두 번째로 중요한 곳은 과달루페와 카프 프랑셰였다. 당시에 전략적 정세의 지배적 요소였고 또한 오늘날에도 전혀 중요하지 않다고는 할 수 없는 요소는 무역풍과 그에 따른 해류였다. 이러한 장애에 맞서 풍상 쪽으로 나아가는 것은 단독함에게도 대단히 오래 걸리고 힘든 일었지만, 대규모 선단은 훨씬 더 그러했다. 그러므로 함대가 주저하면서도 서쪽으로 가려고 하는 경우는 마치 로드니가 세인트 해전 이후 프랑스함대가 카프 프랑세로 갔다는 것을 알고서 자메이카로 갔던 것처럼 적이 그 방향으로 갔다고 확신할 때뿐이었다. 이러한 바람 상태 때문에 풍상 쪽에 있는 동쪽 섬들은 유럽과 아메리카를 잇는 자연적인 교통로상에 놓이게 될 뿐만 아니라 해전의 국지기지가 되어 함대를 그곳에 묶어두게 된다. 그리고 또 두 작전 지역, 즉 아메리카 대륙과 소앤틸리스 제도 사이에는 넓은 중간지역이 존재했는데, 이 지역에서는 교전국 중 한쪽이 훨씬 우세한 해군력을 가지고 있을 경우를 제외하고는, 또 한쪽이 결정적으로 유리한 조건을 얻지 않는 한 대규모 작전이 안전하게 이루어질 수 없었다. 영국이 해상에서 절대적인 우위를 가지고 윈드워드 제도 전부를 차지한 1762년에 영국은 아바나를 안전하게 공격하여 정복했다. 그러나 1779~82년에는 아메리카에서 프랑스의 해양력과 프랑스의 윈드워드 제도에 대한 보유가 실제로 영국의 해양력과 균형을 이루었으므로 아바나에 있던 스페인군은 앞에서 말한 중간 지점에 있는 펜서콜라와 바하마 제도에 대한 자신들의 계획을 실시할 수 있었다.[222)]

---

222) 그 당시에 웨스트 플로리다West Florida로 불리던 영국 소유지에 대한 관문은 펜사콜라와 모빌이었는데, 그곳들은 자메이카에 보급을 의존하고 있었다. 당시 영국의 상황, 항해 조건, 그리고 전반적인 아메리카 대륙전쟁의 상황 때문에 그곳은 대서양으로부터 도움을 받을 수 없었다. 자메이카에 있던 영국의 지상군과 해군은 그 섬과 통상을 방어하기에 적합했을 뿐, 플로리다에는 충분한 도움을 줄 수 없었다. 따라서 플로리다와 바하마는 압도적인 스페인 병력——펜서콜라를 공격했던 전열함 15척과 7천 명의 지상군——에 의

무역풍과 몬순의 전략적 결과

그러므로 마르티니크와 산타 루시아와 같은 거점들은 이 전쟁에서 자메이카나 아바나, 그 밖의 다른 풍하 쪽에 있는 섬들에 비해 대단한 전략적인 이점을 지니고 있었다. 이 거점들은 위치상 자메이카나 아바나 등을 견제할 수 있었으며, 그 지리적 이점 때문에 서쪽으로 가는 것이 돌아오는 것보다 훨씬 빨라졌다. 한편 아메리카 대륙의 중요한 분쟁지점들은 실제로 양쪽으로부터 거의 같은 거리에 있었다. 소앤틸리스 제도로 알려져 있는 대부분의 섬들도 이러한 이점을 거의 똑같이 갖고 있었다. 그러나 바베이도스라는 조그마한 섬은 모든 섬들 중에서 가장 풍상 쪽에 있었으므로, 공격할 때뿐만 아니라 포트 로열처럼 매우 가까운 항구로부터도 대함대가 접근할 수 없었으므로 방어 면에서도 특별한 이점을 갖고 있었다. 바베이도스로 향하려는 원정대가 강한 무역풍 때문에 도착하지 못하고 세인트 키츠 섬에 안착하게 된 사실을 기억할 것이다. 당시 상황에서 바베이도스 섬은 자메이카, 플로리다, 그리고 북아메리카로 가는 교통선상의 피난처로서 뿐만 아니라 전시에 영국의 지역기지와 보급소로서도 적합했다. 반면에 풍하 쪽으로 100마일 지점에 있는 산타 루시아는 포트 로열에 있는 함대의 전진 기지로서 적을 감시하는 데 유용했다.

인도에서는 반도의 정치적 상황 때문에 필연적으로 작전 지역은 동쪽에 있는 해안, 특히 코로만델 해안이었다. 근처에 있는 실론 섬의 트링코말리는 건강에는 좋지 않은 곳이었지만, 아주 훌륭하고 방어

해 별 어려움 없이 점령되었다. 이러한 사건들은 그러나 더 이상 언급할 의미가 없다. 전쟁 전체에서 이 사건이 지니는 유일한 의미는 지브롤터와 같은 프랑스와 스페인의 연합작전 지역으로부터 이 병력을 이곳으로 빼돌렸다는 것, 즉 공동의 적을 향해 병력을 집중하는 대신에 근시안적인 정책에 의해 자국의 목표만을 추구했다는 점이다.

하기 쉬운 항구를 제공하기 때문에 전략상 가장 중요한 곳이 되었다. 그러므로 해안가에 있는 다른 모든 정박지들은 단순히 개방된 정박지에 불과한 곳이 되어버렸다. 이러한 환경에서 이 지역의 계절풍, 즉 몬순은 전략적인 의의를 내포했다. 해마다 추분부터 춘분까지 바람이 규칙적으로 북동쪽에서 불어오는데, 때로는 굉장히 심하게 불어서 해안에 높은 파도를 불러일으켜 상륙을 어렵게 만들었다. 그러나 여름철에는 일반적으로 남서풍이 불어 비교적 잔잔한 바다와 좋은 기상상태를 유지했다. 9월과 10월의 "몬순의 변화"가 자주 엄청난 허리케인으로 나타나기도 한다. 그러므로 이때부터 북동 몬순이 끝나기까지는 적극적인 작전은 물론 해안에 머무르는 것조차 바람직하지 않다. 이러한 계절에는 퇴각할 수 있는 항구가 절박한 문제였다. 트링코말리가 이에 유일하게 적합한 곳이었으며, 또한 날씨가 좋은 계절에 그곳이 주요 전쟁터의 풍상 쪽에 위치하게 되므로 그 전략적 가치도 더욱 커졌다. 영국이 서쪽 해안에서 보유하고 있는 봄베이 항은 너무나 멀리 떨어져 있어서 국지적 기지로 고려하기가 어려웠고, 오히려 프랑스의 모리셔스나 부르봉Bourbon 섬들처럼 본국과의 교통선상에 있는 거점으로 간주하는 것이 더 타당한 것처럼 보인다.

자원이 부족했던 해외 기지

이상과 같은 것들이 교전국의 본국과 해외에 있는 중요한 지원거점, 즉 기지들이었다. 해외기지들은 일반적으로 전략적 가치 면에서 중요한 요소였던 자원이 부족한 상태에 있었다. 그러므로 이 기지들은 해군과 지상군을 위한 물품과 장비, 그리고 해상에서 소비하는 대부분의 식량을 본국으로부터 받아야만 했다. 예외가 없었던 것은 아니었는데, 번창일로에 있으며 우호적인 주민들로 둘러싸여 있던 보스턴과 당시 유명한 해군 공창에서 많은 함정들이 건조되고 있던 아바나가 그 예외에 해당했다. 그러나 이 두 곳은 전쟁의 주요무대로부터 멀리 떨어진 곳에 있었다. 미국인들이 뉴욕과 내래갠셋 만에 대해 너무나 가까운 곳에서 압력을 가하고 있었으므로 영국은 그 부근에서 나오는 자원을 잘 이용할 수 없었다. 한편, 서인도와 동인도의 항구들은 본국에 의지할 수밖에 없었다.

결과적으로 증가된 교통로의 중요성

그러므로 교통로의 전략적 문제는 추가적인 중요한 문제로 대두했다. 보급선들로 구성된 대형선단을 도중에서 빼앗는 것은 적의 군함을 파괴시키는 것에 이은 이차적인 작전에 해당했다. 주력부대를 이용하거나 적의 수색작전을 피함으로써 보급선단을 보호할 경우에 주의를 기울여야 하는 많은 목적 가운데 군함과 전대를 어떻게 분산배치할 것인가 하는 점은 정부와 해군지휘관들의 기량을 필요로 했다. 켐펀펠트의 노련함과 강한 돌풍이 불어온 북대서양에서의 드 기셍의 잘못된 관리에 의해 서인도제도에 있던 드 그라스는 많은 어려움을 겪었다. 대서양에서 소규모 선단이 차단되어 인도양에 있던 쉬프랑도 역시 마찬가지의 피해를 입었다. 그러나 쉬프랑은 이러한 피해를 즉시 보충했을 뿐 아니라 휘하에 있는 순양함으로 하여금 영국 보급선들을 나포하라고 지시함으로써 적군을 괴롭혔다.

교통로의 보호자로서 해군

이와 같이 해군은 이렇게 중요한 보급품의 흐름을 단독으로 확보하거나 위험에 빠뜨릴 수 있었고, 이미 부분별로 앞에서 보았듯이 전쟁의 전체적인 유지에도 비슷한 관계를 갖고 있었다. 해군은 전체를 하나로 연결하는 고리였으며, 따라서 양 교전국은 상대방 해군을 진정한 목표로 삼게 되었던 것이다.

유럽과 인도 사이에 중간 항구의 필요성

유럽에서 아메리카까지의 거리는 중간에 보급항구를 절대적으로 필요로 할 만큼 멀지는 않았다. 만약 전혀 예기치 못한 어려움이 발생할 때에는 적과의 조우를 피하거나 언제라도 유럽으로 되돌아가서 서인도제도에 있는 우호적인 항구로 피할 수 있었다. 그러나 희망봉을 경유하여 인도로 가는 긴 항로는 사정이 달랐다. 2월에 선단을 이끌고 영국을 출항했던 빅커턴은 9월에 봄베이에 도착했는데, 사람들은 그가 잘했다고 생각했다. 반면에 성질이 급한 쉬프랑은 3월에 출항하여 모리셔스에 도착하는 데 거의 비슷한 시간이 걸렸지만, 그곳에서부터 마드라스까지 가려면 두 달이 더 필요했다. 그처럼 오랫동안 지속되는 항해는 배 안에 충분한 물자를 실었다고 하더라도 식수나 신선한 식료품을 얻기 위해, 그리고 때로는 수리를 하기 위해 중간에 항구에 들르지 않고서는 거의 불가능했다. 앞에서 살펴보았듯이, 영국이 오늘날 과거의 전쟁에서 획득한 주요 통상로상의 항구를 몇 개 갖고 있듯이, 완벽한 교통로에는 적당한 간격으로 적절하게 방어되며 또한 물자가 풍부한 항구들이 몇 개씩 있어야만 했다. 1778년의 전쟁에서는 교전국 모두가 통상로상에 그러한 항구들을 갖고 있지 않았다. 그러나 네덜란드가 희망봉을 얻은 후부터는 프랑스가 자유롭게 그곳을 사용할 수 있었고 또한 쉬프랑은 그곳을 적절하게 강화했다. 희망봉과 도중에 있는 모리셔스, 그리고 끝 부분에 있는 트링코말리를 소유함으로써 프랑스와 동맹국의 교통로는 비교적 잘 보호될 수 있었다.

해군력 배치 조사

영국은 당시에 세인트 헬레나 섬을 보유하고 있었지만, 대서양에서 인도로 가는 선단과 전대의 보급과 수리를 위해 포르투갈의 호의적인 중립에 의존했다. 그 당시 포르투갈은 마데이라Madeira 제도와 베르데 곶, 그리고 브라질의 여러 항구들에까지 세력을 뻗치고 있었다. 베르데 곶에서 쉬프랑과 존스턴 사이의 전투가 발생했을 때 보여주었듯이, 이러한 중립은 방어 면에서 실제로 믿을 만한 것이 아니었다. 그러나 이용할 수 있는 정박지가 몇 개 있기 때문에 그 중 어느 곳을 사용했는지를 적이 알기 어려웠다. 존스턴이 포르토 프라야에서 했던 것처럼, 만약 해군 지휘관이 적이 모른다는 사실에 안심하여 예하 부대의 적절한 배치를 게을리한다면, 적이 아군 정박지를 알지 못하는 것 자체가 도움이 되지는 못한다. 사실 당시에는 한 지점으로부터 다른 지점으로의 정보교환이 느리고 불확실했기 때문에, 공격작전을 펼 때 적을 어느 곳에서 발견할 것인가 하는 것은 식민지 항구에 대한 보잘것없는 방어 자체보다 더 큰 문제가 되었다.

이미 말했던 것처럼 상황에 대한 주요 전략적인 개요는 쓸모가 있는 항구와 그 항구들 사이를 잇는 교통로의 상황이 서로 결합하여 이루어진다. 전체를 하나로 묶는 역할을 하는 조직적인 병력인 해군은 군사작전의 중요한 목표가 되어왔다. 지금부터는 이 목표를 달성하는 방법, 즉 전쟁의 수행에 대해 살펴보도록 하자.[223]

해상에서 정보획득의 어려움

앞으로의 논의와 연관 있는 해양에 대한 특수한 조건 한 가지를 먼저 간단하게 언급하자면, 정보를 얻기가 어렵다는 점이다. 육군은 다소의 차이는 있지만 정착해 사는 사람들이 있는 지방을 지나기 때문에 행군한 흔적을 남긴다. 함대는 선박들이 떠돌아다니지만 머무를 수 없는 사막과 같은 곳을 다닌다. 때때로 갑판에서 버린 잡동사니들이 함대가 지나간 사실을 표시해주기도 하지만, 함대가 지나간 흔적을 물이 지워버리기 때문에 그들이 어디로 갔는지 알 수 없다. 추격선으로부터 질문을 받은 선박이, 추적당하는 배가 바로 그 지점을 며칠이나 몇 시간 전에 통과했다고 대답해도 그 정도의 정보로서는 그 배의 행방에 대해 아무것도 알지 못할 것이다.

해군 원정대의 행선지에 대한 혼란스러운 예측

최근에는 대양의 바람과 해류에 대한 신중한 연구 결과를 이용하여 보다 더 유리한 항로가 확정되었고 또한 주의 깊은 뱃사람들이 그 항로를 습관적으로 이용했으므로 피추적자의 움직임에 대한 추정이

223) 다시 말해서 교전국들이 전쟁을 하게 된 목적과 그 목적을 달성하기 위해 군사적 노력을 기울여야 할 적절한 목표를 고찰한 후, 군대가 어떻게 운용되어야 할 것인지 또한 어떠한 수단에 의해 어떤 지점에서 기동성이 있는 그 목표가 공격을 받게 될 것인지를 고찰할 것이다.

다소나마 가능하게 되었다. 그러나 1778년에는 그러한 정확한 자료가 수집되어 있지 않았다. 설령 그러한 자료를 갖고 있었다고 할지라도, 추격이나 항로상에 숨어서 대기하는 것을 피하기 위해 최단거리 항로를 포기하고 많은 항로 중 하나를 취했음에 틀림없다. 그러한 숨바꼭질 시합에서는 추격당하는 자가 더 유리하다. 그리고 적국의 출구를 감시하고 적이 잠잠한 사막 속으로 들어가기 전에 추격을 중단하는 것이 가장 중요하다는 것도 알 수 있다. 만약 어떠한 이유로 그러한 감시가 불가능하다면, 차선책은 적이 취하지 않을지도 모르는 항로를 감시하려고 할 것이 아니라 적의 목적지로 먼저 가서 그곳에서 기다리는 것이다. 그러나 그것은 적의 의도를 알아야 한다는 전제 조건을 필요로 하는데, 적의 의도를 항상 알 수는 없을 것이다. 존스턴과 맞서 싸운 쉬프랑의 행동은 포르토 프라야를 공격했다는 점에서 그리고 양국 공통의 목적지로 서둘러 갔다는 점에서 모두 전략적으로 올바른 것이었다. 한편 1780년과 1782년에 로드니가 정보를 알고 있었음에도 불구하고, 마르티니크로 가는 선단을 차단하는 데 실패한 것은 도착지점이 알려져 있을 경우에도 항로상에서 숨어 기다리는 작전이 어렵다는 것을 보여준 것이다.

어떠한 해상 원정대에게도 출발지점과 도착지점이라는 두 가지만은 미리 정해져 있다. 도착지점은 적에게 알려져 있지 않을 수도 있다. 그러나 항해에 나설 때까지는 어떤 항구에 어떤 병력이 존재한다는 것, 그리고 움직이려고 하는 징조 등은 적에게 알려진 것으로 보아도 좋을 것이다. 어떤 교전국이든 그 이동을 차단하는 것이 가장 중요할 것이다. 그러나 차단은 특히 보편적으로 방어하고 있는 쪽에 훨씬 더 필요하다. 왜냐하면 그가 공격을 받을 수 있는 여러 지점 중에서 어느 쪽이 위협받고 있는지 알 수 없기 때문이다. 반면에 공격자는 적을 속일 수만 있다면 완전한 지식을 가지고 그 목표로 직접 나아간다. 그 원정대가 두세 곳의 항구로 갈라질 때에는 원정대 봉쇄의 중요성이 훨씬 명백해진다. 원정대가 두세 곳의 항구로 나뉘어지는 상황은, 한 조선소만으로 허용된 시간 안에 그렇게 많은 수의 함정의 수리를 할 수 없을 때, 또는 오늘날 전쟁에서처럼 연합군이 개별적으로 파견함대를 보낼 때 흔히 발생할 수 있다. 따라서 이 파견함대가 연합하는 것을 막는 것이 가장 필요하다. 합류를 저지하는 장소로서는 개별 함대의 수에 관계없이 출항하는 항구 앞이 가장 좋다.

방어자의 불리

방어자는 문자 그대로 약한 측이며, 적 함대의 분리와 같은 이점을 특히 노리게 된다. 1782년 로드니는 산타 루시아에서 마르티니크에 있던 프랑스 파견함대가 카프 프랑셰에 있는 스페인함대와 합류하는 것을 막기 위해 감시하고 있었는데, 그것은 전략적인 위치를 올바르게 취한 예이다. 만약 산타 루시아가 프랑스함대의 뒤쪽에 있지 않고 프랑스함대와 스페인 함대사이에 위치해 있었더라면, 그 이상 좋은 계획을 세울 수 없었을 것이다. 그는 당시의 상황에서 취할 수 있는 최선의 행동을 했던 것이다.

약한 존재인 방어자는 적의 각 부대가 있는 모든 항구를 봉쇄하려고 시도할 수는 없다. 모든 항구를 봉쇄하려면 적이 머물고 있는 각 항구 앞에 열세한 병력을 배치해야 하므로 자국의 목적을 이룰 수 없게 된다. 이것은 전쟁의 기본원칙을 무시하는 행위가 될 것이다. 만약 그렇게 하지 않고 우세한 병력을 한두 지점에 집결시키기로 결정한다면, 그 다음에는 어떤 곳을 방어하고 어떤 곳을 무시해야 할 것인지를 결정할 필요가 생기게 된다. 그것은 각 지역에 있는 적의 군사적, 정신적, 그리고 도덕적인 주요 상황들을 완전히 이해한 후에 비로소 전쟁의 전반적인 정책에 포함시켜야 할 문제이다.

방어적 입장에 서게 된 영국

1778년에 영국은 필연적으로 방어 자세를 취할 수밖에 없었다. 전 시대의 영국의 해군 당국자들, 다시 말하여 호크와 당대의 사람들이 지니고 있었던 금언은 영국 해군이 부르봉 왕가의 연합함대와 수적인 면에서 균형을 유지해야 한다는 것이었다. 그렇게 되었다면 영국은 우수한 해군 장병을 뽑을 수 있는 수많은 해양 인구를 가졌기 때문에 실제로 우세한 해군을 가질 수 있었을 것이다. 그러나 당시에는 이러한 준비조치가 이루어지지 않았다. 그 실패가 반대파들이 공격하는 것처럼 내각의 비효율성 때문이었는지 아니면 대의정부가 평화시에 종종 저지르기 쉬운 지나친 긴축정책 때문이었는지는 중요하지 않다. 분명한 사실은 스페인과 프랑스가 참전할 가능성이 있었는데도 불구하고 영국 해군이 수적으로 연합군에 비해 열세했다는 점이다.

현명하고 강인하게 싸워야 할 필요성

본국의 기지와 해외의 보조기지 등과 같은 상황에 따른 전략적 특징이라고 일컬어져 왔던 해군기지 면에서는 전반적으로 영국이 유리했다. 영국의 기지들은 그 자체가 강력하지는 못했지만, 최소한 지리적으로 전략적인 효과를 낼 수 있도록 좋은 위치에 있었다. 그러나 전쟁의 두 번째의 요소로 간주될 수 있는 공격작전을 하는 데 필요한 조직적 군사력이었던 함대에서는 영국이 열세였다. 그러므로 남아 있는 유일한 길은 적의 계획을 좌절시키기 위해 이 열세한 병력을 활기차고 과학적으로 이용하여 적보다 먼저 출항하여 능숙하게 유리한 지점을 차지하고, 신속한 이동으로 적의 공동행동에 대해 기선을 제압하며, 적의 목표와 함대의 왕래를 방해하거나 우세한 병력으로 적의 주요 부분을 공격하는 것이었다.

아메리카 대륙을 제외한 어느 곳이나 이 전쟁을 계속하기 위해서는 유럽에 있는 본국과의 자유로운 교통로 확보가 필수적이었음은 분명한 사실이다. 만약 영국이 압도적인 해군력을 가지고 아무런 방해도 받지 않은 채 미국의 통상과 산업을 압박할 수 있었다면, 미국은 직접적인 군사행동에 의해서가 아니라 소모전에 의해 완전히 무너지고 말았을 것이다. 만약 영국이 연합군 해군의 압력에서 벗어나 있었다면, 그들은 미국에 대해 그 힘을 사용할 수 있었을 것이다. 그리고 영국이 20년 후에 그러했던 것처럼 물질적인 면뿐만 아니라 정신적인 면에서도 연합국 함대에 비해 결정적인 우위를 차지하고 있었더라면, 연합국 해군으로부터 벗어날 수 있었을 것이다. 그렇게 되었더라면 재정적 어려움을 겪고 있었던 프랑스와 스페인 정부는 영국을 열세한 상태로 끌어내리려는 주요 목적을 달성하는 데 실패했으므로 이 전쟁에서 손을 떼지 않을 수 없었을 것이다. 그러나 그러한 우위는 전투에 의해서만 얻어질 수 있었다. 비록 수적으로는 열세이지만 영국 해군장병들이 기량과 경제적인 면에서 더 나았기 때문에, 그 힘을 현명하게 사용한 영국 정부는 전쟁의 결정적인 국면에서 실제적인 우위를 보이면서 그런 결과를 얻을 수 있었다. 그러나 그러한 우위는 전열함들을 전 세계에 분산시켰기 때문에 개별적으로 공격에 노출된 모든 전열함들을 보호하려고 노력하는 동안에는 절대로 얻을 수 없었다.

상황의 열쇠와 나폴레옹전쟁에서 영국 해군의 정책

상황의 열쇠는 유럽에 있었으며 또한 유럽에서는 적의 조선소에 있었다. 만약 영국이 프랑스에 맞서 대륙전쟁을 일으킬 수 없었다면 (나중에 그렇게 입증되었다), 영국의 유일한 희망은 적 해군을 찾아 공격하는 것이었다. 적 함대를 발견하기에는 적국의 항구만큼 확실한 곳이 없었다. 또한 적 함대가 본국의 항구를 떠난 직후만큼 쉽게 공격할 수 있는 곳도 없었다. 이것은 나폴레옹전쟁 기간의 영국의 정책이었다. 나폴레옹전쟁 때 열세한 병력을 갖고 있던 영국은 해군의 사기가 확실하게 우위를 보이고 있었으므로 정박지 안에 조용하게 정박하고 있는 수적으로나 장비 면에서 우수한 적함과 바다라는 위험에 감히 맞설 수 있었다. 이러한 이중의 위험에 맞서면서 영국은 적을 항상 자기들의 감시하에 두며, 적으로 하여금 편안한 항구 생활에 젖어 버리도록 하여 능력을 약화시킨다는 두 가지의 장점을 얻게 되었다. 한편 자국의 장병들에게는 엄격한 순항훈련을 통하여 필요한 때와 장소에 언제라도 달려갈 수 있도록 완전한 준비를 갖추게 했다. 1805년에 빌뇌브 제독은 황제의 말을 그대로 전하면서 "우리는 영국 전대의 모습을 보고 두려워할 이유가 없다. 그들의 74문함은 500명의 장병밖에 탈 수 없으며, 그 함정들은 모두 20년에 걸친 항해 때문에 피로가 누적된 상태다."[224] 한 달 후에 그는 다시 다음과 같이 기록했다. "툴롱 전대는 항구 안에서는 매우 멋져 보였다. 그들의 복장은 훌륭했으며, 훈련도 잘 되어 있는 것처럼 보였다. 그러나 폭풍이 불어오자 모든 상황이 바뀌었다. 그들은 폭풍우가 불어오는 속에서는 훈련을 하지 않았던 것이다."[225] 또한 넬슨은 다음과 같이 말했다. "만약 황제

224) *Orders of Admiral Villeneuve to the captains of his fleet, Dec. 20, 1804.*

225) *Letter of Villeneuve, January, 1805.*

가 진실을 들을 수 있다면, 우리 함대가 1년 동안에 입었던 것보다 더 큰 피해를 자신의 함대가 하룻밤 사이에 입었다는 것을 알게 될 것이다. …… 그들은 허리케인에 익숙하지 않았다. 그러나 우리는 그러한 허리케인이 불어와도 21개월 동안 돛대나 활대를 하나도 잃지 않은 채 용감하게 버텨왔다."[226] 그러나 영국 장병과 함정에게는 긴장감이 너무나 견디기 어려운 것이었으며 그리고 많은 영국 장병들이 적 해안 앞바다에 자국 함대를 유지하는 것에 대해 상당한 반대를 했다는 점도 인정해야 할 것이다. 콜링우드는 다음과 같이 기록했다. "우리가 견뎌낸 모든 폭풍우가 국가의 안전보장을 감소시킨다. 지난번 항해에서 우리는 5척의 대형 함정이 기동불능상태로 되었으며, 최근에는 2척이 또 그렇게 되었다. 그 함정들 중의 몇 척은 도크에 들어가 수리를 해야만 한다." 이어서 그는 다시 다음과 같이 표현했다. "나는 최근 두 달 동안 하룻밤의 휴식이 어떤 것인지를 알지 못한 채 지냈다. 나에게는 이처럼 끝없는 항해가 인간의 능력을 벗어난 것처럼 보인다. 칼더Calder는 지쳐서 유령처럼 되어 나가떨어졌다. 그레이브스Graves도 역시 그에 못지않은 상태라고 한다."[227] 높은 권위를 가진 호크 경의 전문적인 의견도 역시 이러한 행위를 반대했다.

사람들과 함정들이 지쳤을 뿐만 아니라 어떠한 봉쇄로도 적 함대의 출구를 확실하게 견제할 수는 없다는 것도 또한 인정해야만 한다. 빌뇌브는 툴롱에서, 그리고 미시시Missiessy는 로슈포르에서 탈출했다. 콜링우드의 말을 다시 인용해보자. "나는 이곳에서 로슈포르에 있는 프랑스 전대를 감시하는 중이다. 그러나 나는 실제로는 그들의

226) *Letters and Despatches of Lord Nelson.*
227) *Life and Letters of Lord Collingwood.*

항해를 막을 수는 없다고 생각하고 있다. 그러나 만약 그들이 내 옆을 지나 항해한다면, 나는 너무나 억울할 것 같다. …… 그들의 항해를 막을 수 있는 유일한 길은 그들이 우리가 있는 곳을 정확하게 알지 못하기 때문에 우리들 사이를 지나지 않을까 염려하는 것뿐이다."[228]

그럼에도 불구하고 그 당시의 긴장은 지탱되었다. 영국함대는 프랑스와 스페인의 해안을 포위했다. 피해는 보충되었고, 함정들도 수리되었다. 한 장교가 쓰러지거나 지치면 다른 장교가 그 자리를 대신했다. 브레스트에 대한 엄중한 감시가 황제의 공동작전을 무산시켰다. 여러 가지 어려움이 동시에 나타나기는 했지만, 경계를 게을리하지 않은 넬슨은 툴롱 함대가 출항한 순간부터 대서양을 가로질러 유럽 해안으로 돌아올 때까지 그 뒤를 따랐다. 그들이 트라팔가르에서 전술을 앞세워 그 일을 완료할 때까지는 오랜 시간이 걸렸다. 그러나 단계마다 세련되지는 않았지만 잘 훈련된 장병들과 녹슬고 찌그러졌지만 잘 운용된 함정들이 훈련이 부족한 적이 움직이려고 할 때마다 봉쇄했다. 적의 공창 앞에 병력을 배치하고 또한 소형 선박들을 연결하여 고리를 형성한 그들은 때때로 적의 습격을 견제하는 데는 실패했지만 적 전대들의 총연합작전을 효율적으로 저지할 수 있었다.

7년전쟁에서의 영국 해군의 정책

1805년도의 함정들은 본질적으로 1780년의 함정들과 같았다. 의심할 여지없이 진보와 개선이 이루어지기는 했지만, 정도상의 변화는 있을지언정 종류상의 변화는 없었다. 그것뿐만이 아니라 그보다

---

228) *Life and Letters of Lord Collingwood.*

20년 전에 호크와 그의 동료들이 지휘한 함대도 비스케이 만에서 겨울철인데도 불구하고 행동을 감행했다. 호크의 전기작가는 다음과 같이 기록했다. "호크의 통신에는 겨울철 폭풍우 속에서조차 함대를 바다에 있도록 하는 것이 가능했을 뿐 아니라 그것이 자신의 의무였음을, 그리고 그렇게 함으로써 '임무를 완수할 수 있을 것'을 조금도 의심한 흔적이 없다."[229] 프랑스 해군의 상태가 더 나았고 또한 프랑스 해군장교들의 성격과 훈련 상황이 더 나았다는 주장이 있다면, 그러한 사실도 역시 인정할 수 있다. 그럼에도 불구하고 그 장교들의 수가 너무나 부족해서 함상 근무의 질에 중대한 영향을 미쳤다는 점과 수병의 부족이 너무나 심각하여 지상군으로 보충할 수밖에 없었다는 점을 해군본부도 오랫동안 알고 있었다는 사실 또한 인정해야 한다. 스페인 해군의 인원에 대해서 말하면, 넬슨이 프랑스에 몇 척의 함정을 넘겨준 스페인에 대해 언급하면서 "나는 스페인 사람들이 함정에 배치되지 않은 것을 당연하게 생각한다. 왜냐하면 그들을 배치하는 것은 함정을 잃는 가장 빠른 길이 될 것이기 때문이다" 라고 말했던 15년 후의 상황보다 그 당시가 더 나았다고 믿을 이유가 없다.

그러나 사실, 열세한 병력을 가진 편이 적함을 무력화시키는 가장 확실한 길이 항구에서 감시하다가 그들이 출항하면 싸우는 것임은 너무나 분명한 사실이어서 논의할 필요조차도 없다. 유럽에서 이렇게 하는 데 유일한 주요 장애물은 프랑스와 스페인 해안의 악천후였는데, 이러한 날씨는 겨울철 밤에 특히 심했다. 이러한 악천후는 강력하고 관리가 잘된 함정이라 하더라도 견디기 어려운 직접적인 위험을 가져다주었을 뿐만 아니라 아무리 훌륭한 기량을 가지고 있었다

229) Burrows, *Life of Lord Hawke*.

고 하더라도 막기 어려워 끊임없는 긴장을 불러일으켰다. 그러므로 그러한 악천후 때문에 수리하거나 승무원을 교체하기 위해 함정을 자주 본국으로 보낼 대규모의 예비함정이 필요했다.

만약 봉쇄함대가 적이 취할 것임에 틀림없는 항로의 측면에 편리한 정박지를 발견할 수만 있다면, 문제는 아주 단순해질 수 있다. 1804년과 1805년에 넬슨이 툴롱 함대를 감시할 때 사르디니아에 있는 마달레나Maddalena 만을 사용한 것은 그러한 좋은 예이다. 그 당시에 넬슨은 휘하의 많은 함정들의 상태가 대단히 나빴으므로 그런 조치를 취할 수밖에 없었다. 그러므로 1800년에 제임스 소마레즈James Saumarez 경은 날씨가 사나울 때 봉쇄 함대의 연안 전대를 정박시키기 위해 브레스트에서 5마일밖에 떨어져 있지 않은 프랑스의 두아르느네즈Douarnenez 만을 사용하기조차 했다. 이 점에서 볼 때 플리머스와 토베이의 위치는 완전히 만족스러운 장소라고 생각할 수 없다. 그 이유는 마달레나처럼 적의 측면에 있는 것도 아니고, 산타루시아처럼 적의 후방에 있는 것도 아니기 때문이다. 그럼에도 불구하고 호크는 부지런하고 관리가 잘된 함정들이 이러한 불리한 점을 극복할 수 있다는 것을 입증했다. 후에 로드니도 그보다는 기상이 나쁘지 않았던 곳에서 그러한 면을 보여주었다.

1778년 전쟁에서의 영국 해군의 배치

1778년의 전쟁을 전체적으로 볼 때, 영국 정부는 자유롭게 사용할 수 있는 함정 수에서 아메리카, 서인도제도와 동인도제도에 있는 외국 파견대를 적의 파견대와 같은 병력으로 유지했다. 실제로 특수한 경우에는 그렇지 않은 경우도 있었다. 그러나 일반적인 함정의 배치로서는 맞는다고 할 수 있다. 이와는 반대로 유럽에서는 앞에서 말한 정책의 필연적인 결과로서 영국함대가 프랑스와 스페인의 항구들에 있는 적 함대에 비해 대체로 열세한 상황이었다. 그러므로 영국함대는 아주 신중하게, 그리고 적의 소규모 부대를 만나는 행운을 통해서만 공세를 취할 수 있었다. 그렇다고 할지라도 매우 결정적인 승리를 거두지 않는 한, 상당한 대가를 치르며 전투에 참가한 함정들이 일시적으로 기동불능의 상태에 빠질 수 있는 위험을 항상 가지고 있었다. 영국의 본국(영국해협) 함대——지브롤터와 지중해 사이의 교통로가 이 함대에 달려 있었다——는 전투와 기상에 대해 아주 경제적으로 사용되었을 뿐 아니라 본국 해안의 방어나 적의 교통로에 대한 작전에만 사용되었다.

너무나 멀리 떨어진 인도에서도 예외적인 정책이 취해질 수 없었다. 그곳으로 파견된 함정들은 그곳으로 가서 머물렀고, 갑작스러운 긴급사태로 인하여 증강되거나 소환될 수도 없었다. 이 전쟁터는 독립되어 있었다. 그러나 유럽, 북아메리카와 서인도제도는 일종의 커다란 전쟁터로 간주되어야 했다. 왜냐하면 그곳에서의 사건들이 서로 연관되어 있었고 또한 서로 다른 부분들이 중요한 관계를 갖고 있었으므로 특별한 주의를 기울여야 했기 때문이다.

해군기지 강화의 실패가 해군에 미친 영향

교통로의 보호자로서의 해군을 전쟁의 지배적 요소로 생각한다면, 그리고 교통로로 불리는 보급로와 해군의 원천이 모두 본국에 있고 그곳에 주요 병기창이 집중되어 있다면 다음의 두 가지 점을 말할 수 있다. 첫째, 방어 자세를 취하는 국가였던 영국의 주요 노력이 그 병기창에 대해 집중되었어야만 한다. 둘째, 그러한 집중을 위해 해외에 있는 교통로가 불필요하게 확대되어서는 안 된다. 왜냐하면 교통로가 확대되면 그것을 지키기 위해 파견부대를 증가해야 하기 때문이다. 두 번째의 것과 밀접한 관계가 있는 것은 교통로 선상에 있는 중요한 지점들을 요새화하거나 다른 방법에 의해 강화시켜야 할 의무이다. 그렇게 함으로써 이 중요한 지점들은 함대에 그 보호를 의존하지 않고, 그 대신 상당한 간격을 두고 보급과 증원군만을 받으면 될 것이다. 예를 들어, 지브롤터는 실제로 난공불락이고 오랫동안 견딜 수 있을 정도로 보급품을 저장해두었다는 점에서 이러한 조건을 충분히 만족시킨 지점이라고 할 수 있다.

만약 이러한 생각이 옳다면, 아메리카 대륙에서 영국군의 배치는 대단히 잘못된 것이었다. 영국은 캐나다와 핼리팩스, 뉴욕, 그리고 내러갠셋 만과 허드슨 강을 장악하고 있었기 때문에 반란이 발생한 대부분의 지역과 결정적인 곳들을 고립시킬 수 있는 능력을 갖고 있었다. 그 당시에는 프랑스함대가 뉴욕과 내러갠셋 만을 공격할 수 없도록 할 수 있었을 것이다. 그러한 공격의 위험에서 벗어나게 하여 해상으로부터의 공격에 대해 수비대의 안전을 확보하고 해군의 임무를 최소화할 수 있었을 것이다. 한편 영국 해군은 적의 병력이 유럽의 병기창 앞에 있는 영국함대의 감시를 피해 해안에 나타날 경우, 뉴욕과 내렛갠셋 만에 안전하게 피난할 수 있었을 것이다. 그러나 이러한 조치를 취하는 대신에 두 항구는 약한 상태로 방치되었다. 만약 넬슨이나 패러것 같은 사람이 공격했더라면, 그 항구들은 함락되었을 것이다. 한편, 뉴욕의 지상군은 처음에는 체서피크 만으로 그리고 나중에는 조지아로 파견되었는데, 분리된 두 곳의 병력은 모두 임무를 완수할 수 있을 정도로 강하지 않았다. 따라서 두 경우 모두 영국 육군의 두 부대 사이에 적을 놓이도록 하기 위해 해상통제권을 이용할 수밖에 없었다. 분리되어 있는 두 육군부대 사이의 교통은 전적으로 바다에 의존하고 있었으므로, 교통로의 길이가 증가함에 따라 해군의 임무도 증가했다. 여러 항구와 길어진 교통로를 보호할 필요성이 서로 상호작용을 일으켰기 때문에 아메리카로 해군을 파견해야 한다는 주장이 나오게 되었다. 따라서 유럽의 결정적인 지점에 있던 해군력은 그만큼 약화되었다. 결국 남쪽으로 원정대를 파견한 사실의 직접적인 결과로서 데스탱이 1779년에 아메리카 해안에 모습을 드러내자마자, 영국은 서둘러 내러갠셋 만을 포기할 수밖에 없게 되었다. 클린턴이 그곳과 뉴욕 두 곳을 방어할 만한 충분한 병력을 보유하지 못했기 때문이다.[230]

서인도제도에서 영국 정부가 직면한 문제는 폭동을 일으킨 지역들을 진압하는 것이 아니라 작지만 중요한 수많은 섬들을 확보하는 것이었다. 이것은 그 섬들을 계속하여 유지하고 그 섬들의 무역을 적의 약탈로부터 가능한 한 자유롭게 보장하는 것을 의미했다. 이를 위해서 적 함대와 단독 순양함들——오늘날에는 "통상파괴함commerce-destroyer"으로 불린다——에 대한 해상에서의 우위가 필요하다는 것은 두말할 필요가 없다. 아무리 경계를 하더라도 이러한 함정들을 모두 항구 안에 가두어둘 수는 없으므로, 영국의 프리깃 함들과 가벼운 함정들은 서인도제도의 해역을 초계해야만 했다. 그러나 가능

---

230) 이 점에 대해 로드니는 다음과 같이 말했다. "로드 아일랜드로부터의 철수는 가장 치명적인 조치였다. 그것은 아메리카에서 가장 훌륭하고 가장 귀중한 항구에 대한 포기를 의미했다. 함대는 그곳으로부터 미국의 중요한 세 도시, 즉 보스턴과 뉴욕, 그리고 필라델피아를 48시간 내에 봉쇄할 수 있었다." 그가 해군성 장관에게 보낸 편지는 모두 읽을 만한 가치가 있다. (*Life of Rodney*, vol. ii, p. 429.)

하다면, 현장에 있는 영국함대를 가지고 프랑스함대를 견제하는 것보다는 적을 한꺼번에 몰아내는 편이 훨씬 좋다는 것은 틀림없는 사실이다. 그러나 영국은 언제나 프랑스함대와 동등한 병력을 유지했을 뿐만 아니라 오히려 동등한 세력을 가지지 못한 때조차 종종 있었기 때문에 적을 한꺼번에 몰아낼 수가 없었다. 영국군의 활동이 수세적 입장으로 제한되어 있었기 때문에, 열세에 놓인 경우에 항상 피해를 입기 쉬웠다. 영국은 실제로 적의 기습에 의해 많은 섬들을 하나씩 잃어갔다. 그러므로 영국함대는 때때로 항구의 포대 아래에 갇히게 되었다. 한편 적은 자신들이 열세에 있다는 사실을 알기만 하면, 증원군이 올 때까지 기다릴 수 있었다. 왜냐하면 그렇게 기다리는 동안에 두려운 일이 전혀 발생하지 않을 것임을 알고 있었기 때문이다.[231]

영국 해군의 분산과 열세의 노출

이러한 상황이 서인도제도에만 국한된 것은 아니었다. 서인도제도가 아메리카 대륙에 가까웠기 때문에, 공격자는 방어자가 자신의 목적을 확인할 수 있기 이전에 언제라도 두 지역에 있는 자신의 함대를 하나로 연합할 수 있었다. 그리고 그러한 연합작전은 기상상태와 계절을 잘 이해함으로써 어느 정도 통제되었지만, 1780년과 1781년의 사건들은 가장 유능한 영국 제독이 이러한 이유 때문에 혼란을 일으켰음을 보여주고 있다. 그 제독의 함정 배치는 잘못된 것이기는 하지만, 한편 그것은 그의 마음이 확실히 정해지지 않았음을 반영하는 것

231) 영국측 사령관이 대담하고 훌륭한 기량을 가지고 있었던 반면 우세한 세력을 가진 프랑스함대 사령관에게 전문적인 능력이 부족했기 때문에, 산타 루시아 섬을 상실한 것은 이러한 진술에 대해 해로운 영향을 주지 않는다.

이었다. 모든 경우에 방어자들에게 공통적으로 나타나는 이러한 어려움에다가 대영제국의 번영이 걸려 있던 무역에 대한 염려가 추가되었기 때문에, 서인도제도에서의 영국함대 사령관의 임무는 결코 가볍지도 단순하지도 않았다는 것을 인정해야만 할 것이다.

서인도제도로 많은 세력이 파견됨으로써 유럽에는 이러한 대규모 부대가 없었기 때문에 영국 자체와 지브롤터의 안전은 크게 위협을 받았다. 또한 미노르카의 상실도 이 부대의 부재 탓으로 돌릴 수 있을 것 같다. 66척에 이르는 연합국 전열함들이 영국의 전열함 35척을 항구 안으로 몰아넣었을 때, 나폴레옹은 그 함정들만 획득하면 영국해협의 지배권을 확보할 수 있었을 것이며, 그렇게 되면 그 자신의 주장대로 영국을 확실하게 지배할 수 있었을 것이다. 30일 동안 30척의 함정으로 구성된 프랑스의 분견함대는 속도가 느린 스페인 함정을 기다리면서 비스케이 만을 항해했다. 그러나 그들은 영국함대의 방해를 받지 않았다. 지브롤터는 영국과의 교통이 차단됨으로써 기아 상태에까지 이르렀다. 그러나 그러한 기아로부터 구원해준 것은 영국 정부에 의해 적절하게 배치된 해군이 아니라, 영국 장교들의 뛰어난 자질과 스페인 함대의 비효율성이었다. 하우 경이 마지막 구조작전을 전개했을 때, 그가 지휘하는 함대의 함정수가 34척이었던 반면에 연합국의 함정 수는 49척이었다.

1778년 전쟁과 다른 전쟁에서 영국의 해군정책 비교

영국이 그처럼 괴로워했던 어려움들에 대한 방책 중에서 어느 것이 더 나은 것이었을까? 항구에서 자유롭게 출항하는 것을 적에게 허용하고 또한 자신은 노출된 각 기지에 충분한 해군세력을 유지하여 적과 교전하는 것이 좋았을까? 아니면 적의 모든 습격을 저지하거나 모든 선단을 차단한다는 헛된 희망이 아니라 적의 대연합을 좌절시키고 어떤 대규모 함대라 하더라도 그 뒤를 바짝 추격하리라는 희망으로 온갖 어려운 상황에서도 적국의 함대 공창을 감시하는 것이 좋은 것이었을까? 그러한 감시를 봉쇄와 혼동해서는 안 된다. 봉쇄는 자주 사용되고 있는 말이지만, 적합한 말은 아니다. 넬슨은 다음과 같이 기록했다. "저는 결코 툴롱 항을 봉쇄한 적이 없으며, 오히려 그와 반대라는 사실을 각하께 알려드립니다. 적 함대는 출항할 수 있는 모든 기회를 갖고 있었습니다. 왜냐하면 우리나라의 기대와 희망을 실현시키는 곳이 바다라는 것을 믿었고 또한 그것을 원했기 때문입니다." 그는 다시 다음과 같이 말한 적도 있었다. "프랑스함대가 출항하려고만 했다면, 그 함대를 툴롱이나 브레스트에 묶어둘 수 있는 것은 아무것도 없었습니다." 이러한 그의 말들은 다소 과장되어 있기는 하지만, 프랑스함대를 항구 안에 가두어두려는 시도가 헛된 것이었음은 사실이다. 넬슨이 충분한 초계함들을 적절하게 배치하면서 적 항구의 근처에서 머무른 채 기대했던 것은 그들이 언제 출항하며 그리고 어떤 방향으로 갈 것인가를 알아내는 것이었다. 그의 말을 그대로 빌려 말하자면, 그는 "그들을 지구 반대쪽까지 추격하려는" 의도에서 그러한 것들을 알고자 했다. 그는 다른 기회에 다음과 같이 말한 적이 있었다. "나는 프랑스함정들로 구성된 페롤 전대가 지중해로 진출할 것이라고 믿었다. 만약 그 전대가 툴롱에 있는 전대와 합류한다면, 수적인 면에서 우리를 훨씬 능가하게 될 것이다. 그러나 나는 절대 그들을 놓치지 않을 것이며, 페롤 앞바다에서 영국함대를 지휘하고 있는 펠류Pellew가 곧 그들의 뒤를 쫓을 것이다." 그러므로 상당히 오랫동안 지속된 전쟁 기간에 프랑스 함정들로 구성된 분대가 기상의 악화,

일시적인 봉쇄 해제, 또는 지휘관의 판단 착오를 틈타 탈출하는 일이 종종 있었다. 그렇게 되면 곧 영국함대에는 경보가 울렸으며, 많은 프리깃 함 중 몇 척이 그들을 발견하고 그 목적지를 알아내기 위해 그 뒤를 따랐다. 영국함정들은 또한 한 지점에서 다른 지점으로 그리고 함대에서 함대로 소식을 전하여, 곧 탈출한 분대와 비슷한 병력의 분대로 하여금 필요하다면 "지구의 반대편까지" 그 뒤를 쫓도록 했다. 프랑스 정부가 해군을 이용한 전통에 따르면, 그 원정대는 적 함대와 싸우기 위해서가 아니라 "은밀한 목적"을 위해 출항했다. 그 때문에 즉각적으로 뒤따르는 요란한 추격은 단 한 분대에 의해 이루어지고 있다고 하더라도 이미 정해진 계획을 질서정연하고 조직적으로 집행하는 것을 방해할 수 있었다. 서로 다른 항구에서 오는 분대들을 하나로 연합시키는 대연합작전에서 그러한 추격은 아주 치명적이었다. 1799년에 25척의 전열함을 이끌고 브레스트를 출항한 브뤽스Bruix의 모험적인 항해, 그 항해 소식의 재빠른 전파, 영국군의 활발한 행동과 개별적인 실수들, 프랑스의 계획 좌절[232]과 숨막히는 추격,[233] 1805년 미시시의 로슈포르 탈출, 그리고 1806년 브레스트에서 윌로메즈Willaumez와 레스그Leissegues 전대의 탈출, 이 모든 것들은 트라팔가르 해전과 더불어 여기에서 제시된 노선에 따른 해군 전략에 대한 연구에 흥미로운 연구자료를 제공하는 것으로 언급될 수 있을 것이다. 반면에 1798년의 전투는 나일 강 해전에서 멋지게 막을 내리기

---

232) 전투 계획은 브뤽스의 행동 때문에 집행이 불가능하게 되어버렸다. 프랑스 전대와 스페인 전대의 합류가 지연됨으로써 영국이 60척의 함정을 지중해에 집결하는 것을 허용해버렸다. Troude, vol. iii, p. 158.

233) 브뤽스가 지휘하는 프랑스와 스페인의 연합전대들은 돌아오는 길에 키스 경(지중해에서부터 그를 추격해온 영국의 지휘관)보다 겨우 24시간 전에 브레스트에 도착했다James, *Naval History of Great Britain*.

는 했지만, 프랑스 원정대가 출항했을 때 영국군이 그곳에 아무런 병력도 갖고 있지 않았기 때문에 그리고 넬슨에게 프리깃 함이 충분하게 제공되지 않았기 때문에, 결과적으로 거의 실패한 경우로 인용할 수 있을 것이다. 강툥Ganteaume이 1808년에 지중해에서 9주 동안 순항한 사실도 역시, 그렇게 좁은 해역에서조차 강력한 세력으로 감시하지 않아 출항을 허용해버린 함대를 통제하기가 얼마나 어려운지를 보여주고 있다.

프랑스의 오래된 군주정이 제국의 단호한 군사독재에서처럼 함대의 움직임에 대해 비밀을 유지할 수 없었음에도 불구하고, 1778년의 전쟁부터는 이와 비슷한 예를 인용할 수 없다. 두 시대 모두 영국은 방어적인 입장에 있었다. 그러나 두 번에 걸친 전쟁 중 앞쪽의 전쟁에서 영국은 방어의 최전선이라고 할 수 있는 적 항구 앞에 있는 전선을 포기하고 광범위하게 흩어져 있는 제국에 함대를 나누어 배치하여 모든 영토를 보호하려고 했다. 그것은 한 정책에 대한 약점을 보여준 것이며 동시에 그것은 다른 정책의 위험과 어려움을 인정한 것이기도 했다. 1778년의 전쟁보다 후에 발생한 전쟁에서 영국 해군의 목표는 적의 해군을 폐쇄시키거나 아니면 적 해군을 전투에 끌어들임으로써 단기간에 전쟁을 결정짓는 것이었다. 왜냐하면 바다가 전투가 발생하는 여러 장소를 결합하고 분리하는 역할을 동시에 하는 경우에 바로 그 바다가 전쟁의 열쇠라는 것을 잘 알고 있었기 때문이다. 그렇게 하기 위해서는 수적으로는 동등하지만 효율성 면에서는 우수한 해군을 보유할 필요가 있었다. 그리고 그 해군에게는 제한된 전투 영역을 할당할 필요가 있었다. 또한 그 전투에 참가한 전대들로 하여금 서로 지원할 수 있도록 그 범위를 좁혀줄 필요도 있었다. 함대가 이처럼 배치되었기 때문에, 항해에 나선 적의 어떤 함대를 차단하거나 압도하는 것은 기량과 빈틈없는 경계에 달려 있었다. 이렇게 배치된 세력은 자신들의 진정한 적이자 주요목표이기도 한 적 함대에 대한 공격적인 행위에 대해 멀리 떨어진 곳에 있는 영토와 무역을 보호한다. 또한 본국 항구의 근처에 있기 때문에, 수리를 필요로 하는 함정의 교체와 재배치하는 데 최소한의 시간만을 필요로 하며, 한편 해외기지의 부족한 자원에 대한 수요도 그만큼 줄어들게 된다. 바로 이러한 정책이 효과를 거두기 위해서는 숫자상으로 우세해야 할 필요가 있다. 왜냐하면 각 부대가 서로 너무 멀리 떨어진 곳에 있어 상호지원이 어렵기 때문이다. 그러므로 각 부대는 자신들에게 대항하는 적의 연합 가능한 부대에 대해 동등한 세력을 가져야 한다. 이것은 예상 외로 적이 증강될지도 모르기 때문에 아군의 세력이 실제로 맞설 적보다 모든 곳에서 우세해야 한다는 것을 의미한다. 세력이 우세하지 못할 때 그러한 방어전략이 얼마나 위험하고 얼마나 실행 불가능한 전략인가 하는 것은 영국 해군이 모든 곳에서 동등해지려고 노력했음에도 불구하고 유럽뿐만 아니라 해외에서도 종종 열세에 놓였다는 사실에 의해 증명되고 있다. 1778년 뉴욕에서의 하우 경, 1779년 그레나다에서의 바이런, 1781년 체서피크 앞바다에서의 그레이브스, 1781년 마르티니크와 세인트 키츠 섬에서의 후드, 이들은 모두 열세한 세력을 갖고 있었다. 그리고 그 당시 유럽에 있던 연합함대는 영국의 함대를 수적인 면에서 압도적으로 능가하고 있었다. 그 결과 영국은 항해에 적합하지 못한 함정들을 본국으로 보내어 함정의 수를 줄이기보다는 오히려 현지에 남아 있게 하여 승조원을 위험에 노출시켰고, 또한 함정의 피해도 커지게 만들었다. 그것은 식민지에 있는 조선소의 능력이 충분하지 못한 탓으로 대서양을 건너 본국으로 가지 않고서는 대규모 수리를 할 수 없었기 때문이었다. 위에서 열거한 두 전략의 상대적인 비용에 대한 문제는 어느 쪽이 같은 시간에 더 많은 경비를 필요로 하는가 뿐만 아니라 어느 쪽이 효율적인 활동으로 전쟁 기간을 단축할 수 있는가 하는 점에 있었다.

동맹국의 해군정책

동맹국의 군사정책은 공세를 취한 측이 방어를 취한 측에 비해 사실상 이점을 가지고 있었다는 점에서 영국의 정책보다도 훨씬 가혹한 비난을 받았다. 연합국이 양국의 병력을 연합하는 과정에서 생긴 최초의 어려움을 극복했을 때——영국은 한 번도 연합국의 합류를 심하게 방해한 적이 없었다——연합국은 수적으로 우세한 병력을 가지고 어디에서, 언제, 어떻게 공격할 것인가에 대한 선택권을 가지고 있었다. 그들은 이처럼 공인된 커다란 이점을 어떻게 이용했을까? 그들은 대영제국의 주변을 조금씩 잠식해 들어가는 데, 그리고 지브롤터의 암벽에 머리를 부딪치는 데 그러한 이점을 이용했다. 프랑스에 의해 이루어진 가장 진지한 군사적인 노력은 목적지에 도착한 병력이 영국군의 두 배가 되도록 하기 위해 아메리카에 1개 전대와 지상군 1개 사단을 파견한 것이었다. 그 결과 1년이 조금 넘은 기간이 지나자 영국은 아메리카 식민지와 싸우는 것이 절망적임을 깨닫고 그 때까지 상대방에게 매우 유리했던 병력분산 정책을 종결했다. 일반적으로 서인도제도에서는 영국함대가 사라지자 조그마한 섬들이 하나씩 차례로 쉽게 연합국의 수중으로 넘어갔다. 이 사실은 만약 영국함대에 대해 완전한 승리를 거두었다면 모든 문제가 얼마나 완전하게 풀렸을 것인가를 짐작하게 해준다. 그러나 프랑스는 유리한 기회가 많이 있었음에도 불구하고 영국함대에 대한 공격이라는 단순한

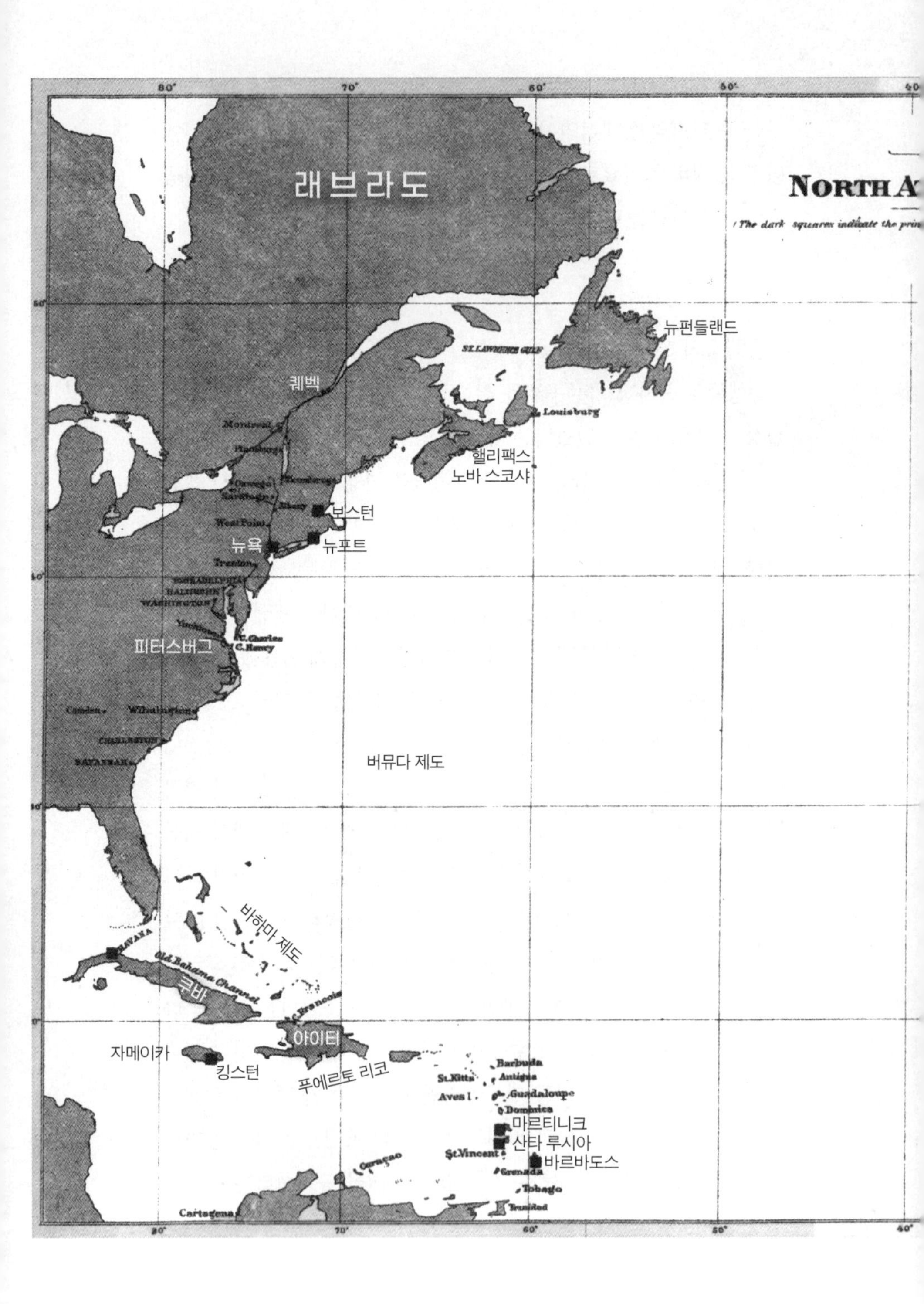
NORTH A
The dark squares indicate the prin
래브라도
뉴펀들랜드
ST. LAWRENCE GULF
퀘벡
Louisburg
Montreal
헬리팩스
노바 스코샤
보스턴
뉴욕
뉴포트
West Point
Trenton
PHILADELPHIA
BALTIMORE
WASHINGTON
C. Charles
C. Henry
피터스버그
Camden
Wilmington
CHARLESTON
SAVANNAH
버뮤다 제도
바하마 제도
HAVANA
Old Bahama Channel
쿠바
C. Francois
아이티
자메이카
킹스턴
푸에르토 리코
Barbuda
St. Kitts
Antigua
Aves I.
Guadaloupe
Dominica
마르티니크
산타 루시아
St. Vincent
바르바도스
Curaçao
Grenada
Tobago
Trinidad
Cartagena
80°
70°
60°
50°
40°

C OCEAN.
strategic points in the War of 1778.
런던
암스테르담
안트웨르펜
파리
Donegal
DUBLIN
Galway
Limerick
BANTRY BAY
C.Clear
Cork Hr.
Bristol Chan.
Falmouth
Scilly Is.
Havre
Dunkirk
Calais
Boulogne
Dieppe
BREST
L'Orient
Ile Groix
NANTES
ROCHEFORT
BORDEAUX
Bayonne
Coruna
Vigo
Barcelona
MADRID
MAJORCA
MINORCA
CORSICA
SARDINIA
LISBON
Valencia
C.St.Vincent
Malaga
GIBRALTAR
C.Trafalgar
CANARY IS.
CAPE VERDE IS.
Porto Praya
아프리카
30°
20°
10°
0
40°

방법으로 문제를 해결하려고 시도하지 않았는데, 사실 그 방법에 모든 것이 달려 있었다. 스페인은 플로리다에서 마음먹은 대로 모든 일을 이루었지만, 압도적인 병력을 가지고 거둔 성공이었기 때문에 군사적 가치는 없었다. 유럽에서는 영국 정부가 취한 정책 때문에 해군력이 매년 점점 열세한 상태가 되었다. 그런데도 연합국이 계획한 작전들 속에는 어떤 경우에도 그러한 상태에 있는 영국함대를 파괴시키려는 진지한 계획이 없었던 것 같다. 30척의 전열함으로 구성된 더비의 전대가 토베이의 정박지에서 연합국 전열함 49척에 의해 포위되었던 결정적인 순간에도, 작전회의에서 싸우지 않기로 결정한 사실은 연합해군의 작전이 갖는 성격을 잘 보여주고 있다. 유럽에서 연합국이 힘을 발휘하는 데 또 다른 방해가 된 것은 오랜 기간 동안 스페인이 자국 함대를 지브롤터 근처에 배치할 것을 강력하게 주장한 것이었다. 그러나 영국해협이나 지브롤터 해협에 그리고 대양에 있는 영국 해군에게 심각한 타격을 주는 것이, 한 번 이상 거의 기아 직전의 비참한 상태에까지 몰린 지브롤터 요새를 진압하는 가장 확실한 길이라는 점을 연합국이 인식한 적은 한 번도 없었다.

동맹국의 의견 차이

프랑스 정부와 스페인 정부는 공격적인 전쟁을 실시하면서 서로 다른 의견과 시기심 때문에 많은 어려움을 겪었는데, 이 때문에 많은 해군의 연합작전이 방해를 받았다. 스페인의 행동은 거의 배신행위라고 할 수 있을 정도로 이기적이었던 것처럼 보였지만, 프랑스의 행동은 좀더 믿음직스러웠고 따라서 군사적으로도 더 건전했던 것 같다. 현명하게 선택된 공동목표를 놓고 마음에서 우러나는 협조와 일치된 행동을 했더라면, 양국의 목적은 더욱 훌륭하게 달성되었을 것이다. 여러 가지 조짐으로 미루어보건대, 연합국 특히 스페인측의 관리와 준비가 비효율적이었으며 또한 장병들의 질[234]도 영국보다 훨씬 뒤떨어져 있었다는 점을 인정해야만 할 것 같다. 그러나 군사적 관심이 많고 중요한 준비와 관리문제는 목표를 선택하고 공격하기 위해 그리고 전쟁의 목적을 달성하기 위해 양국 정부에 의해 채택된 전략적 계획이나 방법과 상당히 차이가 있었다. 그러므로 이 문제를 조사하는 것은 이 토론을 불합리하게 확대할 뿐만 아니라 주제와는 무관하고 불필요한 세부적인 사항들만을 누적함으로써 전략적인 문제를 모호하게 만들 것이다.

'은밀한 이면상의 목적'

전략적인 문제에 대해 살펴보면, "은밀한 목적"이라는 말이 해군정

---

234) 많은 프랑스 장교들이 가지고 있었던 전문적인 능력을 간과하려는 것은 아니다. 장병들의 질은 훌륭한 장병들의 수가 불충분했기 때문에 희석되어버렸다. "우리 장병들은 1779년의 해전에 의해 큰 영향을 받았다. 1780년 초에는 몇 척의 함정을 무장 해제하거나 아니면 해군에서 지상군의 비중을 늘릴 필요가 있었다. 해군대신은 두 가지 중에 후자를 선택했다. 지상군으로부터 차출되어온 새로운 연대가 해군에 배치되었다. 전쟁 초기부터 수가 많지 않았던 장교들은 아주 부족했다. 드 기셍 소장은 장교와 수병들의 인원 수를 채우는 데 큰 어려움을 겪었다. 그는 2월 3일에 '그가 해군 대신에게 편지를 쓴 것처럼' '인원 배치가 형편없이 된' 함정을 이끌고 출항했다"(Chevalier, *Hist. de la Marine Française*, p. 184.).

"1778년의 전쟁 중에 우리는 함정에 장교를 배치하는 데 큰 어려움을 겪었다. 제독이나 대장, 그리고 함장들을 임명하기는 쉬웠지만, 대위나 소위계급의 장교들 중에서 사망이나 질병, 그리고 진급으로 말미암아 생기는 빈자리를 채우는 것은 불가능했다."(Chevalier, *Marine Française sous la République*, p. 20.).

책의 근본적인 잘못을 포함하고 있다고 말할 수 있을 것이다. 은밀한 목적이 연합군의 희망을 수포로 만들어버렸다. 왜냐하면 그들은 그 은밀한 목적에만 집착함으로써 아무런 생각도 없이 그 목적이 유도하는 길로만 나아갔기 때문이다. 목적을 달성하려고 열망한 나머지 그 목적을 확실하게 달성할 수 있는 유일한 수단에는 눈이 멀고 말았던 것이다. 따라서 전쟁의 결과를 볼 때, 모든 곳에서 그 목적을 달성하는 것도 결국에는 실패하고 말았다. 앞에서 말했던 요약을 다시 인용하자면, 그들의 목적은 "자신들이 입은 피해에 대해 복수하는 것, 그리고 영국이 바다에서 유지하고 있다고 주장하는 전제적인 제국에 종지부를 찍는 것"이었다. 그러나 그들이 한 복수는 자신들에게 아무런 이익이 되지 못했다. 당대인들은 그들이 아메리카를 해방시킴으로써 영국에게 피해를 주었다고 생각했다. 그러나 그들은 지브롤터와 자메이카에서 실수한 것을 만회하지 못했다. 영국함대는 자신들의 거만한 자존심에 전혀 상처를 받지 않았고, 북부에 있는 국가들의 무장 중립은 아무런 성과도 없이 끝나버렸다. 그리고 대영제국은 바다에서 전보다 더 전제적이고 더 절대적인 국가가 되었다.

동맹국 해군의 일관된 수세적 태도

준비와 관리 문제 그리고 영국함대와 비교한 연합국 함대의 전투 능력 문제를 제외하면, 또한 숫자상으로 크게 우세했다는 확실한 사실만을 볼 때, 연합국이 공세를 취하고 또한 영국이 주로 방어적인 자세를 취했지만, 영국 해군 앞에서 연합국 함대가 습관적으로 방어적인 태도를 보였다는 사실은 군사적 행위의 최고 요소로 주목되어야 할 것이다. 연합국이 적 함대의 일부를 분쇄하기 위해, 적과의 숫자상의 차이를 더 크게 하기 위해, 그리고 영국을 지탱하고 있는 조직적인 병력을 파괴함으로써 해양제국에 종지부를 찍도록 만들기 위해 자신들의 우세한 병력을 사용하려고 했던 어떠한 진지한 노력이 강력한 전략적 연합에서도 전쟁터에서도 보이지 않는다. 쉬프랑에 의한 유일하면서도 빛나는 예외를 제외하고, 연합국 해군은 전투를 피하거나 아니면 받아들일 수밖에 없었다. 그들이 전투를 강요한 적은 한 번도 없었다.

이러한 행동 노선의 위험

그리고 영국 해군이 바다를 그렇게 안전하게 마음대로 돌아다닐 수 있게 되어 있는 한, 실제로 종종 그러했듯이 전쟁의 은밀한 목적이 좌절되지 않으리라는 보장이 없었을 뿐만 아니라 영국 해군이 어떤 기회에 중요한 승리를 거둠으로써 세력의 균형을 회복할 가능성도 있었다. 그러나 영국이 그렇게 하지 못한 것은 영국 내각의 잘못으로 돌릴 수밖에 없다. 그러나 영국이 잘못하여 자국의 유럽 함대를 동맹국의 함대에 훨씬 미치지 못하는 상태가 되도록 허용했다면, 동맹국은 영국이 저지른 실수를 이용하지 못한 것에 대해 훨씬 더 비난받아 마땅하다. 공격적이고 강한 측이 많은 지점을 염려해야만 하는 방어자측의 지나친 병력분산(그것도 정당화되지는 못한다) 때문에 곤란했다고 변명할 수는 없는 것이다.

통상 파괴의 마력

그들의 행동노선 중에서 마지막으로 비판해야 하는 것은 프랑스의 국민적 편견인데, 그것은 당시 해군 장교들과 정부에게서도 발견된다. 그것은 프랑스 해군의 행동을 결정하는 열쇠였으며, 필자의 의견으로는 이 전쟁에서 프랑스가 좀더 실질적인 결과를 달성하지 못한 것을 이해하게 해주는 열쇠이기도 했다. 아주 교양이 있고 용감한 해군들이 자신들의 고상한 직업에 걸맞지 않는 역할을 아무런 불평도 없이 받아들인 것은 인간의 마음에 대한 전통의 영향이 얼마나 강한지 보여주는 교훈이다. 이러한 비판들이 옳다면, 그것은 현재의 여론과 그럴듯한 생각들도 역시 철저하게 검증되어야 한다는 것을 경고하기도 한다. 만약 현재의 여론과 생각이 잘못 작용된다면, 틀림없이 실패할 것이고 또한 아마 재앙까지도 불러일으킬 수 있기 때문이다.

그 당시에 프랑스 장교들은 전쟁에서, 특히 영국 같은 통상국을 대상으로 한 전쟁에서는 통상파괴의 효과가 중요한 결과를 가져올 것이라는 생각을 갖고 있었으며, 오늘날 미국에도 이러한 생각은 훨씬 더 널리 퍼져 있다. 유명한 장교였던 라모트-피케Lamotte-Picquet는 "내 생각으로는 영국을 정복하는 가장 확실한 방법은 그들의 통상을 공격하는 것이다"고 표현했다. 통상에 대한 중대한 방해 때문에 국가에서 절망감과 고민이 야기되리라는 것은 모두가 인정할 것이다. 그것은 해전에서 매우 중요한 이차적인 작전임에 틀림없고, 따라서 전쟁 그 자체가 끝날 때까지 통상파괴작전은 포기되지 않을 것이다. 그러나 그러한 작전 그 자체가 적을 분쇄하기에 충분하며 가장 중요하고도 근본적인 수단이라고 생각한다면, 그것은 어리석은 생각일 것이다. 특히 그것이 국민의 대표자들에게 비용이 적게 드는 매력적인 수단인 것처럼 보여질 때에는 대단히 잘못된 일일 것이다. 특히 이것을 적용할 국가가 영국처럼 강력한 두 가지의 필수요건——광범위하게 이루어지는 통상과 강력한 해군——을 구비한 나라(영국은 지금도 그러한 요건들을 갖추고 있다)를 상대로 할 때에는 그것은 잘못된 것이다. 국가의 세입과 산업이 스페인의 갈레온 선의 작은 선단처럼 몇 척의 보물선에 집중되어 있는 곳에는 군자금이 일시에 차단될 수 있을지 모른다. 그러나 국가의 부가 수천 척의 선박에 분산되어 있거나 체제의 근거가 깊게 뿌리내리고 있을 때에는, 그 국가는 심한 충격을 받거나 큰 가지를 잃어버려도 생존에 영향을 받지 않고서 견뎌낼 수 있다. 통상의 전략적 중심지를 오랫동안 지배하여 해양을 군사적으로 지배할 수 있을 때에는, 그러한 공격은 치명적인 것이 될 수 있다.[235] 그리고 이러한 통제는 강력한 해군과 싸워 이겨야만 그 해군으로부터 빼앗을 수 있다. 영국은 200년 동안 세계에서 강력한 통상국이었

---

235) 영국 통상의 주요 중심지는 대영제국 주변의 해역이다. 그리고 대영제국이 식량 보급을 크게 해외에 의존하고 있기 때문에, 프랑스는 통상파괴에 의해 영국을 괴롭히기에 가장 적당한 위치를 차지하고 있는 나라이다. 그 이유는 프랑스가 영국에 가깝고 대서양과 북해 양쪽에 항구를 갖고 있기 때문이다. 과거에 영국의 해운업을 괴롭히던 사략선들은 이러한 항구들에서 출항했다. 프랑스는 이전에는 보유하지 못했던 영국해협의 셰르부르라는좋은 항구를 갖게 되었으므로 위치상 전보다 훨씬 더 강해졌다고 할 수 있다. 다른 한편으로, 증기와 철도에 의해 영국 북부 해안의 항구들을 사용할 수 있게 되었으므로, 영국도 전처럼 영국해협 부근에 선박을 집중시킬 필요가 없어졌다.

1888년 늦여름의 기동 중에 영국해협과 그 부근에서 이루어진 순양함에 의한 상선의 나포에 많은 중요성이 부여되고 있다. 미국은 그러한 순양함들이 본국의 항구 근처에 있었다는 사실을 기억해야 한다. 그들의 석탄 보급로는 200마일 정도 되었을지 모른다. 그러한 순양함들을 본국에서 3천 마일 떨어진 곳에서 활동하도록 하는 것은 매우 어려운 일이었을 것이다. 그러한 경우에 석탄 보급, 바닥 청소, 그리고 수리에 필요한 시설의 제공은 영국에 아주 비우호적이었을 것이므로 이웃에 있는 어떤 중립국이 그러한 시설을 허용했는지에 대해 의문을 갖는 것도 당연하다.

단독 행동을 하는 순양함에 의한 통상파괴는 병력의 광범위한 분산에 달려 있으며 대함대로 전략적 중심지를 통제하여 통상파괴를 하는 것은 병력의 집중에 달려 있다. 그러한 작전을 이차적인 것이 아니라 주요한 작전으로 간주한다면, 여러 세기에 걸친 경험에 의해 전자는 비난받고 후자는 정당화된다.

다. 영국의 부는 전시나 평화시에나 다른 어떤 나라보다도 바다에 의지하고 있다. 그리고 모든 국가들 중에서 영국은 중립국의 권리와 통상의 면세를 인정하기를 가장 꺼렸다. 역사는 그러한 거부를 권리문제가 아니라 정책문제로 생각하여 인정해왔다. 그리고 만약 영국이 충분한 세력으로 해군을 유지하게 되면, 미래에도 과거의 교훈이 되풀이될 것이라는 데에는 의심할 여지가 없다.

1783년의 평화 조건

이 대전쟁에 종지부를 찍은 영국과 연합국 정부 사이의 평화 예비조약이 1783년 1월 20일에 베르사이유에서 조인되었다. 그보다 2개월 전에 영국과 미국의 위원들 사이에 협정이 체결되었고, 그 협정에 의해 미국의 독립이 인정되었다. 이것은 이 전쟁의 중요한 결과였다. 유럽의 교전국들 중에서 영국은 토바고를 제외하고 잃었던 서인도 제도 전체를 프랑스로부터 돌려받았고, 그 대신 산타 루시아를 포기했다. 인도에 있는 프랑스의 근거지는 반환되었다. 그리고 트링코말리가 적의 수중에 있었으므로, 그것을 네덜란드로 돌려주는 것에 대해 반론을 제기할 수 없었다. 그러나 영국은 네가파탐을 양도하는 것을 거부했다. 영국은 스페인에게 플로리다와 미노르카를 넘겨주었다. 스페인이 미노르카를 유지하기에 충분한 해군력을 가졌더라면, 이 섬의 상실은 영국에게 심각한 것이었을 것이다. 스페인이 그러한 힘을 갖지 못했으므로, 그것은 그 다음 전쟁 때 다시 영국의 수중으로 넘어갔다. 아프리카의 서부 해안에 있는 무역 기지도 재분배했는데, 그것은 중요한 것은 아니었다.

그 자체로서는 사소한 것이지만, 이러한 결말을 짓는 데 한 가지 논평이 가해질 필요가 있다. 다가오는 어떤 전쟁에서도 그러한 결말이 항구성을 지니게 될지의 여부는 전적으로 해양력의 균형에, 그리고 해양제국——그것에 관해서는 이번 전쟁에서 결정적인 것이 하나도 확립되지 않았다——에 달려 있다.

1783년 9월 3일에 베르사이유에서 최종 평화조약이 조인되었다.

해설

알프레드 세이어 마한의 생애와 업적

1. 19세기 후반기 미국 해군의 상황

자유주의, 민족주의, 공화주의, 산업화, 노동운동 등이 자기 세력을 넓히는 가운데 서구가 제국주의 시대를 형성해가고 있었을 때, 미국도 대륙 내에서 팽창을 추진하고 있었다. 미국은 독립혁명(1776 ~83) 이후 특히 19세기 후반기에 이르러 텍사스 병합(1845), 멕시코 전쟁(1846~48), 캐나다와 미국의 국경을 정한 오리건 협상(1846), 하와이와의 화친조약 체결(1849), 캘리포니아주의 연방 가입(1850), 남북전쟁(1861~65), 알래스카 매입(1867), 스페인과의 전쟁을 통한 필리핀과 하와이와의 병합(1898) 등을 차례로 전개해나갔다.

미국 해군[91]은 1840년에서 남북전쟁까지 일시적이나마 확장의 시대를 맞아 1845년에는 해군사관학교가 설립되기까지 했으나 1883년에 이르자 심각한 쇠퇴기에 접어들었다. 계속된 전쟁에 대한 미국인들의 싫증, 서부로의 확장이라는 당면문제의 대두, 보급기지의 부족

91) 이하는 Barzun, J., Beik, P. H., Crothers, G. and Golob, E. O., *Introduction to naval history : an outline with diagrams and glossary* (Chicago · Philadelphia · New York : J. B. Lippincott Company, 1944), pp. 85~144. ; ed. Potter and Nimitz, *Sea Power : a naval history* (Englewoods Cliffs, N. J. : Prentice-Hall, INC., 1960), chapts. 10~21, pp. 187~345를 요약한 것이다.

에 따른 증기선 사용의 어려움, 평화시 무역선을 보호하는 데 목조 범선이 적합하다는 여론의 확산, 해군 고위장교들의 무역선 습격전략 선호, 대중의 소극적 해안방어론 선호, 서부 경작지대와 동부 산업지대에서 해군 확장에 대한 반대 등의 이유들 때문에 1864년에 700척이었던 해군의 함정 수는 1870년에 200척, 그리고 1880년에는 48척으로 감소했다.

1880년 이후에는 해군에게 유리한 상황이 전개되었다. 남미전쟁(1879~84)이 일어났을 때, 미국이 칠레보다 해군력에서 열세라는 사실이 판명되었으며, 프랑스 회사가 파나마 운하를 인수함에 따라 미국 해안을 보호해야 할 필요성이 대두되었다. 또한 무역과 제조업의 발달로 상선에 대한 관심이 증가했으며, 증기선이 철강을 이용하여 건조되기 시작하면서 철강산업과 석탄산업이 발전하기도 했다. 이러한 이유들 때문에 미국에서는 새로운 해군New Navy의 건설작업이 시작되었다.

1881년에 설립된 해군고문위원회Navy Advisory Board는 장갑 철갑함 70척의 건조안을 권고했으며, 의회는 구식 목선의 수명을 단축시키고 수리비용도 감축했다. 1883년에는 보조돛대와 증기기관을 보유한 순양함 3척(애틀란타 호, 보스턴 호, 시카고 호)과 공문서 수송선 1척(돌핀 호)의 건조안을 승인했는데, 이때 건조된 함정들은 후에 백색전대White Squadron를 형성했다. 1880년대에는 철강으로 된 장갑과 함포가 사용되기 시작했다. 1883년과 1885년에는 2척의 소형 증기추진 순양함 1척과 2척의 포함을 건조했으며, 1889년 이전에는 30척 이상의 함정이 건조되었다. 1890년에는 미국에게 중요한 바다를 통제하기 위한 실질적인 전투함대가 건설되기 시작했다. 이어서 의회는 1890년에 1만 톤급 전함 3척, 1892년에 전함과 장갑순양함 각 1척, 1898년에 전함 5척과 다수의 포함을 건조한다는 안을 가결시켰다.

이러한 새로운 해군의 건설작업은 1880년대에 등장한 전략 이론에 힘입은 바가 컸다. 국가의 경제력이 향상되자 사업가들은 해외시장으로 눈을 돌렸다. 극동으로 가는 중간지점으로서 파나마 운하와 하와이의 중요성이 커졌다. 또한 영토 확장에 대한 여론이 확대되었다. 이러한 상황에서 국가의 쇠퇴를 방지하기 위해 산업 · 해외무역 · 상선 · 식민지 · 기지는 물론 그것들을 보호할 수 있는 해군이 필요하며, 무역선의 습격만으로는 전쟁을 승리로 이끌지 못하고, 연안과 해상무역을 가장 잘 보호할 수 있으며, 적의 무역선과 군함을 몰아내고 바다를 지배할 수 있는 것이 전투함대라는 이론이 주장되었다. 이 주장은 미국인들을 감동시켰을 뿐만 아니라 해군에 관심을 갖도록 만들었다. 바로 이 전략론을 주장한 사람이 알프레드 세이어 마한Alfred Thayer Mahan이었다.

2. 마한의 생애

마한은 부친 데니스 하트 마한Denis Hart Mahan이 토목공학과 공병학을 가르치는 교수로 재직했던 웨스트 포인트의 육군사관학교 관사에서 1840년 9월 23일에 태어났다. 그는 독실한 성공회 신자였던 모친의 영향으로 엄한 기독교 중심의 가정에서 성장했다. 그는 포스트에서 초등교육을 마치고, 세인트 제임스에서 중등교육을 받았다. 주로 남부 성향이 강했던 학교 분위기 탓에 그는 남부를 사랑했으며, 후에 자식을 남부인으로 키우길 원하기까지 했다. 그런데 그의 중등

학교 수학 성적은 좋지 않았서 대수학과 기하학은 거의 낙제 수준이었다. 마한은 입학한 지 2년 후에 컬럼비아 대학으로 학교를 옮겼는데 신학교의 교회사 교수였던 사촌의 집에 기숙하면서 2학년 때 39명 중 6위를 차지했다.

그곳에서 마한은 매리엇[92]과 쿠퍼[93]의 바다 이야기에 매혹되어, 그 영향으로 해군사관학교에 입학하기로 결심했다. 부친은 마한이 지나치게 섬세하고 곧은 기질을 가진데다 체력이 너무 약하여 군인이 되기에 부적합하다는 이유로 마한의 결정을 반대했다. 그러나 그는 웨스트포인트 지역의원 앰브로스 머레이Ambrose Murray로부터 추천을 받아 1856년 9월 30일에 해군사관학교에 입교했다. 다정한 성격의 그는 생도 시절에 독서를 많이 했으며, 부친의 염려에도 불구하고 1859년에 차석으로 졸업했다.[94]

사관학교를 졸업한 후 마한의 주요 경력은 〈표1〉[5]과 같다.

---

92) Frederick Marryat (1792~1848). 영국 해군장교로서 다양한 해양경험을 재미있게 되살린 작품들을 발표했다. 작품으로는 《왕의 것The King's Own》(1830), 《피터 심플Peter Simple》(1834), 《너그러운 해군 사관생도Mr. Midshipman Easy》(1836), 《불쌍한 잭Poor Jack》(1840), 《새로운 숲의 어린이들The Children of the New Forrest》(1847) 등이 있다.

93) James Fenimore Cooper (1789~1851). 미국 소설가로 주로 개척기 황야의 주인공을 묘사한 소설을 집필했는데, 그 대표작으로는 《개척자The Pioneers》(1823), 《모히칸족의 최후The Last of the Mohicans》(1826), 《평원The Prairie》(1827), 《사슴 사냥꾼The Deerslayer》(1841) 등이 있다. 한편, 그는 일련의 해양소설도 발표했는데, 그 대표작으로는 《도선사The Pilot》(1823), 《붉은 해적선The Red Rover》(1827), 《바다 사자The Sea Lions》(1849)가 있다. 또한 그는 재미있게 읽을 수 있는 《미국 해군의 역사History of the Navy of the United States of America》(1839)도 집필하여 출판했다.

94) 이상은 captain W. D. Puleston, Mahan : *The life of captain Alfred Thaylor Mahan*, U.S.N. (New Haven : Yale University Press, 1939). pp. 16~17. ; D. M. Schurman, *The education of a navy : the development of British naval strategic thought*, 1867~1914 (Chicago : The University of Chicago Press,), p. 63을 요약한 것이다.

연도	경력	연도	경력
1858	목조 슬룹선 플리머스 호와 레반트 호에서 실습	1883	남북전쟁기 해군사 집필
		1884	목제 슬룹선 와추셋 호 함장
1859	프리깃 함 콩그레스 호에 초급장교로 승함	1885	해군대학 교관 발령
		1886	대령 진급. 뉴욕에서 강의 준비후 강의 시작
남북전쟁 (1861~65)	증기 슬롭선 포카혼타스 호의 부장, 마케도니아 호의 부함장, 3급 증기슬룹선 세미노울 호와 몬가헤라 호에 승함, 수송선 애드거 호의 부장, 머스코타 호에 승함	1888	푸젯 해협 근무
		1889	뉴포트로 귀국
		1891~92	해군장관 고문
		1982	해군대학 이임
		1893	순양함 시카고 호 함장
1866	워싱턴의 해군 공창에 근무	1895	전역
1867-9	2급 증기 슬룹선 이러쿼이 호의 부장, 마세도니아 호의 부장	1897~98	해군차관보 자문
		1898	해군위원회 위원
1872	결혼, 중령 진급	1899	헤이그 파견
1874	와스프 호 함장	1902	미국 역사학회장 취임
1875	보스턴 해군 공창에 근무	1908	해군본부 재조직위원회 위원
1876	일시 퇴역, 프랑스 체류	1912	해군대학 특별강사
1877	해사 병기부장으로 재복무	1914	사망
1880	뉴욕 해군 공창의 항해국에 근무		

〈표 1〉 마한의 주요 경력

그의 경력은 함상 근무, 해군대학 교수, 해군과 국가 정책에 대한 자문관으로 구분된다. 먼저 함상 근무는 사관생도와 초급장교 시절의 실습기, 남북전쟁기, 해군대학에 부임할 때까지의 기간, 그 이후의 시기로 나눌 수 있는데, 모두 16척의 함정에서 근무했다. 그의 함상 근무는 대부분 범선에서 이루어졌다. 그 덕분에 그는 후에 많은 책을 저술할 때 범선의 전문가로서 기술적 용어를 마음대로 사용할 수 있었다. 그는 함상 근무에서 두각을 나타내지 못한 채 평범한 장교 생활

95) 표1〉은 각주 2)에서 인용된 자료들을 종합하여 필자가 작성한 것이다.

을 했지만 극동 아시아, 유럽, 남미를 방문하는 원양항해를 통해 시야를 넓힐 수 있었다. 이채로운 점은 해군대학Naval War College에 근무한 지 8년이 지난 후 갑자기 순양함 함장으로 근무한 사실이다. 그 이유는 한편으로 해군 장교로서 함상 근무의 경력이 더 필요했기 때문이었다. 다른 한편으로는, 당시 해군에서 별로 인기가 없었던 해군대학의 교수이자 조력자였다는 점[96]과 저술활동이 해군 장교의 업무가 아니라는 워싱턴의 관료들의 생각 때문이었다.[97]

다음으로 해군대학에 근무하던 시기를 살펴보자. 그는 1885년에 해군대학에 부임하라는 명령을 받고서 1886년부터 강의를 시작했다. 이후 푸젯 해협에서 근무한 기간 2년(1888~89)을 제외하고 1892년까지 해군대학에서 근무했다. 당시 해군은 존재 자체를 위협받을 정도로 약화되었다. 이러한 상황에서 미국 해군은 과학과 실용성을 추구하고자 했다. 또한 해군이 국가의 안녕 부분에서 결정적인 역할을 할 필요성이 있다는 점을 홍보하기 위한 운동이 해군 내에서 1880년대에 일어났다. 이 운동의 주동자는 미국 최초의 전략사상가로 일컬어지는 스테판 루스Stephan Luce였다. 그는 해군이 전문성을 확보하기 위해서는 해군 장교가 항해사나 기관사를 중시하는 기술군의 관념을 버리고 그 대신 전쟁과 전투에 대한 전문적인 지휘관이라는 생각을 가져야 한다고 생각했다. 따라서 해군 교육기관은 전쟁술을 교육하여 해전에 실제로 적용할 수 있도록 해야 했다.[8] 이러한 상황

96) 당시 해군대학은 워싱턴 당국자와 해군 장교들 사이에 인기가 없어 존폐의 논란이 일어나고 있었다. A. T. Mahan, *Presidential Address at the opening the 4th annual session of the N. W. C.*, U. S. N. I. Proceeding (1888), pp. 622, 624~625를 참조.

97) A. T. Mahan, *From sail to steam*. Recollections of naval life (Harper&Brothers, 1907), p. 311.

에서 해군 장관은 1884년 6월 13일에 해군실습학교를 창설하라고 명령했으며, 이어서 10월 6일자 장관명령 제325호에 의해 로드 섬 뉴포트에 해군대학이 정식으로 설립되었다. 초대 학장이었던 루스는 설립 초기에 전쟁술을 공부해야 할 필요성을 느끼지 못한 장교들 때문에 많은 어려움을 겪었다.

루스는 해전사 교수로 마한을 선발했다. 부친의 영향으로 전쟁술과 군사 연구를 할 수 있는 이상적인 환경에서 성장한 마한은 1885년에 이 발령소식을 듣고 강의를 준비하기 위해 공부하기 시작했다. 그는 윌리엄 나피에William Napier의 《1807년에서 1814년까지 프랑스 남부와 반도에서 일어난 전쟁의 역사*History of the war in the peninsula and in the south of France from A.D.1807 to 1814*》와 몸젠의 《로마사》를 읽었다. 이어서 그는 뉴욕에 머물도록 허락을 받아 도서관에서 1886년 8월까지 공부했다. 같은 해 8월에 루스가 북대서양 함대사령관으로 발령이 나자, 마한은 그의 뒤를 이어 해군대학의 학장이 되었다. 그는 학장의 임무를 수행하는 동시에 교수로서 함대전투의 전술과 해양력의 역사적 역할에 대해 강의를 했다. 이 강의의 결과는 후에 저서로 발간되어 그를 저명인사로 만드는 데 결정적으로 기여했다.[99]

마지막으로 마한은 해군에서 전역한 후 국가와 해군정책에 대해 많은 자문활동을 했다. 그는 미국과 칠레의 관계가 악화된 1891~92년에 해군장관의 자문관이 되었으며, 시어도어 루즈벨트Theodore

---

98) Albert Gleaves, *Life and letters of rear admiral Syephan B. Luce*, U. S. Navy, Founder of the N. W. C. (New York · London : G. P. Putnam's Sons, 1925), p. 169.

99) Bruno Colson, Jomini, *Mahan et les origines de la stratégie maritime américaine,dans L'Évolution de la pensée navale*, direct. Hervé Coutau-Bégarie (Paris : Fondation pour les Études de Défense Nationale, 1990), pp. 139~140).

Roosevelt가 해군차관이었던 1897~98년에는 미서전쟁이 일어날 경우에 대비하여 자문을 해주었다. 그리고 이 전쟁이 발발했을 때 유럽에 있다가 소환되어 전쟁성War Board에서 근무했다. 1899년에는 헤이그 평화회의에 파견되었으며, 그 후에도 해군 재조직위원회와 해군문제 합동위원회 및 소위원회에서 활동했다.

3. 마한의 학술적 업적

마한의 경력에서 가장 화려하고 가치가 있을 뿐만 아니라 실질적으로 그의 이름을 드높인 것은 해군대학에서 근무하기 시작한 지적 편력의 기간이었는데, 그때 그의 나이는 45세였다.

전술한 것처럼 마한의 지적 편력은 부친의 영향을 받아 일찍부터 시작되었다. 사관생도 시절부터 독서를 좋아했던 그는 함상 근무시절에도 여전히 책을 가까이 했다. 한 예로 이러쿼이 호의 부장이었을 때, 그는 계속해서 자신을 괴롭히고 있던 정신적 문제를 체계적으로 해결하기 위해 신학서적을 읽었다. 또한 국사國事에도 관심을 가져 국제관계 분야의 서적을 구입해달라고 모친에게 부탁했다. 그의 숙부는 유럽에서 일어난 교회와 국가의 투쟁사에 관한 책을 보내주었다. 그는 함정에 도서실을 만들기도 했다. 그의 형 프리드리히는 마한이 생애의 대부분을 역사와 관련이 있는 책을 독서하는 것으로 보냈다고 진술했다.[100] 한편 그는 뉴욕의 애스터 도서관에서 프랑스 역사와 전쟁술 및 전쟁사에 관한 책을 주로 읽었다.[11] 또한 영국과 프랑스의

100) captain W. D. Puleston, op. cit., p. 44.

관계에 대한 해군의 의견이 제시되었던 잡지들도 읽었다.[102)]

이러한 독서와 연구를 바탕으로 마한은 〈표2〉[103)]에서 보는 것처럼 증보판까지 합하여 모두 21권의 저서를 발간했다. 이들을 성격에 따라 저서와 논문모음집으로 분류할 수 있으며 내용상으로는 해양력, 해군전쟁사, 해군지휘관의 전기와 유형, 해군행정, 대외정책과 외교로 분류할 수 있다. 이러한 기준에 따라 〈표2〉를 재분류하면 〈표3〉과 같다.

그의 저서 중에서 가장 많은 수는 지휘관의 전기와 유형에 대한 분야였다. 그러나 해양력과 해군전쟁사의 유사성을 감안한다면, 그의 저서 가운데 반절은 해양력과 전쟁사에 대한 것이었다. 그의 저서 중에서 미국에서 가장 인기가 많은 책은 13번과 21번이었지만 대표적인 저술은 2번과 3번이라고 할 수 있다. 그의 에세이 모음집들은 대단히 흥미롭고 교훈적이며 시사적 성격이 강했으며 문체는 간명하여 지루하지 않았다. 마한은 해양력과 해군 전쟁사를 다루는 과정에서 등장한 해군지휘관들의 전기와 유형을 별도로 모아 이를 단행본으로 출판했다. 또한 대외정책과 외교문제 및 해군행정에 대한 저술은 미국의 정책과 해군의 당면문제에 대한 의견을 개진한 결과물들이었다. 그는 역사와 현실문제를 동시에 고민했던 것이다.

마한은 대부분의 장교들과는 달리 단순히 기술적인 경험을 통하여

---

101) 그가 읽은 책은 Lapeyrouse Bonfils, *A history of the French Navy*. ; Henri Martin, *Histoire de France*, 17 vols. ; Hamley, *Operations of War*. ; Henri Jomini, *Histoire critique et militaire des guerres de la Révolution*. ; Idem, *Précis de l'art de guerre*였다.

102) 그가 읽은 잡지는 〈*Revue maritime et coloniale*〉과 〈*United Service Magazine*〉이었다.

103) 〈표2〉는 captain W. D. *Puleston*, op. cit., pp. 359~364에 있는 Books and collect essays by Mahan을 옮긴이가 요약한 것이다.

순번	출판연도	서명
1	1883	만과 내해
2	1890	해양력이 역사에 미치는 영향, 1660-1783
3	1899	해양력이 역사에 미치는 영향, 프랑스 혁명과 제정기
4	1892	패러것 제독
5	1897	넬슨의 생애 : 대영제국 해양력의 구현
6	1987	해양력에 대한 미국의 관심, 현재와 미래
7	1899	미서전쟁의 교훈과 몇몇 논문
8	1899	넬슨의 생애(증보판)
9	1900	남아프리카 전쟁. 전쟁행위의 시작부터 프레토리아 함락까지 보어전쟁 서술
10	1900	아시아 문제와 국제정치에 대한 그 영향
11	1901	영국 해군사에 나타난 해군장교의 유형
12	1902	회고와 전망, 국제관계에 대한 해군과 정치적 연구
13	1905	1812년 전쟁의 해양력과의 관계
14	1907	경시된 전쟁 양상
15	1907	돛에서 증기까지. 해군생활의 회상
16	1908	해군 행정과 교전. 그 원치과 에세이
17	1909	내부의 수확 : 어떤 기독교도의 생애에 대한 단상
18	1910	국제적 조건에 대한 미국의 관심
19	1911	해군 전략. 지상군 작전의 실행과의 비교와 대조
20	1912	군비와 저정, 국가들의 국제관계에서 힘의 위치
21	1913	미국 독립전쟁에서 해군의 주요 작전

〈표 2〉 마한 저서의 발간 시기별 현황

구분	해양력	해군전쟁사	지휘관의 전기와 유형	해군행정	대외정책과 외교	계
저서	4 (2,3,13,19)	3 (1,9,21)	6 (4,5,8,11,15,17)		2 (10,18)	15
논문 모음집	1 (6)	2 (7,14)		1 (16)	2 (12,20)	6
계	5	5	6	1	4	**21**

〈표 3〉 마한 저서의 유형별 통계와 분류

경력을 쌓는 것을 싫어했다. 그는 해군대학이 장교들로 하여금 기술적이거나 실용적인 지식을 고도로 응용할 수 있는 능력을 길러주도록 교육과정을 운영해야 한다고 생각했다. 그러기 위해서는 먼저 역사를 이해하는 것이 필요하다고 생각한 그는 역사 연구를 통하여 군사사가軍事史家에게 대단히 중요한 역사적 원인과 결과가 어떤 연관성을 갖는지 알 수 있었다.[104] 마한은 "마지막으로 육상에서 근무하던 시절에 나는 나피에의 《반도전쟁》을 진지하게 읽었다. 누구나 그 책을 재미있게 읽겠지만, 나는 그 책을 읽으면서 훌륭하게 서술되어 있다는 점보다는 군사적 인과관계를 설명하고 있는 부분에 흠뻑 빠져들었다." 그것은 마치 "자신의 위치를 몰라 불안해하는 항해사에게 빛이 비추는 것과 같은 기쁨을 가져다주었다."[105] 그러나 그의 본격적인 역사 연구는 조미니에 대한 강의 제안을 받은 후부터 시작되었다. "내가 내 앞에 있는 많은 해군 역사서적을 이러한 방식으로 연구하도록 자극을 받은 것은 원칙적으로 조미니의 저술을 읽고 난 이후였다. 군사적 책략에 대한 고찰들이 거의 없거나 아주 적은데, 나는 조미니가 서술한 그 고찰들로부터 많은 것을 배웠다. 또한 나는 범선시대의 해군역사와 해군지휘관의 행동을 제대로 이해할 수 있는 열쇠를 그에게서 발견했다. 나는 그러한 해군역사를 바탕으로 순수하고 영구적인 교훈을 추출할 수 있었다."[106] 마한은 해전을 비판적으로 분석했으며, 햄리Hamley와 샤를르Charles 대공의 저술을 이용하기도 했는

---

104) captain A. T. Mahan, *The practical charactor of the N. W. C.*, U. S. N. I. Proceedings (1893). p. 156.

105) A. T. Mahan, *From sail to steam*, p. 273.

106) Ibid., p. 282.

데, 클라우제비츠Clausewitz의 저술은 1910년에야 접할 수 있었다. 어쨌든 그는 역사를 간접적인 수단으로 이용하여 전략에 접근했던 것이다.[107]

그는 당시 영국 해군을 연구하는 역사가들이 환상적인 성공담과 찬사를 늘어놓기에 급급하는 현상을 직시했다. 그들이 해전에서 각 함정과 개인의 용맹을 중요한 것으로 다룬 반면에, 해군력 전체를 중시한 마한은 일방적인 해군 찬양자가 되기를 거부했다. 오히려 그는 프랑스의 역사와 역사가들을 이용하여 프랑스 해군의 잘못을 깨닫게 만들었다. 그리하여 그는 "편견을 갖지 않은 대가impartial authority"로 칭송을 받을 수 있었다.[108]

마한은 레오폴트 폰 랑케Leopold von Ranke[109] 의 영향을 받은 것처럼 보인다. 랑케는 "최고 존재"를 언급하면서 "신의 질서" 속에서 세계사가 전개된다고 믿었다. 그에 의하면, 모든 시대가 신에 직면해 있으며, 그 가치는 그 시대로부터 출현하지 않고 그 시대의 실존 그 자체, 다시 말해서 그 시대의 고유함 속에 있다. 각 시대는 자체의 장점과 결점, 그리고 자체의 최고 가치를 지니고 있다.[110] 마한은 최고 존재와 역사의 연속성을 믿었다. 또한 모든 인간이 단지 그 시대의 아들일 뿐이며, 그를 둘러싸고 있는 경향성의 표현이라는 랑케의 주장도 받아들였다. 넬슨, 나폴레옹, 피트, 카이사르 등에 대해서 마한이 서술한 부분은 바로 이에 대한 증거로 볼 수 있다. 마한은 연구와 설명에 많은 시간을 할애함으로써 정확성을 꾀하고자 노력했다. 뿐만 아

107) D. M. Schurman, op. cit., p. 138.

108) Ibid., p. 70.

109) 랑케(1795~1885)는 독일 역사가이지만, 1884년에 미국 역사학회가 창립되었을 때 명예회원으로 추대되었다. 이상신,《서양사학사》, 청사, 서울, 1984, p. 482.

110) Ibid., p. 490.

니라 그는 역사적 전망에서 사건을 바라보고, 명확하고 일관된 의지를 갖고서 정확하고 공평하게 분석하려는 객관성을 추구했다.[111)]

4.《해양력이 역사에 미치는 영향》의 구성과 내용

(1) 출판 과정[112)]

이 책은 마한이 1886년까지 강의한 내용을 출판한 것이다. 수강생들이 자신의 강의를 "소설만큼이나 재미있는" 것으로 생각한다는 사실을 안 마한은 출판할 생각을 했다. 그는 동기생이자 친구였던 애쉬Ashe에게 다음과 같이 편지했다. "마지막 학기의 강의는, 조금 과장하자면, 내 자신이 놀랄 정도로 성공적이었다네. 이것은 정말 나를 기쁘게 만들었다네. 가끔 내가 생각했던 것처럼 이것이 책으로 발간된다면, 자네도 내 강의에 대해 판단할 수 있을 것이네." 마한을 해군대학 교수로 추천한 루스 제독도 이 출판이 이루어진다면 일반 대중과 해군 장교에게 흥미로운 책이 될 것이며, 나아가 해군대학의 지속적인 존재를 위해 여론을 환기시키는 데에도 도움될 것으로 판단하여 출판업자를 물색하기 시작했다.

루스 제독은 1888년 초에 한 회사에 출판 여부를 물었는데, 거절을 당했다. 마한도 다른 회사들에게 출판을 의뢰했지만, 모두 거절을 당했다. 마한이 푸젯 해협에서 근무할 때에도 그의 친구들이 계속 출판사를 물색했지만, 역시 실패하고 말았다. 1889년 여름에 해군대학으

111) captain W. D. *Puleston*, op. cit., pp. 329~330.

112) 이 절은 captain W. D. *Puleston*, op. cit., chapt. XIV Search for a publisher, pp. 89~92를 요약한 것이다.

로 되돌아왔을 때까지도 아직 출판사가 나서지 않은 상태에 있었다. 당시 그의 책을 출판하는 데 드는 비용은 2천 달러였는데, 이 비용을 내고 출판하는 모험을 무릅쓰려는 출판사가 없었다. 어떤 한 회사는 마한이 출판 비용을 부담할 경우에 출판하겠다고 제안했지만, 그에게는 그 비용을 마련할 방도가 없었다. 그러자 마한은 부유층 두 명에게 출판비용을 대줄 경우에 모든 판권을 주겠다는 내용으로 편지를 보냈다. 이 제안도 거절을 당했는데, 그 중 한 명인 모건Morgan은 인쇄비에 보태라고 2백 달러를 그에게 기부했다. 그 밖에도 마한은 다각도로 출판하려는 노력을 기울였다. 그는 한 서점의 주인이 루스 제독의 친구임을 알고 그에게 부탁해달라고 루스 제독에게 편지를 보냈다. 당시 루스는 영국에서까지 출판사를 물색하고 있는 중이었다. 하지만 이 모든 노력은 모두 실패하고 말았다. 마한은 자포자기하는 마음으로 "저를 위해 돈을 써달라고 간청하는 행동을 계속할 수 없습니다"라고 토로했다.

그런데 이러한 출판 노력은 드디어 결실을 보게 되었다. 당시 해군대학 강사였던 제임스 솔리James R. Soley 교수의 권고로 일반 문학부의 제임스 매킨티르James W. McIntyre는 초고를 읽은 후 존 브라운John M. Brown에게 출판을 권하여 허락을 받았다. 그리하여 브라운의 회사는 10월부터 작업을 시작했으며, 1890년 5월에 초판이 세상에 나왔고, 같은 해 늦게 영국에서도 출판되었다. 오늘날까지 고전으로 불리는 이 책은 이처럼 어려운 과정을 거쳐 정말 간신히 출판되었던 것이다.

(2) 구성

이 책을 서술하면서 마한은 영국인 5명(레이어드, 엡틱, 캠벨, 비트슨,

제임스)과 프랑스인 5명(라페이루즈, 슈발리에, 폴 오스트, 트루드, 게렝)의 저서를 주로 이용했다. 그는 편견을 갖지 않고 설명하기 위해 영국의 자료는 물론 프랑스의 자료도 참고했다. 또한 여러 교수와 장교가 해군문제에 관한 글을 발표했던 잡지들을 읽었다.

이 책은 원래 541쪽이나 되는 방대한 분량으로, 모두 14개의 장으로 구성되었으며, 서론까지 합하면 15개의 장으로 구성되어 있는 셈이다. 각 장에서 다루고 있는 전쟁과 해전을 비롯한 주요 내용은 〈표4〉[113]와 같다.

이 책에서 서술하고 있는 시기는 1660년부터 1783년까지로 1세기하고도 사반세기 가까이 된다. 또한 제2차 영국-네덜란드전쟁에서 1778년의 전쟁까지 일곱 차례의 전쟁과 약 30회의 해전이 서술되어 있다. 대상 국가는 영국, 네덜란드, 프랑스, 스페인으로 주로 대서양에 연해 있는 국가들과 독립전쟁기의 미국이다. 러시아, 오스트리아, 프러시아, 폴란드 같은 동부 유럽의 강국들도 서술 대상국에 포함되었지만, 주요 대상국은 유럽 서부의 4개국과 미국이었다. 지리적으로 볼 때 대상 지역은 유럽, 지중해, 서인도제도, 인도였다. 서술되고 있는 군주나 재상은 프랑스에서 5명(루이 14세, 마자랭, 콜베르, 루이 16세, 루이 15세), 영국에서 9명(찰스 2세, 제임스 2세, 윌리엄 3세, 말버러, 앤, 3명의 조지, 피트 1세), 그리고 미국에서 1명(조지 워싱턴)이었다. 유명한 제독 중에서는 네덜란드인 3명(트롬프, 뢰이터, 루퍼트), 영국인 12명(몽크, 블레이크, 허버트, 앤슨, 러셀, 호크, 보스카웬, 손더스, 로드니, 하우, 저비스, 후드), 프랑스인 5명 (투르빌, 드 그라스, 드 기셍, 데스탱, 쉬프랑)이 이 책에 등장하고 있다.

113) 〈표4〉는 옮긴이가 작성한 것이다.

장	시기	전쟁	해전(기타)
서론			(해양력의 역사와 교훈, 해군전략 총론)
1			(해양과 해양통상의 이점, 해군력의 존재의 의의, 해양력에 영향을 미치는 요소, 사례)
2	1660~07	제2차 영국-네덜란드전쟁	로스토프트 4일 해전
3	1672~78	제3차 영국-네덜란드전쟁	솔배이, 1·2차 소네벨트, 텍셀, 스트롬볼리
4	1688~97	영국 왕위계승전쟁, 아우크스부르크 동맹전쟁	비치 헤드, 라 오그
5	1702~13	스페인 왕위계승전쟁, 러시아와 스웨덴의 전쟁	말라가, 비고 만
6	1715~39	폴란드 왕위계승전쟁	파사로
7	1739~48	영서전쟁, 오스트리아 왕위계승전쟁	툴롱, 피니스테어르
8	1756~63	7년전쟁	포트 마혼, 라고스, 네가파탐, 퐁디셰리
9	1764~78	미국 독립전쟁	어션트
10	1778~81	미국 독립전쟁	도미니카, 그레나다, 1·2차 체서피크
11	1779~82	영서전쟁	프로비덴, 네가파탐, 트링코말리, 쿠달로르, 사다라스
12	1778~83		레상트, 도미니카
13	1781~12		
14	1778	해양전쟁	(전쟁비판, 목적과 목표, 의미, 해군의 요소, 해군정책, 통상파괴)

〈표4〉《해양력이 역사에 미치는 영향, 1660~1778》에 나타나는 전쟁과 해전

마한은 "얽혀 있는 해양사를 풀기 위해"24) 노력했다. 그것은 마한이 이 책을 집필한 의도에서부터 나타났다. 그는 해양력이 유럽과 미국의 역사에 미친 영향을 바탕으로 유럽과 미국의 역사를 검토하려는

---

114) contre-amiral Olivier Sevaistro, *Mahan, le Clausewitz de la mer*, Stratégie, VII,1980, p. 69.

목적을 갖고 있었다. 일반 역사가들은 바다에 대해 모르기 때문에 해양력이 중요한 사안에 대해 미친 결정적이고도 심오한 영향을 경시해왔다. 이 점을 잘 인식한 마한은 해양력이 역사의 진로와 국가의 번영에 미친 영향을 명확하게 밝힐 수 있기를 희망했다. 그는 바다에서의 권익이 일반 역사의 인과관계를 어떻게 바꾸었으며, 그 인과관계가 다시 바다에서의 권익을 어떻게 바꾸었는지를 규명하고자 했던 것이다. 게다가 그는 전술적인 문제에 대해서도 의견을 거침없이 피력했다. 물론, 그는 일반 독자들을 위해 부득이한 경우를 제외하고 전문용어나 기술적 용어를 가급적 사용하지 않는 배려도 잊지 않았다. 그러나 그 서술 형태가 길고 건조하며, 복잡하기 때문에 일반 독자가 그의 책을 이해하는 것은 그리 쉬운 일이 아닐 것으로 생각된다.

(3) 내용

마한은 서론에서 과거에 대한 막연한 경멸감을 갖고 있던 당대인들에게 옛 해군의 군사행동에 대한 연구가 미래 해전에 도움된다는 점을 보여주는 데 많은 공간을 할애했다. 그는 나일 강 해전과 트라팔가르 해전에서 넬슨의 성공적인 작전은 물론 혁명전쟁에서 지브롤터의 점령을 위한 프랑스와 스페인의 시도와 실패, 그리고 제2차 포에니 전쟁에서의 군사작전 등에서도 교훈을 도출했다. 이처럼 역사적 경험을 이용하는 과정에서 그는, 역사가 전략적 면모를 보여주며 동시에 역사적 사실을 통해 전쟁의 원칙이 조명된다는 것을 일반 독자들에게 이해시키려고 노력했다. 따라서 그는 먼저 해군전략에 대한 일반적인 고찰을 제시했다. 그러고 나서 그는 한 국가가 바다에서 위대해지는 데 많은 영향을 주거나 본질적인 것으로 나타난 일반 조건들을 검토했다. 그가 제시한 해군전략은 프랑스 해군 대령 모로그의 것이었다. "해군 전략은 전시와 마찬가지로 평시에도 국가의 해양력을 건설하고, 지원하며, 증가시키는 것을 실제 목표로 삼는다." 마한은 여기에 다음과 같이 부언했다. "그런 까닭에 해군 전략에 대한 연구는 자유국가의 모든 시민으로 하여금 관심을 갖게 하고 또한 그럴 만한 가치가 있게 만든다. 특히 대외 관계와 군사적 관계를 담당하고 있는 사람들에게는 더욱 그러하다."

제1장은 해양력의 요소를 고찰하고 있다. 마한은 바다를 이른바 무역로라고 불리는 교통로로 이루어진 거대한 공도로 묘사했다. 육상 수송보다 수상 수송이 더 쉽고 비용도 적게 들지만, 해운업에는 보호가 필요하며, 그 보호 때문에 해군이 필요했다. 또한 해운업을 하기 위해서는 항구가 있어야 하며, 따라서 식민지와 상업 항구는 물론 중간 기지도 필요했다. 그러므로 해운업과 그것을 보호하는 데 충분한 해군력, 그리고 그 생산물을 소비하는 식민지를 보유한 생산국은 생산, 해운, 식민지로 구성되는 해양력의 세 가지 고리를 소유해야만 한다. 일반적으로 해양력에 영향을 주는 조건은 여섯 가지인데, 구체적으로 말하면 지리적 위치, 자연조건, 영토의 크기, 인구 수, 국민성, 정부의 성격이었다. 이 고리와 조건을 미국에 적용하면, 미국은 해양력을 발전시킬 수 있는 잠재력을 보유했다고 할 수 있다. 실제로 미국은 대서양 연안의 봉쇄를 막고, 태평양을 적의 위험에서 벗어날 수 있게 하며, 중앙 아메리카 지협의 안전을 지킬 수 있는 해군력을 가져야 하며, 그러한 해군력의 건설이 늦어지지 않도록 주의해야 할 필요가 있었다.

2장부터 13장까지 12개의 장은 "해군과 관련된 사건들의 연대기가 아닌 해군의 과거에 대한 비판적 역사를 서술"하고 있다. 먼저 스페인, 프랑스, 네덜란드, 영국 사이에서 해양력에 대한 투쟁이 다시 새롭게 일어날 조짐이 보이기 시작한 것은 1660년대였다. 네덜란드 연방은 영국과 프랑스의 원군에 의지하여 스페인에 대항했다. 스페인이 쇠퇴하고 있을 때, 영국은 네덜란드가 보유하고 있는 해상무역과 해양지배권을, 그리고 프랑스는 스페인령 네덜란드를 각각 탐내어 네덜란드를 공격했다. 마한은 국가들 사이에 항상 존재하는 냉혹한 경쟁 현실을 묘사했던 것이다.

이어서 마한은 각 전쟁의 원인, 경과, 그리고 결과를 쉽고도 자연스럽게 서술한다. 일반적으로 패전국들은 전쟁 이후에 체결된 조약 내용에 만족한 적이 결코 없었다. 그 국가들은 평화가 선언되자마자 힘을 증대하려고 노력할 뿐만 아니라 동맹국을 만들어 상황을 개선하려고도 시도했다. 마한에 의하면, 평화의 과정이나 전쟁이 권력투쟁을 종식시킬 수는 없었다.

이 책에서 가장 흥미로운 부분은 스페인 왕위계승전쟁에 관한 서술이다. 1702년에 전쟁이 시작되어 8년 이내에 프랑스에 대항하던 연합군은 해상과 육상에서 모두 승리했다. 그러나 위트레흐트 조약을 모욕적인 것으로 생각한 루이 14세는 조약 체결을 거부했다. 결국, 2년 후에 영국의 토리당 정부는 평화협상을 시작했는데, 이때 프랑스에 대한 유화조치를 취했다. 영국은 동맹국들을 포기했으며 또한 영국 육군을 철수시켰다. 이리하여 프랑스는 대륙의 최강 육군을 유지할 수 있게 되었다. 한편, 영국은 어떤 이등국도 결코 따라올 수 없는 최강의 해양국으로서의 위치를 고수하고 또한 절대적인 해양지배권을 유지하게 되었다. 영국만이 부유했다. 영국은 어떤 경쟁국도 없이 해양통제와 방대한 해운업을 이용하여 부의 원천을 장악했던 것이다.

마한이 보기에 어떤 한 국가를 위대하게 만드는 것은 해양력만으로는 불가능했다. 해양은 국가가 위대해지는 데 필요한 한 고리에 불과하며, 동시에 다른 국가들로 하여금 강제로 양보하게 만들 수 있는 핵심적인 고리였다. 그 실례로 영국은 해양력을 이용하여 여러 요충지(지브롤터, 미노르카, 뉴펀들랜드, 허드슨 만, 노바 스코샤)를 획득했다. 또한 영국은 포르투갈과 상업조약을 체결하면서 아주 이로운 조항을 삽입했고, 스페인으로부터 상업적 특권 즉, 스페인령 아메리카에서의 무역독점권을 양도받았다. 이와는 정반대로, 프랑스는 영국해협 · 대서양 · 지중해 연안과 대륙전선을 갖고 있다는 지리적 이점을 충분히 이용할 수 있는 기회를 맞이했다. 그러나 콜베르가 해군과 대양무역의 발전책을 건의했음에도 불구하고, 루이 14세는 이를 무시하고 대륙에서 눈을 떼지 않았다. 루이 14세의 허영과 오만에 따른 잘못된 선택 때문에 프랑스는 결국 그의 노화와 함께 쇠퇴의 길을 걷게 되었다.

1748년에 체결된 액스-라-샤펠 평화조약을 분석하면서, 마한은 영국이 마드라스를 다시 탈환하기 위해 먼저 루이스버그를 강제로 탈환한 사실을 보여주었다. 영국은 7년전쟁기에 바다에서 승리했으며, 반면에 영국의 동맹국이었던 프러시아는 대륙에서 승리했다. 영국은 그 기간에 모든 해외 정복지를 유지할 수 있었으며, 다른 국가를 협박하여 더 많은 정복지를 양도받았다. 그리하여 1762년에 이르렀을 때, 영국 함대는 문자 그대로 바다의 최고 지배자가 되었다.

이 책의 마지막 부분은 1778~83년의 영국과 프랑스 간의 전쟁을 분석하고 있다. 마한은 이 전쟁을 순수한 해양전쟁으로 간주했다. 어떤 지상군도 해양에서의 우위에 의해 이루어지는 것보다 더 결정적인 행동을 할 수는 없었다. 만일 프랑스 해군의 원군이 없었더라면, 아메리카 식민지군은 승리할 수 없었을 것이며, 조지 워싱턴의 능력과 전문성도 무위로 돌아갔을 것이다. 마한은 프랑스함대가 일시적이나마 아메리카 대륙의 바다를 통제했기 때문에 미국의 독립이 가능했다는 사실을 상기시켜주려고 했던 것이다.

이러한 내용은 어디까지나 미국인들로 하여금 해양력에 눈을 뜨도록 만들기 위한 것이었다. 사실 마한은 미국인의 성격이 위대한 해양력을 발전시키기에 적합하다고 피력했다. 만일 법적 장애물이 제거되고 좀더 이익이 많은 사업영역들이 보충된다면, 미국에서 해양력의 출현은 지체되지 않을 것으로 보았다. 그는 미국인들이 상업적 육감, 이익 추구에 대한 대담한 시도, 예민한 감각 등을 갖고 있다고 확신했다. 또한 그는 식민지로 만들 필요가 있는 곳에서 자치와 독립적 성장을 가능하게 할 수 있는 행정능력도 미국인들에게 있다고 판단했다. 그러므로 마한이 1장에서 국가와 봉사에 적용할 수 있는 고려사항들을 역사적 교훈으로부터 추출하려고 한다고 말한 것은 사실상 영국이 어떻게 대영제국을 형성했는지를 알아서 미국도 그 뒤를 따라야 한다는 점을 널리 알리고 싶은 동기를 내포했다고 할 수 있다. 그는 미국인이 바다로 눈을 돌리고 또한 자연적 유산이라고 할 수 있는 해양력을 무시하지 않고 새롭게 인식하기를 바랬던 것이다.

5. 마한에 대한 평가와 그 영향

마한의 저술은 독일 · 프랑스 · 일본 · 스칸디나비아 · 네덜란드 · 이탈리아 · 소련 등 주요 강국에서 다투어 번역되었으며, 오늘날까지도 해양력 · 해군사 · 해양 전략의 고전으로 분류되어 많이 읽혀지고 있다. 대개 어떤 한 저술이 고전으로 불리기 위해서는 최소한 한 세기 후까지 그 명성이 지속되어야 하고 또한 그 저술가의 명성이 영구성을 가지려면 그가 제시한 문제가 세월이 지나더라도 독자의 관심을 지속적으로 끌어야 한다. 마한의 저술이 훌륭하다는 것은《해양력이 역사에 미치는 영향, 1660~1783》을 통해 알 수 있는데, 이 책에 대한 세인들의 경탄은 출판되자마자 나타나기 시작했다.

지중해 함대에 소속된 한 함정의 함장 제럴드 노엘Gerard H. U. Noel 대령은 마한에게 다음과 같은 내용의 편지를 보냈다. "저는 아부할 줄 모르는 사람입니다. 그러나 저는 귀하의 책보다 더 정확하고 충만한 지식을 드러내거나 해군 문제에 대해 흥미롭고 명확하게 쓴 어떤 책도 읽어본 적이 없었음을 말씀드립니다. 귀하가 이 점을 믿어주시길 바랍니다." 루즈벨트도 이 책을 읽고서 1890년 5월 21일에 마한에게 편지를 보냈다. "지난 2일간 저는 정말 바쁜 와중에서도 귀하의 책을 읽는 데 시간의 반을 소비했습니다. …… 저는 쉬지 않고 읽었습니다. …… 아주 훌륭하고 경탄할 만한 책입니다. 만일 이 책이 해군의 고전이 되지 않는다면 큰 실수라고 생각합니다." 영국에서도 대단한 반응이 즉각 나타났다. 특히 찰스 베레스포드Charles Beresford 대령은 1891년 1월에 다음과 같은 글을 보냈다. "만일 저에게 힘이 있다면, 저는 귀하의 책을 영국 본토와 식민지의 모든 가정의 식탁에 놓아두도록 명령할 것입니다. 또한 저는 우리의 해양력이 웅대한 제국의 기초를 어떻게 닦아나갔는지 모든 국민에게 가르치도록 지시할 것입니다."[115]

20세기에 들어서자 대영제국 국방대학의 초대 학장이었던 허버트 리치몬드Herbert Richmond 제독은 자신의《근대 세계의 해양력*Sea power in the modern world*》(1934)에서 마한의 글뿐만 아니라 그 판단

---

115) captain W. D. *Puleston*, op. cit., p. 91.

까지도 자주 인용했다. 그는 마한이 영국 해양력의 찬미자이기 때문에 그를 명예롭게 만들어야 한다고 주장했다. 프랑스 국방대학의 카스텍스Raoul Castex 제독도 리치몬드 제독만큼이나 마한의 주장에 찬사를 보냈다. 그는 1929년에 마한의 이론을 수용하면서 마한을 해양전략의 이론을 창조한 대가로 극찬했다. 독일의 로진스키Herbert Rosinski는 해군사관학교에 근무하면서 마한, 코르벳Corbett,카스텍스를 해군과 관련된 이론을 발전시킨 사람으로 칭송했으며, 나아가 그 초상화를 그려 걸어놓아야 한다고까지 주장했다.[116]

마한에 대한 평가는 그가 사망했을 때의 언론을 보면 잘 알 수 있다. 〈뉴욕 포스트New York Post〉지는 마한을 진지하고, 독실한 신앙심을 가진 고문서 탐구자이자 사실을 수집하는 사람일뿐만 아니라 진실의 핵을 파악하는 이해력과 통찰력을 가진 사람으로 표현했다. 또한 "초 드레드노트급superdreadnought 전함은 마한의 자식이며, 16인치 함포의 포효는 그의 목소리의 메아리이다", "긴박할 때 최우선으로 불러 의견을 듣는 해군장교" 등으로 표현한 언론도 있었다.

네덜란드의 한 신문은 "마한의 서적들에 대한 연구는 독일과 앵글로색슨족 사이에 일어난 전쟁의 기초이자 뿌리 깊은 이유에 대해 포괄적인 통찰력을 갖기를 바라는 사람들에게 절대적으로 필요하다"고 말하면서 "19세기의 가장 위대한 해군역사가"로서 마한의 생애를 소개했다. 프랑스의 〈피가로Figaro〉지는 "마한은 자신이 살았던 시대의 역사를 생전에 수정했다. …… 이 지극한 역사학자이자 전략의 대가가 새시대의 도래를 마련했기 때문에 그가 만든 공식은 새로운 역사시대를 도입하는 입법의 기초였다"는 기사를 실었다. 이어서

116) Ibid., pp. 331~333.

이 신문은 "타고난 소질을 무시하는 자국민의 경향"에 아연실색했으며 또한 "그 정확한 역할을 알 수 없는 대부분의 사람이 생각하는 것보다 훨씬 더 큰 인물"로 마한을 평가했다. 다른 한 프랑스 신문 〈주르날 데 데바Journal des débats〉는 "마한은 해양력의 두드러진 영향을 아주 명확한 증거를 충분히 가지고 보여주었다. …… 보어전쟁, 미서전쟁, 러일전쟁, 청일전쟁은 그의 이론을 확인하는 데 기여했을 뿐이다"라는 내용의 기사를 실었다. 그 밖에도 일본, 이탈리아, 스페인, 스칸디나비아의 주요 신문들도 프랑스의 신문들과 비슷한 논조의 기사를 게재했다.

영국 신문들은 대부분 마한의 사망 소식을 크게 보도했다. 영국에서는 대영제국이 계속해서 존재하기 위해 해양력이 필요하다는 점을 마한이 상기시켜주었으며 또한 독일함대가 전쟁 이전의 수십 년 동안 점차 강력해지고 있다는 사실에 주목했다는 점을 집중적으로 보도했다. 심지어 어떤 신문은 만일 독일이 마한을 무시했더라면 영국과의 해군 경쟁이나 전쟁이 없었을 것이라고 주장했다.[117] 이러한 영국의 환대는 그의 생전에도 있었다. 그는 《해양력이 역사에 미친 영향, 1660~1783》을 출판한 후 시카고 호를 타고 영국을 방문한 적이 있었다. 이때 영국의 선원, 저술가, 수상을 포함한 정치가들은 그를 위해 붉은 카펫을 깔았고, 옥스퍼드와 케임브리지 대학은 다투어 그에게 경의를 표했다.[118]

그러나 마한에 대한 최고의 찬사는 루즈벨트의 "위대한 공복公僕"이라는 표현이었다. 루즈벨트는 마한을 "일류 정치가"로 보아도 손색이 없으며 또한 미국 생활에서 가장 크고 유용한 영향력을 미친 인물

117) 이상은 Ibid., pp. 355~357에서 인용했다.

118) D. M. Schurman, op. cit., p. 66.

중 한 명으로 간주했던 것이다.[29]

《해양력이 역사에 미치는 영향, 1660~1783》은 폐교 직전까지 몰렸던 해군대학을 존속시키는 데 결정적으로 기여했다. 1899년에 해군대학은 존 워커John G. Walker가 프랜시스 램지Francis Ramsay에게 항해국장의 직책을 인계해주었을 때부부터 폐지의 논란이 일어났다. 당시 해군대학은 항해국장의 휘하에 있었는데, 신임 국장은 해군대학의 존재를 못마땅하게 여겼던 것이다. 바로 그러던 차에 마한의 책이 출판되어 해군에 대한 호의적인 여론이 일어나고 또한 해군 전략과 교전술을 교육할 필요성에 대한 인식이 확산되자 이에 힘을 얻은 해군장관 트레이시Tracy가 의회에서 노력한 결과 마침내 1890년 6월 30일에 해군대학 예산을 인준받는 데 성공했다. 게다가 장관은 해군대학의 통제권을 항해국장에서 해군차관에게 이전시켰는데, 당시 차관은 마한의 절친한 친구였던 제임스 솔리James R. Soley였다. 뿐만 아니라 해군대학 학장이 된 마한은 해군대학 건축계획을 마련하기도 했다. 1890년, 즉 그의 책이 출판된 해는 마한에게 그야말로 자신의 꿈과 계획을 실현시키는 해였던 것이다.[120]

그 후 1914년에 생을 마칠 때까지, 마한은 가장 큰 영향력을 가진 해군저술가로 인정받았다.[121] 그는 새로운 학파를 창시하지도 않았고 또, 학술적 깊이가 심오한 인물은 아니었다. 그러나 그의 서적들은 해군지휘관뿐만 아니라 군주, 해군평론가, 관료들로 하여금 해군의 역사를 주요 연구 주제로 삼도록 만들었다. 또한 마한은 18세기 유럽 상황에 해군이 미친 영향력을 보여줌으로써 해양력의 역사적 양상을

119) captain W. D. *Puleston*, op. cit., p. 357.

120) Ibid., p. 92.

121) A. J. Marder, The anatomy of British Sea Power (New York, 1940), pp. 45~47.

제시했다. 이 양상에는 국가가 위기에 처해 있지 않는 한 결코 무시될 수 없는 국제 관계에서의 해군의 역할과 관련된 불변의 원칙이 내포되었다. 그리하여 워싱턴, 백악관, 빌헬름가Wilhelmstrasse에 있는 정치가 가운데 해군 옹호론자들은 마한의 저술을 해군 축소론자들을 반박할 무기로 간주하게 되었다.[122)]

마한의 사상은 해군대학의 학생 장교들에게 계속 교육되었다. 오늘날 미국 해군에서 전쟁 계획을 수립하거나 토론하는 모든 장교가 마한의 사상을 상기하고 그 방법을 따르고 있다고 해도 과언이 아니다. 영국, 독일, 프랑스, 일본의 해군들은 미국 해군보다 먼저 마한의 이론을 받아들임으로써 세계적 해군으로 발전할 수 있었다.[123)] 그 실례로 일본의 연합함대 사령관 도고 헤이하치로東鄕平八郎의 밑에서 쓰시마 해전에서 러시아의 발틱 함대를 격파한 계획을 수립한 참모 아키야마 사네유키秋山眞之 중령을 들 수 있다. 이 참모는 미국으로 유학을 가서 마한에게 직접 배웠을 뿐만 아니라 그의 사상을 받아들였다. 또한 일본은 태평양전쟁 이전까지 마한의 서적을 필독서로 간주했다. 오늘날 해상자위대의 간부학교에서는 마한의 이론에 대한 강의가 지속되고 있다.[124)]

마한은 평범한 해군장교로 생활하면서 틈틈이 역사에 관심을 가졌다가 45세 이후에 본격적으로 역사라는 학문 세계에 뛰어들어 대해군주의자, 선전가, 팽창주의자, 해군역사가, 해군 전기작가, 에세이스트, 해군전략이론의 창시자 등으로 불릴 정도로 명성을 떨쳤다. 또한

---

122) Margaret Tuttle Sprout, "Mahan : evangelist of sea power", in *Makers of Modern Strategy*, ed. E. M. Earle (Princeton, 1952), pp. 441~442.

123) captain W. D. *Puleston*, op. cit., p. 333.

124) アルフレッド・T・マハン著,北村謙一譯, 《海上權力史論》 (東京:原書房, 1982), pp. 1~3에 있는 譯者序를 보라.

그는 역사학도에게 필요한 정규과정을 거치지 않은 채 해양사라는 새로운 분야를 개척하기도 했다. 그는 미국이 세계적인 강국으로 발전할 수 있는 이론적 기초를 만들었을 뿐만 아니라 동서양을 막론하고 세계 모든 국가의 현대사에까지 결코 지울 수 없는 자국을 남겼다. 우리는 이 모든 것이 마한 자신이 독학으로 이룬 업적이자 세계에 미친 영향이었음을 눈여겨보아야 할 것이다.

옮긴이 / 김주식

전북에서 태어나 해군사관학교를 졸업했다.
고려대학교 사학과를 졸업하고 같은 대학 대학원 석사 및 박사 학위 취득 후
프랑스 소르본대학교와 사회과학고등연구원에서 공부했다.
해군사관학교 교수와 박물관장을 역임하고 해군 대령으로 예편했으며,
국립해양박물관 상임이사 겸 운영본부장을 역임하고 현재 해군사관학교 명예교수다.
주요 저서로《이순신, 옥포에서 노량까지》,《한반도의 운명을 결정한 전쟁이 있으며》,
옮긴 책으로《조지프 니덤의 동양항해선박사》,《한국전쟁과 미국 해군》,
《영국 해군 지배력의 역사》등이 있다.

해양력이 역사에 미치는 영향 2

초판 1쇄 발행 1999년 12월 20일
개정 1판 1쇄 발행 2022년 5월 17일
개정 1판 3쇄 발행 2023년 5월 30일

지은이 알프레드 세이어 마한
옮긴이 김주식

펴낸이 김현태
펴낸곳 책세상
등록 1975년 5월 21일 제2017-000226호
주소 서울시 마포구 잔다리로 62-1, 3층(04031)
전화 02-704-1251
팩스 02-719-1258
이메일 editor@chaeksesang.com
광고·제휴 문의 creator@chaeksesang.com
홈페이지 chaeksesang.com
페이스북 /chaeksesang **트위터** @chaeksesang
인스타그램 @chaeksesang **네이버포스트** bkworldpub

ISBN 979-11-5931-843-6 04390
979-11-5931-273-1 (세트)